UTB

W0318907

Eine Arbeitsgemeinschaft der Verlage

Böhlau Verlag · Wien · Köln · Weimar
Verlag Barbara Budrich · Opladen · Toronto
facultas.wuv · Wien
Wilhelm Fink · Paderborn
A. Francke Verlag · Tübingen
Haupt Verlag · Bern
Verlag Julius Klinkhardt · Bad Heilbrunn
Mohr Siebeck · Tübingen
Nomos Verlagsgesellschaft · Baden-Baden
Ernst Reinhardt Verlag · München · Basel
Ferdinand Schöningh · Paderborn
Eugen Ulmer Verlag · Stuttgart
UVK Verlagsgesellschaft · Konstanz, mit UVK/Lucius · München
Vandenhoeck & Ruprecht · Göttingen · Bristol
vdf Hochschulverlag AG an der ETH Zürich

Wulf Diepenbrock

Nachwachsende Rohstoffe

43 Abbildungen
44 Tabellen

Verlag Eugen Ulmer Stuttgart

Der Autor: **Prof. Dr. Dr. h. c. Wulf Diepenbrock** war von 1994 bis 2012 Professor für Speziellen Pflanzenbau an der Martin-Luther-Universität Halle-Wittenberg, von 1996 bis 2000 dort Dekan der Landwirtschaftlichen Fakultät und von 2006 bis 2010 Rektor der Universität. Zu seinen Forschungsschwerpunkten gehörten Arbeiten über die Ertragsphysiologie landwirtschaftlicher Kulturpflanzen, Energiebilanzen im Landwirtschaftsbetrieb und Eigenschaften von Pflanzenfasern zur Verarbeitung in Verbundwerkstoffen. 2009 verlieh ihm die Gregor-Mendel-Universität Brünn (Brno) die Ehrendoktorwürde.

Bibliografische Information der Deutschen Nationalbibliothek
Die Deutsche Nationalbibliothek verzeichnet diese Publikation in der Deutschen Nationalbibliografie; detaillierte bibliografische Daten sind im Internet über http://dnb.d-nb.de abrufbar.

Wollgrasweg 41, 70599 Stuttgart (Hohenheim)
E-Mail: info@ulmer.de
Internet: www.ulmer.de
Lektorat: Werner Baumeister
Herstellung: Jürgen Sprenzel
Umschlagentwurf: Atelier Reichert, Stuttgart
Satz: primustype Hurler GmbH, Notzingen
Druck und Bindung: Graphischer Großbetrieb Friedr. Pustet, Regensburg
Printed in Germany

ISBN 978-3-8252-4189-6

Inhaltsverzeichnis

„Wir sollten das Öl verlassen, bevor das Öl uns verlässt“

Fatih Birol, Chefökonom der Internationalen Energieagentur (IEA), 2008

„Wird derhalben die größte Kunst/Wissenschaft/Fleiß und Einrichtung hiesiger Lande darinnen beruhen / wie eine sothane Conservation und Anbau des Holtzes anzustellen / daß es eine continuierliche beständige und nachhaltende Nutzung gebe / weiln es eine unentberliche Sache ist / ohne welche das Land in seinem Esse nicht bleiben mag.“

Hans Carl von Carlowitz, eigentlich Johann „Hannß“ Carl von Carlowitz, (* 14. Dezember 1645 in Oberrabenstein bei Chemnitz; † 3. März 1714 in Freiberg, Sachsen) prägte den forstlichen Nachhaltigkeitsbegriff.

Vorwort

Nachwachsende Rohstoffe sind ein Schlüsselthema des 21. Jahrhunderts. Sie sollen unsere Energieversorgung sicherstellen, den Klimawandel aufhalten und unsere Luxusartikel wie Kleidung und Autos ökologisch vertretbar machen. Kurz: Von ihnen wird nicht weniger verlangt, als die Ursehnsucht der Menschheit nach dem Perpetuum mobile zu erfüllen. Die Suche nach dem Perpetuum mobile ist aber ebenso sinnlos wie diejenige nach dem Stein der Weisen oder nach der Quadratur des Kreises.

Was sind also die wahren Hintergründe dieses spannenden Themas? Dieses Buch möchte einen Beitrag zur Beantwortung dieser Frage leisten.

Ausgehend von der Photosynthese, dem Ursprung allen Lebens, erfährt der Leser etwas über das Wachstum und den Anbau der Energie- und Industriepflanzen. Dann werden die Verwendungsmöglichkeiten der Energie aus Biomasse und die überraschend vielseitigen Produkte des „Reaktors Pflanze" behandelt, welche die breite stoffliche Nutzungspalette von Biomasse erst ausmachen. Die Methodik der Energie- und Ökobilanzierung sowie die ethischen Fragen, welche die Erzeugung nachwachsender Rohstoffe berühren, sind in gesonderten Kapiteln zusammengefasst.

Bei einer solchen inhaltlichen Breite des Stoffes war die Beratung und kritische Durchsicht einzelner Kapitel während der Entstehung des Buches sehr hilfreich. Besonderer Dank gilt - in der Reihefolge der Gliederung - Dr. B. Kettner, Dr. J. Müller (Photosynthese und Stoffwechsel), Prof. Dr. Iris Lewandowski (Getreidepflanzen und Gräser), Dr. G. Leefken (Holzpflanzen des Waldes), Prof. Dr. M. Pietzsch (Energie aus Biomasse), Dr. M. Effenberger (Biogas), R. Thywissen (Biodiesel), Dr. Bärbel Friedel (stoffliche Nutzung von Biomasse) sowie Prof. Dr. O. Christen und Prof. Dr. D. Rost (Flächenkonkurrenz).

Sehr herzlich danken möchte ich auch den Mitarbeitern des Eugen Ulmer Verlages, namentlich Herrn Werner Baumeister, der meine Gestaltungswünsche mit großem Einsatz aufgenommen und umgesetzt hat.

Halle, im Winter 2013/2014 W. Diepenbrock

1 Einführung

Wer heute über die Sinnhaftigkeit der Erzeugung nachwachsender Rohstoffe streitet, übersieht häufig, dass in präindustriellen Gesellschaften Pflanzen und Tiere die bedeutendste Quelle für die Gewinnung der lebensnotwendigen Mengen an Energie und für die Herstellung von Kleidung, Behausung, Werkzeugen sowie Materialien des täglichen Bedarfs waren.

Nachwachsende Rohstoffe sind organische Stoffe aus der Land- und Forstwirtschaft, die energetisch oder stofflich genutzt werden.

Erst mit der industriellen Revolution wurden diese Rohstoffe durch die Erschließung billiger fossiler Ressourcen ersetzt bzw. verdrängt. Diese waren leichter verfügbar, hatten eine standardisierte Zusammensetzung und waren für den globalen Transport von den Fundstätten zum Ort des Verbrauchs sehr gut geeignet.

Rückbesinnung auf NaWaRos

Seit der ersten weltweiten Ölkrise im Jahre 1973 hatte sich die Sicht auf die Nutzung nachwachsender Rohstoffe aber gewandelt, das Thema plötzlich wieder Konjunktur. Folgende Argumente und Begründungen führten zu einer Rückbesinnung:

- Fossile Ressourcen sind nicht unendlich vorhanden und werden in absehbarer Zeit erschöpft sein. Fest steht heute, dass die statische Reichweite unserer fossilen Rohstoffe auf die nächsten zwei bis drei Generationen beschränkt ist. So dürften Erdöl noch 41 Jahre, Gas 67 Jahre und Kohle 164 Jahre reichen (Busch et al. 2006).
- Der schnell fortschreitende Verbrauch fossiler Kohlenstoffvorkommen und deren Verwendung zur Energiegewinnung reichert die Atmosphäre mit CO_2 an. Dies führt über den „Treibhauseffekt" zu klimatischen Veränderungen, die sich besonders auf die Landnutzung auswirken.
- Nicht wieder verwertbare und biologisch nicht abbaubare Kunststoffe vergrößern das Abfallaufkommen. Deshalb wird die Verwendung von rezyclierbaren Naturstoffen angestrebt.
- Umwelt- und gesundheitsgefährdende Produkte wie Mineralöle, synthetische Pflanzenschutzmittel oder Asbest können durch Bioprodukte ersetzt werden, die keine Auswirkungen auf das Ökosystem haben und sich in die natürlichen Stoffkreisläufe einpassen.
- Durch den Anbau von Rohstoff- und Energiepflanzen können einseitige Fruchtfolgen aufgelockert werden, was zu einer Bereicherung der Kulturlandschaft sowie zum Klima- und Ressourcenschutz beiträgt.

- Mehrjährige Nutzpflanzen, die bisher nicht im Anbau waren, verbessern den Boden, weil dieser weniger bearbeitet werden muss. Dadurch kann sich mehr wertvoller Humus aufbauen. Außerdem bieten sie für zahlreiche Nützlinge im Winter Unterschlupf; eine ökologische Aufwertung landwirtschaftlich genutzter Räume ist die Folge.

Widerstreitende Gutachten

In letzter Zeit hat sich ein Spannungsfeld divergierender Interessen und Auffassungen zur energetischen Nutzung von Biomasse aufgetan.

Die Studien des Intergovernmental Panel on Climate Change (IPCC), in Deutschland auch Weltklimarat genannt, weisen auf den anthropogenen Klimawandel hin und entwickelten Szenarien zu Treibhausgas-Emissionen mit entsprechenden Warnstufen. Auf dieser Grundlage und insbesondere motiviert durch die „Energiewende“ hat die deutsche Bundesregierung ambitionierte Ausbaupläne für die Nutzung von Bioenergie entwickelt (Bundesregierung 2011). So könnten im Jahre 2050 bis zu 23 % des Primärenergiebedarfs aus Biomasse gedeckt werden.

Intergovernmental Panel on Climate Change (IPCC)

Der Weltklimarat ist eine zwischenstaatliche Institution, die es sich zur Aufgabe gemacht hat, die Risiken der globalen Klimaerwärmung einzuschätzen sowie Vermeidungs- und Anpassungsstrategien zu evaluieren. Forscher der weltweiten wissenschaftlichen Gemeinschaft erstellen Sachstandsberichte, die politischen Entscheidungsträgern den aktuellen Stand des Wissens zugänglich machen.

Im Gegensatz dazu kamen 20 Wissenschaftler der Leopoldina (Nationale Akademie der Wissenschaften) in ihrem neuesten Gutachten zu der Auffassung, dass die Reduzierung des Verbrauchs von fossilen Brennstoffen und der Emissionen von Treibhausgasen wie Kohlendioxid – CO_2, Methan – CH_4 oder Distickstoffoxid – N_2O durch den Ausbau von Bioenergie nicht gelingen wird (Leopoldina 2012). Als Gründe wurden benannt die geringe Flächeneffizienz, Treibhausgas-Emissionen im Produktionsverfahren und andere Umweltbeeinträchtigungen. Immerhin wurde aber konstatiert, dass ein signifikantes Biomassepotenzial zu Verfügung stehe, wenn Nahrungsmittel- und Bioenergieproduktion kombiniert und dadurch optimiert würden.

Hinter diesem naturwissenschaftlichen Disput verbirgt sich aber auch die Frage, ob die Erzeugung nachwachsender Rohstoffe ethisch überhaupt vertretbar ist. Schließlich stehen ihre Anbauflächen nicht mehr für die Nahrungsmittelproduktion zur Verfügung und das während die Bevölkerung auf vielen Kontinenten hungert. Damit erreicht das Thema *Nachwachsende Rohstoffe* auch eine gesellschaftliche Dimension.

Viele Möglichkeiten
Unter den nachwachsenden Rohstoffen haben **Rohstoffe pflanzlicher Herkunft** und **biogene Abfallprodukte** die größte Bedeutung. Sie werden sowohl energetisch als auch stofflich genutzt.

Die biogenen Energieträger haben zwar nur wenige Verwendungsfelder, in ihrem Absatzvolumen sind sie aber nicht begrenzt. Sie kommen flüssig als Biokraftstoff, fest als biogener Brennstoff oder gasförmig als Biogas (evtl. Biomassevergasung) vor.

Die stoffliche Nutzung von Biomasse zeichnet sich dagegen durch ein viel weiteres Spektrum an Verwendungsmöglichkeiten in zahlreichen Wirtschaftsbranchen aus. Hauptabnehmer für die biogenen Rohstoffe sind die chemische Industrie sowie die Oleo-, Papier-/Zellstoff-, Textil-, Pharma- und Kosmetikindustrie.

Mengenmäßig nimmt die Biomasse aus **Waldholz** die überragende Stellung ein. Für die energetische Nutzung stehen vor allem Derb- und Waldrestholz, Landschaftspflegeholz und Altholz zur Verfügung, während bei der stofflichen Nutzung auf das Stammholzaufkommen (Sägeindustrie) sowie auf Sägenebenprodukte und sonstiges Industrierestholz zurückgegriffen wird. Sägenebenprodukte entfallen auf beide Nutzungsrichtungen. Stofflich werden sie in der Holzwerkstoffindustrie sowie in der Papier- und Zellstoffindustrie verarbeitet. Für die energetische Nutzung werden daraus Holzpellets als Brennstoff hergestellt.

Die **Agrarrohstoffe** (Biomasse ohne Holz) machen den weitaus kleineren Anteil am gesamten Aufkommen der nachwachsenden Rohstoffe aus. In der Landwirtschaft wird die angebaute Kulturpflanzenart als Rohstoff- oder Energiepflanze bezeichnet, wenn deren Hauptprodukt (mehr als 50% der Wertschöpfung) im Non-Food-Bereich verwertet wird. Die Untergliederung in Energie- und Industriepflanzen resultiert aus der unterschiedlichen Verwertung der Biomasse in der Konsumtionssphäre.

Im Jahre 2013 waren von den 2,4 Mio. Hektar Anbaufläche für nachwachsende Rohstoffe 88% (2,1 Mio. Hektar) dem Energiepflanzenanbau und 12% (< 0,3 Mio. Hektar) dem Industriepflanzenanbau gewidmet. Damit wurden auf einem Fünftel der deutschen Ackerfläche nachwachsende Rohstoffe erzeugt.

Bei den **Energiepflanzen** steht die kostengünstige Erzeugung eines hohen Biomasseertrages je Flächeneinheit im Vordergrund, bei dessen Nutzung möglichst keine oder geringe (im Vergleich zu fossilen Energieträgern) Emissionen an Schadstoffen verursacht werden.

Energiepflanzen müssen in ihrer Wettbewerbsfähigkeit zu anderen regenerativen Energiequellen wie Wind, Wasserkraft, Erdwärme oder Solarenergie vergleichend beurteilt werden.

Die in Biomasse gespeicherte Energie ist kontinuierlich verfügbar und daher für die Grundlastabsicherung in den Stromnetzen gut geeignet.

Die durch die Synthesevorleistungen im Stoffwechsel der **Industriepflanzen** gebildeten Substanzen können für nachfolgende chemische Synthesen vielfältig genutzt werden. Die heimische Anbaufläche für Industriepflanzen hängt in den Grenzen der agrarpolitischen Rahmenbedingungen hauptsächlich von der Produktion konkurrenzfähiger pflanzlicher Inhaltsstoffe, dem Ausbau der Verarbeitungskapazitäten und der Entwicklung von internationalen Absatzmärkten ab. Grundsätzlich muss der nachwachsende Rohstoff den von der Industrie geforderten Inhaltsstoff in möglichst fertiger und homogener Form sowie hohem Reinheitsgrad enthalten.

War vor 40 Jahren der Nutzen nachwachsender Rohstoffe noch grundsätzlich umstritten, so ranken sich die aktuellen Diskussionen in der Öffentlichkeit um Potenziale und Begrenzungen der Biomasseerzeugung sowie ökonomische, ökologische und gesellschaftliche Implikationen im Zusammenhang mit Verwertung und Verarbeitung der Rohstoffe. Ein abschließendes Bild kann heute noch nicht gezeichnet werden, wohl aber der Versuch unternommen werden, das Wesen der nachwachsenden Rohstoffe auf natur-, pflanzenbau- und technikwissenschaftlicher Grundlage darzustellen.

2 Photosynthese und Stoffwechsel

Die **Photosynthese** war erdgeschichtlich die Voraussetzung zur Entwicklung höher strukturierten Lebens. Sie ist die wichtigste Form der autotrophen Assimilation und ein Vorgang, bei dem die Energie des Sonnenlichtes schrittweise in chemische Energie umgewandelt wird. Die Photosynthese der grünen Pflanzen ist Voraussetzung für die Existenz der meisten heterotrophen Formen des Lebens. Darüber hinaus lieferte sie in geologischer Vorzeit das Ausgangsmaterial zu Entstehung fossiler Energieträger wie Kohle, Erdgas und Erdöl.

Im System Pflanze ist für die **Aktivität und Lenkung des Stoffwechsels** vor allem die gewebespezifische Aktivierung vorhandener Erbinformationen im Zusammenspiel mit den Umweltfaktoren verantwortlich. Die daraus entstehende Vielfalt der Inhaltsstoffe liefert ein breites Sortiment an nachwachsenden Rohstoffen.

2.1 Photosynthese

Die Sonne treibt das Leben über den Prozess der Photosynthese an. Insofern ist der oft verwendete Werbeslogan zur Förderung regenerativer Energien „Die Sonne treibt uns an" zutreffend und auch auf den Bereich der nachwachsenden Rohstoffe anwendbar.

Die **Sonnenstrahlung** als elektromagnetische Strahlung umfasst den Wellenbereich von 10^{-16} m bis 10^{6} m. Die Stärke dieser Strahlung beträgt 1366 W m^{-2} (+/- 5,3 W m^{-2}) und wird als Solarkonstante bezeichnet. Davon erreicht nur etwa die Hälfte als Globalstrahlung die Erdoberfläche (Abb. 2.1).

Der Rest wird in der Atmosphäre absorbiert oder in den Weltraum reflektiert. Die auf die Erdoberfläche treffende Strahlungsmenge ist weder quantitativ noch qualitativ eine konstante Größe. So wirken sich neben Jahreszeit und Bewölkung auch geographische Breite, Tageszeit, Höhenlage sowie Hangneigung und -richtung auf die Höhe der Globalstrahlung aus. Im Jahresgang unterliegen die hohen Strahlungswerte im Sommer stärkeren Schwankungen als die niedrigen Werte in den Wintermonaten.

Von dem gesamten Spektrum der elektromagnetischen Wellen ist für die Photosynthese nur ein Teil des sichtbaren Lichtes wirksam, nämlich der Wellenlängenbereich von 380 nm (blau) bis 780 nm (rot).

Auf **zellulärer bzw. molekularer Ebene** findet die Photosynthese in den Chloroplasten chlorophyllhaltiger Zellen statt. Sie sind der Reaktionsraum für die biochemischen Prozesse, bei denen energiereiche orga-

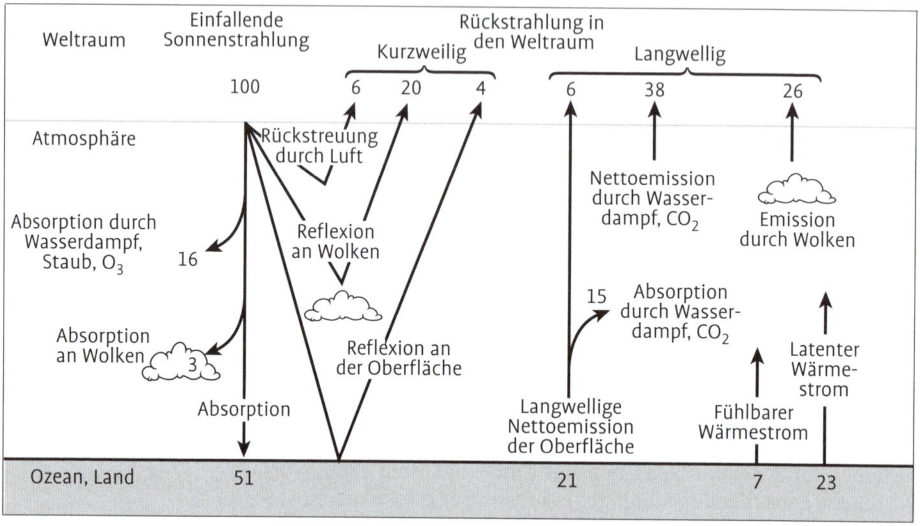

Abb. 2.1 Strahlungsgleichgewicht im System Atmosphäre/Erde (verändert nach Mason 1976, aus Geisler 1988)

nische Stoffe aus energiearmen Molekülen synthetisiert werden. Aus den energiearmen Molekülen CO_2 und H_2O wird das energiereiche Kohlenhydrat Glucose.

Mit der Bruttoformel lässt sich der Vorgang einfach veranschaulichen:

$$6CO_2 + 12H_2O + 48 \text{ Lichtquanten} \rightarrow C_6H_{12}O_6 + 6H_2O + 6O_2 \quad (1)$$

Die Reaktion ist endotherm (energieverbrauchend, $\Delta G^0 = -2\,880$ kJ/mol Glucose), d. h. zur Bildung von 1 mol Glucose ist eine Energiemenge von 2 880 kJ erforderlich.

In den Chloroplasten befinden sich die photosynthetisch aktiven Pigmente, Chlorophyll a und b sowie Carotinoide. Die Zellorganellen sind aus einem vesikulären Membransystem, den Thylakoiden (sack- oder beutelförmige Biomembran), und aus einer wässrig-gelartigen Phase, dem Stroma, aufgebaut. Die Thylakoide sind geldrollenartig übereinander gestapelt und werden in dieser Form als Grana bezeichnet. Die Farbstoffe sind in eben diesen Thylakoiden gebunden und stellen die funktionale Grundlage der Lichtabsorption dar. Hier wird Lichtenergie aufgenommen, gesammelt und weitergeleitet.

Mittels der Energie des Lichtes wird H_2O dissoziiert (Photolyse oder Zerfall des Wassers in seine Bestandteile) und ein Elektronentransport auf ein höheres Energieniveau in Gang gesetzt. Über den nachfolgenden Elektronentransport wird im Stoffwechsel das aus dem energiearmen Adenosindiphosphat (ADP) entstandene energiereiche Adenosintriphosphat (ATP) gebildet. In einem zweiten Schritt, den wiederum energiereiche Elektronen antreiben, wird NADP (Nicotinamid-adenin-dinucleotid-phosphat) in seine reduzierte Form, NADPH2, überführt.

Im Ergebnis liefern die lichtabhängigen Prozesse organisch gebundene Energie (ATP) und Reduktionsäquivalente ($NADPH_2$), die in den Folgeprozessen verbraucht werden.

Bis hierher sprechen wir von den Primärprozessen der Photosynthese.

Für die anschließenden Sekundärprozesse, die Dunkelreaktion der CO_2-Bindung, ist Lichteinwirkung nicht mehr erforderlich. In dem sog. CALVIN-Zyklus wird in einer zyklischen Folge von chemischen Umsetzungen CO_2 reduziert und Kohlenstoff über die Bildung von energiereichen Kohlenhydraten in dem pflanzlichen System assimiliert. Die so durch die Photosynthese chemisch gebundene Energie steht der Pflanze für weitere Synthesen zur Verfügung.

Die **Photosyntheseleistung eines Einzelblattes** kann mit modernen Geräten - selbst unter Freilandbedingungen - quantitativ präzise erfasst werden. Sie verändert sich in nicht-linearer Funktion mit der Intensität der photosynthetisch aktiven Lichteinstrahlung (PAR), d. h. die Ausnutzung des Wachstumsfaktors „Licht" lässt sich mit einer Sättigungskurve beschreiben. PAR steht dabei für photosynthetisch aktive Strahlung (engl. radiation), die im Wellenlängenbereich von 400–700 nm gemessen wird. Der maximale Wert für die Photosynthese ist die Lichtsättigung.

Neben der Lichteinstrahlung hängt die Photosyntheseleistung auch von der internen CO_2-Konzentration der belichteten Blätter ab. Bei Pflanzen des gemäßigten Klimas, den C3-Pflanzen, die im Stoffwechsel ein Molekül mit drei C-Atomen als erstes Photosyntheseprodukt bilden, ist sie allein von der CO_2-Zufuhr über die Spaltöffnungen abhängig. Bei hoher Lichteinstrahlung und hohen Temperaturen zeigen einige tropische Pflanzen, die C4-Pflanzen, welche im Stoffwechsel ein Molekül mit vier C-Atomen als erstes Photosyntheseprodukt bilden, eine den C3-Pflanzen deutlich überlegene Photosyntheseleistung (Tab. 2.1).

Von pflanzenbaulicher Bedeutung ergibt sich daraus die Konsequenz, dass die Netto-Photosyntheseraten bei C3-Pflanzen nur bis zu einem arttypischen Niveau der Lichtsättigung ansteigen können, bei dem die unzureichende CO_2-Sättigung zum begrenzenden Faktor wird. C4-Pflanzen hingegen können auch auf höhere Lichtintensitäten noch mit weiter ansteigenden Photosyntheseraten reagieren. Es kommt noch hinzu, dass der Assimilationsgewinn an Kohlenhydraten bei C3-Pflanzen durch eine mit ihrer Belichtung einsetzende Lichtatmung geschmälert wird, die für C4-Pflanzen ohne Bedeutung ist.

Bei C3-Pflanzen beträgt der Wert der PAR bei Lichtsättigung 1500 µmol Photonen m^{-2} Blattfläche s^{-1}, bei C4-Pflanzen ≥ 1600 µmol m^{-2} s^{-1}.

Unter den Kulturpflanzen finden sich überwiegend C3-Arten. Einige bedeutende Vertreter sind aber mit dem C4-Typ der Photosynthese ausgestattet, wie Hirsen, Mais oder Zuckerrohr.

Insgesamt ist die **Energieausbeute** durch Photosynthese im pflanzlichen System jedoch sehr gering (Abb. 2.2).

Die Lichtenergie wird zur Bildung chemischer Substanzen nur zu 2% ausgenutzt. Dieser Wert steigt bei einigen C4-Pflanzen auf 3–6% an. In

Tab. 2.1 Ökophysiologische Anpassung von C3- und C4-Pflanzen (nach Buschmann und Grumbach 1985, erweitert, aus Diepenbrock et al. 2012)

Merkmal und Erläuterungen	C3-Pflanzen	C4-Pflanzen
Wachstumsbedingungen am natürlichen Standort	Gemäßigtes Klima; z. B. 15 bis 20 °C, 60% rel. Luftfeuchte, hoher N-Vorrat im Boden	Trockenes Klima, hohe Lichtintensität, geringe Luftfeuchte, niedriger N-Vorrat im Boden
Photosynthese begrenzende Faktoren	CO_2	Licht
Maximale Netto-Photosyntheserate (krautige Blütenpflanzen, Nutzpflanzen; m^{-2} einseitige Blattfläche) Die Werte von Schattenpflanzen, von C3-Pflanzen spezieller Habitate (z. B. Gebirge u. a.) und von Holzpflanzen sind geringer	20-40 µmol (CO_2) m^{-2} s^{-1}	30-60 µmol (CO_2) m^{-2} s^{-1}
Wert der photosynthetisch aktiven Strahlung (PAR) (oder exakter der „Photonenflussdichte der photosynthetisch aktiven Strahlung") bei der die maximale Netto-Photosyntheserate (Lichtsättigung) erreicht wird (Werte für Schattenpflanzen und Holzpflanzen sind geringer) Zum Vergleich: Maximale PAR im Sommer gegen Mittag in Mitteleuropa: 2000 µmol m^{-2} s^{-1} (ausführlich: µmol (Photonen) m^{-2} s^{-1})	1300-1600 µmol m^{-2} s^{-1}	$\geq$ 1600 µmol m^{-2} s^{-1} häufig wird Lichtsättigung nicht erreicht
CO_2-Konzentration, bei der maximale Netto-Photosyntheserate („CO_2-Sättigung") erreicht wird	500-700 ppm = 0,05-0,07 Vol.-%	100-200 ppm = 0,01-0,02 Vol.-%
CO_2-Kompensationspunkt bei $\approx$25 °C (temperaturabhängig)	30-60 ppm = 0,003-0,006 Vol.-%	$\leq$ 10 ppm; $\leq$ 0,001Vol.-%
Kältegrenze der Netto-Photosyntheserate	-2 °C bis 0 °C	5 °C bis 10 °C
Temperaturoptimum der Netto-Photosyntheserate	10 °C bis 30 °C vorrangig bei 15 °C bis 25 °C	30 °C bis 40 °C
Hitzegrenze der Netto-Photosyntheserate	30 °C bis 50 °C	40 °C bis 60 °C
Transpirationskoeffizient (Wasserverbrauch pro Einheit gebildeter Trockenmasse)	500–700 l kg^{-1}	200–400 l kg^{-1}

Anmerkung zu den Konzentrationsangaben: der aktuelle CO_2-Gehalt der Atmosphäre liegt bei 0,038 Vol.-%. Dies entspricht 380 ppm („parts per million"). Die Abkürzung ppm ist gebräuchlich, aber keine SI-Einheit. In neuerer physiologischer Literatur (bei gleichem Zahlenwert): µmol (CO_2)/mol (Luft), dies ist aber für allgemeinen Gebrauch wenig anschaulich. Vol.-% ist korrekt, aber wegen der Vorkomma-Nullen unhandlich.

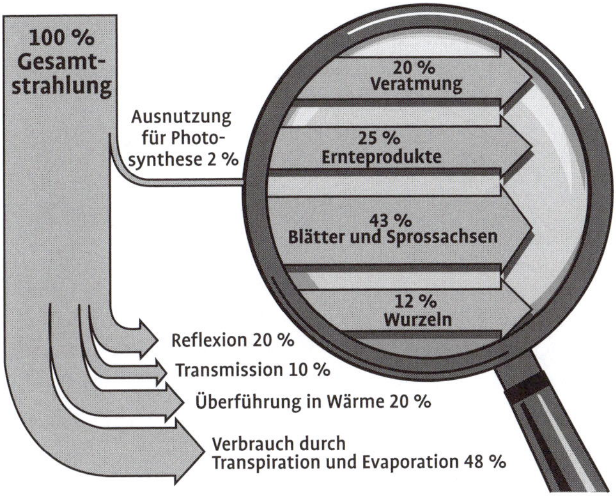

Abb. 2.2 Aufteilung der auf die Blätter treffenden Gesamtstrahlung sowie die Verteilung des über die Photosynthese gebildeten Materials in der Pflanze (nach Hoffmann 1975, aus Diepenbrock 1997).

den gemäßigten Breiten kann ein Durchschnittswert für die Energieausbeute von 0,8–1,2 % angenommen werden.

Der größte Teil der auf das Blatt auftreffenden Strahlung geht durch Transpiration, Reflexion, Transmission und Wärmeflüsse verloren. Im Vergleich dazu erreichen Solarzellen, die das ganze Spektrum der eingestrahlten Sonnenenergie nutzen, einen Wirkungsgrad von 15–20 %.

In einem **Pflanzenbestand** ist die CO_2-Fixierung durch eine komplexe Serie der Interaktion von physiologischen Faktoren und Umweltbedingungen begrenzt.

Die Bestandesphotosynthese entscheidet über die flächenbezogene Ertragsleistung an Biomasse.

Der Strahlungshaushalt (Licht, Temperatur), die CO_2-Konzentration der Umgebungsluft, die relative Luftfeuchtigkeit sowie die Wasser- und Nährstoffversorgung im Wurzelraum sind die entscheidenden Umweltgrößen, die die Photosyntheseleistung des Bestandes bestimmen. Das Zusammenwirken dieser Faktoren wirkt auf die Gasdiffusion und die biochemischen Prozessen der Kohlenstoff-Fixierung im pflanzlichen Stoffwechsel.

Für die Photosyntheseleistung eines Pflanzenbestandes sind Anlage, Entwicklung und Aufbau des Blattwerkes darauf ausgerichtet, das Lichtangebot vollständig auszunutzen. Dies gelingt allerdings nur in der Hauptwachstumsphase (Abb. 2.3).

Jegliche Biomasseproduktion hängt von der Lichtausnutzung in wachsenden Pflanzenbeständen ab.

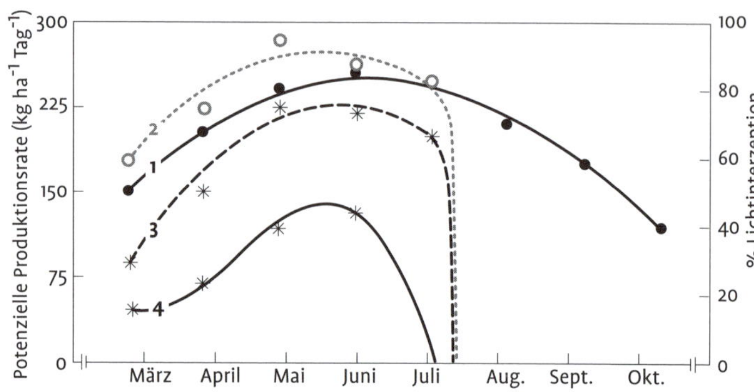

Abb. 2.3 Potenzial der Pflanzenproduktion (1), Ausnutzung des Angebotes an photosynthetisch wirksamer Belichtung durch einen Winterrapsbestand (2), Berechnung täglicher Zuwachsraten für Winterraps (3) und berechnete Wachstumsraten aus Raps-Parzellenversuchen im mitteldeutschen Trockengebiet (4) (DIEPENBROCK 2000).

Da die Pflanzenbestände durch Ansaat oder Wiederaustrieb nach Winter erst langsam aufgebaut werden müssen bzw. durch die Ernte das Feld regelmäßig räumen, ergeben sich für die Ausnutzung des Lichtangebotes am Standort ungünstige Bedingungen. Etwa 80 % der Biomassebildung wird in der kurzen Zeitspanne erbracht, in der ein Bestand voll entwickelt ist und dann erst eine effiziente Nutzung der Lichtenergie erlaubt.

Die Lichtabsorption des Pflanzenbestandes wird durch die spezifische Lichtabsorption der einzelnen Blätter, deren räumliche Verteilung und den Neigungswinkel der Blattoberfläche zum Lichteinfall bestimmt. Aufgrund der arttypischen Bestandesarchitektur können Pflanzenbestände etwa doppelt so hohe Netto-Photosyntheseraten wie die Einzelblätter erreichen.

Vorteilhaft für die Beteiligung tieferer Blattschichten ist dabei eine eher aufrechte (erectophile) als waagerechte (planophile) Blatthaltung sowie ein größerer räumlicher Abstand zwischen den übereinander gestellten Blättern.

Die **photosynthetische Effizienz**, mit der Strahlungsenergie in chemische Energie umgewandelt wird, ist ein Maß für die Produktivität von Pflanzenbeständen.

Die Höhe der Energieausnutzung lässt sich durch den energetischen Wirkungsgrad (η) ausdrücken:

$$\eta = \frac{\text{in Biomasse gebundene Energie [MJ]}}{\text{eingestrahlte Energie (PAR) [MJ]}} \qquad (2)$$

Die Kenngröße η gibt Auskunft über das Energiebindungsvermögen eines Pflanzenbestandes bezogen auf die im Vegetationsverlauf verfügbare photosynthetisch aktive Strahlung (PAR).

Weiterhin geläufig ist die Strahlungsnutzungseffizienz (RUE, radiation use efficiency), die angibt, wie viel pflanzliche Biomasse pro eingestrahlter Energie (PAR) gebildet wird:

$$\text{RUE} = \frac{\text{Biomasse [g m}^{-2}\text{ d}^{-1}]}{\text{eingestrahlte Energie (PAR) [MJ m}^{-2}\text{ d}^{-1}]} \qquad (3)$$

Experimentell kann die PAR über die Photonenflussdichte (µmol m^{-2} s^{-1}) mittels eines Quantumsensors permanent gemessen und bei einer angenommenen durchschnittlichen Wellenlänge der PAR von 575 nm in einen energetischen Wert (MJ m^{-2} d^{-1}) überführt werden:

$$E = h\,\nu = h\,c\,\alpha^{-1}\ [J] \qquad (4)$$

Dabei stellt E die Energie eines Photons in [J], h das Plancksche Wirkungsquantum (6,63 10^{-34} J s), ν die Frequenz in [s^{-1}], c die Lichtgeschwindigkeit (3 10^{8} m s^{-1}) sowie α die Wellenlänge in [m] dar.

Die Energie von einem mol Photonen (Loschmidtsche Zahl, N = 6,02 10^{23} mol^{-1}) ist dann:

$$E = N\,h\,c\,\alpha^{-1} = 0{,}12\,\alpha^{-1}\ [J\ mol^{-1}] \qquad (5)$$

Beide Maßzahlen (η, RUE) sind für die Einschätzung genotypischer Leistungsunterschiede oder energetischer Umsetzungsprozesse im Vegetationsverlauf aber nur bedingt brauchbar, weil sie zu stark aggregiert sind.

Für Modellierungszwecke sind daher für die Auflösung dieser Prozesse eine Reihe weiterer Parameter entwickelt worden.

Zur Beurteilung der Lichtausnutzung in Pflanzenbeständen eignet sich der **Blattflächenindexes (BFI)**. Er gibt die Relation zwischen Blattfläche und überdeckter Bodenfläche an. In voll entwickelten Pflanzenbeständen werden Werte von 3–4 (viele krautige Pflanzen) bis 7–8 (Gräser und Getreide) erreicht.

Soll die Leistungsfähigkeit eines Pflanzenbestandes abgeschätzt werden, so müssen der während der Vegetationszeit durchschnittlich erreichte Blattflächenindex und die Vegetationsdauer herangezogen werden. Als Bemessungsgrundlage dient die Blattflächenindexdauer (BFI x D), die schließlich das Leistungsvermögen eines Pflanzenbestandes zur Erzeugung von Biomasse in der Vegetationsperiode anzeigt.

Darüber hinaus werden die Prozesse der Lichtaufnahme in den verschiedenen phänologischen Entwicklungsstadien meist unter Berücksichtigung der Bestandesarchitektur, des Blattflächenindexes sowie des Schwächungskoeffizienten (Lichtauslöschungsfaktor) *k* weiter differenziert. Die Höhe der Lichtabschwächung ist dabei nicht nur abhängig von der Blattanzahl und -größe, sondern auch von der Blattinsertion und -stellung an der Pflanze sowie dem Chlorophyllgehalt der Blätter.

Die vertikale Strahlungsverteilung in Pflanzenbeständen übt einen signifikanten Einfluss auf die Bildung von Biomasse aus, d. h. die Wachstumsrate wird nicht nur durch die Lichtnutzungseffizienz (RUE), sondern auch durch die Lichtabschwächung infolge der Absorption der auf den Bestand auftreffenden Strahlung bestimmt.

Die Abschwächung der PAR als Funktion des Blattflächenindexes kann entsprechend dem „Beer-Lambert-Gesetz" durch eine Exponentialfunktion beschrieben werden:

$$Q_b = Q_o\, e^{-k\ \mathrm{BFI}} \qquad (6)$$

Q_b, Strahlungsintensität an der Bodenoberfläche [J m^{-2}]
Q_o, Strahlungsintensität an der Bestandesoberfläche (= einfallende PAR) [J m^{-2}]
k, Schwächungskonstante [dimensionslos]
BFI, Blattflächenindex [dimensionslos]

Um die Lichtabschwächung quantitativ erfassen zu können, wird die Formel (6) nach k aufgelöst:

$$k = -\ln\,(Q_b/Q_o)/\mathrm{BFI} \qquad (7)$$

Da Q_b immer kleiner als oder gleich Q_o sein muss, nimmt Q_b/Q_o Werte zwischen 0 und 1 an und $-\ln(Q_b/Q_o)$ hat positive Werte. Für $Q_b=Q_o$ (das Licht wird vollständig transmittiert) nimmt k den Wert $\ln(1)=0$ an. Nähert sich Q_b dem Wert 0 (kein Licht wird durchgelassen) steigt k gegen unendlich an.

Genotypische Unterschiede des Schwächungskoeffizienten wurden u. a. für Reis, Mais, Sonnenblumen, Zuckerrüben und Weizen nachgewiesen. Bei diesen Kulturarten haben Sorten mit relativ geringen k-Werten (= hohe Lichtdurchlässigkeit) einen hohen Strahlungszufluss in die basalen Schichten des Blattwerkes.

Es kann daraus geschlossen werden, dass die vertikale Strahlungsverteilung einen signifikanten Einfluss auf die Produktivität, also die Wachstumsrate (G), von Pflanzenbeständen hat.

In Gleichung 8 ist die RUE als die Nutzungseffizienz für die **einfallende** Strahlung definiert. Wir verwenden daher für diese Größe nachfolgend das Symbol RUE_e. Die RUE_e ist von der Strahlungsabsorption der Blätter und der Bestandesgeometrie abhängig. Steigt die Lichtabschwächung auf Grund einer erhöhten Strahlungsabsorption durch den Bestand, so erhöht sich die Lichtnutzungseffizienz und *vice versa*.

Mit der so definierten RUE_e lässt sich die Wachstumsrate eines Pflanzenbestandes berechnen nach:

$$G = RUE_e * Q_o \qquad (8)$$

G, Wachstumsrate [g m^{-2} d^{-1}]
RUE_e, Lichtnutzungseffizienz [g J^{-1}] für die einfallende Strahlung Q_o [J m^{-2} d^{-1}]

In Gleichung 9 ist RUE_a dagegen die Nutzungseffizienz für die **absorbierte** Strahlung (Q_a), welche bei grünen Pflanzenbeständen näherungsweise durch den Term $Q_o\,(1-e^{-k\ \mathrm{BFI}})$ gegeben ist:

$$G = RUE_a * Q_a \qquad (9)$$

G, Wachstumsrate [g m^{-2} d^{-1}]
RUE_a, Lichtnutzungseffizienz [g J^{-1}] für die absorbierte Strahlung (Q_a)

Die so definierte RUE_a ist **nicht** von der Strahlungsabsorption der Blätter und der Bestandesgeometrie abhängig.

Die Wachstumsrate und der Strahlungshaushalt des Pflanzenbestandes sind in diesem Fall über Gleichung 10 miteinander verbunden:

$$G = RUE_a * Q_o * (1-e^{-k\ BFI}) \qquad (10)$$

G, Wachstumsrate [g m^{-2} d^{-1}]
RUE_a, Lichtnutzungseffizienz [g J^{-1}] für die absorbierte Strahlung (Q_a)
Q_o, Strahlungsintensität an der Bestandesoberfläche (= einfallende PAR) [J m^{-2} d^{-1}]
k, Schwächungskonstante für Q_o[dimensionslos]
BFI, Blattflächenindex [dimensionslos]

Zur Vereinfachung werden bei der Modellierung BFI, *k* und/oder RUE in einem bestimmten Vegetationsabschnitt als konstant angesehen. Die Formeln gelten daher nur mit den für einen bestimmten Vegetationsabschnitt gültigen Werten dieser Kenngrößen.

Die Kenngrößen BFI, *k* und RUE sind vom Entwicklungszustand des Pflanzenbestandes abhängig.

Wenn die Effizienz des Photosyntheseprozesses auch gering ist, so wird global immerhin eine Energiemenge von ca. 3 200 Exajoule (EJ = 10^{18} J) in 2 x 10^{22} t Biomasse jährlich gebunden. Davon sind etwa 100 EJ nachhaltig für Energiezwecke nutzbar (Key World Energie Statistics 2010).

Die energetische Effizienz der Photosynthese ist gering, die global in Biomasse gebundene Energie sehr hoch

Der Primärenergieverbrauch der Menschheit beläuft sich auf 508 EJ (Deutschland ca. 14 EJ) (Energiestatistik des BMWI 2009). Hieraus würde sich ergeben, dass weltweit etwa 20 % des Energiebedarfs aus Biomasse gedeckt werden könnten.

An dieser Stelle wird deutlich, dass eine Strahlungs- und Energiebilanz auf verschiedenen Skaleneben aufgemacht werden muss, um die energetische Effizienz von Einzelpflanzen, Pflanzenbeständen, aber auch ganzer Produktionssysteme innerhalb festgelegter Systemgrenzen, beurteilen zu können.

Neben höheren Pflanzen gibt es auch andere Lebensformen, mit denen Biomasse produziert werden kann.

Die Kultivierung von Mikroalgen zur Bildung von Biomasse erfolgt flächenungebunden

Hierzu gehören **Mikroalgen**, von denen die Grünalge *Chlorella vulgaris* bereits seit 50 Jahren kommerziell genutzt wird. In Abhängigkeit von den individuellen Artansprüchen können Mikroalgen photoautotroph, heterotroph oder mixotroph kultiviert werden. Photoautotrophe Algen betreiben Photosynthese und werden in Photobioreaktoren angezogen. Sie benötigen Licht mit besonderen Ansprüchen an Qualität, Quantität und Hell-Dunkelzyklen. Das Temperaturoptimum liegt zwischen 20 und 27 °C. Weitere wichtige Anzuchtfaktoren sind das Nährstoffangebot, die Kohlenstoffversorgung und der pH-Wert (Optimum zwischen 7 und 9).

Heterotrophe Algenarten benötigen organische Verbindungen als Energie- und Kohlenstoffquelle. Sie können unter Ausschluss von Licht kultiviert werden. Gegenüber der photoautotrophen Anzucht wird die Biomasseproduktivität (einschl. Lipidproduktion) im heterotrophen System durch den Einsatz organischer Kohlenstoffquellen wie Glucose deutlich gesteigert. Nachteile dieser Kultivierung sind aber das hohe Kontaminationsrisiko und die Kosten für die organischen Kohlenstoffquellen sowie die Beleuchtungsanlagen.

Mixotroph kultivierte Algen benötigen neben CO_2 auch organischen Kohlenstoff als Kohlenstoffquelle. Der für diese Algen erforderliche Reaktor muss auf jeden Fall eine CO_2- und Lichtversorgung gewährleisten. In großtechnischen Anlagen wird diese Kultivierungsart nur selten genutzt.

2.2 Stoffwechsel

Die messbare Stoffwechselaktivität einer Pflanze resultiert zu jedem Zeitpunkt aus der Wechselwirkung zwischen ihrer Erbinformation (Genotyp) und den herrschenden Wachstumsbedingungen (Umwelt).

Der Primärstoffwechsel verbraucht einen erheblichen Teil der durch Photosynthese gewonnenen Energie. Ihm werden alle Prozesse zugeordnet, die die Biogenese der für die Funktionsfähigkeit eine Zelle benötigten Strukturen ermöglicht, und läuft in allen Pflanzenarten in ähnlicher Weise ab.

Von zentraler Bedeutung für den Primärstoffwechsel sind die Interaktionen zwischen dem Calvin-Zyklus, der glycolytischen Energiegewinnung in der Atmungskette sowie dem Pentosephosphat- und dem Citrat-Zyklus, die zusammen den Intermediärstoffwechsel der höheren Pflanzen betreiben. Insgesamt vermittelt er die Ansatzpunkte für die Biosynthesewege zu allen Endprodukten des Primärstoffwechsels.

Die jedem Genotyp eigenen Erbinformationen ermöglichen und lenken den Sekundärstoffwechsel. Dieser führt zu einer sehr großen Zahl von Inhaltsstoffen, welche meist nur in bestimmten Organen und geringen Mengen ausgebildet werden.

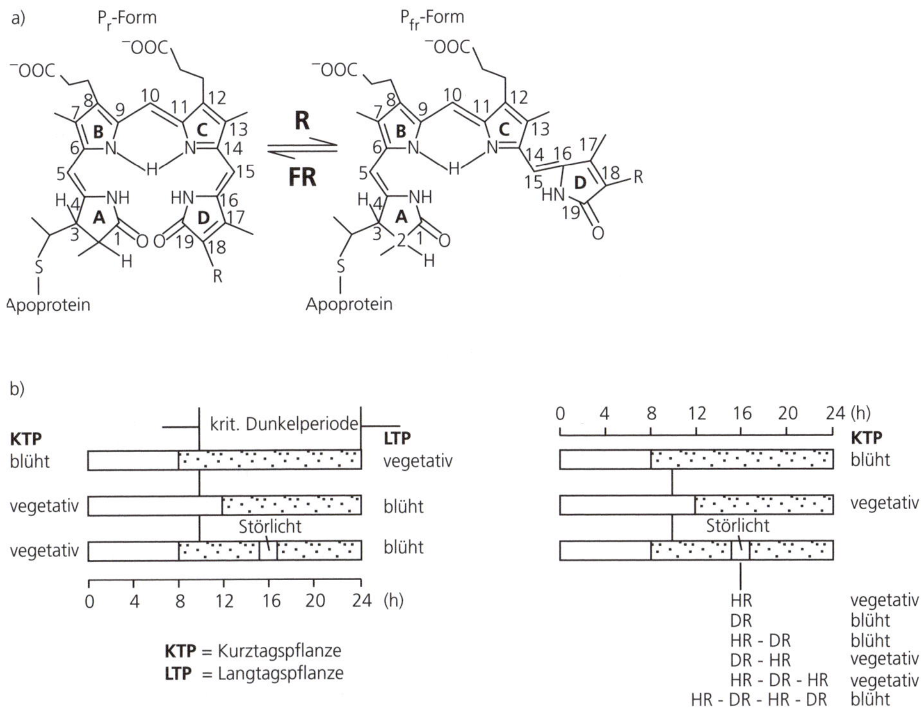

Abb. 2.4 Die morphogenetische Wirkung des Lichtes (nach WANG und DENG 2004, HESS 1976, aus DIEPENBROCK et al. 2012)
a) Die beiden Zustandsformen des Phytochroms
R = rotes Licht
FR = dunkelrotes Licht
b) Nachweis photoperiodischer Reaktionen

Die physiologischen Funktionen der Moleküle aus dem Sekundärstoffwechsel stellen oftmals den Kontakt einer Pflanze mit ihrer Umwelt her.

So gehören Chlorophylle als Photosynthesepigmente der Stoffklasse der Porphyrine an, die aus Intermediärprodukten des Citrat-Zyklus unter Beteiligung aliphatischer Aminosäuren hervorgehen.

Das Phytochromsystem steuert die Formbildungsprozesse wachsender Pflanzen, die zum Aufbau der artspezifischen Pflanzenarchitektur führen.

Über das Phytochromsystem entfaltet sich die **morphogenetische Wirkung des Lichtes** (Abb. 2.4).

Die aus dem Sekundärstoffwechsel stammenden Rezeptoren, die Phytochrome, ermöglichen der Pflanze, ihren Primärstoffwechsel auf Hell- und Dunkelphasen einzustellen. Wie das Chlorophyll sind auch sie lichtwellenempfindlich. Der in diesem Fall notwendige Lichtreiz wird von dem Phytochromsystem aufgenommen, welches unter (auch schon geringer) Energieaufnahme seine Molekülstruktur mittels Protonenübergängen ändert und damit jeweils Rezeptor für Wellenlängen mit Absorptionsmaxima um 660 nm (hellrot) oder um 730 nm (dunkelrot) wird. Das Phytochromsystem reagiert unter natürlichen Bedingungen auf den Tag-Nacht-Wechsel mit Sensitivitäten, die einerseits die Morgendämmerung (hellrotes Licht), andererseits die Abenddämmerung (dunkelrotes Licht) erfassen.

Pflanzenbaulich relevante Reaktionen auf diesen Lichtreiz finden sich bei den Keimungs- und vegetativen Wachstums- (Etiolierungs-) Prozessen und der Blühinduktion.

Bei sogenannten Lichtkeimern (meist kleinsamige Kultur- und Unkrautarten) ist hellrotes Licht Voraussetzung für die Einleitung des Keimprozesses und bei allen Pflanzen ausschlaggebend für die Morphologie der Keimpflanze. Für Dunkelkeimer (meist großsamige Arten) ist die Keimung unter Lichtausschluss charakteristisch. Viele Kulturarten sind jedoch lichtneutral, d. h. die Keimung erfolgt unabhängig von der Lichtwirkung.

Dunkelrotes Licht hemmt die Blattentwicklung, veranlasst aber ein beschleunigtes Streckungs- und Längenwachstum (Etiolierung). So entwickeln Kartoffelkeime unter Lichtabschluss Sprosse, die extrem lange Internodien und zugleich sehr kleine, chlorophyllfreie Laubblätter ausbilden. Dies führt im Anbau zu einer schnellen Überbrückung der Distanz zwischen gepflanzter Knolle und der Erdoberfläche. Auch das angeregte Längenwachstum von Koleoptile und Halmheber von Getreidepflanzen und die beschleunigte Hypokotylstreckung zweikeimblättriger Arten lassen sich auf diese Weise erklären.

Die an die Vegetationsperiode angepassten Entwicklungsprozesse werden entscheidend durch den Übergang des Vegetationskegels von einer reinen Blattbildungsphase in die generative Phase der Entwicklung von Blütenständen bestimmt. Dieser Übergang ist eine erblich verankerte Reaktion auf Veränderungen der Tageslänge bzw. einer kritischen Nachtlänge (Photoperiodismus). Bei Langtagspflanzen liegt diesem Photoperiodismus die Erfassung der Dauer der Tageslänge, bei Kurztagspflanzen die Registrierung der Dauer der Dunkelphase zugrunde. Zur Förderung des Übergangs zur generativen Entwicklung ist für Langtagspflanzen eine Tageslänge von mehr als 14 Stunden, für Kurztagspflanzen eine Dunkelphase von mehr als 14 Stunden notwendig. Die tatsächlichen Längen der Nacht bzw. des Tages sind artspezifisch und können nicht mit einer allgemein gültigen Stundenzahl angegeben werden.

Die Tageslängenreaktion stellt für die Nutzpflanzen einen zuverlässigen Mechanismus dar, der wesentlich zur Anpassung des Entwicklungsverlaufes an die jahreszeitlichen (durch die Änderung der Tageslänge angezeigten) Veränderungen der Wachstumsverhältnisse unterschiedlicher Standorte dient.

Die Gruppe der **Phytohormone** ist in wechselseitiger Konzentrationsabhängigkeit maßgeblich an vielen Regulationsvorgängen beteiligt. So regeln sie etwa die Stoffverteilung in der Pflanze als Verhältnis aus Source (Assimilat produzierende Pflanzenteile) und Sink (Verbrauchsorte für Assimilate) oder das Pflanzenlängenwachstum über die Beeinflussung der Internodienlänge.

In großer Vielfalt werden Verbindungen aus der Stoffklasse der **Flavonoide** und ätherische Öle aus der Klasse der **Isoprenoide** gebildet. Sie sind die stoffliche Basis für befruchtungsbiologische aber auch allelopathische Wechselwirkungen. Extrem spezifische Erkennungs- und Abwehrreaktionen bestimmen über die Ausbildung von Wirt- und Parasitverhältnissen, die ein breites Spektrum potenzieller Schad- und Krankheitserreger jeder Kulturpflanzenart einschließen, aber auch über ihre Symbiosen.

An Abwehrreaktionen gegen spezialisierte biotrophe Krankheitserreger sind sehr häufig Produkte des **Phenolstoffwechsels** beteiligt.

Weiterführende Literatur

HESS, H., 2004: Allgemeine Botanik. Verlag E. Ulmer, Stuttgart. ISBN 978-3825224875

PESSARAKLI, M. (Ed.), 1994: Handbook of Plant and Crop Physiology. Marcel Dekker, Inc., New York, Basel, Hong Kong

WEILER, E. und L. NOVER 2008: Allgemeine und molekulare Botanik (begründet von W. NULTSCH). 1. Aufl., Thieme, Stuttgart. ISBN 978-3131476616

Fragen zu Kap. 2

Welche Energiemenge ist zur Bildung von 1 mol Glucose erforderlich?

Welche Unterschiede bestehen in der ökophysiologischen Anpassung von C3- und C4-Pflanzen?

Welche Größen bestimmen die Wachstumsrate von Pflanzenbeständen?

Wie hoch ist die Energieausbeute durch Photosynthese im pflanzlichen System?

Welches Pigmentsystem steuert die morphogenetischen Wirkungen des Lichtes?

3 Ertragsbildung und Anbau der Kulturpflanzen

Die in der Vegetationsperiode ablaufenden Ertragsbildungsprozesse sind von der genetischen Information in der Pflanze und den regulativen Umweltbedingungen abhängig und bestimmen den Ertrag als flächenbezogene Produktionsleistung des Pflanzenbestandes.

Die Anbauverfahren der Kulturpflanzen sind darauf ausgerichtet, das Produktionspotenzial des Standortes so gut wie möglich auszunutzen und ökonomischen Erfolg zu erzielen.

Landwirtschaftliche Produktionssysteme sind stets innerhalb der klimatischen Rahmenbedingungen wie Tageslänge, Einstrahlungsmenge, Temperaturverlauf und -extreme, Niederschlagsmenge und –verteilung, relative Luftfeuchtigkeit und Unwetterrisiko organisiert. Daneben sind sie auch in einen soziologischen (z. B. Bevölkerungsdichte, Anspruch der Bevölkerung an die Lebensqualität, insbesondere die Nahrungsqualität, Ansprüche an Landnutzung für andere als landwirtschaftliche Zwecke, wie Trinkwasserschöpfung, Verkehr oder Freizeit und spezielle Rechtsvorschriften) und ökonomischen Kontext (Organisation und Verfassung der allgemeinen Märkte, Agrarpolitik und Einkommenserwartung) eingebunden.

3.1 Ertragsbildung

Der Flächenertrag und die stoffliche Zusammensetzung der Biomasse sind die relevanten Parameter für die Erzeugung nachwachsender Rohstoffe. Für den Produktionserfolg ist neben der Ertragshöhe und -qualität auch die Ertragssicherheit entscheidend.

Die potenzielle **Ertragsleistung eines Pflanzenbestandes** ist in der genetischen Information verankert und stellt eine umweltunabhängige Größe dar, deren Ausschöpfung aber von der Konstellation der Umweltbedingungen beeinflusst wird.

Das aktuelle Ertragsniveau eines Pflanzenbestandes am jeweiligen Standort wird bestimmt durch die vollständige Ausnutzung der photosynthetisch wirksamen Lichtenergie in Verbindung mit dem Zeitraum, über den die Bestandesphotosynthese sich an der Grenze der physiologischen Leistungsfähigkeit bewegt (s. Kap. 2.1).

Pflanzenbauliche Eingriffe gestalten die Umweltbedingungen so, dass das Ertragspotenzial möglichst weit ausgeschöpft wird. Zu den Umweltfaktoren zählen abiotische Witterungs- und Bodenfaktoren, aber auch sämtliche parasitierenden, kooperierenden und konkurrierenden Lebewesen, wie Krankheitserreger, Symbionten, Schädlinge und Unkräuter.

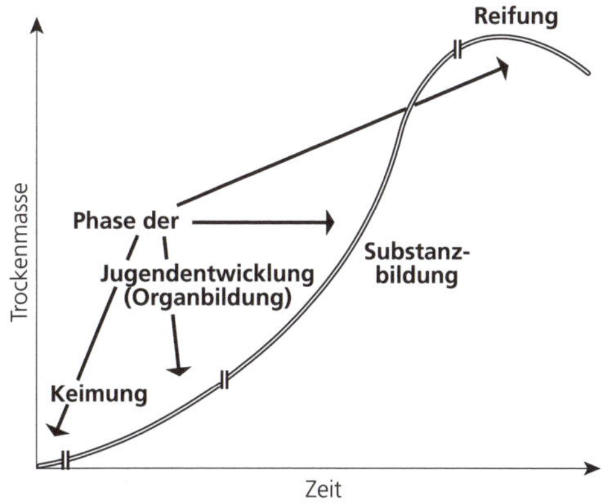

Abb. 3.1 Die Wachstumskurve (Diepenbrock et al. 2012).

Mit der Pflanzenzüchtung wird der pflanzliche Genotyp an Nutzungsziel und Produktionstechnik angepasst.

Die **Wachstums- und Entwicklungsvorgänge** beanspruchen den größten Teil der Stoffwechselaktivität einer Pflanze. Dabei wird das Wachstum als irreversible Substanzzunahme der Pflanze bzw. ihrer Einzelorgane bezeichnet, während die Entwicklung die Differenzierung zu funktional unterschiedlichen Geweben bzw. Organen beschreibt.

Der Wachstumsverlauf einjähriger Kulturen folgt einer s-förmigen Kurve (Abb. 3.1).

Der Ertrag eines Kulturpflanzenbestandes ist das Ergebnis der Wachstumsvorgänge innerhalb der Vegetationsperiode, in deren Verlauf die ertragsbildenden Prozesse von der Nettoassimilationsrate (und damit der Wachstumsrate) und der Wachstumsdauer abhängen. Die Wachstumsrate ist die je Zeiteinheit gebildete und eingelagerte Trockenmasse (TM), die Wachstumsdauer die für die Ertragsbildung benötigte Anzahl von Tagen.

Im gemäßigten Klima Mitteleuropas unterscheiden sich die anbauwürdigen Kulturarten kaum in ihrer nachhaltig erzielbaren Wachstumsrate, die mit etwa 250 kg TM pro ha und Tag angegeben werden kann. Folglich dürfte beim Anbau von Kulturpflanzen unter für sie günstigen Bedingungen meist die Wachstumsdauer die erreichbare Ertragsleistung stärker bestimmen als die Wachstumsrate.

Die Wachstumsdauer hat größeren Einfluss auf den Biomasseertrag als die Wachstumsrate

Wachstumsdauer und Wachstumsrate stehen unter dem Einfluss der Wachstumstemperatur. Grundsätzlich gilt, dass zunehmende Temperaturen die Wachstumsrate fördern, die Wachstumsdauer jedoch verkürzen. Mit der gesteigerten Wachstumsrate ist aber meist die Wirkung der verkürzten Wachstumsdauer mit Blick auf die Ertragsleistung nicht zu kompensieren. Im Ergebnis sind wachstumsverzögernde Temperaturbereiche für die Ertragsleistung generell günstig zu beurteilen. Solche Modellvorstellungen erklären sehr gut, warum z. B. im Norden Deutschlands oder in den Niederlanden mit sommerkühlem Klima bei Getreide ein höheres Ertragsniveau erreicht wird, als in sommerwarmen Regionen.

Multiplikative Effekte entstehen, wenn mit der Anhebung der täglichen Zuwachsrate zugleich eine längere Wachstumsdauer erreicht wird, wie dies in der jüngeren Vergangenheit bei den Energiepflanzen Mais und Raps der Fall war. In den letzten Jahren wurde aber auch bei einigen Kulturarten eine Stagnation des statistischen Ertragstrends beobachtet. Dies ist auf den ertragsbegrenzenden Wasserhaushalt vieler Standorte zurückzuführen.

Produktion und Verteilung der Trockenmasse sind die entscheidenden **innerpflanzlichen Vorgänge** für die Ertragsbildung eines Kulturpflanzenbestandes. In diesen Eigenschaften lassen sich die Körnerfrüchte in drei Ertragsbildungstypen einteilen. Bei den in den Ertragsanlagen terminierten Arten (z. B. Gräser und Getreide) wird mit dem Eintritt in die reproduktive Phase die neu gebildete Trockenmasse überwiegend in die Ertragsorgane verlagert. Bei semi-terminierten Arten unterliegt die Stoffverteilung nach der Sink-Differenzierung (Sink = Verbrauchsorte für Assimilate) der innerpflanzlichen Konkurrenz zwischen vegetativen und reproduktiven Attraktionsorten mit einer leichten Dominanz der reproduktiven Organe (z. B. *Brassica napus* L.). Nicht-terminierte Arten (z. B. *Vicia faba* L.) verteilen die Assimilate im Nachblütezeitraum über weite Phasen gleichmäßig in vegetative und generative Strukturen.

In den meisten Fällen wird der Ertrag eines Kulturpflanzenbestandes durch bestimmte Pflanzenorgane erbracht, die im Entwicklungsverlauf angelegt und durch pflanzenbauliche Eingriffe in ihrem Wachstum gefördert werden. Dazu gehören Früchte bzw. Samen, Stängel, Blätter, Knollen oder Wurzeln. Ihr Anteil and der Biomasse wird als Ernteindex bezeichnet. Nur mit einem vollständig verwertbaren Aufwuchs der meisten Futterpflanzen oder einigen Energiepflanzen (z. B. Biogasmais, schnellwachsende Baumarten, *Miscanthus*, Hirsen/Sudangras) ist ein Ernteindex von 1,0 zu erreichen. In allen anderen Fällen ergibt sich ein geringerer Wert.

Pflanzenbauliche Maßnahmen sind darauf ausgerichtet, den Ernteindex zu erhöhen.

Der Ernteindex ist das Verhältnis von Kornertrag zur gesamten oberirdischen Biomasse

Auch die Beiträge der Pflanzenzüchtung zu den Ertragssteigerungen der letzten Dekaden sind hier im Wesentlichen angesiedelt. So erreichen europäische Landsorten von Winterweizen unter gleichen Wachstumsbedingungen ähnlich hohe Biomasseerträge wie heutige Zuchtsorten.

Allerdings zeigen die alten Sorten nur einen Ernteindex von etwa 0,33, während moderne Zuchtsorten auf Werte von 0,55 kommen und damit einen Mehrertrag an Korn von etwa 4 t ha^{-1} liefern. Diese genotypischen Effekte gehen auf hormonelle Steuerungsprozesse zurück, die bewirken, dass die im pflanzlichen System verfügbaren Photosyntheseprodukte verstärkt für die Anlage und Ausbildung der Ertragsorgane verwendet und so die Photosynthesekapazitäten des Blattapparates besser für die Ertragsbildung genutzt werden.

Unter den Energiepflanzen gibt es **einige perennierende Gräser** und **Baumarten**, deren Wachstumsrythmus von dem der annuellen Pflanzen deutlich abweicht.

So bildet etwa das **C4-Gras *Miscanthus*** (*Miscanthus x giganteus*) aus vegetativem Pflanzmaterial (Rhizomstücke) ein sympodiales Rhizom, aus dem in jedem Bestandsjahr kontinuierlich neue Triebe austreiben, die dem gräsertypischen Aufbau entsprechen. Ab dem dritten Anbaujahr werden Wuchshöhen von bis zu vier Metern erreicht. Vor jedem Winter werden Assimilate und Nährstoffe in das Rhizom verlagert. Die blattlosen lignocellulosereichen Triebe stellen dann im März/April das Erntegut dar.

Die perennierende Entwicklung untergliedert sich in eine zwei- bis dreijährige Etablierungsphase, eine drei- bis vierjährige Hochertragsphase und eine lange Phase jährlich abnehmender Erträge. Insgesamt kann mit einer mehr als zwanzigjährigen Nutzungsdauer gerechnet werden.

Schnellwachsende Baumarten (u. a. Pappeln, Weiden) werden als Steckhölzer ausgepflanzt und im Anpflanzjahr 1,5 m hoch. Nach vier Jahren ist eine Bestandeshöhe von 7 m erreichbar. Die Ernte der aufgewachsenen Biomasse erfolgt im Januar/Februar. Die Ernteintervalle (Umtriebe) umfassen je nach Erntetechnik und Nutzungsart 3 bis 4, 5 bis 6 oder 8 bis10 Jahre. Die Gesamtnutzungsdauer kann mehr als 25 Jahre betragen. Der mittlere jährliche Zuwachs an Trockenmasse ab dem zweiten Aufwuchsjahr liegt bei Pappeln und Weiden zwischen 6 und 9 t je ha und Jahr.

Der jährliche Holzzuwachs **forstwirtschaftlich genutzten Baumarten** setzt sich aus dem Zuwachs an Jahresringen der Stämme und den in den Bestand hinein gewachsen Stämmen (Einwuchs) zusammen. Der durchschnittliche jährliche Zuwachs kann mit etwa 12,6 m^3 ha^{-1} angegeben werden. Etwa 4 m^3 ha^{-1} verbleiben als jährlicher Vorratsaufbau, der sich aus der Differenz zwischen Zuwachs und Entnahme (einschl. nicht genutztem Holz) ergibt.

Die Produktivität eines Baumbestandes hängt sehr stark von der Artenzusammensetzung und der Altersstruktur ab. Von den Hauptbaumarten liegen Eiche und Kiefer (ca. 9 m^3 ha^{-1}) deutlich unter, Fichte (ca. 17 m^3 ha^{-1}) erheblich über dem durchschnittlichen Zuwachs. Die Leistung der Buche entspricht etwa dem Durchschnittswert aller Baumarten.

Konkurrenz in Pflanzenbeständen

Da Wachstumsfaktoren nur begrenzt zur Verfügung stehen, sind **Konkurrenzwirkungen** in Pflanzenbeständen unvermeidlich, die inter (zwischenartlich)- oder intraspezifisch (innerartlich) sein können. Konkurrenz entsteht mit zunehmender Pflanzenentwicklung hauptsächlich um Wasser, Nährstoffe und Licht. Innerhalb der pflanzenbaulich relevanten Bestandesdichten ergibt sich daraus ein allgemeines Modell der Konkurrenz in Pflanzenbeständen.

Außerhalb von Konkurrenzbedingungen folgt die Ertragsbildung der Einzelpflanze der typischen Wachstumskurve und die Einzelteile der Pflanze entwickeln sich ausgewogen und vollständig. Unter diesen Bedingungen werden die am Standort vorhandenen Wachstumsfaktoren aber nur unvollständig ausgenutzt und der flächenbezogene Ertrag bleibt relativ gering.

Da der Ertrag im landwirtschaftlichen Pflanzenbau immer eine flächenbezogene Leistung darstellt, sind es die Konkurrenzeffekte zwischen den Einzelpflanzen eines Pflanzenbestandes, welche die Umsetzung der Wachstumsfaktoren in den pflanzenbaulichen Ertrag bestimmen.

> Konkurrenz in Pflanzenbeständen bestimmt Wachstum und Entwicklung der Einzelpflanzen

Schon die Anlage eines Bestandes zielt darauf ab, eine möglichst hohe Ausnutzung der verfügbaren Wachstumsfaktoren und eine gerichtete Förderung der Ertragsorgane zu erreichen. Dabei unterscheidet sich die flächenbezogene Ertragskurve grundsätzlich von derjenigen der Einzelpflanze.

Nach dem Auflaufen der Einzelpflanzen ist in der Anfangsentwicklung zunächst keine (oder eine kaum messbare) innerartliche Konkurrenz gegeben (Abb. 3.2).

Folglich steht in dieser Phase die Trockenmasseleistung des Bestandes in direkter Beziehung zur Anzahl der Einzelpflanzen auf der Fläche.

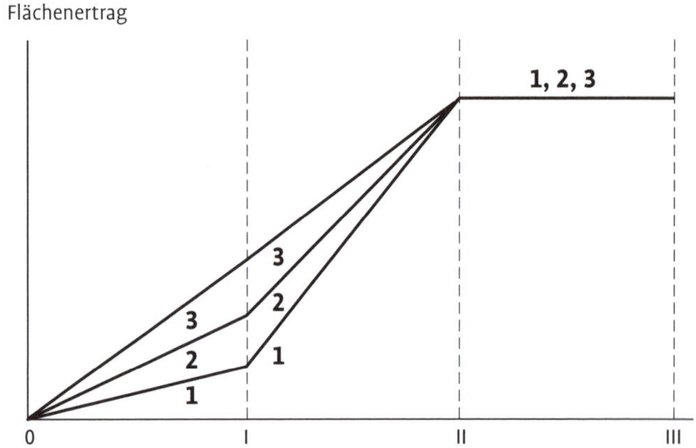

Abb. 3.2 Modelldarstellung der Ertragsbildung von Pflanzenbeständen bei verschiedenen Bestandesdichten (Geisler 1981).
0 - I = keine Konkurrenz;
I - II = zunehmende Konkurrenz;
II - III = volle Konkurrenz
1 = geringe Bestandesdichte; 2 = mittlere Bestandesdichte;
3 = hohe Bestandesdichte

Der nachfolgende Abschnitt reicht von beginnender bis zur vollen Konkurrenz. Die Wuchsleistung des Bestandes wird jetzt immer unabhängiger von der Anzahl der Pflanzen, weil die Konkurrenzbedingungen zu einer Unterversorgung der Einzelpflanzen führen.

Bei voller Konkurrenz besteht Unabhängigkeit der Flächenleistung von der Anzahl der Individuen. Bis zur Ernte verfügt der Bestand über eine Assimilationskapazität, die auf der vollständigen Ausnutzung der vorhandenen Wachstumsfaktoren beruht. Unabhängig davon gewinnen in dieser Phase die Translokationsvorgänge für Assimilate zugunsten der Ertragsorgane an Bedeutung.

Da in den meisten Fällen einzelne Ertragsteile der Pflanzen genutzt werden, müssen die Konkurrenzverhältnisse durch pflanzenbauliche Maßnahmen so gestaltet werden, dass die den Ertrag bildenden Ertragsorgane in ihrer Entwicklung gefördert werden. Unter Konkurrenzbedingungen tritt die Bildung von Biomasse oft in ihrer Bedeutung hinter die Stoffverteilung zugunsten des pflanzenbaulichen Ertrages zurück, sofern die Nahrungs-, Futtermittel- oder Industrierohstofferzeugung beabsichtigt ist. Anders verhält es sich in Bezug auf die Erzeugung von Biomasse zur energetischen Verwertung, bei der es auf den gesamten Aufwuchs an oberirdischer Biomasse ankommt.

Im Pflanzenbestand wird der Wachstumsverlauf der Einzelpflanze entscheidend durch die gewählte Bestandesdichte vorher bestimmt. Untersucht man die Einzelpflanzengewichte und ihre Variationsbreite in Abhängigkeit von der Bestandesdichte, so können für mittlere Standräume etwa „Normalverteilungen" um das mittlere Pflanzengewicht erwartet werden (Abb. 3.3).

Sehr hohe Bestandesdichten sind dagegen durch starke Exzessivität und Schiefe der Verteilung der Einzelpflanzengewichte gekennzeichnet. In derartigen Beständen sind wenige sehr stark entwickelte Pflanzen zu

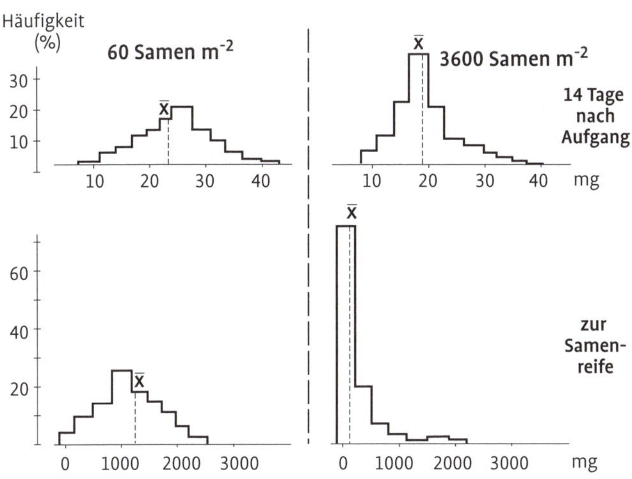

Abb. 3.3 Einfluss der Bestandesdichte auf die Häufigkeitsverteilung von Einzelpflanzengewichten (mg) des Leins (*Linum usitatissimum* L.) 14 Tage nach Aufgang und zur Samenreife (nach Obeid et al. 1967, aus Geisler 1981).

finden, während die Mehrheit schwächer ausgebildet ist. Im Extremfall können einige Pflanzen ihren Lebenszyklus nicht mehr vollenden.

Ertragssicherheit

Das jährlich oder lokal wechselnde Angebot an Umweltfaktoren bestimmt die Ertragsschwankungen und damit die Ertragssicherheit.

Ein hohes Maß an Ertragssicherheit ist daran zu erkennen, dass im Vergleich mit anderen Kulturarten, Sorten oder Produktionsverfahren geringere Ertragsschwankungen auftreten.

Soweit die Ertragsbildung nicht durch epidemische Ausbreitung von Krankheitserregern und/oder Schädlingen bzw. im niederschlagsreichen gemäßigten Klima durch vorzeitiges Lager der dafür anfälligen Pflanzenarten beeinträchtigt wird, müssen regionale Ertragsschwankungen in vielen Fällen auf Mindererträge durch abiotischen Stress zurückgeführt werden. Deshalb war es in den letzten Jahren wichtig, eine kausalanalytisch betriebene Stressphysiologie zu entwickeln unter Einbezug molekularbiologischer Methoden.

Erhebliche Fortschritte wurden in der Aufklärung der Ursachen von Frostschäden gemacht. Ihre aktuelle Bedeutung hat allerdings mit der Häufung wintermilder Jahre deutlich abgenommen. Anders verhält es sich bei Wärme liebenden Pflanzen wie Mais oder Zuckerhirse, die unter suboptimalen Wachstumstemperaturen, insbesondere während der Jugendphase, chlorophyllschädigende Kühlestress erleiden, gegen den es kaum eine pflanzenbauliche Abwehrmöglichkeit, dafür aber züchterische Ansatzpunkte gibt.

Die größte praktische Bedeutung dürfte aber dem Wasserstress zukommen, der mit Erschöpfung der Wasservorräte im Boden einsetzt. Fortschreitende Klimaveränderungen und die zunehmend dichter gewordenen Pflanzenbestände tragen erheblich zu den periodisch auftretenden Stressereignissen bei. Pflanzenbauliche Maßnahmen zur optimierten Nutzung der verfügbaren Wasservorräte können die Stresswirkungen abschwächen. Zukünftig entscheidend dürften aber die Fortschritte in der Stressphysiologie sein, wenn realistische Ansätze für eine züchterische Verbesserung von Dürreresistenz erschlossen werden können.

Ertragsmodelle

Ertragsmodelle beruhen auf mathematisch formulierter Schätzungen, die darauf ausgerichtet sind, Ertragsunterschiede auf der Grundlage der in die Schätzungsgleichung eingehenden Parameter zu berechnen. Die Gleichungen können aus den Korrelationen zwischen den Jahresschwankungen von repräsentativ erfassten Durchschnittserträgen und den zugehörigen Differenzierungen im Witterungsverlauf innerhalb einer Region mit ähnlichen Wachstumsverhältnissen abgeleitet werden. Solche Verfahren dienen insbesondere der Ertragsvorschätzung für die noch andauernde Vegetationsperiode.

Inhaltsstoffe

Für die energetische Nutzung der pflanzlichen Biomasse ist neben dem Ertrag deren Elementzusammensetzung, insbesondere für die Schadstoffbildung bei der thermo-chemischen Umwandlung, von entscheidender Bedeutung.

Höhere Pflanzen bestehen zu 92% aus Kohlenstoff (C), Sauerstoff (O) und Wasserstoff (H). Diese drei nicht-mineralischen **Nährelemente** stammen aus der Luft und dem Wasser. Etwa 8% der Biomasse sind mineralische Nährelemente, die für alle Pflanzenarten unentbehrlich sind und meist aus den Mineralen des Bodens stammen. Zu den Makronährelementen gehören Stickstoff (N), Phosphor (P), Kalium (K), Calcium (Ca), Magnesium (Mg) und Schwefel (S), zu den Mikronährelementen Eisen (Fe), Mangan (Mn), Zink (Zn), Kupfer (Cu), Bor (B), Molybdän (Mo), Chlor (Cl) und Nickel (Ni). Der Bedarf landwirtschaftlicher Kulturarten schwankt für die unterschiedlichen Nährelemente in weiten Grenzen. Bei Stickstoff variieren die Gehalte in der Biomasse zwischen 0,38 und 6,40 kg dt^{-1}, bei Phosphor zwischen 0,06 und 1,06 kg dt ha^{-1}, bei Kalium zwischen 0,37 und 4,15 kg dt^{-1} und bei Magnesium zwischen 0,03 und 0,45 kg dt^{-1}.

Bei den Festbrennstoffen ist der **Wassergehalt** der bedeutendste Qualitätsparameter, der den Heizwert, die Lagerfähigkeit und die Verbrennungstemperatur entscheidend beeinflusst.

Der **Aschegehalt** wirkt sich auf die Partikelemission und die Rückstandsbildung und -verwertung aus.

Die organischen Stoffwechselprodukte bestimmen den Wert eines nachwachsenden Rohstoffes sowohl für die stoffliche als auch die energetische Nutzung. Kohlenhydrate, Fette und Öle, Eiweiß und Lignin sind die wichtigsten wertgebenden Substanzen.

Abbildung 3.4 enthält die chemische Struktur der **Hauptreservestoffe** landwirtschaftlicher Kulturpflanzen.

Die physikalischen Brennwerte der einzelnen Inhaltsstoffe sind in Tabelle 2 aufgeführt.

Zu den **Kohlenhydraten** zählen Zucker, Stärke, Fructosane und Cellulose.

Pflanzliche **Zucker** gliedern sich in Mono- (Einfachzucker), Di- (Zweifachzucker) und Oligosaccharide (Mehrfachzucker aus zwei bis zehn Monosacchariden).

Die Monosaccharide Glucose und Fructose gehören in ihrer phosphorylisierten Form zu den wichtigsten organischen Molekülen im Stoffwechsel. Darüber hinaus sind sie die Grundbausteine aller weiteren Kohlenhydrate. Die Saccharose (Rohr- oder Rübenzucker) als Disaccharid setzt sich aus Glucose und Fructose in glycosidischer Bindung zusam-

Abb. 3.4 Reservestoffe der Kulturpflanzen (Diepenbrock et al. 2012)

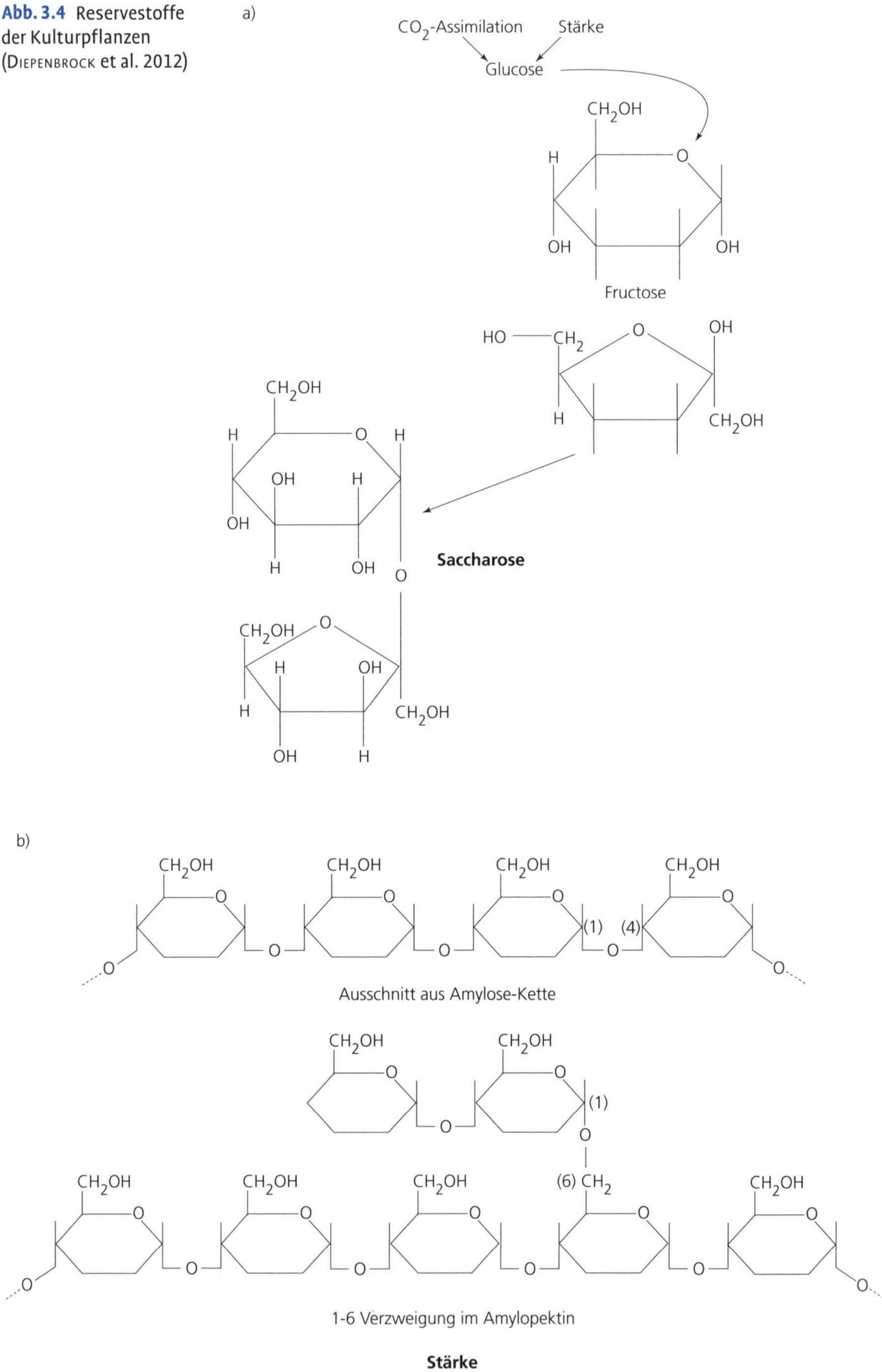

c)

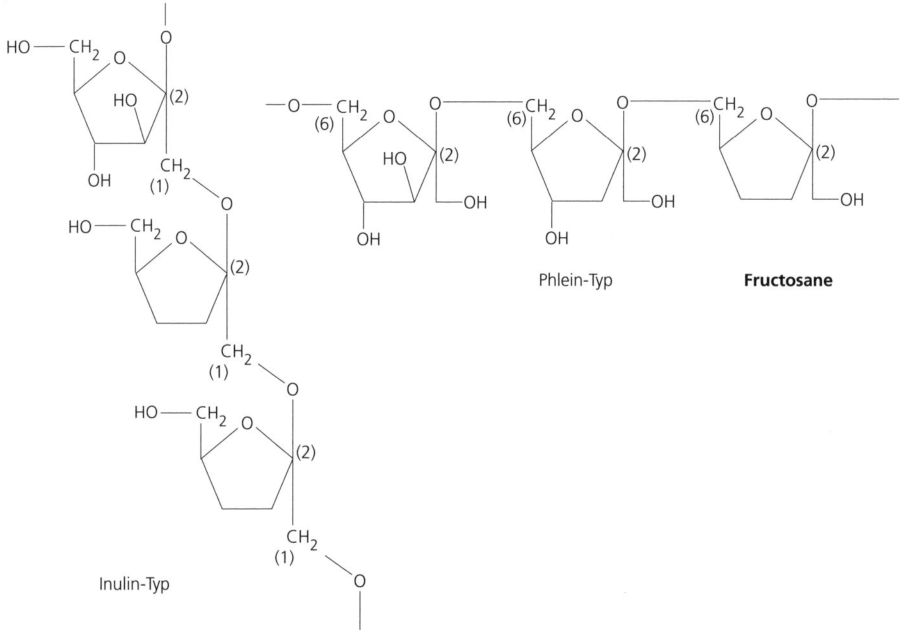

Inulin-Typ

Phlein-Typ

Fructosane

d)

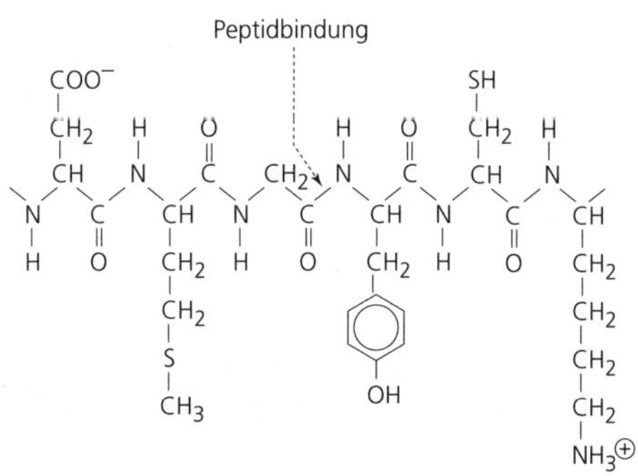

Proteine

Aminosäuren ⟹ Asparaginsäure Methionin Glycin Tyrosin Cystein Lysin

Ausschnitt aus der Polypeptidkette

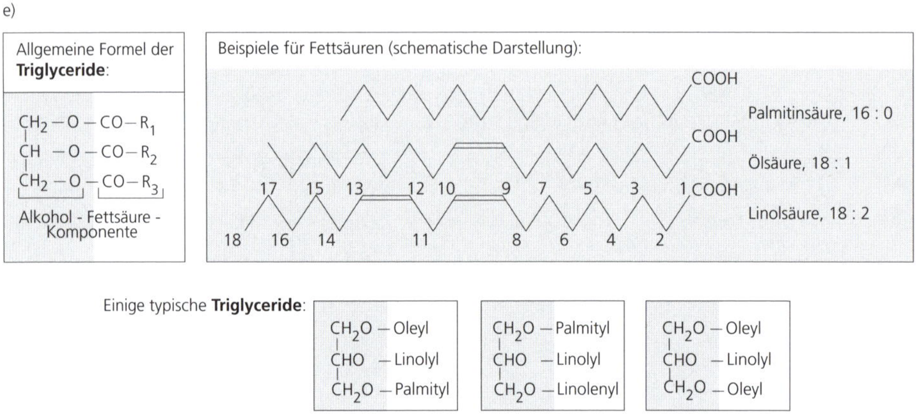

Abb. 3.4 Reservestoffe der Kulturpflanzen (Diepenbrock et al. 2012) (Fortsetzung)

men. Sie ist das wichtigste Disaccharid im Stoffwechsel, zugleich aber auch der Reservezucker des Zuckerrohrs, der Zuckerrübe und der Zuckerhirse. Oligosaccharide sind aus mehreren gleichen oder verschiedenen Monosacchariden aufgebaut. In ihren physikalischen und sensorischen Eigenschaften ähneln sie den Monosacchariden.

Stärke ist das im Pflanzenreich am häufigsten auftretende Polysaccharid. Wichtige Stärketräger im gemäßigten Klima sind die Getreidearten und Kartoffel (*Solanum tuberosum* L.). Stärke ist im Pflanzengewebe osmotisch unwirksam und wird in speziellen Zellorganellen (Amyloplasten) der Speicherorgane synthetisiert. Hier finden sich die typischen Stärkekörner, deren Form, Größe und Schichtung für die jeweilige Pflanzenart charakteristisch sind. Grundbaustein der Stärke ist Glucose, die entweder in linearen Ketten in 1,4-glycosidischer Bindung (Amylose) oder stark verzweigten Strukturen aus 1,4- und 1,6-glycosidischen Bindungen (Amylopektin) angeordnet ist. Stärke ist ein Gemisch aus etwa 20 bis 30 % Amylose und 70 bis 80 % Amylopektin.

Fructosane gehören wie Stärke zu den Polysacchariden, sind aber aus Fructoseeinheiten aufgebaut, die entweder in β-2,1-Bindung (Inulin) oder β-2,6-Bindung (Phlein) stehen. Fructosane des Inulintyps sind die typischen Reservekohlenhydrate der Asteraceen, zu denen Topinambur (*Helianthus tuberosus* L.) als nachwachsende Rohstoffpflanze gehört. In den vegetativen Pflanzenteilen der Gramineen sind Fructosane weit verbreitet und treten dort in sehr komplexen Bindungsformen auf.

Cellulose ist als Homopolymer aus 1000 bis 14000 –D-Glucose-Einheiten zusammengesetzt und bildet räumlich eine Kette mit leichter Faltung. Sie ist Hauptbestandteil der Zellwand, der sie Starrheit, Festig-

Tab. 3.1 Physikalische Brennwerte der Hauptinhaltsstoffe von Biomasse in kJ g^{-1} (Greef et al. 1993)

Inhaltsstoff	Brennwert kJ g^{-1}
Rohprotein	23,04
Rohfett	38,96
Rohfaser	17,59
N-freie Extraktstoffe (NFE)	17,17
Lignin	26,39

keit und Schutz vor mechanischer Belastung verleiht. Bis zu 100 Cellulosketten bilden eine Micelle mit einem Durchmesser von 5 µm. Mehrere Micellen legen sich zu Mikrofibrillen mit einem Durchmesser von 30 µm zusammen, die sich in der Zellwand in einer Matrix aus Glycoproteinen, Lipiden, Pektinen und Hemicellulosen (Heteropolymere) befinden. Der Zusammenhalt der Ketten wird über Wasserstoffbrücken gewährleistet. Im weiteren Verlauf der Zellwandbildung kommt es zur Auflagerung weiterer Zellwandschichten. Schließlich lassen sich die Primärwand, die äußere und innere Sekundär- sowie die Tertiärwand unterscheiden. Dieser Aufbau bildet auch die funktionelle Grundlage der Ausbildung von Bastfasern in Faserpflanzen wie Lein (*Linum usitatissimum* L.), Hanf (*Cannabis sativa* L.), Fasernessel (*Urtica dioica* L.) oder Ramie (*Boehmeria nivea*).

Bei Verholzung der Zellwand ist sie von dem Makromolekül **Lignin** oder auch Holzstoff durchdrungen. Lignin ist eine hochpolymere Substanz aus Phenyl-Propan-Einheiten. Sie bilden in den Zellwänden ein dreidimensionales Netzwerk, welches ein sehr widerstandsfähiges Geflecht darstellt. Lignine treten artspezifisch auf und können in unterschiedlichen Anteilen Derivate des p-Cumarylalkohols, Coniferylalkohols oder Sinapinalkohols sein. Lignifizierte bzw. verholzte Zellen bilden den Holzteil (Xylem) des Sprosses. Aufgrund der Stabilität der Zellwandbestandteile behält die höhere Pflanze auch nach dem Absterben ihre Form.

Als nachwachsender Rohstoff wird Lignin zusammen mit Cellulose und Hemicellulosen in Lignocellulosepflanzen gebildet, die einerseits biogene Festbrennstoffe aus forst- und landwirtschaftlichem Anbau liefern und andererseits die Rohstoffbasis für die stoffliche Verwertung in der Bau-, Säge-, Holzwerkstoff- sowie der Papier- und Zellstoffindustrie darstellen.

Fette und Öle (bei Zimmertemperatur flüssig) sind sehr energiereich. So beträgt der Energiegehalt bei Fetten 38,1 bis 38,9 KJ pro g Trockenmasse gegenüber 23,6 KJ bei Eiweiß und 17,2 KJ bei Kohlenhydraten. Fette sind in geringen Mengen in jeder lebenden Zelle nachzuweisen, die höchsten Konzentrationen finden sich aber in den reproduktiven Organen einiger Kulturpflanzen. Dort liegen sie meist als Triglyceride (Ester aus Glycerin und Fettsäuren) vor, deren Diversität sich aus der Kettenlänge der Fettsäuren und dem Desaturierungsgrad ergibt (Tab. 3.2).

Nicht mit Glycerin veresterte Fettsäuren werden als freie Fettsäuren bezeichnet.

Tryglyceride stellen wegen ihrer hydrophoben Eigenschaften und ihres extrem niedrigen Sauerstoffgehaltes ideale Speicherstoffe dar, die in den Speicherorganen ein Maximum an Energiereserven bei relativ niedrigem Gewicht gewährleisten. Die Verlängerung der Kohlenstoffketten sowie deren Dehydrierung führen zu einer Reduktion des osmotischen Druckes und zusätzlichen Bindungsenergien im Speichergewebe. Fette kommen auch als Körperbausteine und als ubiquitäre Membranlipide vor.

Die Fettsäuren haben unterschiedliche Kettenlängen und verschiedene Sättigung. Als aliphatische Monocarbonsäuren sind sie gewöhnlich

Tab. 3.2 Gesättigte und ungesättigte Fettsäuren (Beispiele)

Bezeichnung	Summenformel	Doppel-bindungen	Kurzbezeichnung
Gesättigte Fettsäuren			
Capronsäure	$C_6H_{12}O_2$	0	C 6:0[1]
Caprylsäure	$C_8H_{12}O_2$	0	C 8:0
Caprinsäure	$C_{10}H_{20}O_2$	0	C 10:0
Laurinsäure	$C_{12}H_{24}O_2$	0	C 12:0
Myristinsäure	$C_{14}H_{28}O_2$	0	C 14:0
Palmitinsäure	$C_{16}H_{32}O_2$	0	C 16:0
Stearinsäure	$C_{18}H_{36}O_2$	0	C 18:0
Arachinsäure	$C_{20}H_{40}O_2$	0	C 20:0
Behensäure	$C_{22}H_{44}O_2$	0	C 22:0
Ligocerinsäure	$C_{24}H_{48}O_2$	0	C 24:0
Ungesättigte Fettsäuren			
Ölsäure	$C_{18}H_{34}O_2$	1	C 18:1
Linolsäure	$C_{18}H_{32}O_2$	2	C 18:2
Linolensäure	$C_{18}H_{30}O_2$	3	C 18:3
Gadolinsäure	$C_{20}H_{38}O_2$	1	C 20:1
Erucasäure	$C_{22}H_{42}O_2$	1	C 22:1

1) Anzahl C-Atome : Anzahl Doppelbindungen

gradzahlig und schließen das Molekül mit einer Carboxylgruppe ab. Fettsäuren ohne Doppelbindungen sind gesättigt, mit Doppelbindungen ungesättigt. Öle aus tropischen Anbauregionen sind meist reich an gesättigten Fettsäuren, während mit zunehmender geographischer Breite die ungesättigten Fettsäureanteile im Pflanzenöl zunehmen. In den gemäßigten Breiten dominieren Fettsäuren mit 18 C-Atomen und einer, zwei oder drei Doppelbindungen. In der Kurzschreibweise werden Fettsäuren mit der Zahl der C-Atome und den Doppelbindungen gekennzeichnet (z. B. C18:2 für Linolsäure)

Im Non-food-Bereich haben Öle bzw. Fette als Ausgangssubstanzen für Treibstoffe (Biodiesel), Schmierstoffe, Produkte auf Ölsäurebasis, oberflächenaktive Substanzen (Tenside, Shampoos, Seifen), Grundstoffe der Lack- und Farbenindustrie (Firnis) sowie Bodenbeläge (Linoleum) große Bedeutung.

Bei nur etwa 20 verbreitet vorkommenden Aminosäuren, den über die Peptidbindung vernetzten Grundbausteinen der **Eiweiße** (Proteine), kommt eine kaum überschaubare Vielfalt verschiedener Eiweiße zustande. Diese ergibt sich aus der Hierarchie der Proteinstrukturen mit

- **Primärstruktur** als lineare Sequenz der Aminosäuren (Polypeptidkette),
- **Sekundärstruktur** als Faltung des Rückgrates (Helix, Schleife, Faltblatt) einer Polypeptidkette,

- **Tertiärstruktur** als 3D-Struktur der gesamten Polypeptidkette einschließlich der Seitenketten,
- **Quartärstruktur** als räumliche Anordnung mehrerer Polypeptidketten (Untereinheiten) zu einem Oligomer oder Proteinkomplex.

In der Pflanze erfüllen Proteine zahlreiche Funktionen, so als Bausteine der Gewebesubstanz und der Reservestoffe, als Transport- und Enzymproteine oder als Hormone. Neben Kohlenstoff, Sauerstoff und Wasserstoff enthalten die Proteine einen großen Teil des im pflanzlichen System gebundenen Stickstoffs. Ernährungsphysiologisch sind Unterschiede in der biologischen Wertigkeit der Eiweiße entscheidend, die sich auf den Anteil essentieller (unentbehrlicher) Aminosäuren (Lysin, Leucin, Isoleucin, Methionin, Phenylanalin, Threonin, Tryptophan, Valin) gründet.

Proteine sind auch als nachwachsende Rohstoffe nutzbar, so hauptsächlich als Klebstoffe, Kosmetikazusätze oder als co-Binder in Papierstreichfarben. Durch ihre vollständig biologisch abbaubaren, nicht giftigen, essbaren und kompostierbaren Eigenschaften sowie ihrer Funktionsvielfalt gelten sie zukünftig als aussichtsreiche Grundstoffe für Biopolymere.

3.2 Anbau der Kulturpflanzen

In Deutschland beträgt die landwirtschaftlich genutzte Fläche (LF) 17,3 Mio. ha, davon entfallen auf Ackerland (AF) 11,8 Mio. ha, auf Dauergrünland (DG) 5,3 Mio. ha. Die Gesamtwaldfläche nimmt 11,1 Mio. ha ein. Sowohl die landwirtschaftlich als auch die forstwirtschaftlich genutzte Fläche erfüllen zugleich ökologische und ökonomische Funktionen. Die Nutzungsmöglichkeiten nachwachsender Rohstoffe sind deshalb immer vor diesem dualen Hintergrund zu beurteilen.

3.2.1 Anbauverfahren landwirtschaftlicher Kulturpflanzen

Für die Ertragsleistung von Kulturpflanzenbeständen sind das Produktionspotenzial eines Standortes sowie die genetische Konstitution des Pflanzenmaterials die entscheidenden Größen. Zur Erzeugung von Biomasse im Landwirtschaftsbetrieb wird immer ein kulturartspezifisches Anbauverfahren entwickelt.

In zeitlicher Abfolge, teilweise auch parallel, erfolgen im Anbauverfahren Bodenbearbeitung, Düngung, Saat (einschließlich Sortenwahl), Pflegemaßnahmen (des Bodens und der Pflanze, d. h. Regulierung von Unkräutern und Bekämpfung von Krankheitserregern und Schädlingen) sowie Ernte-, Konservierungs- und Einlagerungsarbeiten.

Im Pflanzenbau dient der Boden als Befestigungsort, Speicher für Nährstoffe und Wasser und als Medium des Betriebsmitteleinsatzes bei Bodenbearbeitung, Düngung und Bewässerung.

Abb. 3.5 Bodenbearbeitungs- und Bestellsysteme (Ellmer et al. 2001).

Intensität des Bodeneingriffs

Pflugwirtschaft	**Pfluglose Bewirtschaftung**	**Direktsaat**
Fortdauernder Einsatz des Pfluges zur Grundbodenbearbeitung bei Herbst- und Saatfurche	Flachlockernde, nichtwendende Bearbeitung; Verzicht auf Pflug; Mulchsaaten in Stroh- oder Zwischenfruchtreste	Verzicht auf jegliche Bodenbearbeitung; Saat in den von der Vorfrucht hinterlassenen Boden
"Reiner Tisch"		**"No-till"**
Konventionelle Bodenbearbeitung	**Konservierende Bodenbearbeitung**	**Direktsaat**

Die **Bodenbearbeitung** ist eine querschnittsbezogene Maßnahme. Ihre Ziele liegen in der Erhaltung und Verbesserung des Bodengefüges, der Gestaltung der Bodenoberfläche, der Einarbeitung von Ernterückständen, Stroh, organischen und mineralischen Düngern, der Bekämpfung von Unkräutern und unerwünschten Kulturarten sowie in der Mithilfe bei der Bekämpfung von Bodenerosion.

Die konventionelle Bodenbearbeitung umfasst die Arbeitsabschnitte der unmittelbar auf die Ernte der Vorfrucht folgenden, meist auch wendenden Grundbodenbearbeitung, und der dann flachen Saat- bzw. Pflanzbettbereitung (Abb. 3.5).

Neben diesem konventionellen Verfahren wird auch eine konservierende Bodenbearbeitung ohne Pflugeinsatz praktiziert. Ihre Ziele bestehen in einer Kosten- und Aufwandssenkung, in der Schaffung eines stabilen, tragfähigen Bodengefüges durch längere Bodenruhe und im Belassen von Pflanzenreststoffen auf oder nahe an der Oberfläche mit der Absicht einer ganzjährigen Bodenbedeckung zum Erosionsschutz. Nachteilig sind ein stärkeres Auftreten von Unkräutern und Schaderregern, eine verzögerte Bodenerwärmung und eine problemreichere Bewältigung starker Strohschichten. Schließlich ist auch ein Verzicht auf jegliche Bodenbearbeitung möglich, bei der das Saatgut in Direktsaat mit Spezial-Scheibenscharen in den unbearbeiteten Boden abgelegt wird.

Für die Aussaat steht Saatgut von **Zuchtsorten** mit einer spezifischen Eignung für die jeweiligen Standortverhältnisse zur Verfügung.

> Zuchtsorten sind Nutzungsformen von Kulturpflanzenarten, die aus züchterischer Selektion hervorgegangen sind und sich durch erblich bedingte Unterschiede in ihren Leistungseigenschaften unterscheiden.

Seit 1996 haben gentechnisch veränderte Pflanzen - außer in Europa - weltweit einen bedeutenden Anbauumfang erreicht. Für die Erzeugung nachwachsender Rohstoffe stellt sich die Frage, ob die Grüne Gentechnik auch zur gezielten Verbesserung der Eigenschaften von Energie- und Industriepflanzen beitragen kann. In der landwirtschaftlichen Praxis spielen heute nur zwei durch Gentechnik veränderte Eigenschaften eine Rolle, die Resistenz gegen sogenannte Totalherbizide (Glyphosat, Glufosinat, Bromoxynil) und gegen Schadinsekten (Bt-Resistenz). Alle anderen Ansätze zur Verbreitung der Grünen Gentechnik haben das Versuchsstadium nicht überstanden oder sind auf Kulturarten mit nur lokaler Bedeutung beschränkt. Es kann auch zukünftig nicht davon ausgegangen werden, dass das pflanzliche Ertragspotential durch die modernen Züchtungstechniken verbessert werden kann, wohl aber die Optimierung des landwirtschaftlichen Produktionsprozesses, der hohe aktuelle Erträge ermöglicht.

Interessante Perspektiven ergeben sich besonders für die stoffliche Nutzung von Biomasse. So gelingt es schon heute mit einer transgenen Kartoffelsorte (Amflora, BASF) Stärke zu erzeugen, die ausschließlich aus Amylopektin besteht, einem begehrten Grundstoff für die Stärkeindustrie. In Deutschland wurde der Anbau im Jahre 2011 aber aufgrund von gesetzlichen Nutzungsbeschränkungen eingestellt. Weltweit dürfte sich der Trend jedoch fortsetzen, mittels Grüner Gentechnik besonders nützliche Eigenschaften über die Artgrenzen hinaus in den züchterischen Rekombinationsprozess bei Energie- und Industriepflanzen einzubeziehen.

Nicht auf die einzelne Kulturart, sondern auf die gesamte Fruchtfolge ist die Betrachtung zu richten, wenn es sich um die organische Düngung und die mineralische Grunddüngung handelt.

Organische Dünger wie Gülle, Stallmist, Kompost, Stroh und Gründüngung dienen vorrangig der Reproduktion der organischen Substanz im Boden, führen ihm aber gleichzeitig Makro- und Mikronährstoffe zu. Organische Düngung erfolgt vorzugsweise zu den Wurzel- und Knollenfrüchten in der Fruchtfolge, da diese wegen der unterirdisch wachsenden Speicherorgane besonders positiv auf die Strukturverbesserung reagieren und die langsam fließende Nährstoffquelle gut nutzen.

Die mineralische Düngung mit den Grundnährstoffen Phosphor, Kalium und Magnesium wie auch mit einer Reihe von Mikronährstoffen richtet sich bevorzugt nach dem Gehalt des Bodens an diesen Nährstoffen und ist auf die Aufrechterhaltung eines mittleren Versorgungszustandes ausgerichtet. Ähnlich verhält es sich mit der Kalkdüngung, mit der ein günstiger pH-Wert eingestellt wird. Lediglich die Düngung mit Stickstoff ist wegen dessen starker Mobilität im Boden und seines deutlichen Einflusses auf die Ertragsbildung und die Ausprägung von Qualitätsmerkmalen ausgesprochen kulturartenorientiert.

Im Gegensatz zur Grunddüngung wirkt die mineralische Stickstoff(N)düngung unmittelbar auf den Biomasseertrag und die Qualitätsmerkmale im Erntegut

Die N-Gaben sind basierend auf dem Pflanzenbedarf präzise zu kalkulieren und auszubringen, weil bereits geringe Abweichungen vom Düngungsoptimum sich negativ auf Ertrag, Qualität und Umwelt auswirken können. Die Ermittlung der notwendigen Düngermenge muss so erfolgen, dass ein Gleichgewicht zwischen dem voraussichtlichen Nährstoffbedarf und der Nährstoffversorgung gewährleistet ist. So kann eine zu hohe bzw. unzeitige N-Düngung verstärkt zu N-Verlusten (Nitrat-Auswaschung, N-Emissionen) führen, was die Dünger-Effizienz wesentlich mindert. Gleichzeitig kann das Pflanzenwachstum negativ beeinflusst werden, indem der Wasserverbrauch erhöht, der Befall mit Krankheiten und Schaderregern begünstigt, qualitätsbestimmende Bestandteile (Zucker, Stärke, Geschmacksstoffe, Vitamine) verringert und der Verarbeitungswert (Alpha-Amino-N in Zuckerrüben, Ölgehalt in Raps und Sonnenblumen, Stärkegehalt von Kartoffeln) verschlechtert wird.

Der ausgebrachte Düngerstickstoff (mineralisch und organisch), aber auch die aus Humus und Vorfruchtresten anfallenden N-Mengen unterliegen im Boden dynamischen Veränderungen, die nur schwer zu kontrollieren sind. Neben einer Immobilisierung kommt es zu Freisetzungsprozessen unter Bildung von pflanzenaufnehmbarem Nitrat bzw. Ammonium nach Mineralisierung und von gasförmigen N-Verbindungen wie Ammoniak, Stickoxid, Lachgas oder elementarem Stickstoff nach Denitrifikation. Besonders nicht aufgenommenes Nitrat belastet die Umwelt. Nitrat kann mit dem Sickerwasser in tiefere Bodenschichten gelangen und das Grundwasser und schließlich Seen und Fließgewässer kontaminieren. Gasförmige N-Verluste steigern den Anteil klimarelevanter Gase.

Aus diesen Gründen hat die **Ermittlung des Stickstoffdüngebedarfs** viel größere Bedeutung als bei der Düngung mit anderen Nährstoffen; sie bereitet aber auch die größten Schwierigkeiten, weil die Ab- und Umbauprozesse von N-Verbindungen im Boden in Höhe und Verlauf von vielfältigen Faktoren (Witterung, Bodeneigenschaften, Bewirtschaftung) beeinflusst werden.

Neben der Orientierung an Stickstoffentzügen und Nährstoffbilanzen stehen die Einbeziehung organisch gebundener Bodenvorräte und ihr Umsatz in pflanzenverfügbare Formen im Vordergrund. Mit Hilfe der Nmin-Analyse werden die pflanzenaufnehmbaren N-Vorräte zu Beginn der Vegetationsperiode im Frühjahr (bei winterannuellen Pflanzen) bzw. kurz vor der Bestellung (bei sommerannuellen Pflanzen) bestimmt und als Korrekturglied in die Berechnung der Stickstoffgabe zur jeweiligen Fruchtart einbezogen (Abb. 3.6).

In der ersten Jugendphase ernährt sich der Pflanzenbestand zunächst von den Nmin-Bodenvorräten (mineralischer NO_3 – und NH_4 – Stickstoff), die in den vertikalen Bodenschichten 0–30 und 30–60 cm (teilweise auch 60–90 cm) erfasst und bei der Düngebedarfsermittlung vom fruchtartenspezifischen Sollwert abgezogen werden (Nmin-Methode). Die Sollwerte sind hauptsächlich von der Fruchtart abhängig. Sie werden zusätzlich in Bezug auf Ertragserwartung, Vorfrucht sowie Zwischenfrucht und/oder organischer Düngung präzisiert. Aus der Differenz zwischen Soll- und Messwert wird die Düngermenge der ersten

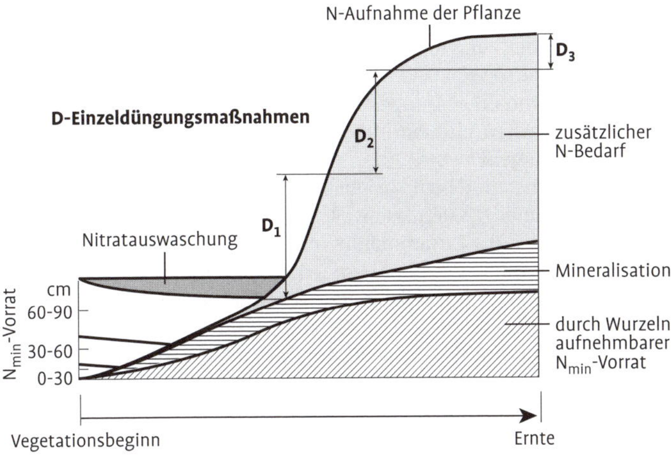

Abb. 3.6 Schema der N-Dynamik und der N-Düngebedarfsermittlung (nach KERSEBAUM 1996, aus DIEPENBROCK et al. 1999).

N-Gabe ermittelt. Unter ungünstigen Bedingungen kann es bis zu diesem Düngetermin zu Nitratauswaschung kommen. Im weiteren Vegetationsverlauf schöpft der Bestand den Nmin-Vorrat im Wurzelraum aus, so dass ihm danach nur noch der Stickstoff aus der Mineralisation und dem zugeführten Dünger zur Verfügung steht.

Die Höhe der zweiten N-Gabe, die bei Körnerfrüchten während des Schossens verabreicht wird, orientiert sich am aktuellen Bedarf der Pflanzen selbst. So kann der Düngebedarf durch die Bestimmung des Nitratgehaltes in der Halmbasis oder durch die Messung des Chlorophyllgehaltes der Blätter ermittelt werden.

Im Getreide gewinnen Sensorsysteme zunehmend an Bedeutung, mit denen im Rahmen von *Precision farming* Chlorophyllgehalt und Biomasse der Bestände eingeschätzt werden. Im Ergebnis ist eine teilflächenspezifische Düngerapplikation möglich.

Eine Aufteilung der N-Gaben in der Vegetationszeit ist bei vielen Kulturarten üblich, um bestimmte Ertragsbildungs- und Qualitätsprozesse gezielt zu fördern, und führt meist zu höheren Stickstoff- und Rohproteingehalten in den Pflanzen. Pflanzenbestände mit langer Vegetationsperiode und solche, deren Wachstum mit Phasen von schwacher N-Nachlieferung aus dem Boden zusammenfällt, benötigen u. U. eine größere Anzahl von Teilgaben. Eine spezielle und hohe Qualität, die für bestimmte Gebrauchswerte gefordert wird, kann ebenfalls nur durch die Aufteilung der Stickstoffdüngung erreicht werden.

Die mineralischen **N-Düngerformen** lassen sich nach der Wirkungsgeschwindigkeit ihrer Komponenten einteilen. Es ist zwischen Nitratdüngern (schnell wirksam; u. a. Kalksalpeter, Chilesalpeter, Natronsalpeter), Ammoniumdüngern (mäßig schnell wirksam; u. a. Ammoniumsulfat), Ammonnitratdüngern (teils schnell, teils langsamer wirksam; u. a. Kalkammonsalpeter, Ammoniumsulfatsalpeter) und Amiddüngern (langsam und Temperatur abhängig wirksam; Harnstoff, Ammoniumsulfat-Harnstoff) zu unterscheiden. Die Ammon-Nitrat-Harnstofflösung

(AHL) ist eine Kombination dreier N-Formen (Ammonium, Nitrat, Harnstoff), die als Boden- und als Blattdünger eingesetzt wird.

Um N-Verluste so weit wie möglich auszuschließen, werden zunehmend ammoniumhaltige Dünger mit Nitrifikations- oder harnstoffhaltige Dünger mit Ureaseinhibitoren eingesetzt. Ein wesentlicher Vorteil dieser Spezialdünger ist eine Verbesserung der N-Effizienz durch Reduktion von N-Verlusten (Nitrifikationshemmstoffe: Reduktion der NO_3^- -Auswaschung und N_2O-Emission, Ureaseinhibitoren: Reduktion der NH_3-Emission) und die Zusammenlegung von N-Düngergaben.

Die ökonomischen und ökologischen Rahmenbedingungen fordern einen hohen Grad der **Stickstoffnutzungseffizienz**. Sie gliedert sich in die Aufnahmeeffizienz, die durch die Größe und Aktivität der aufnehmenden Wurzeloberfläche des Pflanzenbestandes bestimmt wird, und die Verwertungseffizienz, welche die N-Verteilung in der Pflanze und schließlich das je aufgenommener N-Einheit gebildete Erntegut kennzeichnet. Zu einer hohen Dünger-N-Effizienz tragen Düngerwahl, Applikationstermin, N-Dünger-Höhe und Düngerplatzierung gemäß den Prinzipien der guten fachlichen Praxis bei.

Die **Regulierung von Unkräutern, Krankheiten und Schädlingen** beinhaltet Strategien, die zum einen kurzfristig auf den Nutzen der behandelten Art ausgerichtet sind, zum anderen aber darauf abzielen, einen längerfristigen Anstieg der Unkraut- bzw. Schaderregerpopulation zu verhindern. Deshalb müssen produktionstechnische Maßnahmen immer vor dem Hintergrund ihrer kurz- und langfristigen Wirkungen auf die Populationsdynamik beurteilt werden.

Seit den Anfängen des Ackerbaus musste darauf geachtet werden, besonders die Schadwirkung von Unkräutern einzuschränken bzw. zu verhindern. Tabelle 3.3 enthält Informationen über die wirtschaftlich relevanten Unkrautarten.

Von den pflanzenbaulichen Maßnahmen hinterlässt neben der Fruchtfolgegestaltung die Bodenbearbeitung den stärksten und nachhaltigsten Einfluss auf die Zusammensetzung der Unkrautflora und deren Auswirkungen in den Nachfolgekulturen. Hauptziel ist die Reduzierung der Verunkrautung bis unter die Schadensschwelle.

Ein hoher Wirkungsgrad der mechanischen Unkrautbekämpfung und der erwartete Bekämpfungserfolg sind nur bei oberflächlicher Abtrocknung des Bodens sowie in Zeiträumen sonniger und niederschlagsfreier Witterung gewährleistet. Gegenüber chemischen Verfahren bietet die mechanische Unkrautbekämpfung den Vorteil der meist besseren Umweltverträglichkeit. Die verschiedenen Werkzeuge und Maschinen sind für die einzelnen Kulturarten nicht in gleichem Maße geeignet. So ist zwischen einem ganzflächigen Einsatz mit Geräten in Kulturen mit einem engen Reihenabstand und solchen, die nur in den Reihen (in Reihenkulturen) eingesetzt werden können, zu unterscheiden. Der Bekämp-

Tab. 3.3 Wirtschaftlich bedeutsame Unkrautarten, klassifiziert nach Vermehrung und Lebensdauer (Ellmer 2012a)

Trivialname	Wissenschaftlicher Name	Pflanzenfamilie
A Ausdauernde (perennierende) Arten		
Quecke	*Agropyron repens (Elytrigia repens)*	Süßgräser (Poaceae)
Ackerschachtelhalm	*Equisetum arvense*	Gefäß-Sporenpflanzen (Pteridophyta)
Huflattich	*Tussilago farfara*	Korbblütengewächse (Asteraceae)
Ackerkratzdistel	*Cirsium arvense*	Korbblütengewächse (Asteraceae)
Ackerwinde	*Convolvulus arvensis*	Windengewächse (Convolvulaceae)
B Winterannuelle Arten mit ganzjähriger Keimung		
Jährige Rispe	*Poa annua*	Süßgräser (Poaceae)
Vogelmiere	*Stellaria media*	Nelkengewächse (Caryophyllaceae)
Hirtentäschelkraut	*Capsella bursa-pastoris*	Kreuzblütengewächse (Brassicaceae)
Ackerhellerkraut	*Thlaspi arvense*	Kreuzblütengewächse (Brassicaceae)
C Winterannuelle Arten mit vorwiegender Herbstkeimung		
Windhalm	*Apera spica-venti*	Süßgräser (Poaceae)
Persischer Ehrenpreis	*Veronica persica*	Braunwurzgewächse (Scrophulariaceae)
Rote Taubnessel	*Lamium purpureum*	Lippenblütengewächse (Lamiaceae)
Kornblume	*Centaurea cyanus*	Korbblütengewächse (Asteraceae)
D Winterannuelle Arten mit Herbst- und Frühjahrskeimung		
Ackerfuchsschwanz	*Alopecurus myosuroides*	Süßgräser (Poaceae)
Klettenlabkraut	*Galium aparine*	Rötegewächse (Rubiaceae)
Geruchlose Kamille	*Tripleurospermum perforatum*	Korbblütengewächse (Asteraceae)
Ackerstiefmütterchen	*Viola arvensis*	Veilchengewächse (Violaceae)
Klatschmohn	*Papaver rhoeas*	Mohngewächse (Papaveraceae)
E Sommerannuelle Arten/ Frühkeimer		
Flughafer	*Avena fatua*	Süßgräser (Poaceae)
Ackersenf	*Sinapis arvensis*	Kreuzblütengewächse (Brassicaceae)
Hederich	*Raphanus raphanistrum*	Kreuzblütengewächse (Brassicaceae)
Weißer Gänsfuß	*Chenopodium album*	Gänsefußgewächse (Chenopodiaceae)
Windenknöterich	*Polygonum convolvulus*	Knöterichgewächse (Polygonaceae)
F Sommerannuelle Arten/ Spätkeimer		
Hühnerhirse	*Echinochloa crus-galli*	Süßgräser (Poaceae)
Vogelknöterich	*Polygonum aviculare*	Knöterichgewächse (Polygonaceae)
Flohknöterich	*Polygonum persicaria*	Knöterichgewächse (Polygonaceae)
Kleinblütiges Franzosenkraut	*Galinsoga parviflora*	Korbblütengewächse (Asteraceae)
Zurückgebogener Fuchsschwanz	*Amaranthus retroflexus*	Fuchsschwanzgewächse (Amaranthaceae)
Stechender Hohlzahn	*Galeopsis tetrahit*	Lippenblütengewächse (Lamiaceae)

fungserfolg liegt besonders in der Verschüttung der Unkräuter in frühen Entwicklungsstadien.

Unkräuter und -gräser kommen in dem frühen Erntezeitraum der Kulturarten für die Biogasproduktion meist nicht zur Samenreife. Aus diesem Grund kann im Energiepflanzenbau die Unkrautregulierung gegebenenfalls unterbleiben bzw. stark reduziert werden

Die chemische Unkrautbekämpfung erlangte mit den „Wuchsstoffen" (Phenoxyfettsäuren) in der Mitte des 20. Jahrhunderts im Getreidebau ihren Durchbruch. Danach folgten zahlreiche weitere Wirkstoffe für die Anwendung in fast allen Kulturen zu den verschiedensten Einsatzzeitpunkten. Im Vergleich zu den Insektiziden und Fungiziden nehmen die Herbizide heute im chemischen Pflanzenschutz sowohl von den Wirkstoffen als auch von der behandelten Fläche den größten Anteil ein. Die Systematik der Herbizide richtet sich zum einen nach Wirkstoffgruppen sowie nach Wirkungsmechanismen. Je nach Ort und Aufnahme in die Unkrautpflanze wird zwischen Boden- und Blattherbiziden unterschieden. Eine Einteilung nach der chemischen Konstitution entspricht den übereinstimmenden Eigenschaften bestimmter Gruppen. Ferner kann die Fähigkeit, im Gefäßsystem der Pflanze zu wandern oder unmittelbar nach Auftreffen auf das Pflanzenteil wirksam zu werden, als Einteilungskriterium herangezogen werden. Es handelt sich dann um systemische Herbizide bzw. um Kontaktherbizide. Außerdem wird zwischen selektiv wirkenden und Totalherbiziden unterschieden. Für die praktische Anwendung ist der Applikationszeitpunkt entscheidend, der im Vorsaat-, Vorauflauf- oder Nachauflaufzeitraum liegen kann. Für einen möglichst wirkungsvollen und umweltschonenden Einsatz tendiert die heutige Anwendung der Herbizide immer stärker zu den Nachauflaufverfahren zu den empfindlichen Entwicklungsstadien der Unkräuter. In der Herbizidentwicklung ist deshalb auch der Trend zur höheren Selektivität der Mittel zu beobachten.

Die **Ernte** stellt den letzten Verfahrensabschnitt der pflanzlichen Produktion dar und beinhaltet die Bergung sowie Verladung der Ernteprodukte. Gleichzeitig wird der Acker für Arbeiten zur Bestellung der nächsten Kulturart geräumt.

Ausgehend von den unterschiedlichen biologischen und physikalischen bzw. technologischen Eigenschaften der Pflanzenbestände existieren zu ihrer Ernte eine Vielzahl verschiedener Mechanisierungsmittel und Verfahren. Die pflanzlichen Produkte sind den Erntegeräten unterschiedlich zugänglich in Hinblick auf Abtrennen und Aufnahme, Verluste und Beschädigungen sowie Reinigung und Transport. Dies wirkt sich auf die Leistung der Maschinen aus, wodurch unter Berücksichtigung der verfügbaren agrotechnischen Zeitspanne die Kosten der Arbeitserledigung

Tab. 3.4 Arbeitsverfahren und Mechanisierungsmittel bei der Ernte von Energie- und Industriepflanzen (Auswahl)

Oberirdische Ernteorgane			Unterirdische Ernteorgane		
Arbeitsart	Maschine	Pflanzenart	Arbeitsart	Maschine	Pflanzenart
Mähen, Dreschen	Mähdrescher	Körnerfrüchte	Roden, Beimengungen abtrennen	Rodetrennlader	Kartoffel
Mähen, Schwaden	Schwadmäher	Grünschnittroggen, Futtergräser	Roden, Köpfen	Rodeköpflader	Zuckerrübe
Aufnehmen, Pressen	Rundballenpresse	Getreide (Stroh), Hanf	Roden, Erdanhang abtrennen	Rodelader	Zuckerrübe, Topinambur (Knollen)
Häckseln	Feldhäcksler	Energiemais, Getreideganzpflanzen, *Miscanthus*, Topinambur (Kraut)			
Schneiden, Häckseln	Gehölzmähhäcksler	Kurzumtriebsbäume			
Schneiden, Fördern	Schneidwerk, Schrägkettenförderer	*Sorghum*			
Raufen	Raufmaschine	Faserlein			
Aufnehmen, Verdichten	Ladewagen	Grünlandaufwüchse			

direkt beeinflusst werden. In Abhängigkeit vom Wuchsraum der ertragsrelevanten Pflanzenteile und damit vom Ort ihrer Bergung kann innerhalb dieser beiden Kategorien in Arbeitsverfahren und Mechanisierungsmittel zur Bergung von oberirdischen und unterirdischen Ernteorganen unterschieden werden.

In Tabelle 3.4 wird die Einordnung von Arbeitsverfahren und Mechanisierungsmitteln anhand einiger Beispiele von Rohstoffpflanzen verdeutlicht.

Die Arbeitsprozesse zur Bergung der Ernteprodukte können in Abhängigkeit von deren Eigenschaften und der Betriebsorganisation mit unterschiedlichen Arbeitsverfahren ausgeführt werden, wobei ein Arbeitsverfahren die Art und Weise der Kombination mehrerer Arbeitsgänge darstellt. Dabei wird zwischen absätzigen Arbeitsverfahren (Vorratsarbeit) und Fließarbeitsverfahren (Fließarbeit), entweder im Parallel- oder Anhängeverfahren unterschieden.

Während für die Kulturarten zur stofflichen Nutzung oftmals die gleichen Erntetechniken und -verfahren eingesetzt werden wie für Nahrungspflanzen, sind für die Ganzpflanzenernte zur energetischen Nutzung einige Besonderheiten zu beachten

Zur Bergung der halmgutartigen Biomasse von Getreideganzpflanzen, Landschaftspflegeheu, *Miscanthus* oder Stroh wird gegebenenfalls die herkömmliche Erntetechnik im Landwirtschaftsbetrieb mit speziellen technischen Anpassungen genutzt. Insbesondere bei hohen Wassergehalten, sperrigen oder dickeren Halmstrukturen (*Miscanthus*) oder sehr hoher Transport- und Lagerdichte werden aber spezielle Ernte- und Transportmaschinen notwendig.

Der optimale Zeitpunkt für die Ernte von GPS (Ganzpflanzensilage)-Getreide liegt unabhängig von der jeweiligen Getreideart in einem Bereich von 28–33 % Trockensubstanz in der Gesamtpflanze, um die Silierfähigkeit des Erntegutes sicherzustellen. Dann ist das Stadium der Milchreife erreicht (BBCH-Stadien 75–79). Der Zeitraum von Beginn bis Ende Silierreife beträgt etwa zwei bis längstens drei Wochen.

Bei der Holzernte im Wald soll hochwertiges Stammholz geborgen werden. Nach mehreren Jahrzehnten sind schlagreife Bäume verfügbar. Die Holzernte selbst gliedert sich in Fällen und Aufarbeiten (motormanuell, teilmechanisiert oder vollmechanisiert) sowie Vorliefern bzw. Rücken (als Vollbaum, Stückgut oder Hackschnitzel).

Holz aus Kurzumtriebsplantagen wird in ähnlichen Schritten abgeerntet wie Waldholz, d. h. Schneiden der Stämme vom Stock, Sammeln des Erntegutes (Vorkonzentrieren), Transport zum Feldrand (Rücken) und Hacken (Zerkleinerung zu Hackgut). Diese Teilschritte werden kombiniert (Vollernteverfahren) oder in mehreren Arbeitsgängen getrennt erledigt, je nach Brennstoffanforderungen für die Konversionsanlagen. Insbesondere für Kleinanlagen kann eine Zwischenablagerung und -trocknung zweckmäßig sein.

Das geerntete Pflanzengut entspricht nur in seltenen Fällen den Qualitätsanforderungen der Abnehmer. Es ist eine Rohware, bei der die weiter ablaufenden physiologischen Prozesse, einschließlich der Umstellung in eine Ruhephase, gesondert überwacht werden müssen, um eine hohe Lagerstabilität zu erreichen.

Soll die geerntete Biomasse in Biogasanlagen genutzt werden, wird sie feucht siliert. Die Haltbarmachung erfolgt über ein Gärverfahren. Die natürlich am Erntegut anhaftenden Mikroorganismen sorgen für die Bildung von Milchsäure aus leicht löslichen Kohlenhydraten, senken damit den pH-Wert von Silagen auf weniger als pH 4 und bestimmen so den Abschluss der Gärung. Die sehr energieeffiziente Milchsäuregärung wird unter O_2-Abschluss und optimalen Bedingungen des Trockensubstanzgehaltes (mind. 30 %), der Temperatur (25 bis 30 °C) und des pH-Wertes

(3,5 bis 4) so geführt, dass das Auftreten von Buttersäure-, Fäulnis- und Coli-Bakterien sowie Hefe- und Schimmelpilzen vermieden wird.

Ferner gibt es eine chemische Konservierung des Erntegutes, bei der der pH-Wert durch Zusätze anorganischer und organischer Säuren (z. B. Propionsäure) im Siliergut abgesenkt wird. Harnstoffzusätze sind geeignet, den pH-Wert auf toxische Werte für Mikroorganismen zu erhöhen.

Eine sehr wichtige und verbreitete Konservierungsmethode ist die Trocknung. Außer der Haltbarmachung sind mit ihr weitergehende Vorteile in Bezug auf Heizwertsteigerung, Gewichtsminderung und Qualitätssteigerung verbunden. Die gängigsten Trocknungsverfahren sind natürliche Trocknung (Bodentrocknung, natürliche Konvektion, Selbsterwärmung) und technische Trocknung (Belüftungskühlung, Belüftungstrocknung, Warmlufttrocknung, Heißlufttrocknung).

Insbesondere holzartige Biomasse muss getrocknet werden, um die Haltbarmachung und die energetische Nutzungseffizienz zu steigern. Auch Korngut des Getreides wird getrocknet, um es lagerfähig zu machen. Wird feuchtes Getreide (> 14% H_2O) eingelagert, kann z. B. über Siebkanäle trockene Außenluft durch den Getreidestapel geblasen werden. 1 m^3 Luft nimmt ca. 2g Wasser auf bei < 60% Luftfeuchtigkeit und ca. 20 °C der Trocknungsluft. Nach dem Trocknen wird das Getreide gekühlt, indem kalte Außenluft durch das Erntegut geblasen wird, bis der Getreidestapel auf ca. 7 °C heruntergekühlt ist. Das Getreide ist dann vor Bakterien und Schädlingen geschützt

3.2.2 Anbausysteme und Fruchtfolgen

Die getrennte Behandlung der einzelnen Kulturarten darf nicht zu der Annahme verleiten, dass sie isoliert zu betrachten wären. Sie sind auf jeden Fall eingegliedert in die Stoff- und Energieflüsse des landwirtschaftlichen Betriebes (Abb. 3.7).

> Die einzelnen Kulturarten sind stets Bestandteile eines **Anbausystems** bzw. einer **Fruchtfolge**, die als zweckmäßige Aufeinanderfolge der Kulturpflanzen auf einer Fläche ein grundlegendes Ordnungsprinzip in der Pflanzenproduktion darstellt.

Wenn die Gestaltung von Fruchtfolgen auch vielfach durch ökonomische Zwänge eingeengt wird, sollten die verschiedenen Fruchtfolgeeffekte, die positiver oder negativer Art sein können, beachtet werden (Abb. 3.8).

Diese Effekte beruhen zum Beispiel auf dem vorfruchtabhängigen Unkraut- und Schaderregerdruck, auf dem Vorfruchteinfluss auf Bodenstruktur, Bodenwasser- und Nährstoffvorrat, auf den stofflichen Resten aus dem vorangegangenen Anbau und deren Umsetzung, aus den terminlichen Bedingungen und Notwendigkeiten für Ernte und Bestellung aufeinander folgender Kulturarten und auch auf Einflüssen zwischen den Arten und innerhalb der gleichen Art, die auch heute noch nicht restlos aufgeklärt sind.

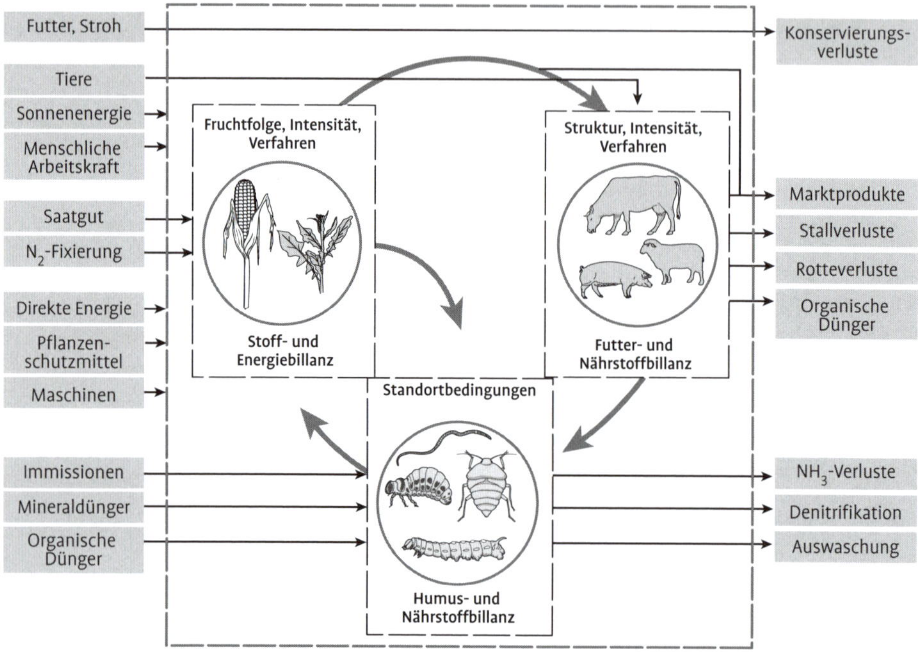

Abb. 3.7 Stoff- und Energieflüsse im Landwirtschaftsbetrieb (Hülsbergen 2003).

Abb. 3.8 Aufgaben der Fruchtfolge (nach Müller 1986, aus Ellmer 2012b).

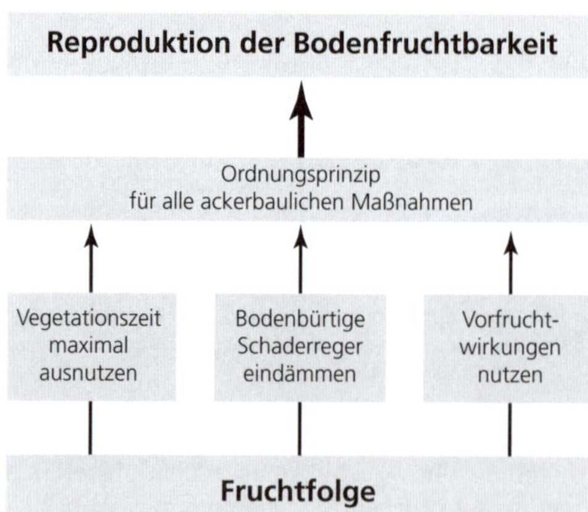

Fruchtfolgen müssen umso durchdachter sein, je intensiver der Boden genutzt wird. Man wechselt dann zwischen Tief- und Flachwurzlern, Humusmehrern und Humuszehrern, Wirtspflanzen und Nichtwirtspflanzen für Pathogene sowie zwischen Winterung und Sommerung, Hauptfrucht, Zweitfrucht und Zwischenfrucht.

Im **Energiepflanzenbau** kommt es in einigen landwirtschaftlichen Betrieben zur Einengung der Kulturartenvielfalt, so dass die positiven Wirkungen einer Fruchtfolgegestaltung aufgehoben werden können. Tatsächlich scheinen schon heute die vertretbaren Grenzen im Mais-, Raps- oder Wintergetreideanbau regional erreicht zu sein.

Weil auch die pflanzenbauliche Erzeugung von nachwachsenden Rohstoffen der gesetzlich verankerten „Guten fachlichen Praxis" unterliegt, muss sich jedoch auch die Bioenergie- und Industriestoffgewinnung, ebenso wie die Produktion von Nahrungs- und Futtermitteln, auf ein breites Kulturartenspektrum stützen, um die geforderten Umweltstandards einhalten zu können.

Im Energiepflanzenbau müssen unter mitteleuropäischen Standort- und Klimaverhältnissen für die **Pflanzenölerzeugung** mit anschließender Fettsäuremethylestergewinnung bis auf weiteres der Winterraps sowie für die Stärkeproduktion zur **Ethanolerzeugung** die Winterformen von Weizen, Triticale und Gerste in Hauptfruchtstellung angebaut werden.

Rohstoffe zur **Biogaserzeugung** hingegen können aus einer breiteren Kulturartenpalette gewonnen werden. Allerdings wird hier der Energiemais seine Spitzenstellung beibehalten, weil er auf den meisten Standorten die kostengünstigste Methanausbeute garantiert. Ganzpflanzengetreide kann auf besseren Böden an die Ertragsleistungen des Maises reichen und lässt sich problemlos in Raps-Getreide-Fruchtfolgen einpassen. Auf trocken-warmen Standorten liefern Sorghum-Hirsen gleiche und gelegentlich sogar höhere Erträge als Mais. Nachteile des Sorghum-Anbaus können aus den oftmals unterkritischen Trockenmassegehalten für die Silierung und den vergleichsweise hohen Ligningehalten in Bezug auf die Biogasausbeuten erwachsen.

Die unmittelbare Folge von Sommerungen auf Winterungen im **Zweikultur-Nutzungssystem** bringt auf einigen Standorten hohe Flächenleistungen. Mit diesem Anbausystem soll die Anbaufläche und die Vegetationszeit ganzjährig für die Biomasseproduktion genutzt werden (vergl. Kap. 2.1). Als erste Kulturen eignen sich winter-annuelle Getreidearten und Energiegräser, als Folgekulturen Mais, Sudangras, Zuckerhirse oder Sonnenblumen. Hohe Kosten, Beanspruchung des Bodenwasserhaushaltes und mangelnde Abreife der Zweitfrucht schränken die Praxistauglichkeit allerdings heute noch ein.

Der **Mischfruchtanbau**, also der gleichzeitige Anbau von mindestens zwei Kulturpflanzenarten auf einem Schlag, verspricht insbesondere auf Grenzstandorten Ertragssicherheit, weil witterungsbedingte Ertragsschwankungen besser ausgeglichen werden und der Befallsdruck durch Krankheitserreger und Schädlinge im Vergleich zu Reinsaaten reduziert wird. Durch die Artenmischung können positive Effekte auf die Ertragsleistung erwartet werden, weil die Lichteinstrahlung durch dieses Anbausystem besser genutzt wird.

Da im Energiepflanzenbau zur Produktion vergärbarer Biomasse keine so hohen Qualitätsansprüche an das Erntegut gestellt werden wie zur Nahrungsmittelerzeugung, bietet sich hier der Mischfruchtbau an.

Die Mischungspartner müssen lediglich die gleichen Ansprüche an den Standort, die Saat- und Vegetationszeit sowie den Erntetermin haben. Auch die Fruchtfolgewirkungen der einzelnen Mischungspartner sind zu berücksichtigen.

In den Grenzlagen für den Maisanbau sind Ackerfuttermischungen besonders ertragreich und ertragsstabil. Gratiseffekte durch Humusmehrung und Luftstickstoffbindung verstärken deren Attraktivität in Energiefruchtfolgen.

Im Energiepflanzenbau sind verschiedene andere Kombinationen möglich wie Roggen-*Triticale*-Weizen oder Roggen-Wicke.

Bei den Sommerungen wird Mais gelegentlich mit anderen Arten kombiniert. So zeigt die Silage aus Mischanbau mit der Sonnenblume in der Biogasanlage höhere Gasausbeuten als der Mais-Reinanbau. Aktuell wird in der Maiszüchtung daran gearbeitet, die Konkurrenzfähigkeit von Maissorten zu erhöhen und sie dadurch dem Mischanbau besser zugänglich zu machen. Besonders aussichtsreich erweisen sich dabei die Gemenge aus Mais und Phaseolusbohnen (Stangenbohne bzw. Feuerbohne) (Pekrun und Schmidt 2011).

In **viehhaltenden Betrieben** leistet die energetische Verwertung anfallender Gülle sowie überschüssiger Gras- und Maissilagen einen Beitrag zur Schonung der Umwelt. Sowohl durch Vermeidung der Ammoniakentwicklung beim Ausbringen unvergorener Gülle als auch durch Einsparung von Mineraldünger infolge verbesserter Pflanzenverfügbarkeit der Nährstoffe aus dem Gärrestedünger, welcher aus der Biogasanlage auf den Acker zurückgeführt wird, ergeben sich die umweltrelevanten Vorteile.

Besondere Formen der Landnutzung sind die **Agroforstsysteme**.

Agroforstsysteme sind eine vielversprechende Option für den Energiepflanzenbau

Die Bestandesbildner einer Bewirtschaftungsfläche im Silvo-Acker- (engl. silvo-arable) System setzen sich aus Vertretern der Forstwirtschaft (mehrjährige Holzpflanzen) und einjährigen landwirtschaftlichen Kulturpflanzen zusammen. Der Aufwuchs an energiereicher Biomasse verteilt sich auf holzartige Rohstoffe zur Bereitstellung von Festbrennstoffen (Holzpflanzen) und zur Herstellung von Biokraftstoffen und Biogas (einjährige Nutzpflanzen).

Mit Agroforstsystemen werden mehrere Ziele verfolgt. Dazu gehören die Anreicherung des Bodens mit organischer Substanz, ein geschlossener Nährstoffkreislauf mit hoher N-Fixierung, reduzierte Bodenerosion, erhöhte Bestäubung und biologische Vielfalt und ein stabileres Mikroklima. Um den gleichen Biomasseertrag wie in reinen Ackerbausystemen zu erzielen, benötigen Agroforstsysteme bis zu 30% weniger Ackerfläche.

Mit dem **Anbau von Industriepflanzen** steigt die potenzielle Kulturartendiversität ungleich stärker an, weil das Produktionsziel nicht in erster Linie auf eine hohe Biomasseleistung abzielt, sondern auf einen von der Industrie geforderten Inhaltsstoff in homogener Zusammensetzung und hohem Reinheitsgrad. Für diese Nutzungsrichtung finden sich in allen Kulturartengruppen anbauwürdige Vertreter, so bei den Getreidearten, den Körnerleguminosen, den Öl- und Faserpflanzen, den Wurzel- und Knollenfrüchten sowie einigen Sonderkulturen.

3.2.3 Anbau und Nutzungsverfahren in der Forstwirtschaft

Die Anbau- und Nutzungsverfahren der Forstwirtschaft sind durch deren lange Produktionszeiträume sowie eine hohe standörtliche Bindung bestimmt. Die Forstwirtschaft ist im Vergleich zu anderen Landnutzungen, auch gegenüber der Landwirtschaft, sehr extensiv. Je nach Baumart und Produktionsziel erfolgen Nutzungen auf der einzelnen Fläche durchschnittlich nur alle 5 bis 10 Jahre. Ertragssteigerungen durch Düngung der Standorte sind in Deutschland unwirtschaftlich und werden daher seit langem nicht mehr durchgeführt. Daher ist die forstliche Produktion mit den entsprechenden Holzerträgen in besonderem Maße von der Güte der Standorte und den angebauten Baumarten abhängig.

Die Summe aller Flächen eines Forstbetriebes, die i. d. R. zur dauernden Holzerzeugung bestimmt sind, wird als **Holzboden(fläche)** bezeichnet.

> Die Forstwirtschaft liefert in Deutschland den größten Anteil nachwachsender Rohstoffe.

Dazu gehören alle mit Bäumen bestandene („bestockte") Flächen, aber auch kleinere unbewaldete Flächen, die z. B. der kurzfristigen Holzlagerung dienen, sowie schmalere Wege, Schneisen, Leitungstrassen, Wasserläufe und Gräben (i. d. R. Breite < 5 m). Alle anderen Flächen eines Forstbetriebs (u. a. Gebäude-, Hof- und dauerhafte größere Lagerflächen) werden dementsprechend als Nichtholzboden bezeichnet.

Die Holzbodenfläche wird in Wirtschaftswald und Nichtwirtschaftswald unterteilt. Weiterhin werden größere Waldflächen nach dem forstlichem System dauerhaft in feste Einheiten eingeteilt, welche Abteilungen (abgekürzt: Abt.) genannt werden. Die Abteilungen setzen sich wiederum aus Unterabteilungen (Uabt.) und diese ggf. aus Unterflächen (dies sind in der Regel die in der Landschaft nach Baumartenmischung und -alter abgrenzbaren Bestände) zusammen.

Der Wirtschaftswald untergliedert sich in Nieder- und Mittelwald, sowie Hochwälder. Nieder und Mittelwald wachsen nur noch auf 0,7 % der Holzbodenfläche. Sie sind die historischen Formen der Brennholzgewinnung und hatten Umtriebszeiten von 15 bis 20 Jahren. Für Niederwald ist die Ausschlagverjüngung, für Mittelwald die Ausschlag- und Kernwuchsverjüngung (Naturverjüngung, Saat oder Pflanzung) charak-

Tab. 3.5 Betriebswirtschaftlicher Vergleich zwischen schlagweisem Hochwald und Plenterwald (Handstanger et al. 2006)

	Schlagweiser Hochwald	Plenterwald
Holzanfall	konzentriert auf kleiner Fläche	verteilt über den gesamten Bestand
Holzernte und Holzbringung	relativ einfach	schwierig wegen Rücksicht auf Verjüngung und verbleibenden Bestand
Sortimentsverteilung	alle Dimensionen	vorwiegend Starkholz; günstiges Stück-Masse-Verhältnis
Verjüngung	meist künstlich	natürlich
Folgebestand	gleichaltrig, einförmig	ungleichaltrig, stufig, mehrschichtig
Pflegeaufwand	hoch für Kultur und Dickungspflege, Durchforstung	gering
Boden	Freifläche; Abschwemmung, Austrocknung, Nährstoffverlust möglich	bleibt bedeckt
Bestandesklima	wird zerstört	bleibt erhalten
Holzzuwachs	kurzzeitig unterbrochen	dauernder Zuwachs im Altholz bei gleichzeitiger Verjüngung
Bestandesrisiko	groß durch einförmigen Bestand	gering

teristisch. Hochwälder, die durch Verjüngung aus Kernwüchsen entstanden sind, werden in Plenterwald und Hochwald unterteilt.

Bei der heute üblichen Hochwaldwirtschaft (94 % der Holzbodenfläche) werden die zumeist mehr oder weniger gleichaltrigen Bestände bei Erreichen ihres Produktionszieles (Dimension: Zieldurchmesser) auf Kleinflächen genutzt. Dabei wird zwischen Kahlschlag, Schirmschlag, Saumschlag und Femelschlag unterschieden.

Bei der Plenterwaldbewirtschaftung, die ihren Ursprung in den vergleichsweise kleinflächigen bäuerlichen Buchen-Tannen-Fichten-Bergmischwäldern der Schweiz hat, erfolgt die Nutzung einzelstammweise sowohl von schlecht geformten als auch hiebsreifen Bäumen und dient somit gleichzeitig der Pflege (Durchforstung), Verjüngung und Nutzung. In Deutschland werden lediglich 0,3 % der Holzbodenfläche auf diese Weise bewirtschaftet.

Einen Vergleich zwischen Hochwald- und Plenterwaldwirtschaft enthält Tabelle 3.5.

Auf knapp 5 % des Holzbodens (überwiegend im öffentlichen Besitz der Länder, der Kommunen und des Bundes) findet aus Gründen des

Natur- und Artenschutzes, wissenschaftlicher Untersuchungen oder der Erholung keine oder nur eine sehr stark eingeschränkte Holznutzung statt.

Tab. 3.6 Näherungswerte der Umrechnungsfaktoren für Raummaße von Holzprodukten (nach Deutsche Gesellschaft für Sonnenenergie 2004, aus Quaschning 2011)

	fm	rm	srm
Festmeter (fm)	1	1,43	2,43
Raummeter (rm)	0,7	1	1,7
Schüttraummeter (srm)	0,41	0,59	1

Das gesamte Baumvolumen eines Waldes (oder Waldbestandes) nennt man **Holzvorrat**. Von forstlicher Bedeutung ist der so genannte Derbholzvorrat. Unter Derbholz wird das Holzvolumen verstanden, welches sich in den Teilen eines Baumes mit einem Mindestdurchmesser von 7 cm (ohne Rinde) befindet. Das weitere Baumvolumen wird durch das sogenannte Reisig oder Reisholz (Äste/Zweige < 7cm ohne Rinde (o. R.)) und Rinde gebildet.

Die **Holzmengen** werden forstüblich mit verschiedenen Maßeinheiten erfasst. Ein **Festmeter (fm)** ist die Maßeinheit für ein Kubikmeter feste Holzmasse. Ein Vorratsfestmeter (Vfm) bezeichnet Derbholz mit Rinde (m. R.) des stehenden Holzes, ein Erntefestmeter (efm) geschlagenes Holz ohne Rinde (o. R.). Ein Vorratsfestmeter liefert etwa 0,8 Erntefestmeter. **Ein Raummeter (rm)** ist die Maßeinheit für geschichtete Holzteile, die unter Einschluss der Luftzwischenräume ein Gesamtvolumen von einem Kubikmeter füllen. Ein **Schüttraummeter (srm)** bezeichnet einen Raummeter geschütteter Holzteile, wie Hackschnitzelgut, Stückholz, Pellets oder Sägespäne. Eine **Atro-Tonne (t atro)** ist die Maßeinheit für die Masse von einer Tonne absolut trockenem Holz. Die Umrechnungsfaktoren für die verschiedenen Raummaße sind von den jeweils aufgearbeiteten Holzlangen abhängig und in Tabelle 3.6 wiedergegeben. Liegendes Holz wird nach den Regelungen des Eichgesetzes (EichG) bemessen, d. h. die dort zum Einsatz kommenden Messgeräte für die Herleitung von Verkaufsmengen müssen geeicht sein.

Üblicherweise wird forstlich nur das Derbholz genutzt, auch wenn in letzter Zeit gelegentlich Vollbaumnutzungen praktiziert werden, um das Reisig als Brennstoff (Hackschnitzel) zu gewinnen.

Bei der **Derbholznutzung** werden die basalen, stärkeren Baumteile zu Stammholzsortimenten mit höherwertiger Verwendung (z. B. Furnier, Schneideholz, Bauholz) und die apikal anschließenden Bereiche zu Palettenholz, Industrieholz und/oder Brennholz aufgearbeitet. Die unverwertbaren/unverwerteten Baumteile werden als **Waldrestholz** bezeichnet.

Das inländisch produzierte Rohholz stammt überwiegend von den Nadelbaumarten Fichte und Kiefer. Aktuell (Jahr 2011) besteht knapp dreiviertel (74 %) des gesamten erfassten deutschen Holzeinschlages in Höhe von 56 Millionen Kubikmetern (Festmeter o. R.) aus Fichten- und Kiefernholz. Dabei liefern die Nadelbaumarten gegenüber den Laubbaumarten deutlich mehr **Stammholz**. Fast 90% dieser Sortimente stammen von den Baumarten Fichte und Kiefer (BMELV 2011). Bei den Laubbäumen liefern u. a. Linde, Birke, Weiden, Pappeln und Rosskastanie so genanntes **Weichholz**, die übrigen Baumarten (insb. Eiche, Buche, Ahorn, Esche) **Hartholz**.

In Deutschland ist der Holzboden zu rund 40 % mit Laubbaumarten und zu rund 58 % mit Nadelbaumarten bestockt, der Rest sind Lücken und Blößen.

Mit 15 % ist die Buche die wichtigste Laubbaumart in Deutschland, gefolgt von Eiche (10 %) und anderen Laubbaumarten mit niedriger Lebensdauer und schnellem Wachstum wie Birken, Erlen, Pappeln (10 %). Unter den Nadelbäumen dominieren Fichte (28 %) und Kiefer (23 %). In den letzten Dekaden zeichnet sich der Trend zu einem höheren Anteil der Laubbaumarten gegenüber Fichte und Kiefer ab (BWI2 2013).

Gegenüber der tatsächlichen Baumartenverteilung würden derzeit auf den meisten Waldstandorten mehr oder weniger reine Rotbuchenwälder die natürlichen Schlusswaldgesellschaften bilden, weil sich die Rotbuche unter den gegebenen klimatischen Verhältnissen zur deutlich konkurrenzstärksten Baumart entwickelt hat. In der Vergangenheit wurden jedoch auf vielen dieser Standorte gezielt reine Nadelbaumbestände angelegt, weil sie Buchenbeständen in der Produktivität überlegen (z. B. Fichtenbestände in Mittelgebirgslagen) sind, oder es sich um Wiederaufforstungen von devastierten Flächen (Kiefernbestände im norddeutschen Flachland) handelte. Diese Reinbestände beanspruchen den Licht-, Wasser- und Nährstoffhaushaltes am Standort einseitig und sind darüber hinaus anfällig gegen Schadinsekten. Aus diesen Gründen werden heute zunehmend standortangepasste Mischbestände begründet bzw. Reinbestände im Rahmen ihrer Verjüngung in solche umgewandelt.

Im Rahmen der forstlichen Nutzungsplanung wird das Volumen der vorhandenen sowie zuwachsenden Biomasse über Baum- bzw. Bestandesparameter wie Alter oder Brusthöhendurchmesser (BHD) mittels Volumen- und Wachstumsfunktionen oder daraus abgeleiteter „Ertragstafeln" abgeschätzt.

Deutschland liegt mit einem Holzvorrat von insgesamt rund 3,4 Mrd. Vorratsfestmetern (m^3 m. R.) im europäischen Vergleich an führender Stelle (BWI2 2013). Davon stehen für eine Nutzung jährlich etwa 100 Mio. Vorratsfestmeter zur Verfügung, von denen jedoch nur ca. 80 % tatsächlich den Wäldern entnommen werden. Der Unterschied zwischen dieser Schätzung und dem in der amtlichen Statistik (s. o.) erfassten Holzeinschlag hat verschiedene Ursachen. Einerseits wird der Einschlag des Kleinprivatwaldes i.d. R. nur geschätzt, zum anderen gehen insbesondere nicht alle Brennholz-Nutzungen in die Holzeinschlagsstatistik ein, da Brennholz oft im „Nachgang" zur normalen Nutzung aus dem dabei verbliebenen Waldrestholz aufgearbeitet wird. Zuzüglich Altholz und anderen Holzsortimenten ergibt sich ein jährlicher Verfügungsrahmen von etwa 130 Mio. Festmetern, von denen etwa 60 Mio. Festmeter energetisch und etwa 70 Mio. Festmeter stofflich genutzt werden.

Weiterführende Literatur

BOOTE, K. J., J. M. BENNETT, T. S. SINCLAIR, and G. M. PAULSEN, 1994: Physiology and Determination of Crop Yield. ASA, CSSA, SSSA, Inc., Madison, Wisconsin, USA

EVANS, L. T., 1993: Crop Evolution, Adaptation and Yield. Cambridge Univ. Press, Cambridge, UK

KELLER, E. R., H. HANUS und K.-U. HEYLAND (Hrsg.), 1997: Handbuch des Pflanzenbaus. Bd. 1, Grundlagen der landwirtschaftlichen Pflanzenproduktion. Verlag E. Ulmer, Stuttgart.

LÜTKE ENTRUP, N. und J. OEHMICHEN (Hrsg.), 2006: Lehrbuch des Pflanzenbaues. Bd. 1, Grundlagen. AgroConcept Verlagsgesellschaft. 823 Seiten. ISBN 978-3981057515.

RÖHRIG, E., N. BARTSCH, B. V. LÜPKE, 2006: Waldbau auf ökologischer Grundlage. 7. Auflage. Verlag E. Ulmer, Stuttgart. 479 Seiten. ISBN 978-3825283100

ZUNDEL, R., 1990: Einführung in die Forstwirtschaft (UTB 1557). Verlag E. Ulmer, Stuttgart. 359 Seiten. ISBN 3-8001-2612-5.

Fragen zu Kap. 3

Wie sind Wachstumsrate und Wachstumsdauer definiert?

Woraus setzt sich der jährliche Holzzuwachs von Forstbäumen zusammen?

Wie wirkt sich Konkurrenz in Pflanzenbestanden auf das Wachstum der Einzelpflanzen aus?

Wie unterscheiden sich die Hauptreservestoffe landwirtschaftlicher Kulturpflanzen in ihrem chemischen Aufbau?

Wie gliedert sich das Anbauverfahren landwirtschaftlicher Kulturpflanzen?

Wie kann der N-Düngebedarf eines Pflanzenbestandes ermittelt werden?

Wie werden Unkräuter bekämpft?

Welches sind die wichtigsten Arbeitsverfahren bei der Ernte?

Welche Aufgaben hat die Fruchtfolge?

Was ist die Holzbodenfläche ?

Was sind die wichtigsten Raummaße für Holzprodukte?

Wie unterscheiden sich im Waldbau Plenterung und Kahlschlag?

4 Die Energie- und Industriepflanzen

Der Pflanzenbau als landwirtschaftliche Primärproduktion auf dem Ackerland hat nicht nur seine ursprüngliche Funktion zu erfüllen, Nahrung für den Menschen und Futter für die Nutztiere bereitzustellen, er liefert in zunehmendem Maße auch biogene Energieträger und Rohstoffe für die industrielle Nutzung. Damit rückt wieder eine größere Zahl von Nutzpflanzen in das Blickfeld des Pflanzenbaus.

In Deutschland wurden im Jahre 2013 auf etwa 2,4 Mio. ha Ackerfläche nachwachsende Rohstoffe erzeugt, entsprechend 20 % der gesamten Ackerfläche. Mit ca. 2,1 Mio. ha haben die Energiepflanzen daran den weitaus größten Anteil. Innerhalb dieser Gruppe dominieren der Biodiesel/Pflanzenöl-Rapsanbau mit 910 000 ha sowie der Energiepflanzenbau für die Biogas- und Ethanolproduktion mit ca. 1,05 Mio. ha. Die Flächenentwicklung im Industriepflanzenbau blieb in den letzten Jahren mit 300 000 ha relativ konstant. Den Hauptanteil mit 165 000 ha bzw. 120 000 ha nimmt die Erzeugung von Industriestärke bzw. von technischem Rapsöl ein.

Die wichtigsten Energie- und Industriepflanzen, die im gemäßigten Klima anbauwürdig sind, werden nachfolgend in Form von agronomischen Artenpässen (vergl. Stock und Diepenbrock 1999) vorgestellt. Sie sind für alle Kulturarten in gleicher Weise gegliedert. Nach Verwendung als nachwachsender Rohstoff, Herkunft/Botanik und Ertragsleistungen folgen Sortenbild, Standortansprüche und Fruchtfolgeansprüche/Fruchtfolgewert, das Anbauverfahren selbst und schließlich die Ernte. Auf einzelne Sorten und Pflanzenschutzmittel wird wegen der rasch wechselnden Aktualität nicht eingegangen. Es sind deshalb als ergänzende Literatur die jeweils aktuellen Ausgaben der Beschreibenden Sortenliste des Bundessortenamtes, Hannover, und das Pflanzenschutzmittelverzeichnis des Bundesamtes für Verbraucherschutz und Lebensmittelsicherheit, Berlin/Braunschweig, zu empfehlen.

Waldbäume liefern das weitaus größte Biomasseaufkommen zur Bereitstellung von nachwachsenden Rohstoffen. Zusammen mit den schnellwachsenden Baumarten der Kurzumtriebsplantagen ist ihnen das Kapitel „4.6 Holzpflanzen“ gewidmet.

4.1 Getreidepflanzen und Gräser

Die Gräser (einschl. Getreide) gehören zur botanischen Familie der Gramineae (Süßgräser), deren Frucht die Karyopse ist. Für die Biomasseproduktion sind sie aufgrund ihres hohen Gesamtpflanzenertrages gut geeignet (Tab. 4.1).

Tab. 4.1 Getreide und Gräser als Energie- und Industriepflanzen

Name		Verwendung als nachwachsender Rohstoff
deutsch	botanisch	
Mais	*Zea mays* L.	Substrat für Biogasanlagen Biokraftstoffe biologisch abbaubare Werkstoffe Kleister, Kleber, Leim
Sorghum-hirsen	*Sorghum bicolor* L. *Sorghum sudanese* L.	Substrat für Biogasanlagen Bioethanol Festbrennstoff Baumaterial, Papierherstellung
Winter-weizen	*Triticum aestivum* L.	Festbrennstoff Substrat für Biogasanlagen Bioethanol Papier- und Wellpappenherstellung Kleister, Kleber, Leim biologisch abbaubare Werkstoffe Arzneimittel
Winter-roggen	*Secale cereale* L.	Festbrennstoff Substrat für Biogasanlagen Bioethanol Dämm- und Werkstoffe
Triticale	*Triticosecale* Wittm.	Festbrennstoff Substrat für Biogasanlagen Bioethanol
Miscanthus	*Miscanthus* ssp.	Festbrennstoff Gasgewinnung (Wasserstoff) Verflüssigung (Pyrolyseöl) Bau- und Dämmstoffe Spanplatten Ölbinder Tiereinstreu
Rutenhirse, Switchgras	*Panicum virgatum* L.	Festbrennstoff Substrat für Biogasanlagen
Rohrglanz-gras	*Phalaris arundinaceae*	Festbrennstoff Substrat für Biogasanlagen
Futtergräser		Festbrennstoff Substrat für Biogasanlagen

In der Unterfamilie der Festucoideae finden sich u. a. die Winterformen von Weizen (*Triticum aestivum* L.), Roggen (*Secale cereale* L) und Triticale (*Triticosecale* Wittm.), die in den letzten Jahren im Energie- bzw. Industriepflanzenbau größere Bedeutung erlangt haben. Die Sommerformen dieser Getreidearten eigenen sich für den Energiepflanzenanbau nicht, weil sie aufgrund der kürzeren Vegetationszeit regelmäßig geringere Erträge liefern.

Gräser dienen als halmgutartige Festbrennstoffe, als Substrat für die anaerobe Vergärung und als Rohstoffbasis für synthetisch hergestellte Kraftstoffe. Für die stoffliche Verwertung spricht der hohe Stärkegehalt des Getreidekorns

Den festucoiden Getreidearten gemeinsam ist die Wuchsform des Sprosssystems. Der Einzeltrieb teilt sich auf in Knoten (Nodien) und Zwischenglieder (Internodien) mit einem endständigen Fruchtstand (Ähre). Die Verzweigung des Sprosses setzt dicht unter der Erdoberfläche an und zwar im untersten Bereich des hier stark gestauchten Haupttriebes. Aus Bestockungsknoten entwickeln sich Triebe 1., 2. und gegebenenfalls 3. Ordnung. Die Blätter stehen zweizeilig. Sie bilden eine offene und den Halm umfassende Blattscheide, die Teile des Internodiums abdeckt sowie die Blattspreite. Mit der Anlage des Bestockungsknoten ist auch die Voraussetzung für das sprossbürtige Büschelwurzelsystem gegeben.

Die Karyopse ist von Spelzen umgeben, die beim Drusch der Nacktformen abfallen, beim Spelzgetreide aber nach der Ernte noch mit dem Korn verbunden bleiben.

In der Unterfamilie der Panicoideae finden sich sowohl die einjährigen C4-Arten Mais (Zea mays L.) und Sorghumhirsen (*Sorghum bicolor* L.; *Sorghum sudanese* L.) als auch das perennierende C4-Gras *Miscanthus* (*Miscanthus* ssp.). Die Morphologie dieser Vertreter wird in den Abschnitten der jeweiligen Kulturart beschrieben. Verbunden mit dem C4-Syndrom sind diese Arten an Standorte mit hoher Lichtintensität angepasst, zeigen eine hohe Wasser-, Licht- und Stickstoffnutzungseffizienz und eignen sich vielseitig zur Erzeugung nachwachsender Rohstoffe. Als Substrat für Biogasanlagen liegt Mais mit > 80 % an der Spitze aller dafür geeigneten Biomasseträger.

4.1.1 Mais (*Zea mays* L.)

In den nördlichen Anbauregionen Mittel- und Westeuropas wird Silomais zur Erzeugung von Grundfutter für intensive Formen der Rinderhaltung genutzt. Da mit Mais die höchsten Energieeinheiten pro Flächeneinheit am kostengünstigsten zu erreichen sind, ist er im gemäßigten Klima zur bedeutendsten Ackerfutterpflanze geworden.

In Deutschland hat Mais bis zur letzten Novelle des EEG zu über 80 % am Substratmix für Biogasanlagen beigetragen, weil Maissilage als eines der wirtschaftlichsten Substrate für die Biogaserzeugung gilt

Mit der wachsenden Bedeutung des Energiepflanzenbaus hat die Anbaufläche noch weiter zugenommen.

Verwendung als nachwachsender Rohstoff

Die Nutzung von Maissilage, die traditionell als Futter für Wiederkäuer dient, hat in letzter Zeit eine bedeutende Ergänzung als Substrat für Biogasanlagen gefunden. Bei dieser Nutzungsform handelt es sich um den so genannten Energiemais. Sehr hohe Biomasseleistungen und die gute Konservierbarkeit im Silo stellen die ganzjährige und kontinuierliche Versorgung der Biogasanlagen sicher. Für eine hohe Gasausbeute und eine gute Gasqualität sind hohe Gehalte an Kohlenhydraten, Fett und Eiweiß in der Silage wichtig.

Bei langen Transportwegen zu der Biogasanlage kann der Einsatz von Corb-Cob-Mix (CCM) wegen der hohen Energiedichte sinnvoll sein.

In Nordamerika dient Körnermais als Energiepflanze zur Herstellung von Biokraftstoffen, insbesondere Bioethanol. Man kann von einer Alkoholausbeute von mehr als 40 l Ethanol pro 100 kg Maiskorn ausgehen. Körnermaissilage kann ebenfalls zu Ethanol verarbeitet werden. Die ausgereifte Pflanze wird zudem als Festbrennstoff genutzt.

Mais ist neben Weizen und Kartoffel die wichtigste Rohstoffpflanze für die Stärkeproduktion. Bei einem Kornertrag von 90 dt ha^{-1} und einem mittleren Stärkegehalt von 70 % können in heimischen Anbaugebieten 63 dt ha^{-1} Stärke erzeugt werden. Die verbreiteten Sorten liefern eine Stärke mit 20 bis 30 % Amylose und 70 bis 80 % Amylopektin. Die Ausbeutbarkeit der Stärke ist bei Zahnmais höher als bei Hartmais. Aus Maisstärke lassen sich u. a. biologisch abbaubare Werkstoffe herstellen.

Die so genannten *waxy*-Mutanten (Wachsmais) speichern die Stärke zu 100 % als Amylopektin, während bei den *amylose-extender*-Mutanten der Amyloseanteil zwischen 70 und 90 % beträgt. Mit Wachsmaisstärke lassen sich hohe Kleisterviskositäten, hohe Klebkraft, Glanz und Klarheit erreichen. Darüber hinaus sind zahlreiche modifizierte Stärken nur aus Wachsmaisstärke zu erzeugen. Im kühl-gemäßigten Klima sind bisher keine Hybridsorten dieser beiden Mutanten anbauwürdig.

Herkunft und Botanik

Die einjährige C4-Pflanze stammt aus den tropischen Klimagebieten Mittel- und Südamerikas und stellt die einzige Art der Gattung *Zea* dar. Die Kulturformen gehen auf Teosinte (*Zea mays* ssp. *mexicana*) zurück. In Europa werden hauptsächlich Hartmais (convar. *vulgaris*) und Zahnmais (convar. *dentiformis*) angebaut. Die Maispflanze wächst einstängelig mit 8 bis 12 bis 20 Internodien; an den dazwischen liegenden Nodien sind die Blätter inseriert. Bei der monözischen Pflanze sind die männlichen Blütenorgane als Rispe endständig, die weiblichen Blüten als Kolben auf gestauchten Seitentrieben in den Blattachseln ausgebildet. Die Pflanze hat meist nur einen Kolben mit 18 Kornreihen, 30 Körnern je Reihe und einer Tausendkornmasse (TKM) von 200 bis 600g.

Ertragsleistungen
Die Erträge im Maisanbau haben in den letzten 50 Jahren durch die Einführung standortangepasster Hybriden erhebliche Zuwächse erreicht. In diesem Zeitraum ist der durchschnittliche Kornertrag (einschl. Corn-Cob-Mix) von ca. 30 dt ha^{-1} auf weit über 90 dt ha^{-1}, der Silomaisertrag (einschl. Lieschkolbenschrot) von 200 dt ha^{-1} auf durchschnittlich 445 dt ha^{-1} (350 bis 650 dt ha^{-1}) Frischmasse gestiegen. Spitzenerträge für Körnermais werden in Baden-Württemberg, für Silomais in Bayern erzielt. Der Kornertrag entspricht einem Ethanoläquivalent von ca. 3.000 bis 3.600 l ha^{-1}. Energiemais zur Verwendung als Substrat in Biogasanlagen liefert einen Biomasseertrag von 15 bis 20 t TM ha^{-1} und eine Methanausbeute von bis zu 9.000 m^3 ha-^{1}. In Zweitfruchtstellung gehen die Maiserträge kaum über 7 bis 10 t TM ha^{-1} hinaus.

Sortenbild
Angebaut werden ausschließlich Hybridsorten, deren Eignung für einen bestimmten Standort sich an der Einstufung nach der Reifezeit orientiert. Die dreistellige FAO-Zahl gibt in der ersten Ziffer die Reifegruppe, in der zweiten die Stellung der Sorte innerhalb der Reifegruppe und in der dritten die Kornfarbe (0 für einheitlich gelbe Farbe) an. Die Einteilung erfolgt nach Unterschieden im Wassergehalt der abreifenden Körner im Vergleich mit bereits eingestuften Referenzsorten. Eine hohe FAO-Zahl im Sortiment weist auf einen hohen Wassergehalt der zum einheitlich gleichen Zeitpunkt geernteten Kolben und damit auf eine spätere Reife hin. Weil die FAO-Zahl nicht die Unterschiede in der technologischen Reife berücksichtigt, die sich in der sortenspezifischen Abreife des Kolbens und der Restpflanze zeigen, erhält jede Sorte eine Siloreifezahl (S) für die Silonutzung und eine Körnerreifezahl (K) für die Körnernutzung. S erfasst die Trockensubstanz (TS) der Gesamtpflanze, K die TS des Korns. Ein Prozent Unterschied in der TS bedingt die Veränderung von 10 Reifezahleinheiten. Bei Energiemaissorten liegt die Siloreifezahl regelmäßig über deren Kornreifezahl. Folglich bleiben Blatt- und Stängelmasse während der Reifung länger grün. Es handelt sich dann um den stay-green-Sortentyp, der sich besonders gut als Energiemais eignet, weil bei der späten Abreife der Restpflanze der für die Gasausbeute störende Ligningehalt gering bleibt.

Als Futterpflanze wird Mais entweder auf einen hohen Kornertrag (Körnermais) oder auf einen hohen Ganzpflanzenertrag mit hohem (energiereichem) Kolbenanteil (Silomais) gezüchtet.

Für den Energiemaisanbau wird ein hoher Ertrag an organischer Trockensubstanz kombiniert mit einem Trockensubstanzgehalt der Gesamtpflanze zwischen 30 und 35 % angestrebt. Der Kolbenanteil spielt nur eine untergeordnete Rolle. Diese Ziele wurden zuletzt durch Züchtung spätreifer Sorten mit verbesserter Kühle- und Trockenstresstoleranz erreicht. Ausschlaggebend ist die photoperiodische Sensibilität des Zuchtmaterials.

Einkreuzungen von Pflanzenmaterial aus fremden Genpools (Italien, Südostasien, Mittel- und Südamerika) mit Kurztagcharakter, welches in Mitteleuropa erst sehr spät blüht, hat dazu geführt, dass unter Langtagsbedingungen ein Biomasseertrag von bis zu 30 t ha^{-1} möglich wurde. Energiemaissorten sollen mit einer standorttypischen Siloreifezahl ausgestattet sein, die 40 bis 50 Punkte über den entsprechenden Werten für Silomais liegt.

Standortansprüche

Die Bodenansprüche sind wenig spezifisch. Obwohl für Mais hohe Wasser- und Stickstoffnutzungseffizienz nachgewiesen wurde, ist aufgrund des starken Massenwachstums vor und während der Blüte (Juli/August) der Wasser- und Nährstoffvorrat auf leichten Böden schnell erschöpft. Bereits bei schwacher Hangneigung besteht Erosionsgefahr.

Mais ist eine wärmeliebende Pflanze. Das Keimtemperaturminimum beträgt 10 bis 12 °C, der Wachstumsbeginn liegt bei > 12 °C und die volle Photosyntheseleistung wird erst bei > 25 °C erreicht. Die hohen Temperaturansprüche werden im kühl-gemäßigten Klima in den Sommermonaten annähernd erfüllt, im Frühjahr und Herbst dagegen sind temperaturbedingte Entwicklungsstörungen weit verbreitet.

Fruchtfolgeansprüche und Fruchtfolgewert

Der Vorfruchtanspruch von Mais ist gering. Aufgrund später Saat bereitet die Bodenvorbereitung keine Schwierigkeiten, selbst nach sehr späten Vorfrüchten (ggf. Frühjahrsfurche). Mehrjähriger Anbau auf dem gleichen Feld ist ohne Ertragseinbußen möglich. In Regionen mit Auftreten bzw. Vordringen des Westlichen Maiswurzelbohrers (*Diabrotica virgifera*) ist Daueranbau jedoch untersagt. Mais ist tragendes Glied in der Fruchtfolge. Die meisten Krankheiten der C3-Getreidearten werden nicht übertragen. Allerdings ist eine Stroheinarbeitung gegen Befall mit Toxin bildenden Ährenfusariosen des nachfolgenden Winterweizens notwendig. Problemunkräuter (z. B. Hirsen), Erosion, Stickstoffüberhänge oder Bodenverdichtungen zwingen zu Anbaupausen.

Energiemais wird vermehrt im Zweikulturnutzungssystem angebaut, d. h. ihm wird z. B. Grünschnittroggen vorangestellt, der ebenfalls energetisch genutzt werden kann. Mais selbst folgt dann als Zweitfrucht. Dieses System bringt immer dann Mehrleistungen, wenn am Standort ausreichend Wasser vorhanden ist (Jahresniederschlag > 550 mm) und die für die Zweitfrucht verbleibende Vegetationszeit für die Bergung silierfähigen Erntegutes ausreicht (> 30 % TS).

Anbauverfahren

Die Bodenbearbeitung zur Maisaussaat muss der Erosionsgefahr vorbeugen, das Bodenvolumen für eine zügige Entwicklung des Wurzelsystems erschließen und zur raschen Erwärmung des Bodens beitragen ohne Gefährdung der Versorgung mit Keimwasser. Insbesondere in Zweitfruchtstellung ist nach der Ernte der Vorfrucht auf eine sorgfältige und wassersparende Rückverfestigung im Krumenbereich zu achten, um den Keimwasserbedarf zu decken und damit einen ausreichenden Feldaufgang sicherzustellen. Um diese Ziele zu erreichen, sind neben dem Pflugeinsatz auch pfluglose Verfahren möglich, wie Direktsaat nach Streifen- (25 bis 30 cm) oder Rillenlockerung (3 bis 4 cm) in Mulchdecken aus Stroh und vorangegangener Zwischenfrucht.

Spezielle (pneumatische) Sägeräte dienen der Einzelkornablage des gebeizten Saatgutes. Bei Reihenabständen von 62,5 bis 80 cm und einer Saattiefe von 4 bis 6 cm liegt die Bestandesdichte je nach Nutzung, Reifezeit und Wasserversorgung zwischen 7 und 13 Pflanzen m^{-2}. Der Saattermin richtet sich nach der Bodentemperatur (> 10 °C) in Saattiefe.

Die PK-Grunddüngung erfolgt nach Entzug (Ertrag) und Versorgungszustand des Bodens. In der frühen Jugendentwicklung bietet Unterfußdüngung mit leicht aufnehmbaren Phosphat- und Stickstoffformen Vorteile. Die N-Düngung erfolgt in zwei Gaben, 70 % als erste, 30 % als zweite Gabe. Dabei ist der bodenbürtige Stickstoff zu berücksichtigen, der während der Vegetation in zwei Mineralisierungswellen freigesetzt wird. Der massenwüchsige Energiemais hat regelmäßig einen höheren N-Bedarf als Silofuttermais. Die Gärreste aus den Biogasanlagen werden dem Mais als organischer Dünger zugeführt. Dabei kann es bei Ausbringung im Frühjahr, Frühsommer und Herbst (als Stoppelgabe für die nachfolgende Winterung) rasch zur Überdüngung kommen. Dabei ist zu beachten, dass aus Wirtschaftsdüngern entsprechend der Düngerverordnung nicht mehr als 170 kg N ha^{-1} ausgebracht werden dürfen.

Aufgrund zögernder Jugendentwicklung ist eine wirksame Unkrautbekämpfung im Mais unabdingbar. Die Anwendung spezieller Maisherbizide beginnt mit der Aussaat und reicht bis in das 4- bis 6-Blattstadium. Bei Spätverunkrautung ist auch eine Unterblattspritzung bei über 40 cm Wuchshöhe möglich. Im Zweitfruchtanbau werden vorzugsweise Blattherbizide eingesetzt, weil sie gegenüber den Bodenherbiziden eine höhere Wirkungssicherheit bei höheren Temperaturen und Trockenheit haben.

Mais gilt als relativ gesunde Kulturpflanze. Bei höherer Anbaudichte sind aber Schäden durch Wurzelfäulen, Drahtwurm, Engerling, Erdraupen, Vogelfraß, Ackerschnecken, Fritfliege, Maiszünsler, Blattläuse, Stängelälchen, Virosen sowie Stängel- und Kolbenfäulen möglich. Größere Beachtung findet das Auftreten des Maiszünslers, dessen Bekämpfung nach Warndienst erfolgt. Auch vorbeugende ackerbauliche Maßnahmen (Mulchen, Pflügen) sind von großer Bedeutung. In einigen Gegenden Südeuropas ist der Maisanbau durch den Westlichen Maiswurzelbohrer in Frage gestellt. Nach Deutschland breitet sich der Schädling seit 2007 immer weiter aus. Weite Fruchtfolgestellung des Maises,

Beizung des Saatgutes und eine Insektizidbehandlung können den Schädling eindämmen.

Ernte
Die Ernteverfahren richten sich nach der Verwendung des Erntegutes. Die Körnermaisernte erfolgt im Mähdruschverfahren mit Pflückvorsatz bei weniger als 40 % Kornfeuchte (Gelbreife der Körner). Die Trocknung des Erntegutes ist sehr energieaufwändig.

Energiemais wird im Stadium „Beginn bis Mitte Teigreife“ bei einem Trockenmassegehalt der Gesamtpflanze zwischen 30 und 35 % als Häckselgut geerntet. In diesem Zustand hat das Material die besten Siliereigenschaften und höchsten Gasausbeuten. Angestrebt wird eine Häcksellänge zwischen 4 und 7 mm, um die notwendige Dichtelagerung im Siloraum als Voraussetzung für einen fehlerfreien Gärverlauf erzielen zu können.

4.1.2 *Sorghum*hirsen

Unter dem Sammelbegriff Hirsen werden mehrere Getreidearten der Tropen und Subtropen zusammengefasst. Sie nehmen im Weltmaßstab im Anbauumfang den vierten und in der Produktionsmenge den fünften Rang unter den Getreidearten ein. Die wichtigsten Hirsearten sind Rispenhirse oder Echte Hirse (*Panicum miliaceum* L.), Zwerghirse (*Eragrostis tef* [Zucc.] Trotter), Kolbenhirse oder Borstenhirse (*Setaria italica* [L.] P. Beauv.) und Zuckerhirse oder Mohrenhirse (*Sorghum bicolor* [L.] Moench). Als Energiepflanzen erlangen nur die *Sorghum*-Arten Anbaubedeutung.

Verwendung als nachwachsender Rohstoff
Die Ganzpflanzensilage aus Hirse ist ein sehr gut geeignetes Substrat in Biogasanlagen mit einer Methanausbeute zwischen 300 und 360 l Methan kg^{-1} organische Trockenmasse. Der Presssaft aus der Biomasse liefert Zucker zur Ethanolgewinnung. Der Zuckergehalt in der Frischmasse liegt mit 8 bis 9 % deutlich niedriger als bei Zuckerrüben (16 bis 18 %). Innerhalb der Zuckerfraktion dominiert mit etwa 65 % die Saccharose gefolgt von Glucose (ca. 20 %) und Fructose (ca. 16 %). Der Rückstand (Bagasse) enthält Cellulose, Hemicellulose und Lignin und kann sowohl energetisch als auch stofflich (Baumaterial, Papierherstellung) genutzt werden.

Herkunft und Botanik
Die Sorghumhirsen gehören wie Mais zu den panicoiden C4-Gräsern. Als Biogassubstrate eignen sich Zuckerhirse (*Sorghum bicolor* (L.) Moench) und Sudangras (*Sorghum sudanese*). Hinzu treten Hybriden aus *S. bicolor* und aus *S. bicolor* x *S. sudanese*. Sorghumhirsen stammen aus Ostafrika und werden in den Tropen hauptsächlich als Nahrungs- und Futterpflanzen angebaut. Sorghum-Hirsen ähneln morphologisch dem Mais,

bilden aber 4 bis 6 Bestockungstriebe und erreichen eine Wuchshöhe von 2,5 bis 4 m. Die endständige, lockere bis kompakte Rispe trägt sowohl zwittrige als auch männliche Blüten. Der Fruchtstand ist10 bis 60 cm lang.

Ertragsleistungen

> Die züchterische Bearbeitung hat bei *Sorghum*hirsen zu Hybridsorten geführt, die für intensive Ackerbaubedingungen die Grundlage leistungsfähiger Bestände im Energiepflanzenbau sind.

In Abhängigkeit von Standort und Jahreswitterung schwanken die Trockenmasseerträge der oberirdischen Biomasse zwischen 5 und 20 t ha^{-1}. Hohe Zuckererträge von bis zu 8 t ha^{-1} können aber nur erreicht werden bei später Ernte Ende Oktober vor dem ersten Frost. Der Trockensubstanzgehalt liegt dann zwischen 20 und 30 %, so dass Silierfähigkeit nicht immer gegeben ist. Höhere Trockensubstanzgehalte werden mit Mischtypen innerhalb der Gattung Sorghum erzielt. Frühreifende Hybridsorten können bereits ab Mitte August geerntet werden, sobald der Trockensubstanzgehalt 28 % erreicht hat. Im Zweitfruchtbau wird Silierfähigkeit meist nicht erreicht. In wärmeren Anbaulagen kann auch zweischnittig geerntet werden. Der erste Schnitt erfolgt dann zum Rispenschieben Ende Juli mit einer Stoppelhöhe von 15 cm für einen schnellen Wiederaustrieb. Die zweite Ernte findet Ende Oktober/Anfang November statt.

Sortenbild

Für die Ethanolgewinnung werden Sorten mit hohem Biomasseertrag und Zuckergehalt bei ausreichender Standfestigkeit bevorzugt. Als Substrat für die anaerobe Vergärung muss die Silierfähigkeit des Erntegutes erreicht werden. Hierfür werden Sorten benötigt, die einen geringen Wärmebedarf während der Jugendentwicklung und der Abreife zeigen, damit in der begrenzten Vegetationszeit Trockensubstanzgehalte von mind. 28 bis 30 % erreicht werden können. Im kühl-gemäßigten Klima eignen sich dafür besonders frühreife Sortentypen aus Mischhybriden (*S. bicolor* x *S. sudanese*).

Standortansprüche

Wichtigster Standortfaktor ist die Temperatur. Im Zeitraum von Mai bis September wird eine Wärmesumme von ≥ 2 500 °C benötigt, um silierfähiges Erntegut zu erzeugen. Das entspricht einer Durchschnittstemperatur von > 15,5 °C. Tiefgründige Lehmböden und sandige Lehme in guter Struktur und ohne Verdichtung werden bevorzugt. Auf mittleren bis leichten Böden kann die Hirse ihre ausgeprägte Trockenheitstoleranz entfalten, weil das Wurzelsystem auch die Wasserreserven tieferer Bodenschichten erschließen kann. Aus diesem Grund erreicht Hirse auf solchen Standorten gelegentlich höhere Erträge als Mais.

Fruchtfolgeansprüche und Fruchtfolgewert
Die Einordnung in die Fruchtfolge ist unproblematisch und Selbstverträglichkeit ist gegeben. Das hohe Ertragspotenzial der Hirse wird nur im Hauptfruchtanbau ausgeschöpft. Für den Zweitfruchtanbau nach etwa Grün- oder Ganzpflanzengetreide sind nur wenige Sorten von *S. sudanese* geeignet. Niedrige Feldaufgänge aufgrund geringer Bodenfeuchte bei der späten Aussaat stellen ein besonderes Anbaurisiko dar. *Sorghum* ist späträumender als Mais. Deshalb folgt der Hirse meist eine Sommerung oder spätsaatverträgliches Wintergetreide.

Anbauverfahren
Im Hauptfruchtanbau sollte die unkrautunterdrückende Wirkung der Vorfrucht beachtet und die vegetationsfreie Zeit vor der Aussaat für eine mechanische Unkrautbekämpfung genutzt werden. Da *Sorghum* extrem frostunverträglich ist und eine Keimtemperatur von > 14 °C benötigt, kann erst ab Mitte Mai gesät werden. Im Zweitfruchtanbau wird der Acker vor der Saat pfluglos und wasserschonend bewirtschaftet. Die Saatstärke zielt auf eine Bestandesdichte von 25 bis 40 Pflanzen m^{-2}. Die Sicherung hoher Feldaufgänge stellt ein erhebliches Problem dar. Höhere Saatstärken steigern die Lagergefahr. Die Saattiefe beträgt 2 bis 3 cm.

Die N-Düngung orientiert sich an den Werten für Mais. Aufgrund der hohen Lagergefahr ist eine Überdüngung zu vermeiden. Je Dezitonne Trockenmasse werden dem Boden 1,2 kg Stickstoff entzogen. Die N-Düngung schwankt zwischen 100 und 160 kg N ha^{-1}. Der hohe Magnesiumbedarf ist bei der Hirsedüngung zu beachten.

Von den Pflanzenschutzmaßnahmen hat die Unkrautbekämpfung die größte Bedeutung. Vor der Saat erfolgt der Einsatz von Egge oder Striegel. Ab dem dritten Blatt sind dikotyle Unkräuter mit speziell für Hirse zugelassenen Herbiziden leicht, Gräser und Unkrauthirsen schwieriger zu bekämpfen. Gegen pilzliche Schaderreger wird das Saatgut gebeizt.

Ernte
In lagerfreien Beständen wird im einphasigen Verfahren mit einem reihenunabhängigen Schneidwerk kurz über der Bodenoberfläche geschnitten. Die von den Blättern befreiten Sprosse werden in horizontaler Lage eingezogen und in 20 bis 40 cm lange Abschnitte zerkleinert und über einen Schrägkettenförderer auf ein Transportfahrzeug abgelegt. Wegen der hohen Zuckerverluste ist der Maishäcksler für die Ernte nicht geeignet. Angestrebt wird ein Trockenmassegehalt von 25 bis 32 %; anschließend wird das Erntematerial einsiliert.

4.1.3 Winterweichweizen (*Triticum aestivum* L.)

Neben Mais und Reis haben die Weizenarten weltweit die größte Bedeutung für die menschliche Ernährung. In Deutschland nimmt die Anbaufläche des Winterweichweizens die Spitzenstellung unter den Getreidearten ein.

Weizen wird zur Herstellung von Mehl, Backwaren, Teigwaren und Stärke verwendet, stellt ein wertvolles Konzentratfutter in der Tierernährung dar und dient als Rohstoff in Brennerei und Brauerei sowie für die anaerobe Vergärung (Ganzpflanzen in der Milchreife), die Ethanolgewinnung (Korngut) und die Verbrennung (Stroh).

Verwendung als nachwachsender Rohstoff

Die nicht lignifizierte Ganzpflanze eignet sich in Biogasanlagen für die anaerobe Vergärung, die abgereifte Pflanze (Korn und Stroh bzw. Stroh) als Festbrennstoff. In Biogasanlagen kann auch das reife Korn verwendet werden, nicht aber das Stroh. Der hohe Stickstoffgehalt von Weizenkörnern wird bei der Verbrennung wegen möglicher NOx-Emissionen emissionsrechtlich als bedenklich eingestuft.

Der Stärkegehalt im Weizenkorn beträgt 65%, mit 28% Amylose und 72% Amylopektin. Weizenstärke (Papierstärke) wird hauptsächlich für die Papier- und Wellpappenherstellung genutzt. In der Fermentationsindustrie dient Stärke als fermentierbares Substrat zur Herstellung von Bioethanol und verschiedener Plattformchemikalien.

Bei der stofflichen Verwertung werden u. a. Kleister, Kleber, Leim, biologisch abbaubare Werkstoffe und Arzneimittel produziert.

Herkunft und Botanik

Weichweizen ist die unbespelzte Kulturform der hexaploiden Weizenreihe (Dinkelreihe). Eine Wildform ist nicht bekannt. Die optimale Ertragsstruktur ist abhängig von Standort, Sortentyp und Ertragsziel. Sie bewegt sich in den Bereichen von 200 bis 500 Keimpflanzen m^{-2}, 600 bis 1400 Trieben m^{-2}, 350 bis 700 Ähren m^{-2}, 24 bis 42 Körnern pro Ähre und 40 bis 50 g Tausendkornmasse (TKM).

Ertragsleistungen

Der kontinuierliche Ertragsanstieg der letzten Dekaden führte zu einem Feldversuchs-Ertragspotenzial der Körner von 120 dt ha^{-1}, einem nutzbaren Ertragspotenzial von 95 dt ha^{-1} (auf günstigen Standorten) und zu Durchschnittserträgen in Deutschland von 73 dt ha^{-1}. Das Korn:Stroh-Verhältnis liegt bei modernen Sorten bei 50 : 50.

Sortenbild

Grundlage jeglicher Qualitätsweizenproduktion ist die Einteilung nach Eigenbackfähigkeit der angebauten Weizensorte. Für die energetische Nutzung ist hingegen die oberirdische Biomasseleistung entscheidend.

Die Winterweichweizen werden eingruppiert nach Backqualität (Elite- [E], Qualitäts- [A], Brot- [B] und sonstiger [C] Weizen), nach ihrem Ertragsaufbau (Einzelähren-, Kompensations-, Korndichte-, Bestandesdichtetypen), nach der Spätsaattoleranz, nach der Reifezeit und nach dem Resistenzniveau. Eine hohe Backqualitätseinstufung ist mit einem geringeren Ertragspotenzial verbunden.

Soll Weizen energetisch genutzt werden, so kommen dafür nur Sorten der Gruppen B und C in Frage, die einen hohen Ertrag und geringen Rohproteingehalt aufweisen.

Sortenmischungen können für den Energieweizenanbau zunehmende Bedeutung erlangen, ebenso Hybridweizen mit einem Kornmehrertrag von 5 bis 10 dt ha^{-1} gegenüber Liniensorten.

Standortansprüche
Die hohen Ansprüche des Weizens bestehen in ausgeglichenem Wasser- und Lufthaushalt sowie hohem Nährstoffnachlieferungsvermögen des Bodens. Wintermildes, sommerwarmes und strahlungsintensives Klima ist erwünscht.

Fruchtfolgeansprüche und Fruchtfolgewert
Weizen reagiert stark auf die Fruchtfolgestellung. Als Vorfrüchte am besten geeignet sind Körnerleguminosen, Winterraps sowie Wurzel- und Knollenfrüchte, mittel geeignet mehrjährige Futterpflanzen und Silomais, schlecht geeignet andere Wintergetreidearten (wegen Befallsgefährdung mit fruchtfolgeabhängigen Schaderregern). Winterweizen selbst ist eine brauchbare Vorfrucht für andere Getreidearten.

Anbauverfahren
Die Grundbodenbearbeitung erfolgt traditionell mit einer Saatfurche möglichst 2 bis 3 Wochen vor der Aussaat. Mit der Saatbettbereitung wird ein nicht zu feines Saatbett angestrebt. Pfluglose Bodenbearbeitung ist nach Blattfrüchten sehr gut möglich, nach Getreide aber problematisch. Von allen Wintergetreidearten hat Weizen das größte Saatzeitfenster. Die Bestellung erfolgt zwischen Mitte September (Frühsaat) und Ende Oktober. Ab Dezember ist die Aussaat von Wechselweizen möglich. Hierbei handelt es sich um Sommerweizen mit verbesserter Winterhärte aber geringerem Vernalisationsbedarf (Vernalisation = durch Temperaturen zwischen -1 bis +5 °C geförderte Entwicklungsbereitschaft der Pflanze). Die Saatmenge variiert zwischen 300 bis 500 Körnern m^{-2}, die Saattiefe zwischen 2 und 3 cm.

Die Grunddüngung mit Phosphor und Kalium erfolgt nach Nährstoffentzug (Ertrag) und Versorgungszustand des Bodens. Hohe Ansprüche bestehen an die Cu- und Mn-Versorgung.

Die Stickstoffdüngung des Energieweizens ist grundsätzlich ertragsbetont. Die Bemessung der ersten Stickstoff (N) – Gabe zu Vegetationsbeginn im Frühjahr kann nach verschiedenen Methoden erfolgen, die vom Bedarf der Pflanze ausgehen, den im Frühjahr im Boden pflanzenverfügbaren Stickstoff (Nmin) in Rechnung stellen und die voraussichtliche N-Nachlieferung durch Zu- und Abschläge berücksichtigen. Die zweite N-Gabe wird zum Schossen gegeben. Die in der Backwareerzeugung übliche Qualitätsgabe zu Ährenschieben/Blüte muss im Energieweizenanbau unterbleiben, um den N-Gehalt im Korn und Stroh niedrig zu halten.

Zur Sicherung der Standfestigkeit werden regelmäßig Wachstumsregulatoren mit den Wirkstoffen Chlormequat, Mepiquat, Prohexadion, Trinexapac-ethyl und Ethephon eingesetzt.

Für den pflegebedürftigen Weizen erfolgen Walzen und Striegeln/ Eggen im Frühjahr. Herbizideinsatz ist im Vorauflauf und bei Frühsaaten im Nachauflauf im Herbst möglich, in der Regel erfolgt jedoch Frühjahrseinsatz.

Die Bekämpfung pilzlicher Erreger ist durch Beizung des Saatgutes und Bestandesbehandlung (Fuß-, Blatt- und Ährenkrankheiten) üblich. Von den tierischen Schaderregern können Brachfliege, Getreideblattläuse und Getreidehähnchen bekämpfungswürdige Bedeutung erlangen.

Ist der Winterweizenanbau auf die Ganzpflanzensilage zur Biogaserzeugung ausgerichtet, so haben Unkrautregulierung und Schädlingsbekämpfung nur eine untergeordnete Bedeutung.

Auf Beregnung reagiert Weizen mit Mehrerträgen abhängig von Standort und Jahreswitterung. In Trockenjahren können im Beregnungszeitraum Schossbeginn bis Beginn Gelbreife mit 70 bis 120 mm Zusatzwasser Mehrerträge von 4 bis13 dt ha^{-1} erwartet werden.

Ernte

Der Mähdrusch erfolgt bei 14 bis 17% Kornfeuchte (rel. Luftfeuchte < 70%). Die optimale Druschzeitspanne beträgt (auch sortenabhängig) 8 bis 16 Tage. Das Stroh wird in Ballenform geborgen.

Bei der Ganzpflanzenernte entsteht Häckselgut. Zur Verbrennung der Biomasse wird eine späte Ernte angestrebt, weil die verbrennungstechnischen Eigenschaften des Strohs (Restwassergehalt zwischen 10 bis 40 %) mit zunehmender Reife günstiger werden. Allerdings muss die Ernte vor Kornausfall und Strohzusammenbruch beendet sein.

Bei der Ernte für die anaerobe Vergärung wird die möglichst nicht lignifizierte Gesamtbiomasse geborgen. Der richtige Erntezeitpunkt liegt dann zwischen den Stadien Milch- und Teigreife (BBCH 75–79) bei einem Kornwassergehalt von 65 bis 70%. Nach Silierung kann in der Biogasanlage ein Gasertrag von 300 bis 350 l Methan kg^{-1} TM erreicht werden.

4.1.4 Winterroggen (*Secale cereale* L.)

Verwendet wird Roggen in erster Linie als Nahrungsroggen für Roggen- und Roggenmischbrot (Verbrauch in Deutschland doppelt so hoch wie der von Weizenbrot und -brötchen), zur Ethanolerzeugung sowie mit gewissen Restriktionen als Konzentratfutter in der Schweinemast. Als Grünschnittroggen bzw. Roggenganzpflanzensilage (GPS) ist er für die Biogasgewinnung eine praxistaugliche Alternative zum Energiemais.

Verwendung als nachwachsender Rohstoff

In Biogasanlagen können Körnerroggen, Grünschnittroggen und Roggen-Ganzpflanzen als Substrate eingesetzt werden. Wie Weizen und Triticale ist auch Roggen für die Bioethanolherstellung geeignet. Voraussetzungen sind allerdings hohe TKM, hoher Stärkegehalt und hoher Anteil vergärbarer Stärke. Die Pflanze eignet sich auch als Festbrennstoff, dessen verbrennungstechnischen Eigenschaften mit fortschreitender Abreife der Bestände sukzessive günstiger werden. Die industrielle Gewinnung von Roggenstärke erfolgt nur sehr selten aufgrund des relativ geringen Stärkegehaltes (≤ 63 %) sowie technologischer Schwierigkeiten bei der Stärkegewinnung.

Herkunft und Botanik

Aus einem Ungras in Weizen- und Gerstenbeständen entstand Kulturroggen als sekundäre Kulturpflanze. Das Genzentrum liegt in Vorderasien. Im Anbau ist regelmäßig die Winterform. Roggen ist Fremdbefruchter, hat je Spindelstufe ein Ährchen mit zwei fertilen Blütchen, kaum Keimruhe (deshalb auswuchsgefährdet!) und geringe Temperaturansprüche für die Assimilation. Die optimale Ertragsstruktur liegt bei 200 bis 250 bis 300 Pflanzen m^{-2}, 350 bis 450 bis 600 Ähren m^{-2}, 30 bis 45 bis 55 Körnern $Ähre^{-1}$ und 30 bis 35 TKM.

Ertragsleistungen

Bei einem Feldversuchs-Ertragspotenzial > 110 dt ha^{-1} und einem nutzbaren Ertragspotenzial > 70 dt ha^{-1} liegt nach der Statistik Roggen deutlich hinter dem Winterweizen. Ein realer Artenvergleich ist aber nur am konkreten Standort möglich und ergibt vielfach Ertragsgleichheit. Mit abnehmender Bodengüte steigt die relative Vorzüglichkeit des Roggens. Grünschnittroggen liefert auf besseren Böden Erträge zwischen 70 und 80 dt TM ha^{-1} bei einem TM-Gehalt von ca. 17 %, auf leichten Böden zwischen 30 und 50 dt TM ha^{-1} bei einem TM-gehalt von ca. 20 %. Soll Ganzpflanzensilage erzeugt werden, so kann auf schweren Böden mit Erträgen von etwa 140 dt TM ha^{-1} bei 35 % TM-Gehalt und auf mittleren bis leichten Böden mit etwa 110 dt TM ha^{-1} bei 37 % TM-Gehalt gerechnet werden.

Sortenbild

Die Beschreibende Sortenliste des Bundessortenamtes enthält Populations- und Hybridsorten. Letztere haben ein um 10 bis 15 % höheres Ertragspotenzial und sind auf Standorten mit einem Ertragsniveau > 45 bis 50 dt ha^{-1}den Populationssorten wirtschaftlich überlegen.

Standortansprüche

Roggen ist eine anspruchslose Getreideart mit hoher Kälteresistenz (≥ -25 °C) und geringen Wärme- und Bodenansprüchen. Auf leichten Diluvialböden ist er das ertragsstärkste und -sicherste Getreide. Mit zunehmender Bodenqualität ist der Ertragszuwachs geringer als bei Winterweizen.

Fruchtfolgeansprüche und Fruchtfolgewert

Obwohl Roggen die Stellung als abtragende Frucht von allen Getreidearten am besten verträgt, kann auch er den guten Vorfruchtwert von Blattfrüchten wie Kartoffel, Raps, Lupine oder Erbse nutzen.

Winterroggen eignet sich in einer Energiefruchtfolge mit Zweikulturnutzungssystem sehr gut als Winterzwischenfrucht. Geerntet wird dann Grünschnittroggen im Entwicklungs (BBCH)- Stadium 49 (erste Grannen sichtbar; erste Hälfte Mai) gefolgt von einer Sommerung wie Hirse, Mais oder Sonnenblume bzw. den entsprechenden Artenmischungen.

Anbauverfahren

Für eine exakte Tiefenablage des Saatgutes ist ein abgesetztes, feinkrümeliges Saatbett wichtig. Es sind Saatfurche 3 bis 4 Wochen vor der Saat oder Saatfurche mit Packer oder pfluglose Grundbodenbearbeitung oder kombinierte Bodenbearbeitung mit Aussaat möglich.

Bei regionalen Unterschieden liegt die Saatzeit zwischen 20. September und 10. Oktober. Die Saatmenge beträgt bei Populationssorten 240 bis 340 Körner m^{-2}, bei Hybridsorten 180 bis 270 Körner m^{-2}. Wegen der flach liegenden Bestockungsknoten darf die Saattiefe lediglich 2 cm betragen. Dafür ist der Einsatz von Tiefgangsbegrenzern hilfreich.

Bei Grünschnittroggen und GPS-Roggen erfolgt die N-Düngung ertragsbetont mit Schwerpunkt auf eine frühe Schossergabe.

Bei Lagergefährdung erfolgt der Wachstumsreglereinsatz zu Schossbeginn; auf grundwasserfernen Sandböden ist Wachstumsreglereinsatz meist nicht erforderlich.

Gegen mechanische Pflege zur Unkrautbekämpfung ist Roggen empfindlich. Blindstriegeln und Bestandesstriegeln im Herbst sind aber durchaus möglich. Im Frühjahr kann das Anwalzen hochgefrorener Bestände erforderlich werden. Herbizide werden gegen Ungräser im Vorauflauf und ansonsten im Nachauflauf im Herbst und/oder Frühjahr eingesetzt.

Pflanzenschutzmaßnahmen werden regelmäßig zur Mykosenbekämpfung mittels Beizung (Schneeschimmel) und gegebenenfalls zur Bestandesbehandlung (Halmbruch, Mehltau, Rynchosporium und Braunrost [besonders bei Hybridsorten]) ergriffen. Gelbmosaikviren sind nicht direkt bekämpfbar, auch resistente Sorten sind noch nicht vorhanden.

Trotz relativ geringer Wasseransprüche können auf typischen Roggenböden in Trockenjahren mit Zusatzwassermengen von 60 bis 80 mm während Schossbeginn bis Beginn Gelbreife beachtliche Mehrerträge von 5 bis 9 dt ha^{-1} Kornertrag erreicht werden.

Ernte

Als Winterzwischenfrucht liefert Grünschnittroggen zum Ährenschieben zwischen 3 bis 8 t TM ha^{-1} bei 20 % TM-Gehalt. Silierfähig wird dieses

Erntegut erst nach Anwelken. Nach Ablage ins Schwad und nur einem Tag Feldliegezeit wird es mit einem Feldhäcksler geborgen und schließlich einsiliert. Mit einer Methanausbeute von 320 bis 370 l Methan kg TM^{-1} ist das angewelkte Erntegut (ca. 30 % TM) für die Biogasgewinnung bestens geeignet.

Bei Nutzung als Ganzpflanzengetreide in Hauptfruchtstellung kann bei einem Erntetermin zwischen BBCH 75 und 79 (Kornbildung in der Milchreife, beginnende Teigreife) ein mittlerer Ertrag von ca. 14 t TM ha^{-1} angenommen werden. Auch die Ganzpflanzenernte erfolgt mit dem Feldhäcksler.

Unter den Getreidearten ist Roggen hinsichtlich der Kornguternte wegen des hohen Strohanteils, oft verzögerter Strohreife und hoher Lagerneigung eine schlecht zu dreschende Frucht. Geringe Ausfallneigung bedingt aber einen relativ langen optimalen Druschzeitraum von 12 bis 17 Tagen.

4.1.5 Triticale (*Triticosecale* Wittm.)

In Deutschland ist nur die Winterform im Anbau. Vorrangig wird Triticale wegen seines hohen Futterwertes als Futtergetreide angebaut, in letzter Zeit jedoch auch aufgrund seines hohen Ertragspotenzials als Energiegetreide.

Verwendung als nachwachsender Rohstoff

Wie Roggen wird auch Triticale als Substrat für Biogasanlagen (GPS), zur Bioethanolherstellung (Körner) und als Festbrennstoff (Stroh) genutzt.

Herkunft und Botanik

Der Gattungsbastard aus Weizen und Roggen wird erst seit Ende des 19. Jahrhunderts planmäßig züchterisch bearbeitet.

> Mit dem Anbau von Triticale sollte ursprünglich die Ertragsfähigkeit und Kornqualität von Winterweizen mit der Anspruchslosigkeit und Winterfestigkeit des Roggens kombiniert werden.

Der erste fertile Bastard wurde 1888 von Wilhelm Rimpau in Schlanstedt bei Halberstadt erzeugt. In der Triticalezüchtung dient der Weizen als mütterlicher Partner. Triticale weist hinsichtlich Morphologie, Wuchshöhe, Ährenform und TKM eine große Mannigfaltigkeit aus. Typisch ist eine relativ große Ähre, ein geringer Besatz an Körnern pro Ährchen und eine hohe TKM. Die optimale Ertragsstruktur liegt bei 200 bis 350 Pflanzen m^{-2}, 800 bis 1100 Trieben m^{-2}, 350 bis 600 Ähren m^{-2}, 28 bis 40 Körnern pro Ähre und 35 bis 50 g TKM. Der relativ hohe Fremdbefruchtungsanteil von 20 bis 40 % spricht für die Verwendung von Z-Saatgut.

Ertragsleistungen

Während auf leichten Sandböden (Ackerzahlen < 25 bis 30) der Winterroggen weiterhin die ertragsstärkste und -sicherste Getreideart ist, liegt Wintertriticale auf Böden mit Ackerzahlen (AZ) von 25 bis 55 an der Spitze. Auf Löss- und guten Verwitterungsböden (AZ 60 bis 100) behält Winterweizen seine dominierende Stellung. Auf flachen Verwitterungsböden ist Triticale sehr leistungsstark. Auf guten Standorten werden mehr als 90 dt ha^{-1} Korn- und 70 bis 80 dt ha^{-1} Stroherträge erzielt. Bei der Ganzpflanzenernte können 120 bis 180 dt TM ha^{-1} erwartet werden. Der Heizwert beträgt 17,5 MJ kg^{-1} TM.

Sortenbild

Entscheidend für die energetische Verwendung ist der Ertrag an oberirdischer Biomasse. Die Beschreibende Sortenliste enthält überwiegend Wintertriticalesorten. Der ertragsschwächere Sommertriticale erfüllt die Ansprüche an ein Energiegetreide nicht. Biomassestarke Hybridtriticale stehen vor der Sorteneinführung.

Standortansprüche

Siehe Ertragsleistungen.

Fruchtfolgeansprüche und Fruchtfolgewert

Wegen relativ geringer Ansprüche kann Triticale als abtragende Frucht gestellt werden. Eine „Auflockerung" der Fruchtfolge ist aber nicht zu erwarten, weil die Bestände auch von Fußkrankheiten befallen werden.

Anbauverfahren

Die Bodenbearbeitung erfolgt wie zu Roggen. Gesät wird zwischen Ende September und Anfang Oktober mit einer Saatmenge zwischen 250 bis 350 Körnern m^{-2} und einer Saattiefe von 2 bis 3 cm.

Der Sollwert für die Gesamtversorgung mit Stickstoff beträgt 150 bis 190 kg N ha^{-1}, für die erste N-Gabe 110 bis 120 kg N ha^{-1}. Bei der Stickstoffdüngung liegt der Schwerpunkt auf der ersten N-Gabe zu Vegetationsbeginn. Die zweite N-Gabe sollte geringer dosiert, eine Spätdüngung vermieden werden.

Von den Wachstumsreglern werden hauptsächlich Chlormequat-, Ethephon- und Trinexapac-Ethyl-haltige Präparate eingesetzt. Notwendigkeit und Menge sind nach der Lagergefährdung durch den Standort und der Standfestigkeit der Sorte zu bemessen.

Der Spielraum für mechanische Pflegemaßnahmen ist gering, obwohl im Gegensatz zum Winterroggen bei Triticale möglich (Striegel, Hackstriegel, leichte Egge). Herbizidaufwand erfolgt wie bei Winterroggen im Vorauflauf oder im frühen Nachauflauf, wenn nötig im Nachauflauf wie zu Winterweizen.

Die relativ hohe Feldresistenz gegen Blattkrankheiten (Mehltau, Braunrost, Gelbrost) erübrigt meist die Blattbehandlung mit Fungiziden. Dagegen kann eine Bekämpfung von Fußkrankheiten (mind. 15 % mit Halmbruch befallene Pflanzen zu BBCH 30) und Ährenkrankheiten

(*Septoria*, Fusariosen) notwendig werden. Die spezifisch hohe Anfälligkeit gegen Mutterkorn ist kaum direkt bekämpfbar.

Ernte

Für die Bergung des Korngutes sind gute Ausreife und günstige Witterungsbedingungen erforderlich, weil Triticale sich schwerer drischt als andere Getreidearten. Die Ursache ist der feste Spelzenschluss. Diese Eigenschaft ist bei der Ernte als Festbrennstoff vorteilhaft, weil bei festem Kornsitz eine späte und damit qualitätsgerechte Ernte bei geringem Restwassergehalt stattfinden kann. Die Ernteverfahren zur Bergung der nicht lignifizierten Biomasse zur Biogaserzeugung entsprechen denen des Roggens.

4.1.6 *Miscanthus* (*Miscanthus* ssp.)

Das aus Ostasien stammende perennierende C4-Gras wird in Europa bei den nachwachsenden Rohstoffen in erster Linie als Energiepflanze geführt. Darüber hinaus bietet es aber auch zahlreiche stoffliche Nutzungsmöglichkeiten.

Verwendung als nachwachsender Rohstoff

Miscanthus-Häcksel haben einen Heizwert von 17,5 MJ kg^{-1} entsprechend dem Wert von Holzhackschnitzeln. Der Ertrag je Hektar kann etwa 6000 bis 8000 l Heizöl ersetzen. Der Heizstoff hat im Vergleich zu anderen Halmgütern günstige Brenneigenschaften aufgrund des geringen Wassergehaltes und der niedrigen Konzentrationen an Stickstoff, Kalium, Chlor und Asche. Im Verbrennungsprozess kann es dennoch aufgrund des geringen Schmelzpunktes der Asche zu Verschlackungen im Rostbereich des Heizkessels kommen. Zusätzlich ist die Feinstaubbelastung im Rauchgas durch den Aschegehalt von 2 bis 4 % problematisch. Neuere Verfahren der Kettenrostentaschung entfernen Asche und Schlacke zuverlässig, so dass ein kontinuierlicher Abbrand des Heizmaterials unter Einhaltung der Grenzwerte für Feinstaubbelastung heute gewährleistet werden kann. Die energetische Nutzung soll zukünftig auch über Gasgewinnung (Wasserstoff) und Verflüssigung (Pyrolyseöl) erfolgen.

Die stoffliche Verwertungsvielfalt von *Miscanthus* ist groß. In der Bauindustrie werden Bau- und Dämmstoffe, Lärmschutzwände, Dämmplatten/Schüttdämmung, Spanplatten, Dachbedeckungen und Windschutzmatten hergestellt. Weitere Einsatzmöglichkeiten ergeben sich als Ölbinder, Stalleinstreu oder in Verbundwerkstoffen.

Herkunft und Botanik

Miscanthus wächst mehrjährig und erreicht ab dem dritten Jahr eine Wuchshöhe von jährlich bis zu vier Metern. Aus dem unterirdisch wachsenden Rhizomsystem entwickeln sich jedes Jahr im Frühling neue Triebe, so dass die Triebe einer Pflanze in Horsten zusammenstehen.

Der triploide Artbastard *Miscanthus* x *giganteus* hat in Europa die weiteste Verbreitung. Da keine fertilen Samen zur Ausbildung kommen, muss das Pflanzenmaterial vegetativ vermehrt werden. Dazu dienen entweder fingergroße Rhizomstücke oder in-vitro vermehrte Pflanzen. Schon im Anpflanzjahr beginnt die Pflanze mit der Bildung sprossbürtiger sympodialer Rhizome. An deren Unterseite bildet sich das endogene Wurzelsystem. Über die Anzahl der Knospenanlagen des Rhizoms und die Mobilisierungsrate von gespeicherten Reservestoffen wird in jedem Jahr der Bestandesaufbau, d. h. die Sprossanzahl je Rhizom, gesteuert. Die neuen Sprosse entwickeln sich ab einer Bodentemperatur ≥ 9 °C, also zwischen Mitte April bis Mitte Mai. Im Spätherbst und Winter nimmt das Rhizomsystem die aus dem Sprosssystem verlagerten Nähr- und Reservestoffe auf. Sie garantieren im Folgejahr den Wiederaustrieb. Die Bestandesetablierung ist nach zwei Jahren abgeschlossen, die Hochertragsphase ab dem dritten bis fünften Jahr erreicht. Die Nutzungsdauer der Bestände liegt bei mehr als zwanzig Jahren. Am Ende erreichen die Horstdurchmesser mehr als 100 cm.

Ertragsleistungen
Ab dem dritten Jahr kann mit Erträgen zwischen 15 und 22 t TM ha^{-1} gerechnet werden. In Abhängigkeit vom Standort reicht die Schwankungsbreite jedoch von 10 bis 30 t TM ha^{-1}. Entscheidend sind gleichmäßige Wasserversorgung und –führung sowie eine gute Durchwurzelung. Geerntet werden die Bestände Ende März/Anfang April bei Feuchtegehalten des Erntegutes von < 20 %.

Sortenbild
Die Gattung *Miscanthus* wird in die Sektionen *Triarrhena*, *Eumiscanthus*, *Karyasua* und *Diandra* aufgegliedert. In die Sektion *Triarrhena* sind zahlreiche Hybriden eingeordnet, die auf Arten der Sektion *Eumiscanthus* sowie *Miscanthus saccariflorus* zurückgehen. Hierzu gehört auch *Miscanthus* x *giganteus*, der zwei Genomsätze von *Miscanthus sacchariflorus* und einen Genomsatz von *Miscanthus sinensis* enthält und als triploider Artbastard infertil ist. *Miscanthus* x *giganteus* ist der zurzeit ertragreichste Klon. Genotypen mit höheren Genomanteilen von *Miscanthus sinensis* sind besonders winterhart.

Standortansprüche
Zum Anbau sind mittlere bis gute Böden mit hoher Wasserspeicherkapaziät, guter Durchlüftung und leichter Erwärmbarkeit geeignet. Staunässe verträgt *Miscanthus* nicht. Entscheidend für hohe Biomasseerträge sind eine mittlere Jahrestemperatur von mehr als 8 °C, eine Temperatursumme in den Monaten Mai bis August von jeweils 500 bis 600 K sowie pflanzenverfügbares Wasser von 150 bis 200 mm im gleichen Zeitraum. Im ersten Anbaujahr treten verbreitet Auswinterungsverluste auf, wenn das Pflanzmaterial frostempfindlich (bei Bodentemperatur < - 4 °C), die Jungpflanzenentwicklung unzureichend und/oder die Rückverlagerung von Nährstoffen in das Rhizom gestört ist.

Fruchtfolgeansprüche und Fruchtfolgewert

Der mehrjährige Anbau erfordert eine Ausgliederung der Anbaufläche aus der Fruchtfolgerotation. Die Fläche muss sorgfältig ausgewählt und vorbereitet werden in Hinblick auf Bodenbearbeitung, Einstellung des pH-Wertes, Minderung des Unkrautdruckes und spezifische Nährstoffversorgung. Nach Ende der Nutzungsdauer wird ein Umbruch notwendig. Mit der Rekultivierungsmaßnahme soll ein Wiederaustrieb der Rhizome verhindert und der Boden für die Folgekultur vorbereitet werden. Die Zerstörung der Rhizome erfolgt mechanisch (Pflügen, Grubbern, Fräsen). Die mechanischen Maßnahmen werden ergänzt durch selektiv wirkende Herbizidbehandlungen in der Folgekultur.

Anbauverfahren

Die Anpflanzung von *in-vitro* vermehrtem Material erfolgt ab Ende Mai mit Jungpflanzen einer Wuchshöhe von 15 bis 20 cm. Bei späterer Pflanzung muss meist bewässert werden. Die Pflanzung erfolgt mit halbautomatischen Pflanzmaschinen aus dem Gemüsebau. In zunehmendem Maße werden aber auch Rhizomstücke ohne Voranzucht in der Zeit von März bis Mai direkt eingepflanzt.

Aus Rentabilitätsgründen wird oft eine Pflanzdichte von 1 Pflanze m^{-2} gewählt. Bei ungleichmäßiger Wasserversorgung, hoher Auswinterungsgefahr sowie zur besseren Unkrautunterdrückung und Nährstoffausnutzung, aber auch zum raschen Eintritt in die Ertragsphase werden 2 Pflanzen m^{-2} bevorzugt.

Gemessen an der Ertragsleistung sind die Ansprüche an die Nährstoffversorgung gering und Düngungsmaßnahmen selten direkt ertragswirksam, weil die Pflanze ein hohes Nährstoffaneignungs- und zugleich eine effiziente Nährstoffverwertung hat. Auf Böden mit hoher N-Nachlieferung wird bis zum dritten Wuchsjahr auf N-Düngung verzichtet. Die Grunddüngung sollte 45 kg ha^{-1} P, 200 kg ha^{-1} K und 30 kg Mg ha^{-1} nicht überschreiten. Bei einer Ertragserwartung von 20 t ha^{-1} ist eine jährliche Gabe von 60 kg N ha^{-1} (zum Sprossaustrieb), 9 kg P ha^{-1} und 100 kg K ha^{-1} (jeweils nach der Ernte) zu düngen.

Bereits vor der Pflanzung muss der Acker besonders von Wurzelunkräutern wie Quecke oder Disteln freigehalten werden. Bodenherbizide sind gut wirksam, für *Miscanthus* aber noch nicht zugelassen, so dass sich die chemische Unkrautbekämpfung auf die Regelungen im Pflanzenschutzgesetz (§ 18b) stützen muss. Von den nicht-chemischen Verfahren stehen Abflammtechnik, Getreidestriegel und Hacke sowie die Fräspflanzung zur Verfügung. Ab dem dritten Wuchsjahr sind keine Unkrautbekämpfungsmaßnahmen mehr notwendig.

Krankheiten treten bei *Miscanthus* bisher nur vereinzelt auf. Bei der Pflanzung können Rhizome von Drahtwürmern befallen werden, so dass es dann keinen Austrieb gibt.

Ernte

Die Ernte findet im Zeitraum März bis April statt, also nach der Überwinterung. Zu diesem Zeitpunkt sind die Blätter, Teile der Blüten und Stängelspitze abgefallen. Diese Verluste machen 15 bis 30 % der gebildeten oberirdischen Biomasse aus. Das Erntegut hat aber erst jetzt die gewünschten Qualitätseigenschaften erreicht. Verfahrenstechnisch entscheidend ist die Befahrbarkeit des Bodens. Die Schnitthöhe beträgt 10 bis 15 cm. In der Kurzgutkette wird das Erntegut auf 0,4 bis 5 cm eingekürzt und in der nachfolgenden Pelletlinie das Häckselgut zu 2 bis 3 cm langen Pellets verdichtet. In der Langgutkette wird die Biomasse im ersten Arbeitsgang gemäht, geknickt und auf Schwad abgelegt und danach zu Ballen gepresst. Das reine Häckselgut hat eine sehr geringe Schüttdichte von etwa 110 kg m^3, so dass bei den hohen Transportvolumina die Häckselgutkette nur bei sehr geringen Entfernungen zwischen Acker und Konversionsanlage in Frage kommt.

4.1.7 Weitere Gräser

Es gibt einige mehrjährige Gräser, die im Energiepflanzenbau Anbauwürdigkeit erreichen können. Dazu zählen die beiden Rhizomgräser Rutenhirse (*Panicum virgatum* L., engl. Switchgras) und Rohrglanzgras (*Phalaris arundinaceae*) sowie eine Reihe von Futtergräsern. Das Anbauspektrum wird durch verschiedene Gräser- bzw. Gräser-Leguminosenmischungen abgerundet.

Die Bestände der ausdauernden **Rutenhirse**, einem amerikanischen Präriegras, neigen sowohl zur Horst- als auch zur Narbenbildung. Als C4-Pflanze treibt die Rutenhirse aus Rhizomen relativ spät aus und kommt erst im Spätsommer zur Blüte. Ab dem dritten Jahr werden Höchsterträge erzielt, danach kommt es häufig zu einem Abfall der Erträge.

Die Bestandesdichte beträgt bis zu 700 Stängel m^{-2}, die Bestandeshöhe bis zu 3 m und die Nutzungsdauer mehr als 10 Jahre. Der kritische Abschnitt im Anbauverfahren liegt in der Bestandesetablierung, weil die Samen häufig dormant sind und die Bestände bei langsamer Jugendentwicklung unter Unkrautdruck leiden. Der oberirdische Auswuchs wird entweder als Grünmasse für die anaerobe Vergärung oder als Festbrennstoff in Form von Briketts oder Pellets genutzt. Die Ertragserwartung liegt zwischen 10 und 15 t ha^{-1} Trockenmasse. Für die Biogasgewinnung werden die Bestände im Herbst ab 30 % Trockensubstanzgehalt gehäckselt und einsiliert. Soll die Rutenhirse als Festbrennstoff genutzt werden, wird eine späte Ernte im Februar/März angestrebt, weil zu diesem Zeitpunkt die verbrennungsschädlichen Gehalte an Wasser, Asche, Stickstoff, Kalium und Chlor sehr gering sind. Mit Stickstoff muss äußerst verhalten gedüngt werden, um die thermische Nutzung nicht zu beeinträchtigen.

Rohrglanzgras ist ein 2 m hohes und ausdauerndes C3-Gras. Die Aussaatspanne reicht vom Frühjahr bis Ende August mit einer Saatmenge von 25 kg ha^{-1}. Die Nutzungsdauer kann mit etwa 10 Jahren angegeben werden. Ein Trockenmasseertrag von 10 t ha^{-1} ist auf vielen Standorten erreichbar. Wegen des dann niedrigen Wassergehaltes des

Erntegutes wird die Frühjahrsernte bevorzugt bei allerdings häufiger auftretenden Ernteverlusten gegenüber der Herbsternte.

Massenwüchsige **Futtergräser** dienen traditionell als Futtergrundlage für die Wiederkäuer und lassen sich durch ihre Kurzlebigkeit gut in die Fruchtfolge des Betriebes einordnen. Mehrschnittige Ernteregimes sichern ein hohes jährliches Biomasseaufkommen. In Grenzlagen des Maisanbaus, wie z. B. Höhenlagen oder Niedermoorstandorten, und zur Erhöhung der Substratvielfalt werden sie heute aber auch zur Biogaserzeugung angebaut.

Bei der Futtererzeugung kommt es darauf an, in einem 4- bis 6-schnittigen Verfahren und einer Düngermenge von bis zu 300 kg N ha^{-1} hohe Protein- bzw. N-Gehalte bei guter Verdaulichkeit und geringen Rohfasergehalten zu erzeugen. Die Ertragserwartung liegt dann bei 10 bis 15 (bis 20) t TM pro ha und Jahr.

Bei der energetischen Nutzung ist dagegen zu beachten, dass sehr früher und häufiger Schnitt zwar hochverdauliche Biomasse, nicht aber den höchsten Gesamtertrag für die anaerobe Vergärung liefert. Bei dieser Nutzungsrichtung ist die Schnittreife deshalb erst zu Beginn des Ähren-/Rispenschiebens erreicht. Bis zum Ende dieses Entwicklungsstadiums würden zwar noch höhere Erträge anfallen. Allerdings steigt dann der die Methanausbeute mindernde Rohfasergehalt weiter an, so dass auf den Ertragsvorteil verzichtet wird.

Im Energiepflanzenbau werden Futtergräser wie Weidelgräser (*Lolium perenne* L., *Lolium multiflorum*, Syn.: *Lolium italicum* A. Braun), Knaulgras (Dactylis glomerata L.), Glatthafer (Arrhenatherum elatius [L.]) oder Rohrschwingel (*Festuca arundinaceae* Schreber) zunehmend genutzt. Zur Verwendung der Aufwüchse in der Biogasanlage muss der Schnittzeitpunkt so gelegt werden, dass die wertgebenden Inhaltstoffe wie Rohprotein, Rohfett und N-freie Extraktstoffe (Stärke, Zucker) in hoher Konzentration vorliegen. Bei einer 4-Schnittnutzung sind Erträge und Methanausbeuten am höchsten. Nach dem Anwelken des Erntegutes wird es einsiliert. Die Rückführung der Gärreste aus der Biogasanlage ist in diesem Nutzungssystem eine wichtige Düngungsmaßnahme.

Für die thermische Nutzung muss der lignifizierte Rohfasergehalt hoch sein, so dass das Anbauverfahren an dieses Nutzungsziel angepasst wird. Dazu gehören eine drastische Reduzierung der N-Düngung, eine verminderte Schnitthäufigkeit und eine spätere Ernte. Da im höchsten Biomasseaufwuchs (Blühstadium) noch ein Feuchtegehalt von bis zu 80 % nachzuweisen ist, schließt sich nach der Ernte regelmäßig eine Feldtrocknung an.

Gegenüber dem Reinanbau können **Gräser-Leguminosenmischungen** Vorteile bieten. Dazu gehören stabilere Erträge durch bessere Anpassungsfähigkeit an wechselnde Boden- und Witterungsverhältnisse, günstigere Fruchtfolge- und Bodenfruchtbarkeitseigenschaften sowie bessere Gäreigenschaften. Bei der Auswahl der Gemengepartner und Bemessung deren Anteile sind besonders die Standortbedingungen, die beabsichtigte Nutzungsdauer und –art sowie deren Konkurrenz- und Ertragsbildungsvermögen zu beachten. In maritimen Anbauregionen haben sich

Weidelgras-betonte, in trockenen Gebieten Luzernegrasmischungen bewährt. Kleedominierte Bestände werden im Stadium Knospe bis Blühbeginn geerntet.

Auch **Grünlandaufwüchse** eigenen sich sowohl für die anaerobe Vergärung des silierten Materials als auch für die Verbrennung nach der Heuernte.

Das Erntegut muss immer frei von Verschmutzungen sein, um den Gärverlauf in der Biogasanlage nicht zu stören. Auch die Anlagentechnik der Biogasanlage ist auf die teils schwer vergärbaren cellulosereichen Gräser gesondert abzustimmen in Bezug auf Rührwerke, Fermentervolumen und Verweilzeit.

4.2 Öl- und Faserpflanzen

In der Kulturartengruppe der Öl- und Faserpflanzen sind Vertreter unterschiedlicher Pflanzenfamilien zusammengefasst. Weltweit reicht die Spanne von einjährigen (z. B. Sojabohne, Baumwolle, Raps/Rübsen, Sonnenblume, Lein, Hanf) bis langlebigen Gewächsen (z. B. Ölbaum, Ölpalme, Kokospalme, Tungbaum). Die in Mitteleuropa angebauten Ölpflanzen finden sich in den Familien der Kreuzblütler (Raps, Rübsen, Senfarten, Ölrettich, Leindotter, Crambe, Ölrauke), Korbblütler (Sonnenblume, Saflor/Färberdistel), Euphorbiaceen (Wolfsmilch), Kürbisgewächse (Ölkürbis), Mohngewächse (Schlafmohn), Leingewächse (Öllein, Faserlein), Hanfgewächse (Kulturhanf) und Doldengewächse (Koriander).

Allen Ölfrüchten gemeinsam ist die Fähigkeit, Öl in Form von Triglyceriden in die reproduktiven Organe (Samen, Früchte) einzulagern. Die Ernteprodukte dieser Pflanzen werden regelmäßig technisch weiterverarbeitet.

Für die energetische Nutzung kommen lediglich solche Ölfrüchte in Betracht, die einen hohen Ölertrag je Flächeneinheit liefern. Deshalb beschränkt sich die Artenwahl in Mitteleuropa hauptsächlich auf Raps und gegebenenfalls Sonnenblume. Für die industrielle Nutzung spielt dagegen die spezifische Fettsäurezusammensetzung des Öls die entscheidende Rolle, so dass eine größere Zahl von Pflanzen die Anbauwürdigkeit erreichen kann (Tab. 4.2).

Unter den Faserpflanzen sind weltweit nur wenige von wirtschaftlicher Bedeutung, weil die Aufwendungen für den Anbau, das Mengenpotenzial für den Absatz von Fasern und die Technik der Gewinnung und Verarbeitung enge Grenzen setzen. Pflanzenfasern werden aus Strukturen der Epidermis (z. B. Samen- bzw. Fruchthaare von Baumwolle bzw. Kokospalme), aus Sprossachsen (z. B. Bastfasern aus Lein, Hanf, Brennnessel, Jute, Kenaf, Ramie) und aus Blättern gewonnen (z. B. Manilahanf, Sisalagave) (Tab. 4.3).

Tab. 4.2 Öl- und Faserpflanzen als Energie- und Industriepflanzen

Name		Verwendung als nachwachsender Rohstoff
deutsch	**botanisch**	
Winterraps	*Brassica napus* L.	Biokraftstoff oder Kraftstoffzusatz als naturbelassenes Öl oder Fettsäuremethylester (Biodiesel) biologisch abbaubare Öle und Schmierstoffe Grundstoff für Lacke, Farben, Alkydharze Weichmacher, Tenside
Sonnenblume	*Helianthus annuus* L.	Substrat für Biogasanlagen Lacke und Farben Schmierstoffe und Hydrauliköl Papierherstellung Heizmaterial (Schalenpellets)
Lein	*Linum usitatissimum* L.	Langfasern für Textilindustrie Kurzfasern für Baustoffe, Dämmstoffe, Formpressteile, Papierherstellung Anstrich- und Druckfarben, Lacke, Linoleum Firnis, Weichmacher, PVC-Stabilisatoren Tenside (für flüssige Geschirrspülmittel) Kosmetika, Pharmazeutika Schäben als Bau-, Chemie- und Festbrennstoff; Stalleinstreu
Hanf	*Cannabis sativa* L.	Langfasern für Textilindustrie technische Textilien Kurzfasern für Baustoffe, Dämmstoffe, Formpressteile, Papierherstellung (Spezial-, Filter- Zigaretten- und Zeitungspapier) Schäben als Bau-, Chemie- und Festbrennstoff; Stalleinstreu
Leindotter	*Camelina sativa* L.	Farben, Lacke, Polymere, Firnis meist im Gemisch mit Leinöl kosmetische Öle, Cremes, Lotionen, Seife
Senfarten	*Brassica* ssp.	Schmier- und Motorenöl Kosmetika, Pharmazeutika
Krambe	*Crambe abyssinica* HOCHST.	Schaumbremser in Waschmitteln Antiblockmittel für Polyethylenfolien Fließverbesserer für Rohöl Schmier- und Gleitmittel Kunstfasern, Alkydharze, Weichmacher
Saflor, Färberdistel	*Carthamus tinctorius* L.	Naturfarbstoff Lacke, Firnis
Ölmadie	*Madia sativa*	Brenn-, Schmier- und Seifenöl
Schlafmohn	*Papaver somniferum* L.	Alkaloide Malerfarben Seifen, Tenside

Tab. 4.2 Öl- und Faserpflanzen als Energie- und Industriepflanzen (Fortsetzung)

Name		Verwendung als nachwachsender Rohstoff
Kreuzblättrige Wolfsmilch	*Euphorbia lathyris* L.	Ethylen, Propylen und andere Olefine für Motorenbrennstoff
Fasernessel	*Urtica dioica* L.	Textilien Betttücher Papier und Pappe Verbundwerkstoffe Arzneimittel
Ramie	*Boehmeria nivea* L.	Textilindustrie Spezialpapiere
Kenaf	*Hibiscus cannabinus* L.	Seile, Sacktuch naturfaserverstärkte Kunststoffe Papierherstellung

Tab. 4.3 Faserpflanzen und ihre Haupternteprodukte (Diepenbrock et al. 1999)

Pflanzenart, botanische Bezeichnung	Haupternteprodukt
Zweikeimblättrige Arten	
Baumwolle, *Gossypium* ssp.	Samenhaar
Kenaf, *Hibiscus* ssp.	Rinde
Flachs, *Linum usitatissimum*	Stängel (Bastfaser)
Hanf, *Cannabis sativa*	Stängel (Bastfaser)
Ramie, *Boehmeria nivea*	Stängel (Bastfaser)
Bengalischer Hanf, *Crotalaria juncea*	Stängel
Große Brennnessel, *Urtica dioica*	Stängel
Einkeimblättrige Arten	
Manilahanf, Faserbanane, *Musa textilis*	Blattscheiden
Sisal, *Agave* ssp.	Blätter
Neuseeländer Flachs, *Phormium tenax*	Blätter
Zwergpalme, *Chamaerops humulis*	Blätter

Die wichtigste Faserpflanze der Welt ist Baumwolle. In Europa werden in erster Linie Faserlein und Faserhanf angebaut.

4.2.1 Winterraps (*Brassica napus* L.)

Verwendung als nachwachsender Rohstoff

Die innere Qualität der Rapssaat wird in erster Linie durch den Ölgehalt und die Fettsäurezusammensetzung des Öles bestimmt. Rapssaat mit 40 % Öl ist die bedeutendste Rohstoffquelle in Europa für die regenerative Kraftstoffherstellung, entweder als Fettsäuremethylester in Dieselmotoren oder Rapsöl in Pflanzenölmotoren. In Deutschland dienen etwa zwei Drittel der Rapsanbaufläche der Erzeugung von Biokraftstoffen. Der Winterrapsanbau steht zukünftig allerdings vor großen Herausforderungen, weil die schlechte Stickstoffnutzungseffizienz der Rapsbestände die Treibhausgasbilanz von Kraftstoffen auf Rapsölbasis stark belastet.

Rapsöl ist auch als Energieträger in Pflanzenöl-Blockheizkraftwerken (BHKW) oder in Ölheizungen mit Pflanzenölbrenner geeignet. In seltenen Fällen kann Rapssaat anaerob vergoren werden und liefert dann

Raps als Hauptölfrucht Nord- und Mitteleuropas dient in erster Linie zur Speiseöl- und Margarineherstellung. Rückstände der Ölgewinnung (Rapskuchen, -extraktionsschrot) sind ein wertvolles Eiweißfuttermittel. Das Öl wird heute zunehmend auch energetisch und als Grundstoff für die chemische Industrie verwendet.

1000 l Methan kg^{-1} TM. Diese Nutzungsrichtung ist aber z. Zt. unwirtschaftlich.

Für die Verwendung des Öls in der fettchemischen Industrie und für technische Anwendungen ist die Fettsäurekomposition entscheidend. Bis 1974 war die typische Fettsäure der Kruziferen, die Erucasäure (C22 : 1), auch im Öl der Rapssorten mit über 50 % am Gesamtfettsäuremuster dominierend. Aus ernährungsphysiologischen Gründen wurde sie weitgehend eliminiert und in der Folge die Ölsäure (C18 : 1) mit etwa 60 % zur Hauptfettsäure des Rapsöls, welches sich damit zu einem begehrten Speiseöl wandelte.

Die Veränderung der Fettsäurezusammensetzung und weitere Modifikationen wurden durch Pflanzenzüchtung erreicht. Im Sektor der stofflichen Nutzung gibt es heute für alle Qualitätsstufen ein weites Verwendungsfeld, so als Schmier-, Hydraulik-, Sägeketten- und Schalungsöl, als Kernbindemittel oder im Korrosionsschutz sowie als Komponente in Waschmitteln, Netzmitteln und Emulgatoren, in Lacken und Farben, in Alkydharzen oder in Druckfarben.

Herkunft und Botanik

Für die alte Kulturpflanze (Rübsen-Kohl-Bastard) Asiens und des Mittelmeerraumes begann der feldmäßige Anbau im 15. Jahrhundert in den Niederlanden, wo das „Rüböl" zunächst als Lampenbrennstoff genutzt wurde.

Die Rapspflanze entwickelt eine kräftige Pfahlwurzel, die sich stark verzweigt und den Boden intensiv durchwurzelt, aber – wie andere Kreuzblütler auch – keine Symbiose mit *Mykorrhiza*-Pilzen eingeht. Die Pflanze hat einen mehr oder weniger stark verzweigten Spross, der bis über zwei Meter Höhe erreichen kann. Die Blätter sind blaugrün, unbehaart und halb Stängel umfassend. Die Blütenstände stellen eine lockere Traube dar. Die Blüten haben sattgelbe Blütenblätter und werden durch die Knospen überragt. Aus der befruchteten Blüte entwickelt sich die Frucht, eine Schote, die aus zwei Fruchtblättern besteht, durch eine falsche Scheidewand in zwei Räume unterteilt ist und zur Reife 15 bis 20 Samen enthält. Der Rapssamen besteht aus 12 bis 16 % Schalenanteil, 40 bis 50 % Öl und 20 bis 25 % Rohprotein.

Ertragsleistungen

Im Feldversuch werden 60 dt ha^{-1} (ca. 2 400 kg Öl) und im Praxisanbau bis zu 50 dt ha^{-1} (ca. 2 000 kg Öl) geerntet. Der Spitzendurchschnittsertrag lag in Deutschland im Jahre 2009 bei 42 dt ha^{-1} (ca. 1 680 kg Öl ha^{-1}). Die

Basisqualität im Handel entspricht 40 % Ölgehalt (je % Ölgehaltsabweichung 1,5 % Preisänderung), 9 % Feuchte und 98 % Reinheit.

Sortenbild
Die Beschreibende Sortenliste enthält erucasäure- und glucosinolathaltige, erucasäurehaltige und glucosinolatarme sowie erucasäurefreie und glucosinolatarme Sorten. Neben Liniensorten sind Verbundhybriden (männlich sterile Hybriden mit beigemischten Bestäubersorten) und restaurierte Hybriden eingetragen. Die Ertragszüchtung wird auch zukünftig die Hybridsortenstruktur nutzen, um das Ertragspotenzial des Rapses weiter zu steigern.

Standortansprüche
Von den Bodeneigenschaften ist die Wasserversorgung und -führung wichtiger als die Bodenqualität. Gut geeignet sind bessere Diluvialstandorte im Bereich des Ost- und Nordseeklimas gefolgt von Lößübergangsstandorten (mit höheren Niederschlägen) und besseren Verwitterungsstandorten.

Fruchtfolgeansprüche und Fruchtfolgewert
Raps fordert früh räumende Vorfrüchte. Da Frühkartoffeln, Leguminosen und Kleegras nicht ausreichend verfügbar sind, wird meist Getreide (am besten Wintergerste) gewählt. Wegen einer Reihe pilzlicher Fruchtfolgekrankheiten sind dreijährige Anbaupausen einzuhalten. Rüben sind in getrennte Fruchtfolgen zu stellen wegen der Befallsgefahr mit Nematoden. Raps selbst ist eine ausgezeichnete Vorfrucht für Wintergetreide.

Anbauverfahren
Bei der Bodenbearbeitung erfolgen Stoppelbearbeitung mit intensiver flacher Einmischung exakt kurz gehäckselten und gut verteilten Strohs, 20 bis 25 cm tiefe Saatfurche oder gleichtiefe Grubberbearbeitung sowie Schaffung eines feinkrümeligen und abgesetzten Saatbettes. Pfluglose Bearbeitung erfordert große Sorgfalt.

Der Saatzeitpunkt liegt regional differenziert zwischen dem 15. und 25. August. Die Saatstärke liegt zwischen 40 und 70 Körnern m^{-2}, bei Hybridsorten noch darunter, und die Saattiefe bei 1 bis 2 cm, gegebenenfalls bei 3 cm, wenn Bodenherbizide eingesetzt werden. Die Reihenentfernung beträgt regelmäßig 12 bis 15 cm, bei Hackpflege > 30 cm. Sowohl Drill- als auch Einzelkornsaat sind möglich. Das Saatgut ist inkrustiert gegen frühen Rapserdflohbefall, Kleine Kohlfliege und pilzliche Auflaufkrankheiten.

Ein Winterrapsbestand nimmt in der Vegetationsperiode etwa 240 kg N ha^{-1} auf. Im Bedarfsfall werden bereits im Herbst 30 bis 50 kg N ha^{-1} gegeben. Im sehr zeitigen Frühjahr erfolgt die erste N-Gabe in Höhe von 100 bis 120 kg N ha^{-1}, die zweite Teilgabe mit 50 bis 80 kg N ha^{-1} vier bis sechs Wochen später bis kurz vor Blühbeginn. Die N-Versorgung ist anteilig über Gülle gut möglich. Bei der Düngung ist auch der hohe Bedarf an Mg, S und Mikronährstoffen (B, Mn, Mo) zu berücksichtigen.

Bei zum Überwachsen neigenden Beständen kann das herbstliche Längenwachstum vor dem 6-Blattstadium mit wachstumsregelnden Substanzen gebremst werden. Diese Mittel werden auch während des Streckungswachstums im Erntejahr eingesetzt.

Trotz guter Konkurrenzkraft gegenüber Unkräutern reagiert Raps empfindlich auf hohen Unkrautdeckungsgrad. Mechanische Pflege, d. h. Hacken im Herbst und Frühjahr (nicht Eggen oder Striegeln), zeigt gute Wirkung, ist aber aus arbeitswirtschaftlichen Gründen nicht mehr üblich. Gezielter Herbizideinsatz erfolgt im Vorsaatzeitraum mit Einarbeitung, im Vorauflauf oder im Nachauflauf nach Bekämpfungsrichtwerten oder Schadschwellenmodellen. Einige Mittel sind durchgehend von Vorauflauf bis Nachauflauf anwendbar.

Pflanzenschutzmaßnahmen richten sich nach einer Vielzahl von Schaderregern. Die bedeutendsten Vertreter sind tierische Schädlinge wie Rapserdfloh, Rapsstängelrüssler, Kohltriebrüssler, Rapsglanzkäfer sowie Kohlschotenrüssler und -mücke. Sie werden mit Insektiziden nach Bekämpfungsrichtwert kontrolliert; Bienenschutz ist zu beachten. Bei Schneckengefahr muss der Boden stets rückverfestigt werden, Feldmäuse werden durch Pflugbodenbearbeitung eingedämmt. Fungizideinsatz gegen *Phoma* (Wurzelhals- und Stängelfäule) und *Cylindrosporium* (Weißfleckigkeit) im Herbst und Frühjahr ist unsicher. Die Blütenspritzung vor allem gegen *Sclerotinia* (Weißstängeligkeit) ist unter krankheitsfördernden Bedingungen meist rentabel. Gegen *Peronospora* (Falscher Mehltau) ist Zusatzbeizung möglich.

Ernte

Wenn die Samen hart und dunkelbraun sind und in den Schoten rasseln (Kornfeuchte einmal < 12 %) erfolgt Mähdrusch mit Rapsschneidwerk, minimiertem Haspeleinsatz, weit geöffnetem Korb und gesonderten Rapssieben. Bei Verunkrautung und ungleichmäßiger Abreife ist eine Sikkation angebracht. Bei Windschlag gefährdeten und/oder verunkrauteten Beständen erfolgt die Ernte gelegentlich noch im Schwaddrusch.

> Reifen die Rapssamen nicht vollständig aus, so wird die Ölqualität hiervon unmittelbar beeinflusst durch hohe Gehalte an freien Fettsäuren (erfasst über die Säurezahl) und eine geringe Oxidationsstabilität. Nicht voll ausgereifte Samen haben darüber hinaus hohe Gehalte an Phosphor, Calcium und Magnesium.

4.2.2 Sonnenblume (*Helianthus annuus* L.)

Die Haupterzeugerländer für Sonnenblumensaat sind weltweit Argentinien und die GUS-Staaten. Nach Züchtung frühreifer Hybriden begann 1986 der heimische Anbau zur Ölgewinnung in Süddeutschland. Hauptnutzungszweck ist die Herstellung eines hochwertigen Nahrungsöls. Sonnenblumenöl liefert aber auch einen begehrten Rohstoff für die chemische Industrie. Die Verwendung der Ganzpflanze als Biogassubstrat ist möglich.

Verwendung als nachwachsender Rohstoff

Die oberirdische Biomasse massenwüchsiger Sorten kann nach vorheriger Silierung in Biogasanlagen genutzt werden. Hierbei kommt die Pflanze nicht zur vollständigen Abreife; lediglich die Öleinlagerung in die Achänen muss abgeschlossen sein. Trotz des relativ hohen Anteils an ölreichen Achänen liegt die Methanausbeute bei nur etwa 300 l Methan kg^{-1} Trockenmasse. Auch die oftmals unterkritischen Trockensubstanzgehalte für den Silierprozess sprechen gegen diese Nutzungsform.

Die trockenen Stängel können wegen ihres hohen Gehaltes an α-Cellulose (ca. 45 %) zur Papierherstellung und anderer Celluloseverarbeitung genutzt werden. Darüber hinaus sind sie Ausgangsmaterial für Hartfaserplatten und Harze für technische Zwecke. Früher wurde aus den Stängeln auch Pottasche (K_2CO_3) gewonnen. HO-Hybriden liefern durch den hohen Ölsäurehealt ein Öl mit sehr hoher Hitze- und Oxidationsstabilität. Es eignet sich im Küchenbetrieb hervorragend zum Braten und Frittieren. Auch in Schmierstoffen, Hydraulik- und Spezialölen sowie Kosmetika besitzt es eine hohe Wertschätzung. Die Schalen der Achänen sind reich an Cellulose, Hemicellulosen und Lignin, so dass sie in Isolierplatten oder Heizmaterial (Schalenpellets) verarbeitet werden können.

Herkunft und Botanik

Der aus Mittel- und Nordamerika stammende und von den Prärieindianern zu Nahrungszwecken genutzte Korbblütler kam 1510 als Zierpflanze nach Europa. Eine wirtschaftliche Nutzung zur Ölgewinnung begann erst 1829 in Russland.

Die Kulturform der Sonnenblume wächst einstängelig und einkörbig. Das kräftig entwickelte Wurzelsystem reicht tief in den Boden und hat ein hohes Nährstoffaufschlussvermögen. Trotz hohen Wasserverbrauches verfügt sie über effiziente Anpassungsmechanismen gegenüber Wassermangel. Die Wuchshöhe beträgt 1,50 bis 2 m, die Stängeldicke 2 bis 5 cm. Der Stängel ist markgefüllt, faserreich und wie die Blätter rau behaart. Es werden bis zu 70 gestielte Blätter gebildet. Zwischen 800 bis 2 000 Einzelblüten (zwittrige Röhrenblüten) stehen in einem Blütenkorb, der von der Peripherie her kreisförmig abblüht. Aus der Einzelblüte entwickelt sich nach Fremdbestäubung die Frucht, die ölreiche Achäne. Die Sonnenblume ist eine wärmeliebende Pflanze. Die durchschnittliche Ertragsstruktur umfasst 6 bis 7 Pflanzen m^{-2}, 1 200 bis 1500 Achänen pro Pflanze und 45 bis 65 g Tausendkornmasse (TKM).

Ertragsleistungen

Bei einem Feldversuchsertragspotenzial von 65 dt ha^{-1} liegen Praxiserträge in Gunstlagen bei 34 dt ha^{-1}, der Durchschnittsertrag bei 23,5 dt ha^{-1}. Bei einem Korn-Stroh-Verhältnis um 4 kann mit einem Strohanfall von ca. 100 dt ha^{-1} gerechnet werden. Der Qualitätsstandard für den

Handel des Korngutes bezieht sich auf 9 % Wassergehalt, mind. 44 % Ölgehalt, 2 % Fremdbesatz und höchstens 5 % freie Fettsäuren (bei HO-Sorten 2 %). Die Sonnenblumenachäne enthält mit Fruchtschale 30 bis 50 % und ohne Fruchtschale 55 bis 60 % Öl, dessen hoher Linolsäuregehalt (C18 : 2) für die Speiseöl- und Margarineherstellung qualitätsbestimmend ist.

Hoch-Ölsäure(HO)-Sorten (Soll-Grenzwert ≥ 83 % Ölsäure) für die oleochemische Nutzung sind den Normaltypen im Ertrag um etwa 5 % unterlegen.

Sortenbild

Für die Ölproduktion sind insbesondere Einfachhybriden in der Beschreibenden Sortenliste verzeichnet. Generell wird zwischen Öltypen und Speisetypen (Knabberkerne) unterschieden. Für die Grünnutzung sind auch synthetische Sorten von Interesse.

Entscheidend für die Sortenwahl bei der Sonnenblume ist die Vegetationslänge bzw. die Reifezeit am jeweiligen Standort. In Mitteleuropa kommen frühreife Sorten zum Anbau

Soll das Sonnenblumenöl technisch verwertet werden, so stehen dafür HO-Sorten zur Verfügung.

Standortansprüche

Die erforderliche Wärmesumme von April bis September (150 Tage) beträgt > 1 450 °C, bei HO-Sorten > 1 600 °C (Basistemperatur = 6 °C), entsprechend einer Durchschnittstemperatur von Mai bis September von > 15,5 °C. Bei einem Wasserbedarf von 400 bis 600 mm ist die Sonnenblume trockenheitstoleranter als Winterraps. Tiefgründige Lösslehme und sandige Lehme in guter Struktur und ohne Verdichtungen werden bevorzugt. Beim Anbau von HO-Sorten muss eine Nachbarschaft zu Normalsorten gemieden werden.

Fruchtfolgeansprüche und Fruchtfolgewert

Günstige Vorfrüchte sind Getreide, Mais und Hackfrüchte. Leguminosen, Gemüse und Grünlandumbruch sind ungeeignet, weil die hohen Restmengen an Stickstoff zu einer Reifeverzögerung führen. Wegen *Sclerotinia*- und *Botrytis*-Übertragungen scheiden deren Wirtspflanzen Raps, Senf, Lupinen, Erbsen und verschiedene Gemüsearten als Vorfrüchte aus. Eine Anbaupause von vier bis fünf Jahren ist einzuhalten. Sonnenblume ist eine wertvolle Vorfrucht, wegen Durchwuchsgefahr allerdings nicht für Zuckerrüben. Die hohen Kalium- und Magnesiumgehalte der Erntereste kommen der Nachfrucht noch im Folgejahr zugute. Nach der Ernte der Sonnenblume sind die Wurzelballen sorgfältig zu zerkleinern, um die Bestellung der Nachfrucht nicht zu beeinträchtigen.

Anbauverfahren

Die Bodenbearbeitung erfolgt als Herbstfurche und Saatbettbereitung im Frühjahr zu einem feinkrümeligen, aber wegen der Verschlämmungsgefahr nicht zu feinem Saatbett. Mit pneumatischen Einzelkornsägeräten ausgerüstet mit speziellen Sonnenblumenscheiben wird in der ersten Aprilhälfte ausgesät, wenn die Bodentemperatur 6 bis 8 °C erreicht hat. Die konstante Ablagetiefe beträgt 3 bis 5 cm, der Reihenabstand 45 bis 50 cm und die Pflanzenzahl je nach Wasserversorgung 4 bis 8 pro m^2. Die Saatmenge beläuft sich je nach Keimfähigkeit und Tausendkornmasse auf 4 bis 8 kg ha^{-1}.

Neben ausreichender Versorgung mit P und K ist der Bedarf an Mg, S und B besonders zu beachten. Ein hoher N-Bedarf besteht zwischen 5-Blattstadium und Blühbeginn. Bei einem Sollwert von 100 bis 125 kg N ha^{-1} werden je nach Bodengüte 0 bis 80 kg N ha^{-1} zur Aussaat gegeben, auf leichten Böden auch in zwei Gaben (zweite Gabe bei 15 cm Pflanzenhöhe). Überhöhte N-Gaben führen zu Reifeverzögerung, erhöhtem Krankheitsbefall, Lager und geringem Ölgehalt.

Zur Unkrautbekämpfung empfiehlt sich Hacken nach dem Auflaufen (mit Hohlschutzscheiben) und drei Wochen danach. Auch Striegeln bei 1 bis 2 Laubblattpaaren ist möglich. Herbizideinsatz erfolgt meist im Vorauflauf, eine Nachauflaufbehandlung ist möglich.

Sclerotinia-Krankheit, *Botrytis*-Grauschimmel und *Phomopsis*-Erkrankung sind chemisch nicht effektiv bekämpfbar. Vorgebeugt werden kann durch weite Fruchtfolgen, frühe Sorten und frühe Aussaat, nicht zu dichte, unkrautfreie Bestände, verhaltene N-Düngung und windoffene Lagen. Blattläuse können bei zeitigem Massenauftreten Insektizideinsatz notwendig machen. Vogel-, Hasen- und Mäusefraß sind durch ausreichend große Anbauflächen sowie Sitzstangen für Greifvögel zu begrenzen.

Ernte

Mähdrusch erfolgt bei verfärbter Korbunterseite (braun bis schwarz), verholzten Samenschalen und Kornfeuchten < 20 (17 bis 10) % Ende August bis Anfang Oktober mit möglichst hohem Schnitt. Es sind umgebautes Schneidwerk (Schiffchen über 3 bis 4 Finger), geringe Trommeldrehzahl, weiter Dreschkorb und Haspel mit nur drei verkleideten Zinkenträgern einzusetzen. Reinigung und Trocknung sind nötig, weil eine stabile Lagerung erst ab 8 bis 9 % Kornfeuchte möglich ist.

Bei der Ganzpflanzenernte von Sonnenblumen kann es zu technischen Problemen kommen. Sonnenblumen mit hängenden Köpfen können Probleme beim Häckslereinzug bereiten. Bei niedrigen TS-Gehalten (24 – 26 %) ist ein Anwalzen des feuchten Erntematerials im Siloraum notwendig, bei größeren Erntemengen aber nicht immer möglich.

4.2.3 Lein (*Linum usitatissimum* L.)

Lein steht in drei Nutzungsrichtungen zur Verfügung – als Faserlein (Fasererzeugung), Öllein (Leinsamenerzeugung) und Kombinationslein (Leinsamen- und Kurzfasererzeugung).

Faserlein (Flachs) ist eine der ältesten Kulturpflanzen und eine klassische Pflanze für gewerbliche Nutzungen. Mit der Einführung von Baumwolle und später der Synthesefaser ging seine Bedeutung zurück. Die Verwendungsmöglichkeiten von Kurzfasern aus vereinfachten Nachterntebehandlungen können den Anbau heute wieder attraktiv machen. Leinsamen werden in Deutschland in erheblichem Umfang verarbeitet und vorwiegend in der Industrie, aber auch als Nähr- und Heilmittel sowie zur Gewinnung von Speiseöl genutzt.

Verwendung als nachwachsender Rohstoff

Faserlein zeichnet sich durch hohe Fasergehalte im Stängel aus. Er wird für die textile Nutzung langer Spinnfasern (30 bis 50 cm) angebaut, die in der Oberbekleidungsindustrie weiterverarbeitet werden. Dazu sind höchste Ansprüche an die Faser- und Garnqualität gestellt. Das im Schwingprozess als Nebenprodukt anfallende Werg stellt den minderwertigen Faseranteil dar und kann in der Möbel-, Papier- oder Zigarettenindustrie abgesetzt werden. Außerdem fallen Schäben aus den verholzten Teilen des Leinstängels an, die als Bau-, Chemie- und Verbrennungsstoffe sowie als Einstreu genutzt werden können.

Zur industriellen Verwendung des Samenöles wird ein hoher Ölgehalt mit hohem Linolensäuregehalt (C18 : 3) verlangt. Es dient dann zur Herstellung von technischen Produkten wie Farben, Lacke, Firnis, Kitt und Linoleum. Für diese Nutzungsrichtung stehen spezielle Ölleinsorten zur Verfügung. Die als Koppelprodukt anfallende Kurzfaser kann als Industriefaser genutzt werden. Als Armierungselement in modernen Kunststoffen verdrängt sie zunehmend die Glasfaser wegen ihrer leichteren Recyklierbarkeit und – bei ähnlichen technischen Eigenschaften – ihres geringeren spezifischen Gewichtes.

Herkunft und Botanik

Der Kulturlein dürfte vom Wildlein (*Linum angustifolium* L.) abstammen. Mannigfaltigkeitszentren liegen im Mittelmeerraum und Südwestasien. Die Pflanze hat schmale, lanzettliche und ungestielte Laubblätter. Der cymöse Blütenstand ist traubenförmig. Die Blüten weisen 5 Kelch- und 5 Blütenblätter (weiß, blau, violett, rosa) auf. Die Frucht ist eine fünffächrige Kapsel mit je zwei Samen pro Fach, welches stets durch eine falsche Scheidewand in zwei Kompartimente mit je einem Samen unterteilt ist. Der Übergang zwischen den drei Nutzungsformen ist fließend. Öllein hat sowohl Apikal- als auch Basalverzweigungen und ist kurzwüchsig bei guter Standfestigkeit. Faserlein ist weniger verzweigt, hat keine Basalverzweigung dafür aber längere Stängel und einen hohen Fasergehalt. Faserlein hat 2 bis 8, Öllein 10 bis 20 Kapseln pro Pflanze. Die Leinfrucht (Kapsel) trägt 5 bis max. 10 Samen. Die Tausendkornmasse schwankt zwischen 4 und 14 g (Faserlein < Öllein). Als Festigungselemente des Stängels bilden sich Bastfasern aus. Sie sind das Ausgangsmaterial jeglicher Fasernutzung.

Ertragsleistungen

Das Ertragspotenzial von Öllein beträgt bis 40 dt Samen ha^{-1}, Spitzenerträge in der Praxis liegen standortabhängig bei 20 bis 25 dt ha^{-1}, Durchschnittserträge bei 15 dt ha^{-1}. Faserlein liefert 7 bis 18 dt Fasern ha^{-1}. Die Rentabilität in Deutschland ist bei beiden Nutzungsformen nur durch hohe Flächenbeihilfen gegeben.

Sortenbild

Nach dem Verwendungszweck gibt es unterschiedliche Wuchstypen als Faser-, Kombinations- oder Ölleine. Das Gesamtsortiment deckt krankheitsresistentes und standfestes Material ab. Faserleinsorten zeichnen sich durch hohen Fasergehalt, hohe technische Stängellänge und leichte Entholzbarkeit aus, während Ölleinsorten auf hohen Samen- und Ölertrag gezüchtet sind. Neben die beiden klassischen Sortenbilder treten Neuzüchtungen, die eine kombinierte Nutzung von Fasern und Öl erlauben, wobei die Bastfaser eine besondere Eignung für die industrielle Nutzung besitzen soll.

Standortansprüche

Sehr gut geeignet sind tiefgründige lehmige Sande bis sandige Lehme ab Ackerzahl 60, geeignet sandige Böden und flachgründige Verwitterungsböden ab Ackerzahl 35, völlig ungeeignet leichte Sande, staunasse und verschlämmungsgefährdete sowie humose Böden. Die Wasserversorgung im Mai/Juni ist insbesondere für den Faserleinanbau von größter Bedeutung.

Fruchtfolgeansprüche und Fruchtfolgewert

Die hohe Selbstunverträglichkeit, die als Leinmüdigkeit beschrieben wird, erfordert Anbaupausen von mindestens 5 Jahren. Ansonsten bestehen geringe Fruchtfolgeansprüche. Ungeeignet sind alle Vorfrüchte mit hoher N-Nachlieferung (Leguminosen) und gleichen Pathogenen (Raps, Sonnenblume, Erbse). Überwiegend genutzte Vorfrucht ist Getreide. Für andere Kulturarten ist Lein eine günstige Vorfrucht.

Anbauverfahren

Standard ist eine Herbstfurche und eine feuchtigkeitsschonende Saatbettvorbereitung zu einem feinkrümeligen Saatbett im Frühjahr. Gesät wird früh, d. h. Mitte März bis spätestens 10. April. Das Keimtemperaturminimum liegt zwischen 2 und 5 °C, die Frosttoleranz kurzfristig bis –8 °C. Für Faserlein werden 1 500 bis 2 000 Körner m^{-2} und für Öllein 350 bis 400 Körner m^{-2} ausgesät, entsprechend 100 bis 130 kg ha^{-1} bzw.

ca. 30 kg ha^{-1} Saatgut. Faserlein steht in einer Reihenentfernung von 7 bis 15 cm, Öllein wie Getreide. Die Saattiefe beträgt 2 bis 3 cm.

Mit der P-, K- und Ca-Düngung ist die Versorgungsstufe C und ein pH-Wert von 6 anzustreben. Von den Mikronährstoffen hat Bor große Bedeutung. Unkontrollierte N-Nachlieferung und Nährstoffstöße sind wegen der extrem hohen Lagergefahr zu vermeiden. Deshalb ist auf organische Düngung zu verzichten und die N-Düngung in Abhängigkeit vom Bodenangebot zu bemessen. Faserlein wird bei einem Sollwert von 60 bis 90 kg N ha^{-1}mit 0 bis 60 kg N ha^{-1} gedüngt, Öllein bei einem Sollwert von 80 bis 120 kg N ha^{-1} mit 40 bis 80 kg N ha^{-1} in zwei Gaben.

Mechanische Unkrautbekämpfung ist nur begrenzt möglich. Herbizide können im Vorsaat-, Vorauflauf- und besonders im gezielten, gesplitteten Nachauflaufverfahren eingesetzt werden. Im Pflanzenschutz wird außer Saatgutbeizung nur vereinzelt Fungizidspritzung während der Blüte und ein Insektizideinsatz empfohlen.

Ernte

Bei Öllein erfolgt Mähdrusch in der Totreife (15 % Kornfeuchte, Samen rascheln in den Kapseln) etwa Ende August/Anfang September mit scharfen Messern, hochgestelltem Schneidwerk, geringer Fahrgeschwindigkeit, scharf eingestelltem Dreschwerk und geringem Wind. Auch der Einsatz des Grain-Strippers ist möglich. In Ausnahmefällen ist Sikkation erforderlich. Nachreinigung und Trocknung auf > 92 % TS sind nötig, um das Erntegut lagerfähig zu machen.

Bei Faserlein erfolgen zur und nach der Ernte in aufeinander folgenden Schritten

- Raufen (Herausreißen der Stängel mit Wurzeln)
- Rösten (Tauröste, Standröste, d. h. Abflammen zum Faseraufschluss, oder andere Aufschlussverfahren wie Dampfdruck-, Tensid- oder Ultraschallaufschluss)
- Schwingen (mechanische Trennung von Fasern und Schäben)
- und Hecheln (Aufbereitung des Schwungflachses).

Zur Kurzfasergewinnung ist auch Mahd und Feldentholzung möglich.

4.2.4 Hanf (*Cannabis sativa* L.)

Hanf ist eine sehr alte, vielseitig nutzbare Kulturpflanze und wurde bereits vor 6 000 Jahren in China zur Herstellung von gewebten Stoffen genutzt. 800 n. Chr. wurde das Verfahren der Röste von Flachs auf Hanf übertragen. Die Faser wurde seit dieser Zeit wegen ihrer hohen Nassfestigkeit ein wichtiger Rohstoff für Seile, Taue, Segeltuch und Textilien. Ab dem 14. Jahrhundert dient Hanf auch als Papierrohstoff. Im 18. Jahrhundert begann der Niedergang des Hanfanbaus, der 1982 wegen der Gefahr einer missbräuchlichen Nutzung zur Rauschgiftgewinnung in Deutschland verboten wurde. Erst 1996 ist er bei Einhaltung bestimmter Vorgaben mit wirkstoffarmen Sorten wieder erlaubt.

Verwendung als nachwachsender Rohstoff

Während die Langfasern für Textilien (Jeans-Bekleidung u. a.) mit begrenztem Absatzpotenzial genutzt werden, sind Kurzfasern für Feintextilien, besonders aber für technische Textilien (Geotextilien, Planen), für Baumaterialien (Dämmvliese, Faserzement) und für Formpressteile verwendbar. Die Papierherstellung, einschl. hochwertiger Spezialpapiere, ist der Hauptverwendungszweck in der EU. Die nach der Faserverarbeitung anfallenden Holzteile (Schäben), die 50 bis 70 % des Ertrages ausmachen, sind als Baumaterialien, als Brennstoff und als Einstreu für die Haltung von Pferden und kleineren Haustieren einsetzbar. Das Samenöl kann in technischen Produkten, für Pflegemittel und Kosmetika verwendet werden. Die Ganzpflanze eignet sich für die thermische Energiegewinnung.

Herkunft und Botanik

Hanf stammt aus Zentralasien. Das einjährige sommerannuelle Gewächs aus der Familie der *Cannabaceae* ist ursprünglich diözisch (zweihäusig), in Zuchtsorten aber auch monözisch (einhäusig). Die senkrechte Pfahlwurzel mit horizontalen Seitenwurzeln durchdringt den Boden intensiv. Der in der Jugendphase krautige, 1 bis 4 m hohe Stängel verholzt später. Der Holzteil bildet eine Röhre, die im Bastteil von den Faserbündeln umgeben ist, die aus vielen Einzelzellen bestehen. Fingerförmig zerteilte, meist gezähnte Blätter stehen am basalen Stängelteil gegenständig, im apikalen Bereich wechselständig. Die männlichen Blüten stehen in auffälligen, lockeren endständigen Rispen, die weiblichen Blüten klein und unscheinbar als Scheinähre in den Blattachseln kleiner Laubblätter. Tetrahydrocannabinol (THC) als Grundstoff für medizinische Verwendungen ist besonders in dem von Drüsenhaaren der Tragblätter der weiblichen Blüten abgesonderten Harz enthalten. Die Frucht ist ein graues bis braunes Nüsschen mit einer TKM von 15 bis 22 g. Die männlichen Pflanzen (Femelhanf) sterben nach der Blüte ab, vertrocknen und knicken ab, die Samenreife der weiblichen Pflanzen (Hanfhenne, Maskelhanf, Maischel) tritt 2 bis 5 Wochen später ein.

Ertragsleistungen

Stroherträge von 60 bis 150 dt ha^{-1} und Fasergehalte von 15 bis 32 % ergeben Fasererträge von 15 bis 50 dt ha^{-1}. Der Samenertrag ist bei 5 bis 15 dt ha^{-1} zu erwarten. Der Ölgehalt beträgt 25 bis 35 % mit günstiger Fettsäurezusammensetzung und hohen Anteilen an Linolsäure.

Sortenbild

Zum Anbau sind nur in der EU zugelassene Sorten mit einem THC-Gehalt $< 0{,}3\,\%$ erlaubt. Sowohl monözische als diözische Sorten stehen für den Anbau zur Verfügung.

Standortansprüche

Wichtig ist vor allem ausreichende Wasserversorgung möglichst durch > 700 mm Jahresniederschlag. Günstige Standorte sind tiefgründige, gut durchlüftete, nährstoffreiche Böden mit neutraler bis schwach alkalischer Reaktion und geregelter Wasserführung. Traditionelle Anbaugebiete waren früher ausreichend entwässerte Niedermoor- und Anmoorböden, auf denen aber meist nur schlechtere Faserqualitäten zu erzeugen sind.

Fruchtfolgeansprüche und Fruchtfolgewert

Hanf hat keine besonderen Vorfruchtansprüche, er ist selbstverträglich. Sein Vorfruchtwert ist sehr gut, weil er einen lang bedeckten, unkrautfreien Boden hinterlässt.

Anbauverfahren

Die Bodenbearbeitung erfolgt als Herbstfurche mit Saatbettbereitung im Frühjahr. Das Keimtemperaturminimum liegt bei 4 bis 5 °C. Die Aussaat sollte allerdings erst ab 6 bis 8 °C Bodentemperatur erfolgen, so dass der Saattermin zwischen Mitte April und Mitte Mai liegt. Die Saatmenge beträgt bei Faserhanf für 100 bis 300 Keimpflanzen m^{-2} 200 bis 400 Körner m^{-2} entsprechend 40 bis 100 kg ha^{-1} Saatgut. Endbestände zählen etwa 50 bis 100 Pflanzen m^{-2}. Bei Körnerhanf werden für 40 bis 80 Keimpflanzen m^{-2} 100–200 Körner m^{-2} ausgebracht. Die Saatmenge liegt zwischen 10 bis 50 kg ha^{-1}. Die Saattiefe beträgt auf Mineralböden 3 bis 4 cm, auf Moorböden 4 bis 6 cm. Bei Faserhanf wird eine Reihenentfernung von 10 bis 15 cm, bei Körnerhanf von 30 bis 45 cm gewählt.

Bei hohen Nährstoffentzügen benötigen Hanfbestände eine ausreichende Düngung. Für die Stickstoffversorgung ist von einem Sollwert von 140 bis 170 kg N ha^{-1} auszugehen, so dass Düngermengen von 60 bis 120 kg N ha^{-1} auf Mineralböden und 20 bis 40 kg N ha^{-1} auf Moorböden zu empfehlen sind. Stickstoff verbessert aufgrund der Förderung des Stängelwachstums die Faserlänge; einseitig hohe N-Gaben können jedoch die Faserqualität verschlechtern, weil die Faserzellwände dünner und die Hohlräume der Faserzellen größer sowie Langfaserausbeute, Reißfestigkeit, Geschmeidigkeit und Spinnbarkeit herabgesetzt werden.

Hohe Wüchsigkeit und starke Konkurrenzkraft erübrigen meist Pflegemaßnahmen. Hacke und Herbizideinsatz können gegen Problemunkräuter eingesetzt werden. Maßnahmen gegen pilzliche und/oder tierische Schaderreger sind mit Ausnahme der Saatgutbeizung nicht oder nur in Ausnahmefällen erforderlich.

Ernte

> Der problematische Abschnitt im Anbauverfahren ist die Hanfernte, weil die Erntemaschinen durch das robuste und leicht wickelnde Erntegut stark belastet werden. Mit der Ernte darf erst begonnen werden, wenn dafür der Freigabebescheid vorliegt.

Moderne Ernteverfahren richten sich nach dem Nutzungsziel. Für die Langfasergewinnung erfolgt Mahd ins Schwad, zweiwöchige Tauröste mit Wenden und anschließendes Pressen. Für die Kurzfasergewinnung zu technischen Zwecken ist Grünhanf auch ohne Röste verwertbar. Bei Feldentholzung wird der angeröstete Längsschwad mit einem Feld-Hanf-Brecher zu etwa 50 % entholzt. Die Fasergewinnung ist mit mechanischen oder mechanisch-chemischen Verfahren (Dampfdruck-oder Ultraschallaufschlussverfahren) möglich.

Zur Gewinnung von Pulpe für die Papierindustrie und zur Herstellung von Dämmmaterial und Formteilen werden die Stängel in 50 cm lange Stücke gehäckselt, im Schwad einer kurzen Feldröste unterzogen und dann zu Großballen gepresst. Als Alternative zur Feldtrocknung wird auch ein Einsilieren mit Silierzusätzen empfohlen, nachdem der Bestand geköpft wurde, weil die Blattmasse bei der Pulpeherstellung stören würde.

4.2.5 Sonstige Ölfrüchte

Es gibt eine Reihe weiterer Ölfrüchte mit speziellen Inhaltsstoffen, die als Industrierohstoffe sehr gefragt sind. Es handelt sich um sommerannuelle Pflanzen, die zwar an das kühl-gemäßigte Klima angepasst sind, deren Ertragspotenzial aber relativ gering ist und im landwirtschaftlichen Anbau meist keine Alternative darstellen. In den Fruchtfolgen können sie zur Erhöhung der Kulturartendiversität beitragen und lassen sich unter Einhaltung der allgemeinen Fruchtfolgegrundsätze betrieblich sehr gut integrieren.

Die Samen des **Leindotters** (*Camelina sativa* [L.] Crantz) enthalten 30 bis 45 % Öl. Es setzt sich aus etwa 40 % Linolen (C18:3)-, 18 % Linol (C18:2)-, 16 % Eicosen (C20:1)-, 16 % Öl (C18:1)- und 3 % Erucasäure (C22:1) zusammen. Der Einsatz erfolgt deshalb vorwiegend als schnell trocknendes Öl in der Lack- und Farbenindustrie, meist im Gemisch mit Leinöl. Für die Nutzung als Industrierohstoff ist allerdings das breit gefächerte Fettsäurespektrum ein Nachteil. Eine weitere Erhöhung des Linolensäureanteils wird angestrebt. Der Kreuzblütler kann selbst auf leichten Sandböden und trockenen Verwitterungsböden angebaut werden und übertrifft im Kornertrag meist den Öllein. Die Ertragsleistung liegt bei 15 bis 25 dt ha^{-1}.

Aus der Gruppe der **Senfarten** kommen in Mitteleuropa Weißer Senf oder Gelbsenf (*Sinapis alba* L., syn. *Brassica hirta* Moench.) sowie Sareptasenf (*Brassica juncea* [L.] Czern. et Cosson) für den Anbau in Frage. Die Samen der Kreuzblütler dienen vor allem der Tafelsenfproduktion, als Gewürz („Senfkörner“) und zu pharmazeutischen Zwecken. Damit besteht aber nur ein sehr begrenzter Markt. Das Öl kann auch zu technischen Zwecken und für Kosmetikartikel verwendet werden. Der hohe Erucasäuregehalt lässt eine Verwendung z. B. bei der Schmier- und Motorölherstellung zu. Praxiserträge der beiden Senfarten liegen zwischen 12 und 16 dt ha^{-1}.

Ebenfalls zur Familie der Kreuzblütler gehört **Krambe** (*Crambe abyssinica* Hochst.). Krambeöl enthält 60 % Erucasäure im Fettsäuremuster.

Das Erucasäureamid wird u. a. als Schaumbremser in Waschmitteln, als Antiblockmittel für Polyethylenfolien und als Fließverbesserer für Rohöl verwendet. Mit Kornerträgen von 20 bis 30 dt ha^{-1} und hohem Ölgehalt von 40 bis 50 % liegt Krambe vielfach an der Spitze der Sommerölfrüchte.

Die **Ölrauke** (*Eruca sativa*) zeichnet sich ebenfalls durch einen hohen Erucasäuregehalt aus. Bei einem Leistungsniveau von etwa 12 bis 15 dt ha^{-1} wird sie aber als Ölpflanze nur im extensiven Landbau Verwendung finden können.

Bei der Suche nach biogenen Rohstoffen für die chemische Industrie wird auch der Anbau des **Ölrettichs** (*Raphanus sativus* L.) aus der Familie der Kreuzblütler vorgeschlagen. Der Ölgehalt liegt zwischen 38 und 50 % und das Fettsäurespektrum zeichnet sich durch mittlere Anteile an Öl-, Linol- und Linolensäure und einen niedrigen Erucasäuregehalt aus. Wegen der sehr geringen Samenerträge von 16 bis 20 dt ha^{-1} eignet sich Ölrettich jedoch kaum für den Anbau.

Saflor oder **Färberdistel** (*Carthamus tinctorius* L.) ist ein Korbblütler. Aus den Blüten kann ein roter Naturfarbstoff (Carthamin, Saflorrot) gewonnen werden. Er eignet sich zum natürlichen Färben in Kosmetik und Lebensmittelindustrie. Die Laubblätter liefern eine gelbe Farbe. Aus den Früchten (Achänen) ist das Saflor- oder Distelöl mit hohem Linolsäuregehalt von 70 bis 80 % zu gewinnen, welches sich als Salatöl oder in Diätmargarine hervorragend eignet. Einen industriellen Nutzen gibt es bei der Lack- und Firnisherstellung. Ölsäurereiche Formen mit > 80 % Ölsäure liefern einen wertvollen chemischen Grundstoff. Für die Farbstoffgewinnung werden die Blütenköpfe während der Blüte geerntet. Zur Ölgewinnung erfolgt Mitte August bis Ende September vorsichtiger Mähdrusch. Die Samenerträge können mit 20 bis 25 dt ha^{-1} angegeben werden.

Eine weitere Ölfrucht unter den Korbblütlern ist die **Ölmadie** (*Madia sativa*), deren dunkelgelbes Öl hauptsächlich als Brenn-, Schmier- oder Seifenöl genutzt wird. Der Linolsäuregehalt liegt über 70 % und kann von der verarbeitenden Industrie in hoher Reinheit genutzt werden. Einem Anbau stehen aber die geringe Standfestigkeit, der lockere Fruchtsitz und die geringe Ertragsleistung von nur 6 bis 10 dt ha^{-1} entgegen.

Der **Schlafmohn** (*Papaver somniferum* L. ssp. *somniferum*) gehört zur Familie der Papaveraceae (Mohngewächse). Ein großer Teil des Mohnanbaus in der Welt dient der Alkaloid-Gewinnung (z. B. Morphin, Kodein, Tebain) für medizinische Zwecke. In Europa ist zusätzlich der Bedarf an Mohnsamen für den Direktverzehr in der Bäckerei, als Vollwertkost und in der Küche beachtlich. In Deutschland werden etwa 10.000 t blausamiger Mohn vornehmlich aus Importen abgesetzt. Nur ein geringer Teil wird zu Öl (Speiseöl, schnell trocknendes Öl für hochwertige Malerfarben, Seifen, Tenside) gepresst oder extrahiert. Der in Blättern, Stängeln und Kapseln enthaltene und vor dem Abreifen beim Anritzen abgesonderte dickflüssige Milchsaft ergibt getrocknet Opium als Rauschmittel. Deshalb besteht in Deutschland aufgrund des Betäubungsmittelgesetzes eine Genehmigungspflicht für den Anbau. Im Versuchsanbau werden Erträge zwischen 12 und 16 dt ha^{-1} erzielt.

Das Interesse für eine landwirtschaftliche Nutzung der zu den Euphorbiaceen gehörenden **Kreuzblättrigen Wolfsmilch** (*Euphorbia lathyris* L.) ergibt sich aus dem hohen Gehalt der Grünmasse an höheren Kohlenwasserstoffen, aus denen Ethylen, Propylen und andere Olefine insbesondere als Energieträger für die Herstellung von Motorenbrennstoff gewonnen werden. Der hohe Ölgehalt der Samen mit 40 bis 50 % und ein Ölsäuregehalt von > 80 % im Fettsäuremuster sprechen auch für eine Verwendung in der Oleochemie. Kornerträge von 18 bis 26 dt ha^{-1} sind in warmen Klimalagen möglich.

Weitere Faserpflanzen in Ergänzung zu Lein und Hanf sind **Fasernessel** (*Urtica dioica* L.), **Ramie** (*Boehmeria nivea* L.) und **Kenaf** (*Hibiscus cannabinus* L.). Während die Fasernessel eine in Mitteleuropa beheimatete und weit verbreitete sekundäre Kulturpflanze ist, stammen Ramie und Kenaf aus den tropisch/subtropischen Klimaregionen. Die Eignung von Ramie und Kenaf für mitteleuropäische Verhältnisse wird zurzeit im Versuchsanbau getestet.

Fasernessel aus der Familie der Urticaceae liefert Bastfasern. Biomasseerträge von etwa 100 dt ha^{-1} und ein durchschnittlicher Fasergehalt von 15 % lassen einen Faserertrag von etwa 15 dt ha^{-1} erwarten. Die Pflanze wächst mehrjährig mit einer Anbaudauer von 4 bis 6 Jahren. Die Ernte erfolgt wie bei Hanf durch Mahd, Trocknung auf dem Feld und Pressen. Die Faser wird zu Nesseltuch, Textilien, Betttüchern, Papier, Verpackungen und Verbundwerkstoffen verarbeitet. Als Arzneipflanze liefert Fasernessel als Leitsubstanzen Scopoletin und β-Sitosterol, die bei Harnwegserkrankung, Rheuma und als Wundheilmittel eingesetzt werden.

Ebenfalls aus der Familie der Urticaceae stammt die tropische Nesselart Ramie. 75 % der Weltproduktion werden in China erzeugt. Die Pflanze erreicht eine Wuchshöhe von bis zu 2,40 m. Wegen des hohen Wärmebedarfs beschränkt sich der Anbau in Deutschland bestenfalls auf einige Regionen Süddeutschlands. Die Anbaudauer kann 20 Jahre betragen. Ramiefasern stammen aus dem Bastgewebe des Stängels und zeichnen sich durch eine hohe Zugfestigkeit aus. Bis zu 25 dt ha^{-1} Faserertrag sind möglich. Die Faser wird hauptsächlich in der Textilindustrie genutzt.

Kenaf ist eine subtropisch bis tropische Bastfaserpflanze aus der Familie der Malvengewächse. Die Pflanze wird bis zu 3 m hoch, liefert juteähnliche Fasern und wächst in Mitteleuropa wegen der hohen Frostempfindlichkeit nur einjährig. Unter diesen Bedingungen ist ein Strohertrag von 120 dt ha^{-1} und ein Faserertrag von 10 bis 15 dt ha^{-1} möglich. Das Erntegut wird zwischen Januar und März mit einem Maishäcksler geborgen. Die Fasern werden zur Papierherstellung genutzt, die Schäben als Ölbinder. Naturfaserverstärkte Kunststoffe mit Kenaffasern weisen gute Zug- und Biegeeigenschaften auf.

4.3 Wurzel- und Knollenfrüchte

Bei den Wurzel- und Knollenfrüchten befinden sich die Ertragsorgane durchweg im Boden.

Wurzelfrüchte bilden Speicherwurzeln und sind meist zweijährig wachsende Rübenpflanzen. Das erste Wachstumsjahr ist gleichzeitig das Erntejahr. Generative Organe werden im ersten Jahr noch nicht ausgebildet, so dass die vegetative Entwicklung nicht mit der Reproduktion der Pflanzen konkurriert. Die Einzelpflanze bildet immer nur ein hypertrophiertes Ertragsorgan aus, welches zum größten Teil aus der Wurzel aufgebaut ist. Artspezifisch mitbeteiligt sind das Hypokotyl und sehr geringe Sprossanteile.

Im Gegensatz zu den Wurzelfrüchten entwickeln die Knollenfrüchte zahlreiche Einzelknollen, die spross- oder wurzelbürtig sein können.

Zur Erzeugung nachwachsender Rohstoffe werden in Mitteleuropa als Wurzelfrucht Zuckerrübe (*Beta vulgaris* L. var. *altissima* Döll), als Knollenfrüchte Kartoffel (*Solanum tuberosum* L.) und Topinambur (*Helianthus tuberosus* L.) angebaut (Tab. 4.4).

Tab. 4.4 Wurzel- und Knollenfrüchte als Energie- und Industriepflanzen

Name		**Verwendung als nachwachsender Rohstoff**
deutsch	**botanisch**	
Zuckerrübe	*Beta vulgaris* L. *altissima* Döll	Bioethanol biologisch abbaubare Werkstoffe Tenside in Wasch- und Spülmitteln, Allzweckreinigern, Shampoos und Duschbädern, flüssigen Handgeschirrspülmitteln Kosmetika Arzneimittel
Kartoffel	*Solanum tuberosum* L.	Kleister, Kleber, Leim biologisch abbaubare Werkstoffe Bioethanol Arzneimittel
Topinambur	*Helianthus tuberosus* L.	Bioethanol Substrat für Biogasanlagen Festbrennstoff (Pellets) Inulin für kosmetische und pharmazeutische Produkte Cellulose

4.3.1 Zuckerrübe (*Beta vulgaris* L. *altissima* Döll)

Die Zuckerrübe ist an der Weltzuckererzeugung mit 20 % beteiligt, 80 % stammen aus dem tropischen Zuckerrohr (*Saccharum officinarum* L.). Unter den Bedingungen der Mengenkontingentierung werden in Deutschland 3,4 Mio t (22 %) des Rübenzuckers der EU erzeugt. Mit Beginn des Wirtschaftsjahres 2006/07 wurde die bisherige Unterscheidung in A- und B-Rüben aufgehoben und eine einheitliche Quote für Zucker, Isoglucose und Inulinsirup in der EU festgelegt. Der Landwirtschaftsbetrieb erhält von einer Zuckerfabrik das Lieferrecht über eine bestimmte Rübenmenge auf der Grundlage von 16 % Zucker.

Verwendung als nachwachsender Rohstoff
Ein Drittel der deutschen Bioethanolproduktion entfallen auf Rübenstoffe (Melasse und Rübe). In Bioethanolanlagen kann aus Rübenzuckersirup zusammen mit verzuckerter Getreidestärke in aufeinander folgenden Prozessschritten der hochwertige Treibstoff gewonnen werden.

Ohne vorangehende Zuckerextraktion wird die Zuckerrübe (Blatt und Rübenkörper) auch zur anaeroben Vergärung genutzt. Dazu werden die Rübenkörper gehäckselt und zusammen mit dem Rübenblatt siliert.

Weitere Verwendungen für Zucker liegen in der Herstellung von biologisch abbaubaren Werkstoffen, Wasch- und Arzneimitteln sowie Kosmetika.

Die innere Qualität der Zuckerrübe wird durch den Zuckergehalt und die Ausbeutbarkeit des Zuckers in der Fabrik bestimmt. Der Rübenkörper enthält 75 % Wasser und 25 % Trockensubstanz. Die lösliche Trockensubstanz besteht aus 65 bis 85 % Saccharose. In der löslichen Trockensubstanz wird der Saccharosegehalt mittels Polarimeter gemessen. Dabei wird die durch die Zuckerkonzentration bedingte Drehung der Ebene des linear polarisierten Lichtes in Grad Polarisation angegeben.

Der Rohzuckeranteil des gesamten Rübenkörpers gemessen in Grad Polarisation (°S) liegt zwischen 14 und 20 %, im Durchschnitt bei etwa 17 bis 17,5 %. Die Auskristallisation der Saccharose im Zuckergewinnungsprozess der Fabrik wird durch lösliche Asche (K, Na) und schädlichen Stickstoff als Melassebildner gestört, so dass der bereinigte Zuckergehalt (Weißzucker) um etwa 2 bis 4 % darunter liegt. In der Zuckerfabrik fällt deshalb immer ein gewisser Teil zuckerhaltige Melasse an

Herkunft und Botanik
Die Stammform der Zuckerrübe ist *Beta vulgaris* L. ssp. *maritima* (L.) Thell., aus der auch Futter-(Runkel-)rübe, Rote Rübe und Mangold hervorgegangen sind. Die Pflanze wächst zweijährig; im ersten Jahr werden eine Blattrosette und eine fleischige Rübe gebildet, die aus der Pfahlwurzel und einem Hypokotylanteil besteht. Die Rübe verdickt sich im Wachstumsverlauf durch die Anlage von 8 bis 12 konzentrischen Gefäßbündelringen und ist konisch geformt. Als Speichergewebe fungieren die dem Bastparenchym benachbarten Zellen. Die technologische Reife ist regelmäßig ab der zweiten Septemberhälfte erreicht. Im zweiten Jahr wird

eine 2 m hohe verzweigte Infloreszenz gebildet, die zwittrige Blüten mit einfachem Perianth in ursprünglich knäueligen Teilblütenständen trägt. Zur Reife löst sich der Verband eines Knäuels, in dem 2 bis 4 einsamige Nüsschen an der Basis miteinander verwachsen sind. Dies führte früher dazu, dass bei der Aussaat 2 bis 4 Keimpflanzen je Saatkorn aufliefen, die später vereinzelt werden mussten. Deswegen werden heute nur noch genetisch monokarpe (einfrüchtige) Formen in der Saatguterzeugung berücksichtigt.

Ertragsleistungen

In Deutschland liegt der Durchschnittsertrag von Zuckerrüben bei 100 dt Zucker ha^{-1} aus etwa 580 dt Rübenfrischmasse ha^{-1}. Dies entspricht einem Ethanoläquivalent von ca. 5 500 l ha^{-1}

Führende Betriebe produzieren heute schon 130 dt Zucker ha^{-1} bei einem Ertrag von 750 dt ha^{-1} und mehr, entsprechend einem Alkoholäquivalent von etwa 7 100 l ha^{-1}.

Vor allem durch exakt kalibriertes und pilliertes Monogermsaatgut, verbesserte Keimfähigkeit und Triebkraft, Endabstandssaat, verträgliche Herbizide sowie eine leistungsfähige Erntetechnik ist der Zuckerrübenanbau auf einer hohen Mechanisierungsstufe etabliert. Bis heute ist die Produktivität von ehemals 600 AKh (= Arbeitskraftstunden) je ha (mit hohem Anteil Handarbeit) auf < 10 AKh verbessert worden.

Sortenbild

Eine Unterteilung der Sorten erfolgt nach zuckerreich (Z), normal (N) und ertragsbetont (E). Toleranz gegenüber *Rizomania*, Vergilbungsvirus und zystenbildende Nematoden ist teilweise vorhanden. Weitere Zuchtziele sind Blattgesundheit, Schossresistenz, kleiner Kopf, gleichmäßige Köpfhöhe, gleichmäßige Rübenform (Minderung des Erdbesatzes). Monogermes Saatgut erreicht eine Einkeimigkeit von 98 % und mehr. Die Keimfähigkeit beträgt > 90 %, die Kalibrierung 3,25 bis 4,75 mm. Das Saatgut ist in Einheiten (U, unit) zu 100 000 Stück abgepackt. Saatgut wird pilliert mit Fungizid- und Insektizideinlagerung sowie züchtertypischer Farbe ausgeliefert.

Standortansprüche

In 180 bis 220 Tagen wird für den Zuckerrübenanbau eine Wärmesumme von 2 500 bis 2 900 °C benötigt. Hohe Strahlungsenergie ist für die Assimilatbildung und Zuckereinlagerung nötig. Nur tiefgründige und nährstoffreiche Böden sind für den Anbau geeignet. Ausgeschlossen sind erosionsgefährdete Standorte, flachgründige, staunasse, verdichtete und saure Böden, sowie *Rizomania*-Befallslagen. Auf Bodenverdichtungen reagiert der Rübenkörper mit unerwünschten Verzweigungen (Beinigkeit).

Fruchtfolgeansprüche und Fruchtfolgewert

Die Zuckerrübe ist die tragende Blattfrucht in der Fruchtfolge. Geringe Selbstverträglichkeit beruht auf dem Befall mit Rübenzystennematoden (‚Rübenmüdigkeit'). Kreuzblütler in der Fruchtfolge können die Nematodenvermehrung fördern, Zwischenfrüchte und Feindpflanzen den Befall mindern. Die Anbaupause sollte zumindest 4 Jahre betragen. Gute Vorfrüchte sind Getreidearten, ausgeschlossen sind Ölfrüchte. Als Nachfrüchte sind alle Arten mit später Herbst- oder mit Frühjahrsaussaat geeignet.

Anbauverfahren

Bei der Bodenbearbeitung wird zwischen konventionellen und konservierenden Verfahren unterschieden. Der Ablauf der konventionellen Bodenbearbeitung beginnt mit dem Stoppelumbruch der Vorfrucht nach vorheriger Grunddüngung mit PK-Düngern und gegebenenfalls organischen Düngern, gefolgt von Teilbrachebehandlung, Herbstfurche, Einebnung im Frühjahr und abschließender Saatbettbereitung. Im konservierenden Verfahren erfolgen nach der Grunddüngung ein Stoppelumbruch, die Grundbodenbearbeitung, Begrünung der Teilbrache mit einer abfrierenden Zwischenfrucht, Bekämpfung der Altunkräuter und schließlich die Saat mit oder ohne Saatbettbereitung. Das ideale Saatbett sichert den kapillaren Wasseraufstieg zum Saathorizont sowie eine gut durchlüftete und leicht erwärmbare Deckschicht.

Die Bestellung erfolgt als Präzisionseinzelkornsaat auf Endabstand. Bei einem Feldaufgang von > 80 % werden 70 000 bis 90 000 Pflanzen ha^{-1} angestrebt. Der Reihenabstand liegt bei 40 bis 50 cm, der Ablageabstand in der Reihe bei 18 bis 20 cm. Der Saattermin ist frühestens ab 5 °C Bodentemperatur (Anfang/Ende März) möglich, die Saattiefe beträgt 2 bis 3 cm.

Die Grunddüngung (P, K, Ca) erfolgt im Herbst. Die Abschätzung der N-Düngung (in kg N ha^{-1}) ergibt sich aus dem erwarteten Rübenertrag (Frischmasse) x 0,14 + Blattertrag (Frischmasse) x 0,2, abzüglich des verfügbaren Boden-N-Vorrates gemessen als Nmin- bzw. EUF-Wert (= Elektro-Ultrafiltration). Die erste N-Düngergabe erfolgt vor oder unmittelbar nach der Aussaat, die zweite Gabe nach Aufgang bis Entfaltung des zweiten Blattpaares. Spätere und höhere N-Gaben steigern den „schädlichen Stickstoff" in der Rübe, der in der Zuckerfabrik die Auskristallisation des Zuckers behindert.

Die Unkrautunterdrückung ist teilweise über Bodenbearbeitung, Mulchauflage der Zwischenfrucht und Saatbettbereitung möglich. Chemische Bekämpfung wird im Vorsaat-, Vorauflauf- und Nachauflaufverfahren im Keimblattstadium der Unkräuter (NAK) vorgenommen. NAK-Spritzungen sind aufgrund des zeitlich versetzten, wellenförmigen Auftretens der Unkräuter mehrfach und in möglichst geringer Dosierung zu wiederholen. Wirkungslücken können durch Tankmischungen beseitigt werden. Eine Maschinenhacke dient der Unkrautbekämpfung in den Reihenzwischenräumen und beseitigt gleichzeitig Verschlämmungen.

Vorbeugend mit dem Saatgut ausgebrachte systemische Insektizide gegen Rübenfliege, Blattläuse (Virusvektoren), Moosknopfkäfer sowie Fungizide gegen pilzliche Krankheiten schützen bis zum Bestandesschluss. Die Bekämpfung von Blattkrankheiten erfolgt nach Feldkontrolle ab Anfang/Mitte August.

Ernte

Zur Ernte von 400 bis 800 dt ha^{-1} Rübenfrischmasse gibt es diverse maschinelle Ernteverfahren. Dazu gehören Köpfen und Roden mit Bunkern oder Schwadablage und anschließender Schwadladung mit Blattbergung oder -einarbeitung sowie das Bunkerköpfroden. In Bezug auf das Abfallbeseitigungsgesetz stellt auch der Erdanhang eine Qualitätsminderung dar, die sich unmittelbar auf die Rentabilität des Fabrikationsprozesses auswirkt. Deshalb müssen die Rüben schon bei der Rodung, aber auch bei der Verladung möglichst ohne Verletzungen vom Erdanhang befreit werden.

4.3.2 Kartoffel (*Solanum tuberosum* L.)

Die Kartoffelanbaufläche hat sich über fünf Dekaden von ca. 14% der Ackerfläche in der alten Bundesrepublik auf ca. 2,4% im vereinten Deutschland reduziert. Die Verwertung erfolgt als Speise-, Futter-, Pflanz- oder Veredlungskartoffel.

Die Kartoffel liefert den Rohstoff für die Stärke- und Alkoholproduktion. Bei der Rentabilitätsberechnung wird von den Durchschnittserträgen aus mindestens 5 Jahren ausgegangen, weil die jährlichen Ertrags- und Preisschwankungen extrem groß sind. Deshalb ist ein Vertragsanbau grundsätzlich vorteilhaft.

Verwendung als nachwachsender Rohstoff

Die Stärke- und Ethanolproduktion aus Kartoffeln verlangt in erster Linie einen hohen Stärke- und einen niedrigen Eiweißgehalt. Der Stärkegehalt liegt zwischen 18 und 21%, der Rohproteingehalt zwischen 1,2 bis 3,2%. Daneben richten sich die Ansprüche an ausdauernde Lagerfähigkeit mit geringem Stärkeverlust, geringen Schalenanteil, wenig Beschädigungen und Schmutzanteile sowie große Stärkekörner. Aus Kartoffelstärke können Kleister, Kleber, Leim, Arzneimittel und biologisch abbaubare Werkstoffe hergestellt werden. Nach Verzuckerung der Stärke werden Treibstoff (Bioethanol) und technischer Alkohol erzeugt.

Herkunft und Botanik

Die Kartoffel wurde von den Indios der Anden seit mindestens 5 000 Jahren kultiviert. Sie kam 1563 erstmals nach Europa. Die Zahl der Einfuhren hielt sich bis etwa 1830 in sehr engen Grenzen, so dass die genetische Basis schmal und insbesondere nach der raschen Ausbreitung des Kartoffelbaus gegen Ende des 18. zu Beginn des 19. Jahrhunderts gegen die epidemisch auftretende Kraut- und Knollenfäule keine Resistenz vorhanden war. Da die Kartoffel bei der Zunahme der Bevölkerungsdichte in Deutschland wegen ihrer hohen Nährstofferträge pro Flächeneinheit die Basis der Ernährung immer breiterer Bevölkerungsschichten wurde, resultierten aus krankheitsbedingten Missernten Hungersnöte. Dies führte ab 1830 zu erneuten Einfuhren und zum Beginn einer planmäßigen Züchtung.

Die beiden autotetraploiden Subspecies *Solanum andigena* und *Solanum tuberosum* sind für die europäische Kulturkartoffel als wichtige Stammformen anzusehen. Die Ernteorgane sind an Stolonen unterirdisch wachsende Sprossknollen; auch die Wurzeln sind sprossbürtig. Der Blütenstand ist eine Doppelwickel, die Frucht eine ungenießbare Beere mit etwa 150 Samen, die lediglich für züchterische Zwecke genutzt wird. Die sortentypische Blütenfarbe variiert von weiß bis rötlich oder bläulich. Eine Kartoffelstaude besteht aus 3 bis 8 Sprossachsen, von denen jede etwa 3 Knollen ausbildet.

Ertragsleistungen

Im Kartoffelbau wird in Deutschland ein durchschnittlicher Ertrag von 440 dt ha^{-1} erreicht. Knollenertrag und Stärkegehalt sind bei spätreifen Sorten grundsätzlich höher als bei frühen und mittelfrühen Sorten. Die Ertragshöhe steht in enger Beziehung zur Entwicklung der Blattfläche, insbesondere zur Blattflächendauer. Ist mit der Stärkefabrik ein früher Rodetermin vereinbart, gehen die Erträge selten über 460 dt ha^{-1} hinaus. Der Stärkeertrag liegt dann bei ca. 92 dt ha^{-1}, der Stärkegehalt bei ca. 20 %. Bei Normalrodung spätreifer Sorten kann mit einem Knollenertrag von 600 dt ha^{-1} (ohne Beregnung) bzw. 750 dt ha^{-1} (mit Beregnung) gerechnet werden, entsprechend 120 dt ha^{-1} bzw. 147 dt ha^{-1} Stärkeertrag.

Die Alkoholäquivalente können in einer Spannbreite von 4 000 bis 6 000 l ha^{-1} bei Frührodung, bis 8 000 l ha^{-1} (ohne Beregnung) bzw. 10 000 l ha^{-1} (mit Beregnung) bei Spätrodung angegeben werden.

Sortenbild

Bezüglich der Vegetationsdauer gibt es ein breites und in allen Reifegruppen ausreichend nematodenresistentes Sortenspektrum. In der Sortengruppe IV (mittelspät bis spät) finden sich neben Speisesorten auch die Wirtschaftssorten für Stärkeindustrie, Ethanolerzeugung und Brennereien. Entscheidend für die Sortenwahl ist in erster Linie der aus Knollenertrag und Stärkegehalt resultierende Stärkeertrag. Weitere wichtige Kriterien sind Virus- und Krautfäuleanfälligkeiten. Bei der Auswahl der anzubauenden Sorte sollte der Lieferzeitraum an die jeweilige Fabrik beachtet werden. Bei Lagerung im Betrieb sind weiterhin die Anfälligkeit für Lagerfäulen sowie die (unerwünschte) Keimfreudigkeit zu berücksichtigen.

Kürzlich wurde die Amylopektin-Kartoffel (Amflora) der Firma BASF in der EU für den Anbau zugelassen. Sie bildet aufgrund einer gentechnischen Veränderung eine Stärke aus, die vollständig aus Amylopektin besteht. Die stoffliche Nutzung dieses Rohstoffes erleichtert die Herstellung von Papier, Textilien oder Klebstoff erheblich, weil die sonst übliche Entfernung des zweiten Stärkepolymers, der Amylose, entfällt. Da die Grüne Gentechnik aber nur wenig Akzeptanz hat, wurde selbst der kleinflächige Anbau der transgenen Sorte in Mecklenburg-Vorpommern im Jahre 2011 wieder eingestellt.

Standortansprüche
Die optimale Bodentemperatur beträgt bei Pflanzung nicht vorbehandelter Knollen 8 bis 10 °C, bei vor- und keimgestimmten Knollen 4 bis 6 °C. Die optimale Lufttemperatur für die Assimilation liegt bei 16 bis 25 °C. Bei -1,5 bis -1,7 °C erfriert das Kraut, Temperaturen von -1,0 bis -2,0 °C schädigen die Knollen. Vom Keimwachstum bis zum Beginn der Krautbildung ist der Wasserbedarf der Pflanze aus der Mutterknolle sichergestellt. Die meisten Böden sind für den Kartoffelanbau geeignet, nur sehr schwere (tonige) und steinhaltige Standorte scheiden dafür aus.

Fruchtfolgeansprüche und Fruchtfolgewert
Obwohl die Kartoffel sonst weitgehend selbstverträglich ist, treten bei wiederholtem Nachbau bzw. Durchwuchs vermehrt zystenbildenden Nematoden auf. Die Ansprüche an die Vorfrucht sind gering, gefordert werden möglichst wenig Unkraut, klutenfreie Dammbildung und keine Unterbodenverdichtungen. Nach Kartoffeln verbleibt regelmäßig ein lockerer und unkrautfreier Boden. Günstige Fruchtfolgeglieder sind Kleegras/Ackergras – Kartoffel, mehrjährige Luzerne - Getreide – Kartoffel, Getreide – Zwischenfrucht – Kartoffel oder Getreide – (organische Düngung) – Kartoffel.

Anbauverfahren
Der Anbau erfolgt in Dammkultur, auch Beetkultur ist möglich. Nach intensiver Bearbeitung der Vorfruchtstoppel wird durch Herbstfurche ein 25 bis 35 cm tief gelockerter gleichmäßig abgesetzter Boden angestrebt. Nur auf leichten Böden kann Frühjahrsfurche erfolgen. Dammvorformung (frühzeitige Trennung von Wuchs- und Fahrraum) im Herbst oder Winter hat sich auf schweren Böden zur Minderung des Klutenanteils bewährt. Der Dammquerschnitt beträgt bei Bestandesschluss 1 000 cm^2.

Die Pflanzung erfolgt möglichst früh in Abhängigkeit von der Vorbehandlung (unbehandelt, keimgestimmt, vorgekeimt). Ein Reihenabstand von 75 cm und eine Pflanzdichte von 4 Pflanzen m^{-2} ergeben einen Legeabstand von 33,3 cm. Bei der optimalen Ablagetiefe schließt die Oberkante der Knolle mit dem ehemaligen Ackerniveau (Ackeroberfläche vor Dammformung) ab.

Nach der Ernte der Vorfrucht sollte die bodenlockernde Wirkung organischer Dünger genutzt werden. Die innere und äußere Qualität werden hauptsächlich durch die Stickstoffdüngung beeinflusst. N fördert den Knollenertrag, senkt aber den Stärkegehalt, fördert andererseits aber den Stärkeertrag. Dies setzt allerdings voraus, dass die angebaute Sorte ein entsprechendes Verwertungsvermögen für Stickstoff aufweist. Da die N-Aufnahme des Bestandes zur Blüte beinahe abgeschlossen ist, muss eine rechtzeitige N-Düngung vor der Pflanzung bzw. kurz danach eingeplant werden. Eine zweite Teilgabe verbessert die N-Ausnutzung und den Stärkeertrag bei spätreifen Sorten. Die Gesamtgabe sollte 150 kg N ha^{-1} aber nicht überschreiten. Bei der Verwendung von Kalium-Düngern ist darauf zu achten, dass chlorhaltige Kalisalze sich ungünstig auf die Stärkebildung auswirken. P-Düngung fördert das Auflaufen der Pflanzknollen, den Knollenansatz und das Knollenwachstum sowie Stärkebildung, Knollenreife und Rodefestigkeit. Für die Knollen- und Stärkebildung ist auch eine ausreichende Mg-Versorgung wichtig.

Ziele der Pflegemaßnahmen sind Erhaltung eines klutenfreien und siebfähigen Bodens, Reduzierung des Unkraut- und Ungräserbesatzes, Verbesserung des Wasser-, Wärme- und Lufthaushaltes durch Oberflächenbearbeitung der Dämme und Sicherung der Abdeckung des Knollennestes (Verhinderung von Ergrünen und Braunfäule). Die Pflegemaßnahmen bestehen aus Lockern der Furche sowie Häufeln und Striegeln vor Aufgang, Herbizidapplikation, Hacken und Striegeln nach Aufgang sowie Schlusshäufeln.

Eine der wichtigsten Pflanzenschutzmaßnahmen ist die Kontrolle der Kraut- und Knollenfäule, gegen die eine bis zu fünfmalige Bekämpfung nach Prognose ergriffen werden muss. Die Vorbeugung vor weiteren Krankheiten erfolgt durch Vermeidung von Knollenverletzungen, Ausbringung physiologisch saurer Dünger, Einhaltung von Anbauabständen, Verwendung gesunden Pflanzgutes und Insektizideinsatz gegen Kartoffelkäfer zum Zeitpunkt des Larvenschlüpfens. Im Pflanzkartoffelbau erfolgt regelmäßig eine Bekämpfung der Blattläuse als Virusvektoren.

Die Beregnung im Kartoffelbau dient der Verminderung von Ertragsschwankungen. Je mm Beregnungsgabe wird je nach Standort ein Mehrertrag von 80 bis 115 kg ha^{-1} erzielt.

Ernte

Die physiologische Reife der Kartoffel ist erreicht, wenn das Kraut abstirbt, die Schale fest wird und die Knollen sich von den Stolonen leicht ablösen. Zur Vorbereitung der mechanisierten Ernte mit dem Sammelroder und insbesondere bei Frührodung ist es zweckmäßig, das Kraut 2 bis 3 Wochen vor der Ernte chemisch oder mechanisch (Krautschlagen) bzw. in Kombination beider Verfahren abzutöten. Vorteile sind Erleichterung des Rodeprozesses, zügiges Abtrocknen der Dämme bei guter Siebfähigkeit des Bodens und Beschleunigung der Reifungsprozesse.

In Absprache mit der verarbeitenden Industrie erfolgt die Frührodung der Stärkekartoffeln von Anfang bis Mitte August, die Normalrodung in der letzten Septemberdekade bis Mitte Oktober.

4.3.3 Topinambur (*Helianthus tuberosus* L.)

Im Oberrheingebiet und Brandenburg wird Topinambur auf kleinen Flächen angebaut. Er eignet sich als Wilddeckungs- und -äsungspflanze, für Fütterungszwecke und vereinzelt auch für die menschliche Ernährung.

> Aus Topinamburknollen wird das Kohlenhydrat Inulin aus der Gruppe der Fructosane gewonnen

In letzter Zeit werden die Knollen zur Ethanolgewinnung oder die Ganzpflanze (Knollen und Kraut) in Biogasanlagen verwendet.

Verwendung als nachwachsender Rohstoff
Der Ertrag an Bioethanol wird von dem Knollenertrag und dem darin enthaltenen Gehalt an fermentierbaren Kohlenhydraten (Inulin) bestimmt. Als Ethanoläquivalent können 900 bis 5 000 l ha^{-1} angegeben werden. Sollen die Knollen jährlich geerntet werden, so muss auch jährlich gepflanzt werden. Die Kultur wird aber meist mehrjährig genutzt.

Für die anaerobe Vergärung wird die Gesamtbiomasse aus Knollen und Kraut im ersten Anbaujahr genutzt. Im Folgejahr wird der ausreichend dichte Krautaufwuchs aus den Restknollen genutzt. Die Methanausbeute des Krautes liegt in Laborgärversuchen bei 240 l Methan ha^{-1}, die der energiereicheren Knollen bei 390 l Methan ha^{-1}. Das Topinamburkraut hat bei später Ernte einen Trockenmassegehalt um > 35 % und bei Septemberernte von 25 bis 30 %. Es gilt als mittel-schwer bis leicht silierbar.

Topinambur kann auch getrocknet und als Brennstoff genutzt werden. Die Pellets werden in den gängigen Hackschnitzel- oder Pelletheizungen verbrannt. Dabei entsprechen im Mittel 3,1 kg Topinamburkrautpellets einer Heizleistung von 1 kg Heizöl.

Aus den Stängeln lässt sich zudem Cellulose gewinnen.

Die Inulinkomponente der Knollen bietet zahlreiche weitere Nutzungsmöglichkeiten, so als Rohstoff für Hochfructosesirup, aber auch für andere spezielle Erzeugnisse der Nahrungsmittelindustrie (Diätetik) sowie für kosmetische und pharmazeutische Produkte.

Herkunft und Botanik
Topinambur gehört wie Sonnenblume, Ölmadie, Spitzklette und Saflor zur Familie der *Asteraceae* (= *Compositae*). Das Herkunftsgebiet liegt in den östlichen USA. Die Spross-, Blatt- und Blütenmorphologie ähnelt derjenigen der Sonnenblume. Die Sprosse werden bis zu 4 m hoch, sind markgefüllt und entstehen aus den Knollen, welche sich endständig an Stolonen im Boden entwickeln und bei ungleichmäßiger Gestalt Kartoffelgröße annehmen können. Der Blütenkorb erreicht einen Durchmesser von 5 bis 10 cm und wird aufgrund des Kurztagscharakters der Pflanze erst spät im Jahr ausgebildet. Unter mitteleuropäischen Bedingungen unterbleibt die Achänenbildung. Bei Nutzung des Krautes kann Topinambur mehrjährig geerntet werden.

Ertragsleistungen

In Mitteleuropa erntet man 250 bis 400 (bis 600) dt Knollenfrischmasse ha^{-1}, 50 bis 80 dt ha^{-1} Fructosan in Inulinform und 400 bis 500 dt Krautfrischmasse ha^{-1}. Der Inulingehalt der Knollen liegt bei 7 bis 8 %, der Eiweißgehalt bei 2 – 3 % und der Wassergehalt bei 75 bis 80 %. In der Krautfrischmasse sind im Spätherbst 50 bis 75 % Wasser enthalten. Der höchste Biomasseertrag wird im Zeitraum Mitte September bis Mitte November erreicht.

Sortenbild

Leistungsfähige Topinambursorten zur Erzeugung von Industriegrundstoffen werden aus Sammlungsmaterial selektiert. Vielfach werden Landsorten genutzt. Sortenunterschiede bestehen in den Merkmalen Knollenertrag, -form, -farbe, und -ansatz sowie Kraut- und Blühhabitus, Stolonen- und Knollenbildung, Blühverlauf, Krankheitsanfälligkeit und Lagerfähigkeit. Für die Biogasnutzung eignen sich die hochwüchsigen späten Sorten mit hohem Krautertrag.

Standortansprüche

Die Standortansprüche sind insgesamt gering. Daraus resultiert die weite geographische Verbreitung der Kulturart. Das ausgedehnte Wurzelsystem bedingt die Anspruchslosigkeit gegenüber dem Wasserhaushalt. Ein Anbau erfolgt vorzugsweise auf leichten Sand- bis mittelschweren Lehmböden; sehr schwere Böden sind wegen der ungünstigen Erntebedingungen (Befahrbarkeit, Schmutzanteile) ungeeignet. Niedrige Kältegrade bis −30 °C werden von den Knollen ohne Schaden toleriert. Das Kraut ist bis −5 °C frostverträglich.

Fruchtfolgeansprüche und Fruchtfolgewert

Sonnenblume und Raps scheiden wegen der Gefährdung durch *Sclerotinia*-Befall als Vorfrüchte aus. Ansonsten werden keine Ansprüche an die Vorfrucht gestellt. Die Nachfrucht kann durch die schwer zersetzbaren, verholzten Wurzelteile behindert sein. Da die Knollen winterhart sind und lange im Boden überdauern, ist stets mit Durchwuchs in den Nachfrüchten zu rechnen, was häufig deren Anbauerfolg in Frage stellt. Durchwuchsschäden werden mit Anbau einjähriger Futterpflanzen, Herbizideinsatz oder Dauerkultur eingeschränkt. Der Wasser- und Nährstoffvorrat des Bodens ist stark beansprucht, andererseits hinterlässt Topinambur einen unkrautfreien Acker.

Anbauverfahren

Die Grundbodenbearbeitung orientiert sich am Kartoffelbau und umfasst tiefe Herbstfurche, gleichmäßig abgesetzten Boden und mehrere Gänge zur Pflanzbettbereitung mit Dammformung. Auf leichten Böden ist auch Frühjahrsfurche mit nachfolgender Egge möglich.

Die Pflanzung erfolgt Ende März/Anfang April, um die volle Vegetationszeit ausnutzen zu können. Auch die Herbstpflanzung ist möglich. Direkt aus der Frühjahrsernte gewonnenes, unsortiertes Pflanzgut wird mit Legemaschinen ausgebracht. Die Pflanzdichte wird mit 3 bis 4 Pflanzen m^{-2}, die Reihenweite mit 62 bis 75 cm und der Abstand in der Reihe mit 2,3 bis 3 Knollen pro lfd. Meter gewählt. Neben Damm- ist auch Beetkultur möglich.

Wie Zuckerrübe und Kartoffel zeigt auch Topinambur eine gute Verwertung für organische Dünger. Als mineralische P-, K-Grunddüngung werden 35 bis 50 kg P ha^{-1} und 120 bis 160 kg K ha^{-1} verabreicht. Für die Knollenproduktion erfolgt eine verhaltene N-Düngung mit 80 bis 120 kg N ha^{-1}, weil höhere Gaben zu Qualitätsminderung durch Abnahme vergärbarer Zucker führen und die ohnehin sehr eingeschränkte Lagerfähigkeit noch verschlechtern. Wird nur das Kraut genutzt, können auch noch höhere N-Gaben gut verwertet werden.

Vom Legetermin bis zum Auflaufen vergehen 4 bis 6 Wochen. Bei Dammkultur sind 1 bis 2 Arbeitsgänge vor bzw. nach dem Auflaufen mit einem herkömmlichen Häufelgerät ausreichend. Die mechanische Unkrautbekämpfung unterscheidet sich nicht von den Maßnahmen im Kartoffelbau. Ab einer Bestandeshöhe von 25 bis 30 cm bleibt Unkraut wirkungsvoll unterdrückt. Für Herbizide gibt es keine Zulassung.

Zu den pilzlichen Krankheiten, die schwerpunktmäßig im zweiten Anbaujahr auftreten, gehören Weißschimmelfäule (*Sclerotinia sclerotiorum*), Braunfäule (*Sclerotium rolfsii*) und Rost (*Puccinia helianthi*). Eine weit gestellte Fruchtfolge (auch zu verwandten Arten) sowie die Wahl resistenten Materials schränken den Befall ein. Zur Eindämmung der Spitzenchlorose (*Pseudomonas syrigae*) sollte nur befallsfreies Pflanzgut verwendet werden. Wildtiere können erhebliche Schäden verursachen.

Ernte

Die Knollen werden nach Abernten des Krautes (gegebenenfalls mit Mais- oder Feldhäcksler) nicht vor Mitte Oktober mit einem Möhrenvollernter oder Kartoffelroder aufgenommen. Da die Stoffeinlagerung in die Knollen aber noch bis Mitte November andauert, wird die Ernte meist bis zum April des Folgejahres hinausgezögert. Die Knollen haben im Boden ein gutes Überwinterungsverhalten. Ferner aktivieren Frosttemperaturen das Enzym Inulase, die das Inulin zu vergärbarem Zucker abbaut, was die Ethanolgewinnung erleichtert.

Soll die Ganzpflanze zur Biogaserzeugung herangezogen werden, so muss das Kraut bereits im September im silierfähigen Zustand geerntet werden, obwohl die Knollen noch nicht den höchsten Inulingehalt und Polimerisationsgrad erreicht haben.

Topinamburknollen sind nicht lagerfähig

Die Knollen verbleiben bis zum späteren Nutzungszeitpunkt weiter im Boden, weil sie aufgrund der fehlenden Korkschicht, anders als die Kartoffel, oberirdisch kaum lagerfähig sind. Für die Verwendung in der Biogasanlage werden sie zum besseren anaeroben Aufschluss gehäckselt oder gequetscht.

4.4 Körnerleguminosen

Leguminosen sind eine der vielfältigsten Familien der Samenpflanzen überhaupt. Auf ihrer Fähigkeit zur autonomen Luftstickstoffbindung mittels bakterieller Symbiose beruhen alle extensiven Landnutzungssysteme.

In Mitteleuropa sind als Körnerleguminosen Erbse (*Pisum sativum* L.), Ackerbohne (*Vicia faba* L.) und Lupinenarten (*Lupinus* ssp.) anbauwürdig.

Alle Leguminosen haben einen ähnlichen morphologischen Aufbau. Die Blüte trägt fünf Kronenblätter (1 Fahne, 2 Flügelblätter, 2 miteinander verwachsene Schiffchen), einen röhrenförmigen Kelch und 10 Staubgefäße. Die Stängel von Ackerbohne und Lupine stehen aufrecht, während die Erbse stark verzweigt ist und meist windend und rankend wächst. Alle drei Vertreter bilden eine Pfahlwurzel, die bei Ackerbohne und Lupine besonders kräftig und bei der Erbse schwächer ausgeprägt ist. Die Frucht ist eine einfächerige Hülse, die aus nur einem Fruchtblatt entstanden ist. Die darin enthaltenen Samen sind kugelig bis bohnenförmig und haben eine feste Samenschale. Der hohe Eiweißgehalt und die Stärkeeigenschaften machen die Körnerleguminosen für die stoffliche Nutzung interessant (Tab. 4.5).

Tab. 4.5 Körnerleguminosen als Industriepflanzen

Name		Verwendung als nachwachsender Rohstoff
deutsch	botanisch	
Erbse	*Pisum sativum* L.	biologisch abbaubare Kunststoffe, Etikettierklebstoffe, Co-Binder für Papierstreichfarben, Arzneimittel, Tenside
Ackerbohne	*Vicia faba* L.	
Lupine	*Lupinus* ssp.	

4.4.1 Erbsen (*Pisum sativum* L.) Ackerbohne (*Vicia faba* L.) Lupinen (*Lupinus* ssp.)

Verwendung als nachwachsender Rohstoff

Die eiweißreichen Körnerleguminosen insgesamt liefern Proteinrohstoffe für Etikettierklebstoffe, Bindemittel für Sperrholz, Kosmetikazusätze oder Co-Binder in Papierstreichfarben. Daraus lassen sich aber auch Biopolymere herstellen, die ein dreidimensionales Proteinnetzwerk mit großer Funktionsvielfalt hervorbringen können.

Erbsenstärke kann zu biologisch abbaubaren Folien verarbeitet werden. Für die Zug- und Biegefestigkeit des Folienmaterials ist ein sehr hoher Amylosegehalt der Stärke entscheidend und deshalb nur die Markerbse für diesen Zweck brauchbar.

Der Stärkegehalt im reifen Korn beträgt bei der Saaterbse 48 %, bei der Markerbse 35 %. Entsprechend unterschiedlich sind auch die Gehalte an Rohprotein (Saaterbse bis 27 %, Markerbse bis 31 %) und Zucker (Saaterbse 8 %, Markerbse 11 %). Auch in der Zusammensetzung der Stärke gibt es gravierende Unterschiede. Besteht das Kohlenhydrat bei der Saaterbse zu 30 % aus Amylose (70 % Amylopektin), so liegt der Amylosegehalt bei der Markerbse bei 85 % (15 % Amylopektin). Ein wichtiges Qualitätskriterium ist die Ausbeutbarkeit der Stärke.

Die glycosidischen Lupinenalkaloide als sekundäre Pflanzeninhaltsstoffe werden in der Medizin- und Pharmaindustrie genutzt. Es handelt sich um Chinolizidin-Alkaloide sowie Abkömmlinge von Piperidin und Indol.

Die Saaterbse (*Pisum sativum* ssp. *sativum* convar. *sativum*) wird hauptsächlich als Futtererbse, Speiseerbse und Gemüseerbse genutzt. Mit ihrem hohen Stärke- und mittelhohen Proteingehalt liefert sie darüber hinaus auch nachwachsende Rohstoffe. Ein besonderer Verwendungszweck ist die Amylosegewinnung aus Markerbsen (*Pisum sativum* ssp. *sativum* convar. *medullare* Alef.).

Das Korngut von Ackerbohne (*Vicia faba* L.) und Lupinen (*Lupinus* ssp.) wird vorwiegend als Konzentratfutter in der Tierernährung eingesetzt. Beide Vertreter liefern einen hohen Gehalt an Eiweiß, das auch als industrieller Rohstoff nutzbar ist. Darüber hinaus werden Lupinenalkaloide pharmazeutisch genutzt.

In Deutschland werden nur die Sommerformen der Körnerleguminosen angebaut.

Herkunft und Botanik

Erbsen stammen aus Zentralasien und dem mediterranen Raum. Bereits 6 000 v. Chr. wurden sie als Kulturpflanzen in Vorderasien und Ägypten genutzt. Es gibt unterschiedliche Wuchstypen, den konventionellen Typ mit aus Laub- und Rankenfiedern zusammengesetzten Blättern und den halbblattlosen Typ, bei dem die Blattfiedern komplett zu Ranken umgebildet sind, nicht aber die Grundblätter. Saat- und Markerbse sind weißblühend und selbstbefruchtend. Die Entwicklungsskala umfasst Keimung, Auflaufen, Blatt- und Blattrankenentwicklung, Sprossstreckung, Blütenknospenentwicklung, Blüte, Hülsenentwicklung und Reifung.

Die Ursprungsgebiete der **Ackerbohne** sind Südwestasien bis zum Himalajagebiet und der Mittelmeerraum. Die Entwicklung zur Kulturpflanze erfolgte in Vorderasien bereits in der Bronzezeit. Die hypogäisch keimende Leguminose mit deutlicher Pfahlwurzel und meist nur einem standfesten Stängel hat als Blütenstände Trauben in den Blattachseln. Die Ertragsstruktur setzt sich zusammen aus 30 bis 60 Pflanzen pro m^2, 3 bis 6 Fruchtständen pro Pflanze, 1 bis 3 Hülsen pro Fruchtstand, 2 bis 4 Samen pro Hülse und 400 bis 500 g TKM.

Die Gattung der **Lupinen** umfasst als Kulturformen die Gelbe Lupine (*Lupinus luteus* L.), die Schmalblättrige oder Blaue Lupine (*Lupinus angustifolius* L.), die Weiße Lupine (*Lupinus albus* L.), die Ausdauernde Lupine (*Lupinus polyphyllus* Lindl.) und die Andenlupinen (*Lupinus mutabilis* Sweet). Die ersten drei Vertreter stehen als Industriepflanzen in Mitteleuropa zur Verfügung. Die Pflanzen haben eine sehr starke Pfahlwurzel. Der Hauptspross mit mehr oder weniger starker Verzweigung trägt langgestielte, 5- bis 9-zählig gefingerte Blätter. Die Blüten stehen in Quirlen an den Enden der Haupt- und Nebentriebe.

Ertragsleistungen
Das im Feldversuch ermittelte Ertragspotenzial der **Saaterbse** liegt bei > 70 dt ha^{-1}. In der Praxis werden Spitzenerträge um 50 dt ha^{-1} geerntet. Die durchschnittliche Ertragserwartung liegt bei 35 dt ha^{-1}. Zwischen den Blatttypen bestehen keine Unterschiede im Ertragspotenzial, die halbblattlosen Typen bieten jedoch den Vorteil der besseren Standfestigkeit und Durchlüftung des Bestandes sowie der besseren Erntbarkeit.

Das Ertragspotenzial der **Ackerbohne** beträgt > 60 dt ha^{-1}, das nutzbare Ertragspotenzial > 50 dt ha^{-1}. Im Praxisanbau zeigen die Erträge standortabhängig eine große Spannbreite und erreichen Werte zwischen 30 und 50 dt ha^{-1}.

Auch **Lupinenerträge** weisen eine große Schwankungsbreite auf. Sie reichen von 15 dt ha^{-1} (Gelbe Lupine, ärmere Standorte) über 25 dt ha^{-1} (Blaue Lupine, mittlere Standorte) bis 40 dt ha^{-1} (Weiße Lupine, bessere Standorte). Auf guten Standorten steht die Weiße Lupine ertraglich in Konkurrenz zu Ackerbohne und Erbse.

Sortenbild
Steht die Stärkeamylose-Gewinnung im Vordergrund, so werden dafür stärkereiche Markerbsensorten angebaut. Zur Eiweißgewinnung eignen sich proteinreiche Saaterbsen-, Ackerbohnen- und Lupinensorten.

Im **Erbsenanbau** haben sich aufgrund der besseren Standfestigkeit, Bestandesdurchlüftung und Erntbarkeit und damit geringerer Ernteverluste die halbblattlosen Formen durchgesetzt.

Das Sortenspektrum der **Ackerbohne** umfasst unterschiedliche Wuchstypen. Der Normaltyp zeigt indeterminiertes Wachstum, ist hochwüchsig und relativ spätreif. Der Stabiltyp hat auch ein indeterminiertes Wachstum, ist aber kürzer, standfester und frühreifer. Weißblühende Ackerbohnen sind immer tanninarm.

Von allen drei **Lupinenarten** gibt es bitterstoffarme Sorten für den Körnerfutterbau sowie Bitterformen für die Gründüngung bzw. zur Alkaloidgewinnung.

Standortansprüche
Erbsen besitzen eine hohe ökologische Streubreite und sind auf allen Standorten außer leichten Sandböden, schweren Auetonen und Höhenlagen (> 500 m) anbauwürdig. Sie haben geringere Wasseransprüche als Ackerbohnen.

Ackerbohnen haben hohe Ansprüche an die Wasserversorgung. Bevorzugt werden tiefgründige, bindige Böden mit hoher Speicher- und Pufferkapazität in Gebieten mit niedrigen Temperaturen ohne Trockenheitsbelastung. Sehr gut geeignet sind gute und mittlere Lössböden, gute Diluvialböden und Auelehme.

Die anspruchslose, trockenresistente **Gelblupine** ist eine typische Kulturart leichter Sandböden mit einem pH-Optimum von 4,6 bis 6 (AZ < 27). Auf besseren Diluvialböden (AZ 30 bis 40) sind sie meist schon den Saaterbsen unterlegen. Die **Blaue Lupine** lässt höhere Erträge als Gelblupine auf vergleichbaren Standorten erwarten. **Weißlupinen** haben insgesamt höhere Ansprüche und benötigen sandige bis milde Lehmböden (AZ > 33).

Fruchtfolgeansprüche und Fruchtfolgewert

Körnerleguminosen dienen der Auflockerung der Fruchtfolge. Der hohe Vorfruchtwert führt bei nachfolgendem Winterweizen regelmäßig zu Mehrerträgen von 5 bis 10 dt ha^{-1}.

Vorfrüchte für die Erbse sind meist Getreidearten. Als Nachfrüchte stehen Wintergetreide und Winterraps, welche die N-Hinterlassenschaft sehr gut nutzen können.

Als Vorfrüchte für die Ackerbohne scheiden Winterroggen und Hafer aus, weil sie von gleichen Nematodenrassen befallen werden. Lupinen haben keine besonderen Vorfruchtansprüche. Alle Körnerleguminosen sind mit sich und anderen Vertretern der gleichen Familie in der Fruchtfolge aufgrund des Befallsrisikos mit bodenbürtigen Pathogenen unverträglich. Dies zwingt zu Anbaupausen von 4 bis 6 Jahren.

Anbauverfahren

Teilbrachebearbeitung und Herbstfurche sind bei der **Primärbodenbearbeitung** die Regel. Zur **Saatbettbereitung** erfolgt frühzeitige Einebnung und Lockerung auf etwas unter die Saattiefe. Die Schaffung einer ebenen, steinfreien Oberfläche ist eine wichtige Voraussetzung für den Mähdrusch.

Die **Saatzeit** sollte so früh wie möglich gewählt werden. Bei einem Keimtemperaturminimum von 3 °C kann die Ackerbohne bereits ab Ende Februar gesät werden. Die Erbse hat ein Keimtemperaturminimum von 3 bis 4 °C und ist vergleichsweise spätsaatverträglich. Bei Lupinen liegt das Keimtemperaturminimum zwischen 3 und 5 °C. Sie werden wie die Saaterbse ab Mitte März bis Anfang April ausgesät. Die **Saattiefe** beträgt bei Erbse 4 bis 6 cm, bei Ackerbohne 4 bis 8 cm und bei Lupinen 2 bis 4 cm. Als **Saatmengen** werden für die Erbse 60 bis 70, für Ackerbohne 30 bis 50 und für Lupinen 60 bis 80 Körner pro m^2 gewählt. Erbsen- und Lupinensamen werden in einer **Reihenentfernung** von 12 bis 15 cm abgelegt, während Ackerbohnen einen Reihenabstand von 20 cm benötigen.

Für Körnerleguminosen sind eine ausreichende **Kalkversorgung** (pH 6,8 bis 7,6) und mittlere **P-, K- und Mg- Versorgung** wichtig. Nur zur Gelblupine darf nicht direkt gekalkt werden, weil sie an saures Milieu (pH-Wert < 6,5) angepasst ist.

Bei der **Unkrautbekämpfung** werden mechanische und chemische Maßnahmen miteinander kombiniert. Blindstriegeln und Bestandesstriegeln ab dem 4. bis 5. Blatt in warmen Tagesstunden sind möglich. Bei Erbse und Ackerbohne werden Herbizide im Vorsaat-, Vorauflauf- und am besten im gezielten Nachauflaufeinsatz angewendet. Für Lupinen sind Herbizide nur in geringem Umfang zugelassen.

Von den **Pilzkrankheiten** führt die Brennfleckenkrankheit bei der Erbse zu erheblichen Qualitätsmängeln. Eine Bekämpfung erfolgt durch Beizung, späte Aussaat und weite Fruchtfolgestellung. Bei der Ackerbohne sind die Bekämpfungsmöglichkeiten und -notwendigkeiten von Pilzkrankheiten und Virosen begrenzt. Die bei Lupinen auftretenden *Fusarium*-Pilze, die die Lupinenwelke hervorrufen, werden durch Resistenzzüchtung und Einhaltung der Anbaupause beherrscht. Dagegen gefährdet die boden- und samenbürtige Anthracnose (Brennfleckenkrankheit; *Colletotrichum* spec.) den Lupinenanbau insgesamt. Die Krankheit ist nur indirekt durch Fruchtfolgegestaltung und Saatguthygiene zu kontrollieren.

Der gefährlichste **Schädling** der Erbse ist der Erbsenwickler, gegen den der Zuflug kontrolliert und ein Insektizidbelag gesichert werden muss. Der Blattrandkäfer kann im Jugendstadium Bedeutung erlangen. Virusübertragende Blattläuse sind gegebenenfalls bei Befallsbeginn zu bekämpfen.

In Ackerbohnenbeständen kann Insektizideinsatz gegen die Schwarze Bohnenlaus und den Blattrandkäfer erforderlich werden. Bei Lupinen sind Schädlinge ohne wirtschaftliche Bedeutung. Es besteht allerdings Gefahr von Wildschaden.

Ernte

Bei allen Körnerleguminosen ist der aktuelle Ertrag sehr stark von dem Reife- und Druschverhalten abhängig. Die Ernte erfolgt im Mähdrusch.

Erbsen werden Anfang bis Mitte August in der Vollreife bei 16 bis 18 % Kornfeuchte geerntet. Die Mahd mit Ährenhebern wird gegen die Lagerrichtung vorgenommen. Die optimale Druschzeitspanne beträgt nur 4 bis 5 Tage. Lagerfestigkeit besteht bei 14 % Kornfeuchte.

Ackerbohnen werden in der Vollreife gedroschen, wenn der Blattfall abgeschlossen ist. Mindestens 50 % der Hülsen sind dann schwarz und die Körner bräunlich und hart bei einer Kornfeuchte von 16 bis 22 %. Der Mähdrescher ist eingestellt auf weiten Dreschkorb, reduzierte Trommeldrehzahl, starken Wind und weit geöffnetes Obersieb. Die Haspel ist schonend einzusetzen, ein Rapsschneidwerk günstig. Als Nachbehandlung ist Reinigung und Belüftungstrocknung auf 14 % Feuchte erforderlich.

Gelbe und **Blaue Lupinen** werden im August/September, **Weiße Lupinen** noch etwas später geerntet. Die Erntetechnik entspricht den Verfahren bei Erbsen und Ackerbohnen. Wenn Ende Juli die meisten Blätter noch nicht vertrocknet sind, ist chemische Defoliation notwendig. Als Nacherntebehandlung sind Reinigung und Belüftungstrocknung auf 15 % Kornfeuchte erforderlich.

4.5 Heil-, Gewürz- und Färberpflanzen

Nur etwa 10 % der in Deutschland verarbeiteten Heil-, Gewürz- und Färberpflanzen stammen aus heimischem Anbau. Der größte Teil wird aus Osteuropa und Südamerika, auch aus Wildsammlungen, eingeführt. Qualitätsprobleme und Lieferausfälle bei den Importen führten zuletzt zu einem verstärkten Eigenanbau der Verarbeitungsfirmen oder zum Vertragsanbau in deutschen Landwirtschaftsbetrieben.

Die Anbaufläche für Heil-, Gewürz- und Färberpflanzen hat sich in den letzten 10 Jahren auf 10 000 ha verdoppelt.

Verwendung als nachwachsender Rohstoff
Diese Pflanzengruppe liefert hauptsächlich Substanzen aus dem Sekundärstoffwechsel. Die wichtigsten Inhaltsstoffe sind Ätherische Öle, Senföle, Alkaloide, Bitterstoffe, Glycoside, Schleimstoffe, Saponine, Flavonoide, Gerbstoffe, Cumarine, Fette, Öle und Farbstoffe. Als nachwachsende Rohstoffe im engeren Sinne werden alle nicht für den Verzehr bestimmten Arten (Heil-, Duft- und Färberpflanzen) eingestuft. Die wirtschaftliche Bedeutung wird unterstrichen durch einen steigenden Trend in der Nachfrage nach Naturprodukten für Arzneimittel, Naturfarben, Kosmetika, technische Artikel, Konservierungsstoffe und biologische Pflanzenschutzmittel.

Presssäfte von Färberpflanzen eignen sich als Naturfarben für die Einfärbung von Textilien, Leder, Papier und als Druckfarben. Entscheidende Qualitätskriterien bei der Textilfärbung sind Wasch-, Schweiß- und Lichtechtheit, die vom Farbstoffgehalt der Pflanzen, dem Extraktionsverfahren, den Beizen und dem zu färbendem Material abhängen. Auch im Lebensmittelbereich werden Naturfarben genutzt.

Von den ca. 440 einheimischen Heil- und Gewürzpflanzen kommen in Deutschland lediglich 70 Arten zum Anbau, wobei 24 Arten über 90 % der Fläche ausmachen. Bei den Färberpflanzen gibt es in Europa über 100 Arten, die potenziell angebaut werden könnten, aber nur etwa 9 Arten sind auch anbauwürdig (Tab. 4.6).

Die getrocknete Ware der **Heilpflanzen** wird im pharmazeutischen Sinne als Droge bezeichnet. Es handelt sich um die Gesamtheit der verwertbaren Inhaltsstoffe mit therapeutischer Wirkung. Sie bildet die Rohstoffbasis für die pharmazeutische Industrie. Je nach wertgebendem Pflanzenteil wird zwischen Blatt- (z. B. Pfefferminze, Zitronenmelisse, Spitzwegerich, Petersilie), Kraut- (z. B. Majoran, Thymian, Bohnenkraut, Dill, Salbei, Johanneskraut, Wermut, Brennnessel), Blüten- (z. B. Kamille, Ringelblume, Königskerze, Arnika), Körner- (z. B. Kümmel, Fenchel Koriander) und Wurzeldrogen (z. B. Baldrian, Engelwurz, Eibisch, Liebstock, Meerrettich) unterschieden. Die Erzeugung und Abgabe von Heilpflanzen bzw. Drogen unterliegen den Vorgaben des Europäischen Arzneibuches (Ph.Eur.) in seiner amtlichen deutschen Ausgabe und des deutschen Arzneibuches (DAB), das ausschließlich aus

Tab. 4.6 Heil-, Gewürz- und Färberpflanzen (Geisler 1988, Vetter 2006)

	Name	Erntegut, Wirkstoffe, Verwendung
botanisch	**deutsch**	
Heil- und Gewürzpflanzen		
Achillea millefolium	Schafgarbe	blühende Pflanze; ätherisches Öl; Arznei
Aconitum napellus	Eisenhut, Blauer	Knollen u. Kraut; Alkaloide (Aconitine u. a.); Arznei; stark toxisch
Acorus calamus	Kalmus	Wurzelstöcke; ätherisches Öl (Asaron), Acoretin; Gewürz
Adonis vernalis	Adonisröschen	Kraut; herzwirksame Glykoside; Arznei
Allium sativum	Knoblauch	Zwiebeln; Alliine; Gewürz, Arznei
Allium ursinum	Bärlauch	Blätter ätherisches Öl (Allicin); Gewürz
Althaea officinalis	Eibisch	Wurzelstock (auch Blätter u. Blüten); Schleimstoffe (Stärke, Zucker, Pektin); Arznei
Althaea rosea var. *nigra*	Malve, Schwarze	Blüten (Blätter); Schleimstoffe; Arznei
Anethum graveolens	Dill	Früchte und blühendes Kraut; ätherisches Öl; Gewürz, Arznei
Angelica archangelica	Angelika; Engelwurz	Wurzel (Früchte); ätherisches Öl; Arznei (Gewürz)
Anthemis nobilis	Kamille, Römische	Blüten; ätherisches Öl; Arznei
Anthriscus cerefolium	Gartenkerbel	Kraut; ätherisches Öl; Gewürz, Arznei
Avium graveolens	Schnittsellerie	Blätter; ätherisches Öl; Gewürz
Arctium lappa	Klette, Große	Wurzel; ätherisches Öl, Schleimstoffe; Arznei
Arnica montana	Arnika; Bergwohlverleih	Blütenköpfe; ätherisches Öl (Thymol u. a.); Arznei
Artemisia absinthium	Wermut	Blätter, Zweigspitzen u. blühendes Kraut; ätherisches Öl; Bitterstoff Absinthin; Arznei, Gewürz
Artemisia dracunculus	Estragon	Triebspitzen u. Blätter; ätherisches Öl, Bitterstoffe; Gewürz
Artemisia vulgaris	Gewürz-Beifuß	überwiegend Blütenstände; ätherisches Öl (Cineol), Bitterstoffe; Gewürz, Arznei
Atropa bella-donna	Tollkirsche	Blätter u. Wurzeln (Samen); Alkaloide (Hyoscyamin u. a.); Arznei

Tab. 4.6 Heil-, Gewürz- und Färberpflanzen (Geisler 1988, Vetter 2006) (Fortsetzung)

Name botanisch	deutsch	Erntegut, Wirkstoffe, Verwendung
Borago officinalis	Boretsch	Blüten u. blühendes Kraut; Schleimstoffe; Gewürz (auch Gemüse)
Calendula officinalis	Ringelblume	Blüten u. Kraut (mit Blüten); ätherisches Öl; Arznei
Carum carvi	Kümmel	Früchte; ätherisches Öl (D-Carvon u. a.); Gewürz, Arznei
Centaurium umbellatum	Tausendgüldenkraut	ganze Pflanze (einschließlich Blüten); Bitterstoffe; Arznei, Gewürz
Chelidonium majus	Schöllkraut	Kraut u. Wurzelstock; Alkaloide (Chelidonin u. a.); Arznei
Chrysanthemum cinerariifolium	Insektenpulverpflanze	Blüten (geschlossen bis halboffen); Kontaktinsektizide, Pyrothroide; Arznei
Cichorium intybus	Zichorie	Wurzel (selten Kraut oder Blüten); Zichorienkaffee
Cnicus benedictus	Benediktenkraut	Kraut mit Blättern und Blüten; Bitterstoffe (Cnicin); ätherisches Öl; Arznei, Gewürz
Cochlearia officinalis	Löffelkraut	Blätter (blühendes Kraut), Samen; Senfölglykosid, Bitterstoff; Gewürz, Arznei
Conium maculatum	Schierling, Gefleckter	Kraut (Früchte); Alkaloide (Coniin u. a.); sehr toxisch; Arznei
Convallaria majalis	Maiglöckchen	ganze Pflanze (Blüten, Blätter, Wurzelstöcke); herzwirksame Glykoside; Arznei
Coriandrum sativum	Koriander	Früchte; ätherisches Öl (Linalool u. a.); Gewürz
Datura stramonium	Stechapfel, Gemeiner	Blätter u. Zeigspitzen (Samen); e (L-Hyoscyamin, Atropin, Scopolamin u. a.); sehr toxisch; Arznei
Digitalis lanata	Fingerhut, Wolliger	Blätter; herzwirksame Glykoside (Lanatosid u. a.); Arznei
Digitalis purpurea	Fingerhut, Roter	vgl. *D. lanata*; von *D. lanata* abweichendes Glykosidmuster
Echinacea spp.	Sonnenhut-Arten	Kraut u. Wurzeln; ätherisches Öl, Amide (Echinacein u. a.); Arznei
Foeniculum vulgare	Fenchel	Früchte; ätherisches Öl; Gewürz
Gentiana lutea	Enzian, Gelber	Wurzelstock; Bitterstoffe (Amarogentin u. a.); Gewürz

Tab. 4.6 Heil-, Gewürz- und Färberpflanzen (Geisler 1988, Vetter 2006) (Fortsetzung)

Name		Erntegut, Wirkstoffe, Verwendung
botanisch	**deutsch**	
Glycyrrhiza glabra	Süßholz	Wurzeln; klebriger Saft (>>Lakritz<<); Glycyrrhizin
Hyoscyamus niger	Bilsenkraut	Blätter u. blühendes Kraut; Alkaloide (L-Hyoscyamin u. a.); Arznei
Hyssopus officinalis	Ysop	blühendes Kraut; ätherisches Öl u. Bitterstoffglykosid; Gewürz
Inula helenium	Alant	Wurzelstock; Alkaloide; Gewürz, Arznei
Lavandula angustifolia	Lanvendel, Echter	Blüten (Zweigspitzen); ätherisches Öl; Arznei, Kosmetik
Lepidium sativum	Gartenkresse	junge Blätter; Salatpflanze; Senfölglykosid (Vitamin C)
Levisticum officinale	Liebstock	Wurzeln u. Blätter; ätherisches Öl (Lactone u. a.); Gewürz, Arznei
Lobelia spp.	Lobelia-Arten	Blätter u. blühendes Kraut (gelegentlich Samen); Alkaloide (Lobelin u. a.); Arznei
Majorana hortensis	Majoran	Kraut; ätherisches Öl (Terpene u. a.), Bitter- u. Gerbstoffe; Gewürz, Arznei
Malva silvestris	Malve, Blaue	Blüten (Blätter); Schleimstoffe; Arznei
Matricaria chamomilla	Kamille, Echte	Blütenkörbchen; ätherisches Öl (Bisabolol u. a.); Arznei, Kosmetik
Melissa officinalis	Melisse	Blätter (ganzes Kraut); zitronenartiges Aroma; ätherisches Öl (Citronella u. a.); Gewürz, Arznei
Mentha piperita	Pfefferminze	Blätter; ätherisches Öl (Menthol-reich und Carvon-arm); Gewürz, Arznei
Mentha spicata	Krauseminze	vgl. *M. piperita*; ätherisches Öl (ohne Menthol, mit L-Carvon); Gewürz, Arznei
Ocimum basilicum	Basilikum	Kraut bzw. Blätter, ätherisches Öl (Methylchavicol u. a.); Gewürz, Arznei
Origanum vulgare	Origano	Blätter; ätherisches Öl; Arznei, Gewürz
Petroselinum crispum	Petersilie	Blätter, Wurzeln u. Früchte; ätherisches Öl (Apiol u. Myristicin u. a.); Früchte als Gewürz, Blätter als Arznei
Pimpinella anisum	Anis	Früchte; ätherisches Öl; Gewürz
Plantago lanceolata	Spitzwegerich	Kraut; Substanzen ungeklärter Wirkung; Arznei

Tab. 4.6 Heil-, Gewürz- und Färberpflanzen (Geisler 1988, Vetter 2006) (Fortsetzung)

Name		Erntegut, Wirkstoffe, Verwendung
botanisch	**deutsch**	
Portulaca oleracea	Portulak	Blätter; ätherisches Öl; Salat
Primula veris	Schlüsselblume, Echte	Blüten u. Wurzeln; Saponine (Protoprimulagenin-A-Glykosid u. a.); Arznei
Pulmonaria officinalis	Lungenkraut	Pflanze (Blätter und Blüten); Arznei (Auch Salat, frische Blätter)
Rosmarin officinalis	Rosmarin	Blätter; ätherisches Öl (Cineol, Borneol u. a.); Arznei
Ruta graveolens	Weinraute	Blätter; ätherisches Öl (Methyl-n-Nonylketon u. a.); Gewürz, Arznei
Salvia officinalis	Salbei, Gebräuchlicher	Blätter; ätherisches Öl (Thujone u. a.); Arznei
Salvia sclarea	Muskateller-Salbei	Blätter; ätherisches Öl (Linalylacetat, Linalool u. a.); Aromastoff (Kosmetik)
Sanguisorba minor	Bibernelle	Blätter; Gerbstoff; Gewürz
Saponaria officinalis	Seifenkraut	Wurzelstock (blühendes Kraut); Saponine (Gypsogenin u. a.); Arznei
Satureja hortensis	Bohnenkraut	Kraut mit Blättern; ätherisches Öl (Carvacrol u. a.); Gewürz, Arznei
Sedum reflexum	Tripmadam	Blätter, Säuren (Isocitronensäure); Gewürz
Silybum marianum	Mariendistel	Samen; ätherisches Öl (Silymarin), Bitterstoffe; Arznei
Symphytum officinale	Beinwell	Wurzeln (Blätter u. blühendes Kraut); Alkaloide, Allantoin, Schleimstoffe; Arznei
Taraxacum officinale	Löwenzahn	Wurzelstock (Pflanze mit u. ohne Wurzeln); Bitterstoff; Arznei
Tagetes erecta	Tagetes	Blüten; natürliches Färbemittel
Thymus vulgaris	Thymian	Blühendes Kraut; ätherisches Öl (Thymol, Carvacrol u. a.); Gewürz; Arznei
Trigonella coerulea	Schabziegerklee	junges Kraut; Alkaloide (Trigonellin u. a.); Gewürz
Trigonella foenum-graecum	Bockshornklee	Samen; Öl, Saponine, Lezithin u. a.; Arznei
Tussilago farfara	Huflattich	Blätter; Schleimstoffe, ätherisches Öl u. Bitterstoffe, Alkaloide; Arznei

Tab. 4.6 Heil-, Gewürz- und Färberpflanzen (Geisler 1988, Vetter 2006) (Fortsetzung)

	Name	Erntegut, Wirkstoffe, Verwendung
botanisch	**deutsch**	
Utrica spp.	Brennessel-Arten	Blätter; junge Pflanzen (gelegentlich Wurzeln u. Samen); Gerbstoff u. a.; Arznei
Valeriana officinalis	Baldrian	Wurzelstock; ätherisches Öl; Iridoide (Valtratum u. a.); Arznei
Verbascum spp.	Königskerze-Arten	Blüten (gelegentlich Blätter u. Wurzeln); Schleimstoffe, Iridoide, Saponine; Arznei
Verbena officinalis	Eisenkraut	Pflanze (einschließlich Blüten)
Viola tricolor	Feldstiefmütterchen	Pflanze; Flavonoide (Rutosid u. a.), Salicyl-Säure, Schleim u. Saponine; Arznei
Färberpflanzen		
Alchemilla vulgaris L.	Frauenmantel	Pflanze zur Blüte; brauner Farbstoff
Anthemis tinctoria L.	Färberhundskamille	Blütenkörbe; kräftiges, warmes Gelb
Carthamus tinctorius L.	Saflor	Blütenblätter; gelber Blütenfarbstoff (Carthamidin); post mortem Saflorrot (Carthamin 2-6 % , ein Flavanon-glycosid sowie Neocarthamin und Carthamon)
Centaurea jacea L.	Wiesenflockenblume	Blüte; gelber Farbstoff (2,5 % i. d. TM)
Chelidonium majus L.	Schöllkraut	Pflanze zur Blüte; brauner Farbstoff
Chrysanthemum vulgare L.	Rainfarn	Blütenköpfe; dunkelgelber Farbton mit Beizmittel Alaun; dunkelgrün mit Alaunvorbeize, Eisensulfat-Nachbeize und Ammoniak-Entwicklungsbad
Ginista tinctoria L.	Färberginster	Pflanze vor der Blüte; gelber , lichtechter Farbstoff (Genistein, Luteolin); durch Beizen mit Alaun zitronengelb, durch Nachbehandlung mit Eisensulfat dunkelbraun, mit Kupfersulfat olivgrün
Isatis tinctoria L.	Färberwaid	Blätter des 1. Anbaujahres; in Pflanze farblose, wasserlösliche Derivate des Indoxyls (Isatan B, Indican), nach wässriger Extraktion Hydrolyse zu freiem Indoxyl, welches unter Sauerstoff zu Indigo umgesetzt wird. Wasch- und Lichtechtheit des blauen Farbstoffs sind hoch.
Origanum vulgare L.	Dost	Pflanze zur Blüte; brauner Farbstoff
Polygonum tinctorium Ait.	Färberknöterich	Blätter; farblose, wasserlösliche Farbstoffvorstufe (Indican, 3-5 % i. d. TM) unter Sauerstoff zu Indigo umgesetzt (s. *Isatis tinctoria* L.)

Tab. 4.6 Heil-, Gewürz- und Färberpflanzen (Geisler 1988, Vetter 2006) (Fortsetzung)

Name		Erntegut, Wirkstoffe, Verwendung
botanisch	**deutsch**	
Reseda luteola L.	Färberwau	Pflanze zur Blüte; Gelbfärbung durch Flavonoide (Luteolin), Apigenin, Isorhamnetin, Kämpferol
Rubia tinctorum L.	Krapp	Wurzeln im 3. Anbaujahr (ca. 5 % Farbstoff); wichtigste Färberpflanze für Rotfärbungen, Inhaltsstoffe hauptsächlich Di- und Trihydroxyanthrachinone, daneben Purpurin, Pseudopurpurin, Rubiadin und Munjistin
Solidago canadensis L.	Kanadische Goldrute	Pflanze zur Blüte; Farbstoffgehalt ca. 3 % i. d. TM, Gelbfarbstoffe sind Quercetin, Isoquercitin, Kämpferol, Astragalin, Isorhamnetin

nationalen Regelungen besteht. Natürliche Arzneimittel werden in Form von Salben, Tee, Öl oder Extrakten angewendet.

Im Gegensatz zu Heilpflanzen gibt es für **Gewürzpflanzen** relativ wenige gesetzlich festgeschriebene Regelungen, die die Herstellung und Qualität der Produkte betreffen. Das Lebensmittel- und Bedarfsgegenständegesetz (LMBG) enthält die an der Herstellung, Vermarktung und Prüfung von Lebensmitteln gültigen Rechtsvorschriften.

Von den **Färberpflanzen** kommen neun Arten zum Anbau, die die Farben Blau, Rot, Gelb und Braun liefern. Blauer Farbstoff lässt sich nur aus zwei Arten gewinnen, nämlich aus Färberwaid und Färberknöterich. Krapp ist die einzige Pflanze, die in Mitteleuropa in nennenswerter Menge und Qualität roten Farbstoff liefert. Eine breitere Palette steht für den gelben Farbstoff zur Verfügung. Hierzu gehören u. a. Färberwau und Hundskamille. Braune Farben ergeben Extrakte aus Dost, Schöllkraut und Frauenmantel.

Die Gewinnung der Farbstoffe und die Färbeverfahren sind in ihrem Schwierigkeitsgrad graduell unterschiedlich. Dabei lassen sich drei Kategorien identifizieren:

1. Der Farbstoff liegt in der lebenden Pflanze noch nicht gebrauchsfertig vor, sondern in Form von wasserlöslichen und farblosen Vorstufensubstanzen. Der Färberwaid (*Isatis tinctoria* L.) als traditionelle mitteleuropäische Kulturpflanze für die Indigogewinnung ist hierfür ein Beispiel. In den Blättern dieser Pflanze finden sich Indoxyl-5-ketogluconat (Isatan B) und Indoxyl-β-D-glucosid (Indican). Isatan B ist mit 80 % der dominierende Ausgangsstoff für Indigo. Im Mittelalter wurden die Blätter in Waidmühlen zu einem Pflanzenbrei verarbeitet und dabei einer Gärung unter reduzierenden Bedingungen unterzogen. Der Indigofarbstoff bildete sich schließlich beim Trocknen unter Sauerstoffzutritt. Heute kommt es regelmäßig zu einer wässrigen Extraktion der Indigovorstufen aus erntefrischen Blättern. Isatan B und Indican werden zu freiem Indoxyl hydrolisiert, welches dann unter Sauerstoffeinfluss zu Indigo dimerisiert (Abb. 4.1).

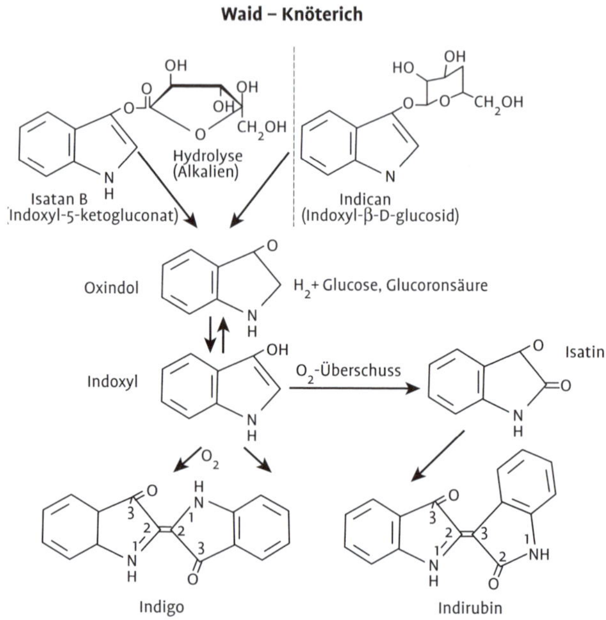

Abb. 4.1 Prozesse der Indigogewinnung (Wurl et al. 1999 aus Vetter 2006)

Unter hohem Sauerstoffüberschuss oxidiert ein Teil des Indoxyls zu Isatin, welches im alkalischen Milieu mit einem weiteren Molekül Indoxyl zu Indirubin, einem wasserlöslichen roten Farbstoff, reagiert.

Das Färbeverfahren selbst ist relativ einfach. Aus diesem Grund ist Färberwaid seit vorgeschichtlicher Zeit zum Blaufärben verwendet worden. Erst durch die Einfuhr von Indigo aus Südostasien und die Entwicklung synthetischer Farbstoffe kam der Waidanbau in Mitteleuropa zum Erliegen.

2. Der Farbstoff ist bereits in der Pflanze ausgebildet und kann wie bei Saflor (*Carthamus tinctorius* L.) unmittelbar für die Rotfärbung verwendet werden. Dieses Verfahren geht bis in vorgeschichtliche Zeiten zurück und wurde schon immer für die Einfärbung von Stoffen, Lebensmitteln und Schminke angewendet.

3. In den meisten Fällen ist der Farbstoff zwar auch bereits in der Pflanze vorhanden, er kann aber nur auf vorbehandeltem Untergrund von Wolle, Seide, Baumwolle oder Leinen fixiert werden. Die Vorbehandlung der Textilien erfolgt durch Beizen mit Metallsalzen, die einerseits Wasch- und Lichtechtheit, andererseits eine Abstufung verschiedener Farbtöne einer Grundfarbe bewirken. Beizfärbereien sind für die Zeit des klassischen Altertums, in Mitteleuropa erst ab dem Mittelalter nachzuweisen.

Heil-, Gewürz- und Färberpflanzen sind im Pflanzenbau **Alternativkulturen** zu landwirtschaftlichen Kulturpflanzen, lockern die Artenpalette auf und bieten schließlich eine Nischenproduktion für den Nebenerwerb.

Der Anbau von Heil- und Gewürzpflanzen findet meist nur auf produktiven Standorten statt. Sammelgebiete für Ausgangsmaterial sind hingegen weiter verbreitet und finden sich auch in exponierten Lagen.

In Deutschland haben sich traditionelle Anbaugebiete für Heil- und Gewürzpflanzen herausgebildet. Dazu gehören Oberbayern, Erdinger Moos (Bayern), Mittel- und Oberfranken, Main-Fränkisches Gebiet um Schweinfurt (Franken), Lössgebiete Mittelsachsens um Leisnig (Sachsen), Erfurter Becken um Kölleda (Thüringen), Mitteldeutsches Trockengebiet um Aschersleben und Bernburg (Sachsen-Anhalt) und Ostfriesland (Niedersachsen).

Die betriebliche Anbauentscheidung orientiert sich an Anbau- und Abnahmeverträgen mit Verarbeitungsfirmen, der Marktsituation, der Kenntnis und Verfügbarkeit der Produktionstechnik (spezielle Anbau-, Ernte- und Aufbereitungstechnik), der Risikobereitschaft und der Arbeitskapazität aufgrund des hohen Handarbeitsaufwandes.

Bei Anbau und Vermarktung sind viele qualitätsbeeinflussende Faktoren zu beachten wie Standort- und Sortenwahl, Herkunft, Kulturführung, geerntete Pflanzenteile, Ernteverfahren, Transport, Aufbereitung, Verpackung und Lagerung. Zum Qualitätsstandard gehören Identität, Partikelgröße, Konsistenz, Fremdbesatz, Ascheanteil, Wassergehalt und Inhaltsstoffe. Als Verunreinigungen müssen ausgeschlossen werden Pflanzenschutzmittel (PSM)-Rückstände, Schwermetalle, Nitrat, Aflatoxine, mikrobielle Belastung, Lösungsmittelrückstände und Strahlenbelastung.

Unter dem Gesichtspunkt der späteren Verwendung in Arzneimitteln und als Nahrungsmittelzusatzstoffe ist beim Produktionsort auf eine möglichst unbelastete Atmosphäre und auf schadstofffreie Böden zu achten. Die Klimafaktoren wie Licht, Temperatur, Niederschläge sollen günstig und nicht extrem auf den Standort wirken, der Boden tiefgründig, humos, nährstoffreich, gut strukturiert, unkrautfrei und biologisch aktiv sein.

Die einzelnen Pflanzenarten haben **standorttypische Ansprüche**.

In Trockengebieten wachsen sehr gut Bohnenkraut, Eibisch, Färberwau, Fenchel, Koriander, Königskerze, Lavendel, Majoran, Öllein, Paprika, Thymian, Wermut, in Feuchtgebieten Arnika, Baldrian, Liebstöckel, Schnittlauch, Spitzvegerich und Tollkirsche.

Humusreiche Böden eignen sich besonders für Baldrian, Borretsch, Dill, Eibisch, Kümmel, Liebstöckel, Majoran, Melisse, Pfefferminze, Stechapfel, Waid, kalkreiche Böden für Fenchel, Koriander, Lavendel, Majoran, Ringelblume, Salbei, Stechapfel, Waid und kalkarme Böden für Roter Fingerhut, Kornblume, Spitzvegerich und Weidenröschen.

Arten mit weiträumiger Verbreitung sind Färberhundskamille, Kamille, Kümmel, Kanadische Goldrute, Malve, Mohn, Schafgarbe und Stiefmütterchen.

Als frosthart werden eingestuft Alant, Baldrian, Bibernelle, Eibisch, Engelwurz, Kamille, Kornblume, Kümmel, Lavendel, Liebstöckel, Malve,

Ringelblume, Sonnenhut, Weidenröschen und Waid. Frostempfindlich sind Basilikum, Bohnenkraut, Dill, Färberknöterich, Majoran, Melisse, Paprika, Stechapfel und Studentenblume.

In der **Fruchtfolge** ist eine Einordnung in die normale Rotation (Buntschlag) oder aber in eine Außenrotation möglich. Es sind aber in jedem Fall spezifische Anbaupausen und Unverträglichkeiten zu berücksichtigen sowie auch ein- und mehrjähriger Anbau. Auch sollte ein Nachbau von Arten mit gleicher Nutzungsrichtung (z. B. Samen- oder Wurzeldrogen) vermieden werden. Da viele Arten sehr kleinsamiges Saatgut entwickeln und auch eine langsame Keimungs- und Jugendphase besitzen, oder auch über Pflanzen- und Wurzelsteckling vermehrt werden, sind zumindest für die erste Entwicklungsphase gärtnerische Verfahren anzuwenden wie Aussaat in Frühbeetkästen mit desinfizierter Anzuchterde, Pikieren und Abhärten vor der Pflanzung im Freiland.

Für die direkte **Aussaat** ins Freiland ist ein gartenmäßiges Saatbett herzurichten. Da die meisten Arten im Frühjahr bestellt werden, ist es vorteilhaft, eine Herbstfurche zu ziehen, um Erntereste gut einzuarbeiten und die Winterfeuchtigkeit zu speichern. Vor der Aussaat/Pflanzung im Frühjahr ist dann der Boden mehrmals zu bearbeiten, um keimende Unkräuter zu bekämpfen und einen gut strukturierten Boden zu erhalten. Bei Herbstbestellung ist eine mittlere Saatfurche angebracht mit mehrfacher Bearbeitung vor der Saat/Pflanzung. Eine wirksame Unkrautbekämpfung vor der Bestellung erleichtert und verbilligt die mechanische Pflege im Bestand.

Die **Pflegemaßnahmen** setzen voraus, dass bei gutem Bodenstrukturzustand ein möglichst geringer Unkrautdruck herrscht, so dass die mechanische Pflege vorwiegend der Bodenlockerung und -lüftung dient. Die Reihenentfernung ist so zu wählen, dass praxisübliche Geräte eingesetzt werden können. Generell sind die Bestände möglichst unkrautfrei zu halten, um die geforderte Reinheit des Erntegutes (Droge) zu gewährleisten. Der Einsatz von Herbiziden scheidet in den meisten Fällen wegen möglicher Rückstandsbelastungen aus. Eine Alternative zur mechanischen Unkrautbekämpfung ist der Einsatz der Abflammtechnik im Keimblattstadium der Unkräuter.

Bei vielen Heil-, Gewürz- und Färberpflanzen sind noch weitgehend natürliche Resistenzfaktoren wirksam, so dass Krankheiten und Schädlinge geringe Angriffsmöglichkeiten haben. Trotzdem besteht die Notwendigkeit eines vorbeugenden Pflanzenschutzes, der in den spezifischen Anbauverfahren durch Fruchtfolge, gesundes Saatgut, hygienische Pflanzenanzucht, optimale Termine u. a. zu realisieren ist. Dennoch können eine Reihe von pilzlichen und bakteriellen Schaderregern sowie tierische Schädlinge, wie Nematoden oder Blattläuse, auftreten. Zu deren Bekämpfung dürfen nur in Ausnahmefällen und auf der Grundlage spezifischer Verordnungen chemische Mittel eingesetzt werden. Beim schwachen Auftreten von Krankheiten und Schädlingen müssen zunächst kranke bzw. befallene Einzelpflanzen per Hand entfernt werden. Tritt aber stärkerer Befall auf, so muss gegebenenfalls der gesamte Bestand aberkannt werden. Zunehmende Bedeutung erlangen Verfahren der biologischen Schädlingsbekämpfung, bei denen Nützlinge als natürliche Feinde eingesetzt werden wie etwa Gallmücke, Florfliege oder Raubmilben.

Bereits bei der Standortwahl ist auf eine ausreichende **Nährstoffversorgung** des Bodens mittels chemischer Bodenanalyse zu achten. Anderenfalls sind die für den Anbau vorgesehenen Flächen zwei bis drei Jahre vorher so aufzudüngen, dass ausgewogene Nährstoffverhältnisse vorliegen. Das gilt insbesondere auch für eine ausreichende Humusversorgung. Hinsichtlich der pH-Regulierung über Kalkung sind die spezifischen Ansprüche der einzelnen Arten zu berücksichtigen.

Kraut- und Blattdrogen erhalten eine N-betonte, Samen- und Fruchtdrogen eine P-betonte und Wurzeldrogen eine K-betonte Düngung. Phosphor und Kalium sollen jeweils zur Bestellung und Stickstoff in 2 bis 3 Teilgaben während in der Vegetationszeit artspezifisch gegeben werden.

Bei der **Ernte** werden entsprechend der Nutzungsrichtung sehr unterschiedliche Verfahren praktiziert, die von der Handpflücke unterschiedlich reifender Blütendrogen (z. B. Ringelblume), über den Mähdrusch einheitlich reifer Bestände (z. B. Kümmel), die Grünmahd von Blattdrogen (z. B. Pfefferminze) bis zur maschinellen Rodung von Wurzeldrogen (z. B. Baldrian) reichen. Ziel ist immer eine möglichst saubere Gewinnung des Erntegutes.

Bevor eine Abgabe an die verarbeitende Industrie möglich ist, erfolgt eine Verarbeitung im Erzeugerbetrieb, in dem sortiert, gereinigt, getrocknet und zwischengelagert wird.

Um unabhängig von Exporten zu werden, gibt es in Deutschland heute wieder einen integrierten Anbau von Färberpflanzen.

> Mit dem Anbau von Färberpflanzen sollen standardisierte einheitliche Extrakte von Farbstoffen bzw. Farbvorstufen gewonnen werden.

Bei Inkulturnahme bzw. dem Anbau von Färberpflanzen ist analog zu Heil- und Gewürzpflanzen immer die gesamte Erzeugungskette von Anbau bis zur Gewinnung des wertgebenden Inhaltsstoffes zu organisieren.

4.6 Holzpflanzen

Zu den Holzpflanzen (Xylophyten) gehören im botanischen Sinne die Gewächse mit einem umfangreichen Holzgewebe. Holzpflanzen können sowohl forstwirtschaftlich als auch landwirtschaftlich angebaut und genutzt werden.

Verwendung als nachwachsender Rohstoff

Holz wird stofflich und energetisch genutzt. Dessen wichtigste Rohstoffquelle ist Waldholz.

Der größte Teil wird in der Holzindustrie zu Schnittholz verarbeitet und als Möbel-, Bau- und Konstruktionsholz sowie zur Parkettherstellung, zum Innenausbau sowie für Holzgeräte genutzt. Ein kleinerer Teil dient der Produktion von Holzwerkstoff, d. h. Spanplatten, Vollholzwerkstoffen, Holzfaserwerkstoffen und Verbundwerkstoffen. Der Rest wird zu Zellstoff und Holzstoff verarbeitet.

Die energetische Nutzung von Holz erfolgt in privaten Haushalten, Biomasseheizwerken und Biomasseheizkraftwerken in Form von Brennholz, Hackschnitzeln oder Holzpellets. Der Rohstoff stammt vor allem aus Waldrestholz, Industrierestholz, Altholz und Kurzumtriebsplantagen.

Als nachwachsender Rohstoff ist Holz die bedeutendste Quelle sowohl für die energetische als auch die stoffliche Nutzung (Tab. 4.7).

4.6.1 Holzpflanzen des Waldes

Der nachwachsende Rohstoff „Holz" fällt primär als Waldholz auf forstwirtschaftlich genutzten Flächen sowie außerhalb des Waldes als Landschaftspflegeholz an; hinzu kommen sekundär größere Mengen an Restholz aus Verabreitungsprozessen (Sägerestholz, Späne, Rinde) und Abfallholz (Gebrauchtholz, Altholz, Abbruchholz).

Da bekanntermaßen „Holz nur an Holz" wächst, kommt den verschiedenen forstlich genutzten Baumarten zwangsläufig die entscheidende Rolle bei der naturalen Holzproduktion zu. Waldbäume unterscheiden sich in ihren Standortansprüchen und ihrem Nutzungspotenzial erheblich von den landwirtschaftlichen Kulturpflanzen.

Im Waldbau wird auch aus wirtschaftlichen Gründen zwischen Laub- und Nadelbäumen unterschieden. Einige Laubbaumarten, wie Eiche, Buche, Ulme, Ahorn, Esche und Robinie liefern Hartholz mit einer Darrdichte > 550 kg m^{-3}, andere Laubbaumarten (z. B. Pappeln und Weiden) sowie die meisten Nadelbaumarten Weichholz mit darunter liegenden Darrdichtewerten. Dabei bezeichnet die Darrdichte die Rohdichte von absolut trockenem Holz (0 % Holzfeuchte). Ausnahmen sind die bei uns sehr seltene Eibe (Werte zwischen 610 und 740 kg m^{-3}) und das Holz heimischer Lärchen (mit durchschnittlich 550 kg m^{-3} genau an der Grenze). Je nach Alter und Herkunft sind Überschneidungen möglich.

Die **Rotbuche** (*Fagus sylvatica* L.) ist ein sommergrüner Laubbaum und erreicht bei uns im Wald Höhen von 30 bis 45 m. Die Rinde ist glatt, ohne Borke und grausilber gefärbt. Bei Lichtkonkurrenz im Waldbestand entsteht eine schlanke Wuchsform und die Äste der unteren Bestandesetagen sterben ab. Der Kronenansatz liegt dann erst in 15 bis 20 m Höhe. Der Baum ist sehr schattentolerant und kann auch unter dichterer Überschirmung längere Zeit überleben. Ab einem Alter von über 50 Jahren zeigt sich die hohe Konkurrenzkraft der Buche gegenüber anderen

Tab. 4.7 Holzpflanzen als Energie- und Industriepflanzen

Name		Verwendung als nachwachsender Rohstoff
deutsch	**botanisch**	
Rotbuche	*Fagus sylvatica* L.	Festbrennstoff als Scheitholz, Häcksel, Pellets Möbel-, Bau- und Konstruktionsholz Parkett, Innenausbau, Holzgeräte Schäl- und Furnierholz in der Sperrholzherstellung Lignocellulose-Bioraffinerie Faser- und Papierholz Viskose, Bekleidungsstoffe
Eiche	*Quercus* ssp.	Festbrennstoff als Scheitholz, Häcksel, Pellets Möbel-, Bau- und Konstruktionsholz Parkett, Innenausbau, Holzgeräte Schäl- und Furnierholz in der Sperrholzherstellung Lignocellulose-Bioraffinerie Faser- und Papierholz Viskose, Bekleidungsstoffe
Fichte, Rotfichte	*Picea abies* (L.) H. Karst	Festbrennstoff aus Durchforstung und Holzernte bzw. Waldpflegeholz Pellets aus Sägespäne Möbel-, Bau- und Konstruktionsholz Zellstoff Papierherstellung Span- und Faserplatten Stangen und Masten
Waldkiefer, Gemeine Kiefer	*Pinus sylvestris*	Festbrennstoff Pellets aus Sägespäne Bau- und Möbelholz Zellstoff Tallöl, Tallharz Masten, Grubenholz
Pappel	*Populus* ssp.	Festbrennstoff in Hackschnitzel- und Pellet-Feuerungsanlagen Span- und Faserplatten Zellstoff
Weide	*Salix* ssp.	Energieholz
Robinie	*Robinia pseudoacacia* L.	Bodenbelege (Parkett) Schiffs- und Möbelbau Stützpfähle

Mischbaumarten. Sie setzt sich dann gegenüber den meisten anderen Baumarten im Bestand durch, wenn diese nicht durch forstliche Eingriffe gegenüber der Buche gefördert werden.

Die 6 bis 10 cm langen, spitzeiförmigen und wellig-buchtigen, höchstens leicht gekerbt-gerandeten Blätter stehen wechselständig. Die 2 cm langen dreikantigen Nüsse (Bucheckern) entstehen in den zweiblütigen weiblichen Blütenständen. Sie befinden sich zu je zwei in einer bei der Reife vierklappig aufspringenden stacheligen Hülle (Cupula). Der Anteil der Rotbuche an der deutschen Holzbodenfläche beträgt etwa 16 %.

Der Baum gedeiht besonders gut auf nährstoff-, humus- und basenreichen sowie gleichmäßig wasserversorgten Böden im wintermilden Klima. Auch unter ungünstigeren Wachstumsbedingungen und/oder auf flachgründigen kalkreichen Böden (bei ausreichenden Niederschlägen) ist die Rotbuche zu finden. Sie zeichnet sich durch eine tiefe und intensive Durchwurzelung aus und gilt als standfest, ist allerdings empfindlich gegen Wildverbiss, Spätfrost sowie Dürre- und Rindenbrand. Die Buche verjüngt sich sehr gut unter Beschattung und in Bestandeslücken.

Das Holz wird sehr vielseitig verwendet, so als Massiv- oder Furnierholz im Möbelbau, für die Parkettherstellung, im Innenausbau, für Holzgeräte und Spanplatten, als Schälfurnierholz in der Sperrholzherstellung sowie als Faser- und Papierholz. Als Konstruktions- und Bauholz in massiver Form ist das Holz aufgrund der mangelhaften Standfestigkeit nur eingeschränkt nutzbar. Buchenholz kann in der Lignocellulose-Bioraffinerie aufgeschlossen werden, so etwa zu Viskosefasern oder Zellstoff. Buchenholz wird wegen seines hohen Heizwertes seit Jahrhunderten als Brennholz sehr geschätzt. Die energetische Nutzung erfolgt heute als Scheitholz, Häcksel oder Pellets.

Die **Eichen** der Gattung *Quercus* sind sommergrüne Laubbäume und gehören zur Familie der Buchengewächse (Fagaceae). Der Anteil an der Holzbodenfläche beträgt 10 %. Von den heimischen Eichenarten sind nur die „Weißeichen“ (Trauben- und Stieleiche) forstwirtschaftlich relevant. Beide Arten können unter günstigen Voraussetzungen bis zu 40 m hoch werden. Aufgrund des langsamen Wuchses ist das helle Holz sehr fest. Sie werden bis zu 800–1000 Jahre alt. Die Borke ist im Alter graubraun, längsrissig und gerippt. Die wechselständigen, charakteristisch eng gebuchteten Blätter sind 10 bis 12 cm lang und 5 bis 7 cm breit und sind entweder glatt oder gezähnt bis stachelig-gezähnt. Die männlichen Blüten stehen in hängenden Blütenständen (Kätzchen). Die 2 bis 3 cm langen Nussfrüchte (Eicheln) entwickeln sich aus den weiblichen Blüten in einem Fruchtbecher (Cupula).

Die Stieleiche (*Quercus robur* L.) ist ein Laubbaum des Auenwaldes und des flachen Hügellandes. Sie bildet einen walzenförmigen Stamm mit großer, starkastiger Krone und ist eine wärmeliebende Lichtbaumart mit ausgeprägter Pfahlwurzel. Selbst verdichtete Böden werden durch die Wurzel gut durchdrungen. Sie stellt hohe Ansprüche an die Wasser- und Nährstoffversorgung. Zeitweilige Überschwemmungen werden gut vertragen. Der Baum gilt als sturmfest. Die Stieleiche wächst gut in Reinbeständen, wird aber am häufigsten Kiefer und Buche beigemischt. Die Verjüngung erfolgt durch Samenverbreitung oder Pflanzung.

Die Traubeneiche (*Quercus petraea* (Mattuschka) Liebl.) ist ein Baum des Hügellandes und wärmerer Mittelgebirgslagen mit einer geraderen und schlankeren Stammform als die Stieleiche. Die Traubeneiche ist weniger anspruchsvoll und wächst auch auf vergleichsweise trockenen

Standorten. Das Holz der Eiche ist wegen seiner hohen natürlichen Dauerhaftigkeit und hohen mechanischen Belastbarkeit ein traditionell sehr geschätztes Bau- und Konstruktionsholz auch für den Außenbereich. Es wird weiterhin bevorzugt im Möbelbau (sowohl als Massivholz wie auch als Furnier), für die Parkettherstellung und im Innenausbau verwendet.

Die Roteiche (*Quercus lobata* Née) ist ein Baum aus Nordamerika und in Mitteleuropa bis ins Mittelgebirge verbreitet. Es handelt sich um eine Halbschattenbaumart mit einer Pfahlwurzel. Die Roteiche hat geringere Standortansprüche als heimische Eichen und ist relativ schnellwüchsig. Der Baum ist in der Jugend frostgefährdet. Das Holz ist weitringiger und weicher als bei heimischen Arten.

Als sonstige Laubbäume können die **Esche** (*Fraxinus excelsior*; ubiquitär verbreitet, Holz für Möbel- und Konstruktionsbau), der **Ahorn** (*Acer* spp.; waldbaulich wertvoll, Holz für Möbel, Kunsthandwerk und Musikinstrumente), die **Ulme** (*Ulmus* spp.; sehr anspruchsvoll, Holz für Möbel und Kunstgewerbe) sowie die **Linde** (*Tilia* spp.; wertvolles Holz für Kunstgewerbe) und die **Vogelkirsche** (*Prunus avium*; Stammform der bei uns kultivierten Süßkirschensorten; Holz für Möbel, Innenausbau, Kunstgewerbe) genannt werden. Diese Baumarten werden u. a. wegen ihres wertvollen Holzes forstlich auch als Edellaubbäume oder Edellaubholzarten bezeichnet. Daneben sind die **Birken** (*Betula* spp.; *B. pendula* als Pionierbaumart, Holz für Wagnerei, Drechslerholz, Plattenproduktion, Schleifholz), die **Weißbuche** (*Carpinus betulus*); gutes Drechslerholz), die **Schwarzerle** (*Alnus glutinosa*; Kunst- und Möbeltischlerei), sowie für den Südwesten Deutschlands auch die **Edelkastanie** (*Castanea sativa*; Wein-, Zaun- und Hopfenpfahlholz, Maroni als schmackhafte Früchte) noch zu erwähnen.

Bei den Nadelbäumen wird zwischen immergrünen Arten (z. B. Fichte (*Picea* spp.), Kiefer (*Pinus* spp.), Tanne (*Abies* spp.), Douglasie (*Pseudotsuga menziesii*) und Vertretern mit periodischem Nadelabwurf im Herbst (in unseren Breiten nur die Lärche (*Larix* spp.) unterschieden.

Die **Gewöhnliche Fichte** oder auch **Rotfichte** (*Picea abies* (L.) H. Karst.) ist ein Nadelbaum des Berglandes bis zur Waldgrenze, aber aus wirtschaftlichen Gründen heute in allen Waldstufen verbreitet. Der Anteil an der deutschen Holzbodenfläche beträgt derzeit 28 %. In der Jugendphase wächst die Fichte relativ langsam. Der immergrüne Baum kann später bis zu 40 m hoch und 600 Jahre alt werden. Die Rotfichte ist ein Flachwurzler und an Halbschatten angepasst. Ihre Krone hat eine kegelförmige Gestalt mit quirlig angeordneten Zweigen um den in der Regel bis zur Gipfelknospe gerade durchgehenden (monokormen) Stamm. Die feinschuppige Rinde ist in tieferen Lagen rötlich-braun, in Gebirgslagen grau gefärbt. Die Nadeln sitzen immer dicht-schraubig an Langtrieben, sind 1 bis 3 cm lang und stechend zugespitzt. Die männlichen Blüten sind einzeln an den Spitzen der Vorjahreszweige zu finden. Die weiblichen Blüten stehen in Zapfen zusammen. Zur Samenreife bilden sich die typischen braunen, hängenden, trockenen und holzigen Zapfen, die - im Gegensatz zu denen der Tannenarten - nach der Reife als Ganzes abgeworfen werden. Die Samen sind geflügelt.

Ideale Standorte für die Fichte sind lockere Böden mit mittlerer Nährstoffversorgung. Ihre Wuchsleistung wird jedoch erheblich stärker vom Wassergehalt des Bodens als von dessen Nährstoffgehalt beeinflusst. Ideal sind nachhaltig wasserversorgte Standorte ohne Staunässe (auch zeitweilig nicht). Für den Flachwurzler scheiden daher verdichtete, wechselfeuchte und staunasse oder grundwassernahe, sehr feuchte bis nasse Lehmböden wegen der dort erheblichen Sturmwurfgefahr sowie trockene Kalkböden wegen der dort schlechten Wasserversorgung aus. Die Baumart hat einen geringen Wärmeanspruch, ist winterfrosthart, leidet aber in der Jugend in gefährdeten Lagen unter Spätfrösten und hat nur eine geringe Dürretoleranz. Als Mischbaumart steht die Fichte in Beständen mit allen übrigen standortangepassten Baumarten. Sie selbst ist anfällig gegenüber Rotfäule (durch Verletzungen der Rinde im Rahmen der Holzernte oder durch Wild (Schälschäden)), Borkenkäfern, Rüsselkäfern (in Jungwüchsen) und Nonne (Schmetterling; gegebenenfalls tödliche Nadelverluste durch Raupenfraß), was in Gegenden mit großflächigen Reinbeständen zu wirtschaftlich bedeutsamen Schadereignissen (Kalamitäten) führen kann, wenn nicht entsprechende Schutzmaßnahmen (Insektenbekämpfung, Bejagung) ergriffen werden.

Die Verjüngung der Rotfichte erfolgte früher üblicherweise als Pflanzung, seit ca. zwanzig Jahre aber auch zunehmend natürlich unter dem Schirm des Vorbestandes. Im Wirtschaftswald ist die Fichte nach 80 bis 120 Jahren hiebsreif. Das Holz ist vielseitig verwendbar. Als Bau- und Konstruktionsholz ist es unverzichtbar. Ferner wird es als Möbelholz und für die Produktion von Zellstoff, Papier, Platten, Stangen und Masten genutzt. Neben dem frischen Waldholz, das von Durchforstungs- oder Erntemaßnahmen gewonnen wird, fallen Industrierestholz aus der Holzbe- und verarbeitung, Altholz aus naturbelassenem oder behandeltem Holz (z. B. Abrissholz) und Sägespäne an, die z. T. in der Span- und Faserplattenindustrie wiederverwendet oder energetisch genutzt werden (u. a. Pelletproduktion).

Mit einem Anteil von 23 % an der gesamten Holzbodenfläche in Deutschland nimmt die **Waldkiefer** oder **Gemeine Kiefer** (*Pinus sylvestris*) den zweiten Rang unter den Nadelbäumen ein. Der in der Jugend schnell wachsende, immergrüne Nadelbaum kann eine Wuchshöhe von 40 m und ein Alter von 600 Jahren erreichen. Die Waldkiefer ist in der Wuchsform sehr variabel. So kommen standortabhängig schmale kegelförmige oder breite schirmförmige Kronen vor. Der ältere Baum bildet meist eine schirmförmige Krone auf einem langen vollholzigen Stamm aus, an dem die unteren Verzweigungen abgestorben sind. Er ähnelt damit in seiner Erscheinung eher einem Laubbaum als dem typischen Wuchs von Nadelbäumen wie ihn Fichte, Douglasie oder Lärche in der Regel aufweisen. Die Kiefer weist eine Pfahlwurzel auf und ist eine ausgeprägte Lichtbaumart, die im Freistand grobastig wächst. Die Borke älterer Bäume ist im unteren Stammbereich braunrot, tiefrissig und trägt grobe Schuppen, im oberen Stammbereich findet sich die orange, dünne Spiegelrinde. Die mehrjährigen Nadeln stehen paarweise an Kurztrieben und werden 4 bis 7 cm lang. Die männlichen Blüten stehen um die Basis der jüngsten Langtriebe, die weiblichen in endständigen Zapfen der Kurztriebe. Nach der Befruchtung bilden sich die zur Reife geflügelten Samen, die durch Wind verbreitet werden. Der Zapfen fällt schließlich im Ganzen ab.

Die Kiefer hat nur geringe Standortansprüche und ist ein guter Partner in Mischbeständen aus anderen Lichtbaumarten (z. B. Eiche). Sie ist selbst auf nährstoffarmen, sauren und vernässten Standorten anzutreffen und unempfindlich gegenüber Hitze und Frost. Gefährdet ist sie gegen Schneedruck, Pilze und Insekten. Die Verjüngung erfolgt durch Pflanzung oder Samenanflug auf Freiflächen. Die Kiefer ist ein wichtiger Nutzholzlieferant und liefert bevorzugt Bauholz, wird aber auch für Möbel, Massivholzdielen und Hobeldielen sowie als Gartenholz (meist kesseldruckimprägniert mit anorganischen Chrom-Kupfer oder Chrom-Kupfer-Bor-Salzen) und als Profilholz genutzt. In früheren Zeiten wurde die Waldkiefer auch in großem Umfang für Grubenholz und für Masten sowie Rammpfähle (Erdbau) verwendet.

Die übrigen Nadelbäume nehmen in Deutschland bisher nur geringe Anteile an der Holzbodenfläche ein. Dazu gehören u. a. die Weiß**tanne,** mit einem ähnlichen Nutzungsspektrum wie die Fichte, sowie die **Douglasie** und **Lärchen** (Europäische Lärche und Japanlärche), die ein hartes und dauerhaftes Holz liefern für Bauholz, Parkettholz, Möbel, Innenausbau, Schwellen, Masten und Erdbau. Die Douglasie wird zukünftig vor allem im nordwestdeutschen Flachland als Folgebaumart auf bisherigen Kieferflächen zunehmende Flächenanteile einnehmen.

4.6.2 Holzpflanzen in Kurzumtriebsplantagen

Baum-Kurzumtriebsplantagen sind Dauerkulturen auf landwirtschaftlichen Flächen und dienen hauptsächlich der Gewinnung von Holzhackschnitzeln für die energetische Nutzung.

Die **Umtriebszeiten** in den Plantagen liegen in der Regel zwischen 3–10 Jahren. Sie dürfen nach geltendem Recht 20 Jahre nicht überschreiten, da sonst die Fläche ihre Eigenschaft als landwirtschaftliche Fläche verliert und eine Waldfläche im Sinne des Gesetzes mit Rodungsverbot wird.

Voraussetzung für einen erfolgreichen Kurzumtrieb ist Pflanzenmaterial, das sich durch hohes Durchwurzelungsvermögen, Schnellwüchsigkeit, Stockausschlagvermögen (Triebbildung aus dem nach der Holzernte verbliebenen Baumstumpf) und Dichtstandverträglichkeit auszeichnet. Deshalb eignen sich hierfür besonders Laubbaumarten wie Pappeln (*Populus* spp.) und Weiden (*Salix* spp.). In geringem Umfang wird auch die Robinie (*Robinia pseudoacacia* L.) im Kurzumtrieb angebaut. Nadelbäume (Ausnahme: Eibe) sind wegen ihres unzureichenden

Stockausschlagvermögens ungeeignet. Die Anbaufläche von Kurzumtriebsplantagen liegt in Deutschland bei etwa ca. 6 000 ha (Jahr 2011).

Pappelbestände sind zumeist aus Hybriden der Balsampappeln (*Populus balsamifera, P. maximowiczii, P. trichocarpa*), der Schwarzpappeln (*Populus nigra, P. deltoides, P. angulata*) und der Zitterpappeln (*Populus tremula, P. tremuloides*) aufgebaut, die sich besonders gut für den Anbau in Schnellwuchsplantagen als Energieholz oder zur Zellstoffproduktion eignen. Auch Sortenmischungen dieser Hybriden sind sehr gut brauchbar, weil sie die Resistenzeigenschaften der Bestände erhöhen und damit deren Ertragssicherheit. Die Bestände aus Weiden bestehen meist aus der Korbweide (*Salix viminalis*), der Filzastweide (*Salix dasyclados*) sowie verschiedenen Hybriden dieser Arten.

Pappeln, Weiden und Robinie sind typische **Pionierpflanzen mit rascher Jugendentwicklung**. Pappeln haben rundlich bis herzförmig zugespitzte Blätter, während Weiden an den länglich-lanzettförmigen Blättern zu erkennen sind. Bei der Pappel bilden sich im ersten Jahr eintriebige Stängel, die sich ab dem zweiten Jahr verzweigen, während Weiden zu einem mehrtriebigen Austrieb und damit zu Verbuschung neigen. Die Robinie ist ein sommergrüner Baum, der ohne Zwischennutzung 25 bis 30 m hoch werden kann, und die charakteristischen 30 cm langen, wechselständig angeordneten und unpaarig gefiederten Blätter trägt. Die Robinie ist weltweit die nach Pappel und Eukalyptus am häufigsten in Plantagen kultivierte Laubbaumart.

Die **Standortansprüche** dieser Vertreter sind unter allen Baumarten vergleichsweise gering. Pappeln und Weiden wachsen sowohl auf sandigen als auch auf lehmigen Tonböden im pH-Bereich von 6 bis 8. Der optimale pH-Wert liegt im leicht sauren Milieu, bei etwa 6,5. Der Jahresniederschlag sollte 600 mm nicht unterschreiten. Grundwassernähe ist zumindest für die in Flussauen wachsenden Schwarzpappeln (Balsampappeln und Zitterpappeln sind hinsichtlich der Wasserversorgung nicht ganz so anspruchsvoll) und Weiden sowie deren Hybriden vorteilhaft. Extrem trockene Standorte scheiden für den Anbau aus. Für leichte Standorte eignet sich die Robinie, die als stickstoffsammelnde Leguminose und C4-Gewächs besonders gut an trockene Bedingungen, aber auch an Rekultivierungsflächen angepasst ist.

Die **Auswahl des Pflanzgutes** entscheidet über die Anwuchsrate, die Vitalität sowie die kurz- und langfristige Ertragsleistung der Bestände. Die Pflanzung von Pappeln und Weiden erfolgt mit ca. 20 cm langen und 1 bis 2,5 cm dicken Steckhölzern aus frischen und gesunden einjährigen Trieben mit unverletzter Rinde. Die Knospen müssen geschlossen sein. Vor dem Setzen der Stecklinge wird der Boden durch tiefe Pflugfurche und sorgfältige Herrichtung des Pflanzbettes vorbereitet. Die Robinie wird vorwiegend durch bewurzelte Pflanzen in die Plantage gesetzt.

Das **Pflanzdesign** orientiert sich an den Abständen der Pflanzreihen zueinander und den Baumabständen in der Reihe. Bei der Dichtpflanzung werden über 25 000 Bäume je ha angestrebt. Dem Vorteil einer schnellen Überdeckung und Nutzung der Fläche stehen gravierende Nachteile in der Nutzungsfrequenz gegenüber, weil die jährliche Ernte auch ein jährliches Austreiben der schwächeren Einzelbäume erfordert, was bei hohen Bestandesdichten zum Ausfall von Wurzelstöcken führen kann.

Pappelanlagen werden durchweg im Reihenverband (Einzelreihen) angelegt. Der Reihenabstand wird zwischen 2,5 und 3 m, der Pflanzabstand in der Reihe zwischen 0,5 und 2 m gewählt. Für weite Reihenabstände spricht die gute Mechanisierbarkeit der nachfolgenden Pflege- und Erntemaßnahmen sowie des Erntegutabtransportes. Durch die Anlage von weiten Fahrgassen bleiben die Wurzelstöcke mechanisch unbelastet und der Wiederaustrieb ungestört. Der Abstand in der Reihe wird von der Nutzungsform und der Umtriebszeit bestimmt. Wird Erntegut als Hackgut in einem zwei- bis dreijährigen Umtrieb gewonnen, so beträgt der Pflanzabstand in der Reihe 0,5 m. Soll Holz für die Sägeindustrie bereit gestellt werden, sind Pflanzabstände von bis zu 2 m in Kombination mit längeren Umtriebszeiten von bis zu sieben Jahren angemessen.

Weiden stehen regelmäßig im Doppelreihenverband. Der Reihenabstand innerhalb der Doppelreihe beträgt 0,5 bis 1 m, zwischen den Doppelreihen 1,5 bis 3 m. Der Pflanzabstand in der Reihe liegt zwischen 0,5 und 2 m. Pflanzen der Doppelreihe stehen immer versetzt, um eine bessere Licht- und Wassernutzung des zugeteilten Standraumes zu erreichen. Doppelreihenverbände lassen eine höhere Baumzahl pro Fläche als im Einreihenverband zu, bei ähnlich guter Befahrbarkeit der Fläche.

Bei der **Kulturführung** ist im ersten Standjahr und in den auf die Ernte folgenden Vegetationsjahren auf eine intensive Regulierung der Begleitflora zu achten. Besonders im Anlagejahr sind mehrere Arbeitsgänge mit Scheibenegge, Grubber oder Bodenfräse notwendig, kombiniert mit zugelassenen bzw. genehmigten Herbiziden. Die Maßnahmen dürfen aber erst ergriffen werden, wenn das Pflanzmaterial angewachsen ist und Triebe ausgeschlagen sind.

Der Düngebedarf ist in Umtriebskulturen nur gering. Durch die vollständige Mineralisierung des abfallenden Laubes werden die dem Boden entzogenen Nährstoffe wieder dem Kreislauf weitgehend zurückgeführt. Der Ersatz der Nährstoffe orientiert sich am Nettoentzug durch das abgeführte Erntegut und hängt von Baumart, Sorte und Umtriebszeit ab. Je Tonne Trockenmasse liegen die Entzüge für Stickstoff zwischen 0,75 und 5,50 kg N, für Phosphor zwischen 0,58 und 1 kg P, für Kalium zwischen 2,6 und 4 kg K und für Magnesium zwischen 0,5 und 0,8 kg Mg.

Die Umtriebszeit richtet sich nach der Verwendung des Erntegutes, nach dem geplanten Ernteverfahren und dem jährlichen Biomassezuwachs. Die Ertragsschätzung erfolgt durch allometrische Schätzfunktionen.

Die **Ernte der aufgewachsenen Biomasse** findet in unterschiedlichen Intervallen (siehe Kap. 3.1) gegen Ende des Winters bei tragfähigem Boden und nicht schneebedeckter Anlage statt. Mit beginnender Vegetationszeit treiben die Stöcke erneut aus. Bei den vollmechanisierten Ernteverfahren wird zwischen absetzigen und einphasigen Verfahren unterschieden. Im absetzigen Verfahren werden die Stämme gefällt, zwischen den Reihen abgelegt und erst in einem separaten zweiten Schritt zur weiteren Verarbeitung (Hacken) zum Lagerplatz transportiert. Dabei erfolgt in Abhängigkeit von Lagerungs- und Witterungsbedingungen eine natürliche Lufttrocknung des mit über 60 % Wassergehalt feuchten Erntegutes.

Im einphasigen Verfahren werden die Stämme in 10 cm Höhe geschnitten und unmittelbar zu Hackgut zerkleinert. Der Durchmesser des Stammfußes darf dabei nach dem derzeitigen Stand der Technik 17 cm nicht überschreiten, so dass für diese Erntemethode Umtriebszeiten zwischen zwei und fünf Jahren einzuhalten sind.

Die **Qualität des Holzhackgutes** definiert sich über den Wassergehalt, die Größe des Hackgutes, die Schüttdichte, den Aschegehalt und den Anteil an Fremdstoffen. Da der Heizwert von Holz wesentlich stärker vom Wassergehalt beeinflusst wird als von der Holzart selbst, verdient der Wassergehalt des biogenen Brennstoffs besondere Beachtung. Das Hackgut ist lufttrocken bei einem Wassergehalt < 20 %. Lagerbeständigkeit ist zwischen 20 und 30 % Wassergehalt gegeben. Feuchtes Holzhackgut hat einen Wassergehalt zwischen 35 und 40 % und erntefrisches Material einen Wasseranteil > 40 %. Der Aschegehalt des Erntegutes variiert bei Februar/März-Ernte zwischen 1,5 und 4 % in Abhängigkeit von den Standortbedingungen.

Sterben die Stöcke durch Pilzkrankeiten ab und/oder verschlechtert sich das Wiederaustriebsverhalten, so müssen die Plantagenflächen nach der letzten Ernte rekultiviert werden. Für die entsprechenden Maßnahmen werden Mulch- und Rodefräsen eingesetzt. Mit einer Arbeitstiefe von ca. 35 bis 40 cm können die Wurzelstöcke im Boden ausreichend zerkleinert werden.

4.7 Sonstige Energiepflanzen

Verwendung als nachwachsender Rohstoff

Insbesondere unter den mehrjährigen Energiepflanzen finden sich einige Vertreter die sich im Versuchsanbau zur Biogas- und/oder thermischen Energiegewinnung bewährt haben. Da sie meist noch Wildcharakter haben, sind oftmals die geringe Saatgutverfügbarkeit und die mangelnde Keimfähigkeit des Saatgutes begrenzende Faktoren.

Die **Durchwachsene Silphie** (*Silphium perfoliatum* L.), oder auch Kompass- bzw. Becherpflanze, ist eine ausdauernde Komposite aus den gemäßigten Breiten Nordamerikas. Die Nutzungsdauer beträgt bis zu 15 Jahre. Im ersten Jahr wird eine bodennahe Rosette gebildet, aus der in den Folgejahren 2 bis 3 m hohe Stängel austreiben, die das Erntegut darstellen. Die Pflanze blüht im Juli, die Samenreife setzt im September ein. Bei guter Trockenheitstoleranz und ausgeprägter Winterhärte gibt es keine spezifischen Standortansprüche.

Im Anbauverfahren muss darauf geachtet werden, dass die Vorbereitung der Anbauflächen sehr sorgfältig durchgeführt werden muss mit besonderem Augenmerk auf die Unkrautbekämpfung. Ab Mitte April wird das unbehandelte Saatgut mit Einzelkornsämaschine abgelegt oder es werden vorkultivierte Jungpflanzen ausgepflanzt. Die Pflanzung gilt als das zuverlässigere Verfahren, weil Saatgutmenge und -qualität in der Praxis meist nicht ausreichend bzw. zufriedenstellend sind. Die Bestandesetablierung der Reihenkultur und die Verunkrautung im ersten Jahr sind die kritischen Abschnitte im Anbauverfahren überhaupt.

In der Fruchtfolge eignen sich die Arten des Winterzwischenfruchtanbaus als Vorfrüchte. Nach dem Umbruch eines mehrjährigen Silphie-Schlages folgt meist eine Getreideart, um den Durchwuchs sicher kontrollieren zu können.

Die Silphie hat ähnlich wie Mais eine gute Stickstoffnutzungseffizienz und benötigt meist nicht mehr als 130 bis 150 kg N ha^{-1}. Im Anlagejahr reicht eine Startergabe von 50 kg N ha^{-1}. Die übrigen Nährstoffe sind auf die Bodengehaltsklasse C einzustellen.

Die Bestände werden nach Ermittlung des TS-Gehaltes mit einem Feldhäcksler geerntet. Die optimalen Werte liegen zwischen 26 und 28 %, weil Sickersaftverluste bereits ab 25 % TS-Gehalt nur noch gering sind und eine spätere Ernte die Methanausbeute verschlechtern würde. Erntereife wird zwischen Ende August/Anfang September erreicht, wenn die Pflanzen im Entwicklungsstadium Blühende/Anfang Samenreife sind. Die durchschnittliche Ertragsleistung liegt zwischen 130 bis 180 dt ha^{-1}. Das Erntegut ist hervorragend als Ko-Ferment in Biogasanlagen geeignet. Die Methanausbeute liegt etwa 10 bis 15 % unter der des Maises, was allerdings durch die meist höheren Biomasseerträge der Silphie kompensiert wird.

Auch die **Sandmalve** (*Sida hermaphrodita* L.) wächst mehrjährig. Die krautige, schnellwüchsige Pflanze stammt aus Nordamerika und gedeiht besonders gut auf leichten Böden. Dort erreicht sie Wuchshöhen von bis zu 2 m bei einer Nutzungsdauer von etwa 15 Jahren. Die erste Ernte erfolgt im Herbst des zweiten Wuchsjahres. Zur Biogasgewinnung werden die Bestände gehäckselt, wenn die Blätter noch grün sind. Für die thermische Verwertung muss ein Trockenmassegehalt von 75 % vorliegen.

Energieampfer (*Rumex patencia x Rumex tianschanicus*) erreicht eine Nutzungsdauer von durchschnittlich 15 Jahren. Die sehr winterfeste Art wird etwa 2,50 m hoch und wird für die Biogaserzeugung und die Feststoffverbrennung genutzt. Besondere Standortansprüche gibt es nicht. Ab Mitte April oder im Herbst werden die Bestände mit 6 bis 8 kg ha^{-1}Saatgut etabliert. Die jährlichen Erträge belaufen sich auf 90 bis 150 dt Trockenmasse ha^{-1}. Die Bestände werden in mehreren Schnitten geerntet.

Staudenknöterich (*Fallopia sachalinensis* F. Schmidt), der als Igniscum® zum Anbau kommt, ist das Kreuzungsprodukt aus Sachalinknöterich und dem Japanischen Staudenknöterich. Die Kulturform kann bis zu 20 Jahren genutzt werden, bildet runde Horste und kann sich nicht wie die invasiven Ausgangsarten unkontrolliert ausbreiten. Das Erntegut sind die bambusartigen Stängel der sehr winterharten, schnellwüchsigen und ausdauernden Pflanze. Die Neuanlage wird als Pflanzung von 7 500

Pflanzen pro ha ins Feld gestellt. Die Erträge entsprechen denen des Maises in Zweitfruchtstellung. Die frühe Lignineinlagerung in die Stängel hat zur Folge, dass für die Biogaserzeugung mindestens zweimal im Jahr geerntet werden muss.

Weiterführende Literatur

Franke, W., R. Lieberei und Chr. Reisdorff, 2007: Nutzpflanzenkunde. 7. vollständig überarbeitete und erweiterte Auflage. Georg Thieme Verlag, Stuttgart, New York.

Handstanger, R., J. Schantl, R. Schwarz und M. Krondorfer, 2006: Zeitgemäße Waldwirtschaft. 6. überarb. Aufl., Leopold Stocker Verlag, Graz-Stuttgart.

Hanus, H., K-U. Heyland und E. Keller (Hrsg.), 2008: Handbuch des Pflanzenbaus. **Bd. 2**, Getreide und Futterpflanzen. Verlag E. Ulmer, Stuttgart.

Heyland, K.-U., H. Hanus und E. Keller (Hrsg.), 2006: Handbuch des Pflanzenbaus. **Bd. 4**, Ölfrüchte, Faserpflanzen, Arzneipflanzen und Sonderkulturen. Verlag E. Ulmer, Stuttgart.

Hiller, K. und M. F. Melzig, 2006: Lexikon der Arzneipflanzen und Drogen in zwei Bänden. area verlag gmbh, Erftstadt, in Zusammenarbeit mit Spektrum Akademischer Verlag, Heidelberg. ISBN-13 978-389996-682-4.

Keller, E. R., H. Hanus und K.-U. Heyland (Hrsg.), 1999: Handbuch des Pflanzenbaus. **Bd. 3**, Knollen- und Wurzelfrüchte, Körner- und Futterleguminosen. Verlag E. Ulmer, Stuttgart.

Lütke Entrup, N. und B. C. Schäfer (Hrsg.), 2011: Lehrbuch des Pflanzenbaues. **Bd. 2** Kulturpflanzen. AgroConcept Verlagsgesellschaft. 1036 Seiten. ISBN 978-398105-758-4.

Roth, L., K. Kormann und H. Schweppe, 2000: Färberpflanzen, Pflanzenfarben. Botanik, Färbemethoden, Analytik. Verlagsgruppe Hüthig Jehle Rehm GmbH, Heidelberg. 319 Seiten. ISBN 978-360965-490-4

Schweppe, H, 1992: Handbuch der Naturfarbstoffe. ecomed Verlagsgesellschaft. Landsberg/Lech. 800 Seiten.

Fragen zu Kap. 4

Mit welchem Ziel wird Biomasse aus Mais energetisch bzw. stofflich genutzt?

Wodurch unterscheiden sich Energie- von Futtermaissorten?

Wie unterscheidet sich die Mais- von der Sorghum-Ernte?

Welche Sortengruppen des Weizens eignen sich für den Energiepflanzenbau?

Wie kann die Biomasse von Roggen energetisch genutzt werden?

Wann wird Grünschnittroggen geerntet?

Woraus leiten sich die günstigen Brenneigenschaften von *Miscanthus*-Halmgut ab?

Wie unterscheiden sich Kurz- und Langgutkette bei der *Miscanthus*-Ernte?

Wie verläuft die Ertragsbildung von Rutenhirse und Rohrglanzgras?

Welche Ölfrüchte eignen sich in Mitteleuropa für den Energiepflanzenanbau?

Woraus ergibt sich die hohe Kulturartendiversität bei der stofflichen Nutzung von Pflanzenöl?

Aus welchen Pflanzenteilen werden Fasern gewonnen?

Wie wird Rapsöl als nachwachsender Rohstoff genutzt?

Wodurch zeichnen sich die HO-Sorten der Sonnenblume aus?

Für welche Nutzungsrichtungen stehen Leinsorten zur Verfügung?

In welchen Schritten erfolgt die Ernte des Faserleins?

Wie wirkt sich die Stickstoff-Düngung auf die Faserqualität des Hanfes aus?

Welches sind die Hauptfettsäuren im Öl von Leindotter, Senfarten, Krambe, Ölrauke, Ölrettich, Saflor, Ölmadie und Schlafmohn?

Wie wird der Zuckergehalt der Rüben gemessen?

Welcher Biokraftstoff wird aus Rübenzucker gewonnen?

Wie wird Kartoffelstärke energetisch und stofflich genutzt?

Welche Reifegruppe der Kartoffel eignet sich besonders für die Erzeugung nachwachsender Rohstoffe?

Welches ist das Hauptkohlenhydrat der Topinamburknolle und wozu wird es verwendet?

Warum sind Topinamburknollen nur sehr eingeschränkt lagerfähig?

Wofür werden Stärke und Eiweiß der Körnerleguminosen verwendet?

Welches sind die wichtigsten Inhaltsstoffe der Heil- und Gewürzpflanzen?

Wie werden die Presssäfte von Färberpflanzen verwendet?

Welche Farben liefern die heimischen Färberpflanzen und wie werden sie gewonnen?

Was wird bei den Heilpflanzen als Droge bezeichnet?

Wie werden Heil-, Gewürz- und Färberpflanzen in die Fruchtfolge eingeordnet?

Aus welchen Quellen stammt der Rohstoff „Holz“?

Was wird als Darrdichte bezeichnet?

Welche Baumarten sind in Mitteleuropa die Hauptbestandesbildner für Waldholz?

Welche Baumarten wachsen auf Kurzumtriebsplantagen und wie wird der Holzertrag genutzt?

Mit welchem Pflanzgut und in welchem Pflanzdesign werden Kurzumtriebsplantagen angelegt?

5 Energie aus Biomasse

Der Endenergieanteil aus erneuerbaren Energien wächst in Deutschland beständig. Aus regenerativen Quellen werden schon heute 23,5 % des Stroms, 10,2 % der Wärme und 5,7 % des Kraftstoffs bereitstellt. Mit fast 70 % leistet die Biomasse hierzu den größten Beitrag, insbesondere zu Heizzwecken.

90 % der regenerativen Wärme stammen aktuell aus Biomasse. An der Stromerzeugung ist der Biomasseanteil (28,7 %) in letzter Zeit ebenfalls angestiegen. In diesem Sektor ist aber weiter die Windkraft führend. Für biogene Kraftstoffe ist die Biomasse derzeit die einzige regenerative Quelle.

Im Jahre 2008 wurden in Deutschland von der Gesamtmenge an nachwachsenden Rohstoffen (89,3 Mio. t) 42,5 Mio. t energetisch genutzt (Raschka und Carus 2012). Davon entfielen 32,9 Mio. t auf Holzrohstoffe und 9,6 Mio. t auf Agrarrohstoffe. Aus den Agrarrohstoffen wurden hauptsächlich Biokraftstoff und Biogas erzeugt.

Rechtliche Grundlagen zur Förderung der erneuerbaren Energien

Die energetische Verwendung von Biomasse wird seitens der EU, aber auch auf nationaler Ebene, durch eine Reihe von Gesetzen, Verordnungen und Richtlinien flankiert. Damit werden Ge- und Verbote, Nutzungsverpflichtungen, steuerliche Anreize, Investitionsbeihilfen und Vergütungshöhen festgelegt.

Politische Ziele sind die Schonung der begrenzten fossilen Energievorräte sowie die Minderung des Treibhauseffektes. Gesamtwirtschaftlich sind außerdem die Versorgungssicherheit und Wirtschaftlichkeit sehr wichtige Bestimmungsgründe.

> Die „Richtlinie 2009/28/EG des Europäischen Parlamentes und des Rates zur Förderung der Nutzung von Energie aus erneuerbaren Quellen" setzt den Rahmen für die nationalen Ziele und Maßnahmen der Bundesregierung zur Förderung der Nutzung von Biomasse.

Das **Erneuerbare-Energien-Gesetz (EEG)** ist in Deutschland das wichtigste flankierende Instrument zur Begünstigung der **Stromerzeugung** aus regenerativen Quellen, darunter auch Biomasse. Im Sinne des § 2 Nr. 1 des Gesetzes besteht Biomasse aus festen und flüssigen organischen Stoffen sowie deren Umwandlungsprodukten, die zur Gewinnung von Strom geeignet sind. Das EEG trat zuerst im Jahre 2000 in Kraft und wurde 2004, 2009 und 2012 entsprechend der Marktentwicklung novelliert. Das Gesetz hat die Rahmenbedingungen für die Stromerzeugung aus Biomasse entscheidend verbessert, weil die Netzbetreiber verpflichtet sind, solche Anlagen vorrangig an ihr Netz anzuschließen, die Strom aus regenerativen Quellen erzeugen, und diesen Strom zu festgelegten Vergütungssätzen abzunehmen. Die Grundvergütungen unterliegen allerdings einer jährlichen Degression. Ein großer Anreiz zur Verwendung von nicht-lignifizierten nachwachsenden Rohstoffen ergibt sich aus dem so genannten NaWaRo-Bonus.

Ab 2012 gibt es für neue Biogas- und Biomasseanlagen neben der gestaffelten Grundvergütung eine zusätzliche Rohstoffvergütung, unterteilt in zwei Vergütungs-Klassen:

- Einsatzstoffvergütungsklasse 1 mit Energiepflanzen wie Mais oder Rüben,
- Einsatzstoffvergütungsklasse 2 mit ökologisch vorteilhaften Einsatzstoffen, wie etwa Gülle, Landschaftspflegematerial oder Wildblumenaufwuchs.

Die Rohstoffe aus Klasse 2 werden vergleichsweise hoch bezuschusst. Die Zusatzvergütungen unterliegen nicht der jährlichen Degression.

Sondervergütungen werden außerdem gewährt für Anlagen zur Bioabfallvergärung und Biomethanproduktion sowie für Gülle-Kleinanlagen bis max. 75 kW elektrische Leistung. Schließlich enthält das Gesetz verbindliche Regelungen zur Mindestwärmenutzung und zur Begrenzung des Einsatzes von Mais, Getreidekorn (einschl. Corn-Cob-Mix (CCM) und Körnermais) und Lieschkolbenschrot auf 60 % der Masse am Substratmix.

Betreiber von Neuanlagen, die Strom aus Pflanzenöl oder Altholz erzeugen, erhalten ab 2012 keine weitere EEG-Vergütung.

Das EEG zeigt heute noch einige Schwächen. Es setzt zu stark auf den Ausbau der erneuerbaren Energien und vernachlässigt die Folgemaßnahmen. Insgesamt bedarf es daher einer besseren Koordination der zeitlichen Erzeugung, der räumlichen Verteilung, dem Zusammenspiel mit den konventionellen Energien und dem Netzausbau. Aus diesem Grund sind in den nächsten Jahren weitere Novellierungen des Gesetzes zu erwarten.

Die Förderung der regenerativen Stromerzeugung stützt sich außerdem auf das **Kraft-Wärme-Kopplungsgesetz** (KWKG), welches am 1. April 2002 in Kraft getreten ist und in seiner neuesten Fassung vom 12. Juli 2012 vorliegt. Gefördert werden in erster Linie die Modernisierung und der Neubau von Kraft-Wärme-Kopplungsanlagen (KWK-Anlagen). Wie beim EEG erhalten die Betreiber solcher Anlagen ihre Förderung bzw. Vergütung als Umlage auf den gesamten Stromverbrauch in Deutschland. Der erzeugte Strom hat denselben Einspeisevorrang in das Stromnetz, wie der nach dem EEG geförderten Strom.

Das **Erneuerbare-Wärme-Gesetz (EEWärmeG)** wurde 2008 beschlossen und trat Anfang 2009 in Kraft. Ziel ist es, den Anteil erneuerbarer Energien an der Wärmeerzeugung bis 2020 auf 14 % zu erhöhen. Vorgesehen ist eine Nutzungspflicht für Neubauten, wobei die einzelnen Anteile der erneuerbaren Energien bei der Wärmeerzeugung genau geregelt sind. Wird etwa Biogas genutzt, so muss daraus 30 % der

Wärmeerzeugung generiert werden. Bedeutende Förderinstrumente sind Marktanreizprogramme.

In Bezug auf die anderen Nutzungsformen für Biomasse sind weitere gesetzliche Regelungen von Interesse, die in den letzten Jahren immer wieder Neufassungen bzw. Änderungen erfahren haben.

In den Geltungsbereich des **Bundes-Immissionsschutzgesetzes (BImSchG)** fallen das Herstellen, Inverkehrbringen und Einführen von Brenn- und Treibstoffen. Zweck des Gesetzes ist es „Menschen, Tiere, und Pflanzen, den Boden, das Wasser, die Atmosphäre sowie Kultur- und sonstige Sachgüter vor schädlichen Umwelteinwirkungen zu schützen und dem Entstehen schädlicher Umwelteinwirkungen vorzubeugen.“ Es inkludiert nicht weniger als 39 Verordnungen, von denen einige zwischenzeitlich wieder aufgehoben wurden. Sie regeln u. a. die für die Nutzung der **Festbrennstoffe** wichtigen technischen Einzelheiten bei der Verbrennung. So nimmt die Erste Verordnung zur Durchführung des BImSchG (Kurztitel: Verordnung über kleine und mittlere Feuerungsanlagen) Bezug auf Holz und neuerdings auch Getreidestroh und -korn sowie Getreideganzpflanzen als Regelbrennstoffe. In der Verordnung sind konkrete Eigenschaftsanforderungen festgelegt, um etwa Staub- und CO-Emissionen beim Betrieb von Kleinfeuerungsanlagen zu minimieren.

Die flüssigen Bioenergieträger wie **Biodiesel, Ethanol und Pflanzenöle** substituieren schon heute signifikante Mengen an fossilen Otto- und Dieselkraftstoffen. Deren Einsatz stützt sich auf die Regelungen des Bundes-Immissionsschutzgesetzes und des **Energiesteuergesetzes (EnStG)**. Das BImSchG regelt die Kraftstoffquoten, das EnStG die Steuerbegünstigung.

Vorausgegangen war wiederum die EU-Richtlinie 2009/28/EG. In Artikel 3, Absatz 4 ist dort ausgeführt, dass jeder Mitgliedsstaat der EU zu gewährleisten hat, dass sein Anteil von Energie aus erneuerbaren Quellen bei allen Verkehrsträgern im Jahre 2020 mindestens 10% seines Endenergieverbrauches im Verkehrssektor entspricht.

Aufgrund gesetzlicher Verpflichtungen ist der **Biodieselabsatz** auf eine Gesamtquote von 6,25% festgelegt und damit mengenmäßig an den Gesamtdieselverbrauch gekoppelt. Die Europäische Norm für Dieselkraftstoff (EN 590) erlaubt die Beimischung von 7% Biodiesel auch für Altfahrzeuge.

Bioethanol wurde bis 2010 den Ottokraftstoffen mit max. 5% beigemischt, danach bestand die Möglichkeit diesen Anteil auf 10% (E10) zu erhöhen. 90% der Fahrzeuge mit Ottomotor sind heute für den Betrieb mit E10 geeignet.

Nach § 2, Abs. 4 EnStG unterliegen Biodiesel, Rapsölkraftstoff und andere pflanzliche Öle für den mobilen Einsatz prinzipiell der gleichen Energiesteuer wie Dieselkraftstoff, weil sie diesem in ihrer Beschaffenheit und ihrem Verwendungszweck am nächsten kommen. Im Jahre 2007 hatte der Absatz von Biokraftstoffen seine Höchstmarke mit 4,49 Mio t. erreicht, entsprechend 7,2% des Gesamtkraftstoffverbrauchs. Danach setzte ein starker Rückgang ein, der insbesondere die in Reinform verwendeten Biokraftstoffe betraf, wie Biodiesel oder nativen Pflanzenölkraftstoff. Die rückläufige Nachfrage ist auf den gesunkenen Preisvorteil zurückzuführen, nachdem für die biogenen Kraftstoffe eine erhöhte Energiesteuer erhoben wurde.

Für den Energiepflanzenanbau sind ab Januar 2011 die **Biokraftstoff-Nachhaltigkeitsverordnung (Biokraft-NachVO)** und die **Biomassestrom-Nachhaltigkeitsverordnung (BioSt-NachVO)** gesondert zu beachten. In der Biokraft-NachVO wird gefordert, dass die Erzeugung von Biomasse für die Herstellung von Biokraftstoffen nach den Prinzipien einer nachhaltigen Bewirtschaftung erfolgen muss. Die EU-Regelungen zur „Cross-Compliance" (Überkreuzerfüllung von Verpflichtungen; d. h. agrarpolitische Kopplung von Prämienzahlungen und Umweltstandards) und die Mindestanforderungen an die „gute fachliche Praxis" stellen dieses sicher. Darüber hinaus müssen Biokraftstoffe im Rahmen der **EU Renewable Energy Directive (RED)** ein Treibhausgas(THG)-minderungspotenzial im Vergleich zum fossilen Referenzkraftstoff von mind. 35% bzw. von 50% ab 2017 erreichen. Für Neuanlagen steigert sich dieser Wert mit Inbetriebnahme nach 2016 auf 60%. Der Vergleich wird methodisch mit der Prozesskettenanalyse durchgeführt, welche die klimarelevanten Gase auf dem gesamten Lebensweg von Bio- und Referenzkraftstoff berücksichtigt (vergl. Kap. 6).

Die Inanspruchnahme der Fördermaßnahmen in den EU-Staaten, d. h. die Steuerbegünstigung und die Anrechnung auf die Quotenverpflichtung, wird zukünftig von der Nachhaltigkeitszertifizierung der Biomasserohstoffe und Biokraftstoffe bzw. von dem dokumentierten Herkunftsnachweis abhängig sein.

Zu den übergreifenden Maßnahmen zur Förderung von Energie aus Biomasse gehören schließlich die ökologische Steuerreform, der Zertifikatehandel für CO_2-Emissionen, die Unterstützung von Forschung und Entwicklung sowie eine breit angelegte Öffentlichkeitsarbeit.

Energiebegriffe und Energiebereitstellung

Biomasse wird durch die Umwandlung bzw. Bindung von Sonnenenergie gebildet (s. Kap. 2, Photosynthese und Stoffwechsel). Dabei entstehen als Primärprodukte die Haupt- und Nebenernteprodukte der land- und forstwirtschaftlichen Nutzpflanzen (s. Kap. 4, Die Energie- und Industriepflanzen).

Die Sekundärprodukte hingegen beziehen ihre Energie nur indirekt über die Sonne und bilden sich beim Ab- oder Umbau organischer Verbindungen in heterotrophen Organismen. In diese Kategorie gehören die gesamte Zoomasse, die anfallenden Exkremente (z. B. Festmist und Gülle) und Klärschlamm.

Energiebegriffe

Energie wird in der SI-Einheit *Joule* in verschiedenen Größeneinheiten von Kilo bis Exa ausgedrückt (Tab. 5.1).

Nach dem Energieerhaltungssatz kann Energie nicht gewonnen, sondern in einem System nur umgewandelt werden.

Tab. 5.1 Umrechnungstabelle für Größeneinheiten der Energie (Dannenberg et al. 2012)

SI-Bezeichnung	Wissenschaftliche Schreibweise	Wert in Worten	Berechnung	Abkürzung
Kilo	$1 \cdot 10^3$	Tausend	1 000	[k]
Mega	$1 \cdot 10^6$	Million	1 000 000	[M]
Giga	$1 \cdot 10^9$	Milliarde	1 000 000 000	[G]
Tera	$1 \cdot 10^{12}$	Billion	1 000 000 000 000	[T]
Peta	$1 \cdot 10^{15}$	Billiarde	1 000 000 000 000 000	[P]
Exa	$1 \cdot 10^{18}$	Trillion	1 000 000 000 000 000 000	[E]

Energieträger werden nach dem Grad der Umwandlung in Primär-, Sekundär-, Endenergie- und Nutzenergieträger unterteilt

Ausgehend von der Anzahl der Umwandlungsprozesse lässt sich der Energiebegriff in vier Stufen einteilen:

1. Primärenergie (Rohenergie)
Energie in ursprünglicher, technisch noch nicht aufbereiteter Form

Beispiele: Rohöl, Rohkohle, Erdgas, Biomasse, Uran, Solarstrahlung, Wind

2. Sekundärenergie
Veredelte Energie aus Umformung von Primärenergieträgern

Beispiele: Energie im Dieselkraftstoff nach Umwandlung von Rohöl in der Raffinerie, Elektrizität, Heizöl, Erdgas

3. Endenergie
Energie am Ort des Endverbrauches

Beispiele: Erdgas, Flüssiggas, Heizöl, Kraftstoffe, Elektrizität und Fernwärme, wie sie dem Endverbraucher zugeführt werden

4. Nutzenergie (Energiedienstleistung)
Energie, die dem Endverbraucher nach der letzten Umwandlung für den beabsichtigten Zweck zur Verfügung steht

Beispiele: Wärme aus einem Trocknungsgebläse oder einem Heizkörper, Licht zur Beleuchtung, Antriebsenergie für Fahrzeuge und Maschinen

Energiebereitstellung
Biomasse kann in den Bereitstellungsketten auf sehr unterschiedliche Weise gesammelt, geerntet, transportiert, aufbereitet, gelagert und schließlich energetisch veredelt werden. Die älteste und einfachste Nutzung von Biomasse zur Umwandlung in End- bzw. Nutzenergie ist die Verbrennung in einer Feuerungsanlage. Weitere vielfältige Verwendungsmöglichkeiten ergeben sich aus Sekundärenergieträgern aller Aggregatszustände (fest, flüssig, fest) nach thermisch-chemischer, physikalisch-chemischer oder biochemischer Umwandlung von Biomasse.

Die unterschiedlichen Pfade der Energiebereitstellung aus Biomasse und die dazugehörigen Umwandlungsprozesse sind in Abb. 5.1 zusammengefasst.

Die **Verbrennung** von fester Biomasse dient der Bereitstellung von Wärme und/oder Strom (s. Kap. 5.1.2). Die Wärmebereitstellung ist in allen Leistungsbereichen gut etabliert. Nach Inkrafttreten des EEG in Deutschland im Jahre 2000 hat auch die Stromerzeugung in Biomasse(heiz)kraftwerken über konventionelle Dampfprozesse (Turbinen) erheblich an Bedeutung gewonnen.

In modernen Feuerungsanlagen wird die Verbrennung exakt gesteuert und ist heute sauber und geruchslos. Es gibt kaum Rauch, weil die Flugaschepartikel mittels Elektrofilter weitgehend eliminiert werden und schließlich nur noch Wasserdampf und CO_2 aufsteigen. Wichtig für eine saubere Verbrennung ist aber, dass der Feuerraum zwischen 900 und 1000 °C heiß ist, damit die noch nicht vollständig zu Wasser und CO_2 verbrannten Verbrennungsprodukte nicht weiter reagieren und sich in Form von schadstoffhaltigem Ruß niederschlagen bzw. entweichen können. Die Verbrennungstechnologie ist mit verschiedenen Verbrennungstechniken heute weit entwickelt. Dazu zählen die Rostfeuerung mit dem Sonderfall des „Zigarrenbrenners" zur Verbrennung von Großballen, Wirbelschichtfeuerungen oder die Staubfeuerung.

Durch **thermo-chemische Veredlungserfahren** wie Pyrolyse, Verkohlung und Vergasung werden feste Primärenergieträger zu festen, flüssigen und/oder gasförmigen Sekundärenergieträgern umgewandelt. Dabei entsteht immer ein Energieträger mit klar definierten Eigenschaften.

In Abbildung 5.2 sind die Einzelprozesse der thermo-chemischen Zersetzung als Veränderung des Brennstoffmasseanteils (%) in Abhängigkeit von der Temperatur dargestellt.

Als Subprozesse laufen Trocknung, Pyrolyse, Reduktion und Oxidation ab.

In Abhängigkeit von den Verfahrensparametern können diese Einzelprozesse verstärkt, abgeschwächt oder gänzlich vermieden werden.

Im Zentrum aller thermo-chemischen Veredlungsverfahren steht die **Pyrolyse** mit den Endprodukten Pyrolyseöl, Koks und Pyrolysegas. Dabei findet die thermische Spaltung organischer Verbindungen unter Sauerstoffabschluss statt, um die vollständige Verbrennung der Biomasse zu verhindern. Mit der Pyrolyse wird in erster Linie eine hohe Ausbeute an flüssigen Komponenten (Pyrolyseöl) angestrebt. Während des

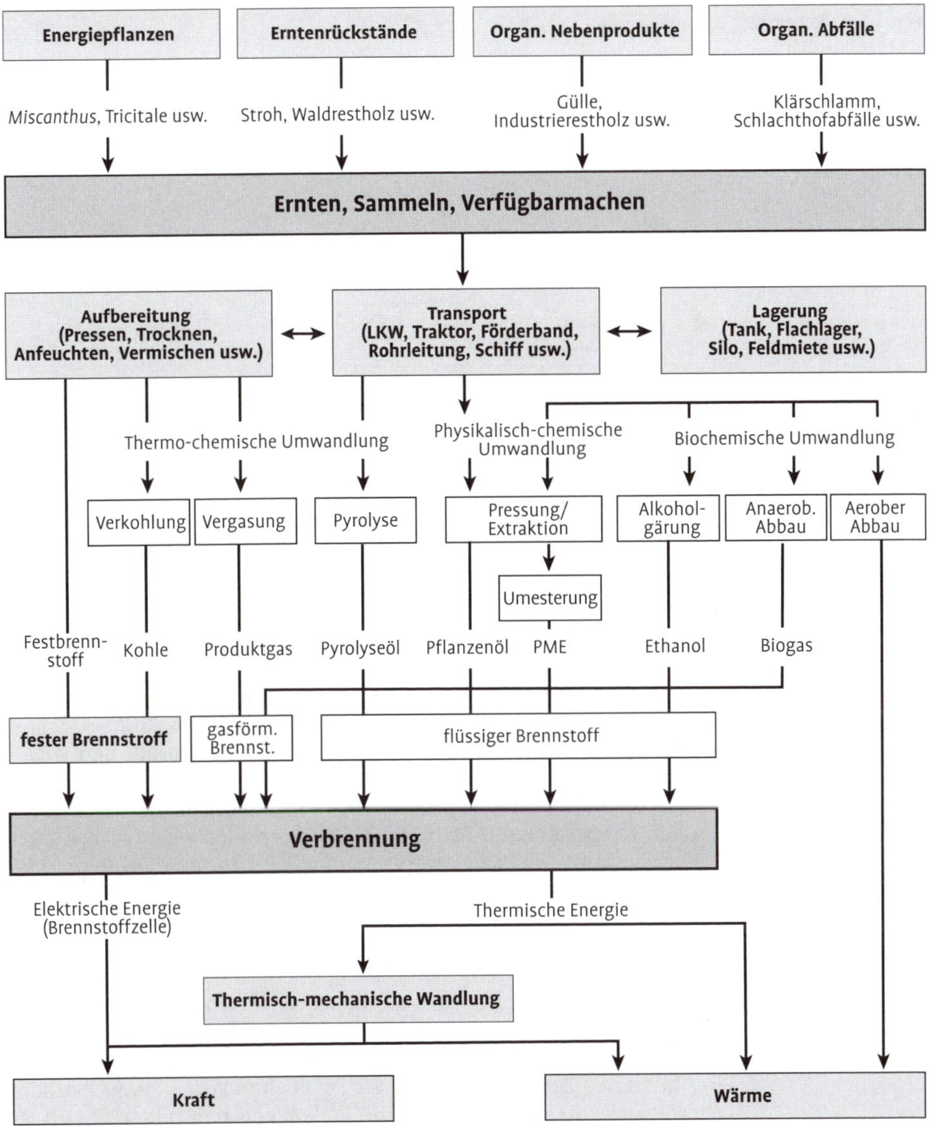

Reduktionsvorganges entstehen aber auch die heizwertreichen Gase CO, H_2 und CH_4, die nachfolgend zusammen mit den flüssigen und festen Bestandteilen des Pyrolyse-Reduktionsvorganges durch Zufuhr von externem Sauerstoff aufoxidiert werden können. In der festen Phase befindet sich danach nur noch die inerte Asche. Alle anderen Bestandteile haben jetzt ihre höchste Oxidationsstufe erreicht und verlassen den Reaktor gasförmig. Nach Gasreinigung und -konditionierung sind die Bedingungen für die nachfolgenden Syntheseschritte erfüllt.

Abb. 5.1 Energiebereitstellung aus Biomasse (nach Kaltschmitt et al. 2009).

Abb. 5.2 Teilprozesse der thermo-chemischen Konversion (Tepper 2005).

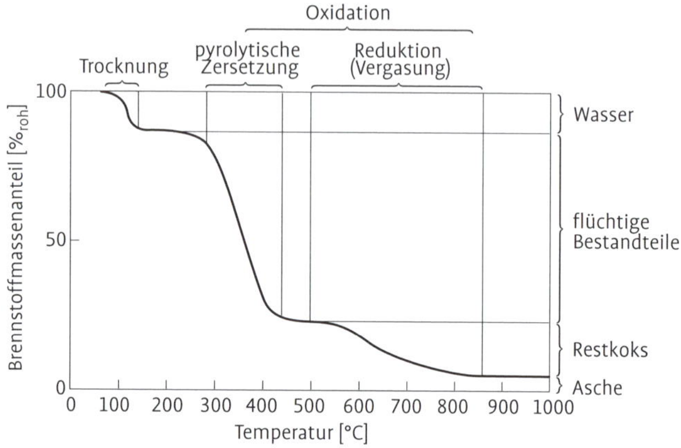

Im Anschluss an die Synthese entstehen keine einheitlichen Produkte, sondern eine Mischung aus Diesel, Benzin und Wachs. Die weitere Aufarbeitung erfolgt mit den klassischen Verfahren der Erdölraffination. Die auf diese Weise produzierten flüssigen Sekundärenergieträger werden auch als BTL (Biomass To Liquid)-Kraftstoffe bezeichnet und können in erster Linie als Treibstoff in Motoren zur Kraft- bzw. gekoppelten Kraft-Wärme-Bereitstellung oder im Verkehrssektor eingesetzt werden.

Die zahlreichen Pyrolyseverfahren und -technologien haben das F&E- bzw. Demonstrationsstadium zurzeit noch nicht verlassen. Hintergrund ist die ungenügende Qualität des Pyrolyseöls mit hohem Wasser- und Sauerstoffgehalt, thermischer Instabilität, hoher Viskosität und korrodierender Wirkung.

Bei der **Verkohlung** (Verschwelung) wird das organische Material bei hohen Temperaturen (500 bis 900 °C) unter Sauerstoffausschluss thermisch zersetzt. Die Prozesswärme wird wie bei autothermer Vergasung und Pyrolyse durch Teilverbrennung des Ausgangsstoffes bereitgestellt. Ziel der Verkohlung ist eine hohe Ausbeute an Festbrennstoffen zur Wärmegewinnung (s. Kap. 5.1.2). Auch eine stoffliche Nutzung von Aktivkohle ist möglich, die eine große aktive Oberfläche hat und sich deshalb als Adsorptionsmittel in Chemie, Medizin, Wasseraufbereitung sowie Lüftungs- und Klimatechnik eignet. Neben Holzkohle fallen brennbare Gase und auch Teer an.

In letzter Zeit ist das Interesse an Pflanzenkohle (engl. biochar) gewachsen, die durch pyrolytische Verkohlung rein pflanzlicher Ausgangsstoffe gewonnen wird. Die zertifizierten Pyrokohlen können in der Landwirtschaft u. a. als Bodenverbesserungsmittel (z. B. Eschböden), als Trägerstoffe für Dünger, als Hilfsstoffe für die Kompostierung oder als Futtermittelzusätze genutzt werden. Im globalen Kontext wird angenommen, dass sie im Zusammenhang mit der Nutzung von Biobrennstoffen eine entscheidende Rolle bei der Kohlenstoffsequestrierung spielen werden (Glaser et al. 2001, Mathews 2008).

Für die Verkohlung von sehr wasserreicher Biomasse bietet sich die hydrothermale Carbonisierung (HTC) an (Buttmann 2011). Typische Eingangsstoffe sind Landschaftspflegematerial, Erntereste, Gärreste aus Biogasanlagen, Lebensmittelreste, Treber oder Klärschlamm. Die HTC läuft bei Temperaturen im Bereich von 180 °C bis 250 °C und Drücken zwischen 10 und 40 bar und gegebenenfalls unter Wasserzufuhr (bei Grünschnitt) ab. Die Biomasse wird für mehrere Stunden im Autoklaven unter Zugabe von Säuren und Salzen behandelt. Durch die Prozessbedingungen werden die zellulären Strukturen vollständig aufgebrochen. Die resultierende Suspension verfügt über eine gleichmäßige Partikelgrößenverteilung und sedimentiert sehr gut. Als Reaktionsprodukt liegt nach Wasserabscheidung und Trocknung ein schwarz-graues Pulver als kohleähnlicher Festbrennstoff vor, der etwa 85 % Kohlenstoff enthält und einen Brennwert bis über 30 MJ kg^{-1} erreicht. Somit werden Qualitäten verschiedener fossiler Kohlen erreicht.

Mit der **technischen Biomassevergasung** bei Temperaturen von 700 bis 900 °C wird eine vollständige Ausbeute an Brenngasen (Synthesegasen) angestrebt. Im Vergasungsprozess wird ein sauerstoffhaltiges Vergasungsmittel (z. B. Luft, Sauerstoff, Wasserdampf oder Kohlendioxid) unterstöchiometrisch zugeführt. So wird durch partielle Oxidation der in der Biomasse enthaltene Kohlenstoff nicht wie bei der Verbrennung in Kohlendioxid (CO_2), sondern in Kohlenmonoxid (CO) überführt. Außerdem enthält das Vergasungsprodukt Wasserstoff (H_2), Kohlendioxid (CO_2), Methan (CH_4) und Wasserdampf (H_2O). Falls Luft als Vergasungsmittel eingesetzt wird, ist zusätzlich ein erheblicher Anteil an Stickstoff (N_2) darin enthalten. Die Eigenschaften des Vergasungsproduktes variieren sehr stark in Abhängigkeit von der eingesetzten Biomasse, dem Vergasungsmittel und den Reaktionsbedingungen. Das Gasgemisch wird üblicherweise als Synthesegas bezeichnet, weil daraus höherwertige Energieträger, synthetisiert werden können (s. Kap. 5.2.3).

Dem thermo-chemischen Prozess im Reaktor muss immer Wärme zugeführt werden. Bei der **autothermen Vergasung** wird sie durch teilweise Verbrennung des eingesetzten Materials über Luftzufuhr erzeugt, während bei der **allothermen Vergasung** eine indirekte Wärmezufuhr erfolgt.

Das entstandene niederkalorische Gas kann unmittelbar in Gasmotoren oder -turbinen zur Stromerzeugung oder in Brennern zur Wärmebereitstellung genutzt werden. Darüber hinaus ist eine Weiterverwendung der entstehenden Gase zu flüssigen oder gasförmigen Energieträgern möglich, so etwa zu Methanol oder BTL-Kraftstoff (Biomass To Liquid) bzw. zu Methan, Dimethylether (DME) oder Wasserstoff. Diese Sekundärenergieträger können entweder stationär über Kraft-Wärme-Kopplung (Strom- und Wärmeerzeugung) oder im Verkehrssektor als flüssige oder gasförmige Kraftstoffe genutzt werden. Zahlreiche Unternehmen arbeiten zurzeit an der Kommerzialisierung der im Grundsatz bekannten Verfahren.

Die **physikalisch-chemischen Umwandlungsverfahren** dienen der Konversion von Pflanzenölen in flüssige biogene Kraftstoffe (s. Kap. 5.2.2).

Die Vertreter der Kulturartengruppe der Öl- und Faserpflanzen (s. Kap. 4.2) liefern Speicheröl in Samen und Früchten in Form von Triglyceriden. Als produktivste Ölfrucht wird in Deutschland vorrangig Winterraps zur Biokraftstofferzeugung angebaut. Das Erntegut wird in dezentralen Kleinanlagen oder in zentralen Großanlagen mechanisch ausgepresst, um in einem ersten Schritt die flüssige Ölphase von der festen Substanz abtrennen zu können. In Großanlagen (Ölmühlen) sind der Pressung meist eine Zerkleinerung und Wärmekonditionierung der Ölsaat vorgeschaltet, um den Wirkungsgrad und die Ausbeute zu erhöhen. In Kleinanlagen beträgt die Ölausbeute ca. 80 %, in Großanlagen nahe 99 %.

Das aus der Pressung gewonnene Öl kann nach einem Reinigungsschritt als Treibstoff in pflanzenöltauglichen Motoren mobil oder stationär (z. B. in Blockheizkraftwerken) eingesetzt werden. Anstelle des Pressens oder auch ergänzend zum Pressen kann der Ölsaat bzw. dem Presskuchen das Öl mittels organischer Lösungsmittel entzogen werden. Danach werden Öl und Extraktionsrückstand vom Lösungsmittel durch eine Destillation getrennt und liegen schließlich in Reinform vor. In der anschließenden Raffination wird das rohe Öl entschleimt (Entfernen von Trubstoffen und Lecithin), neutralisiert (Verseifung von freien Fettsäuren) und von Wachsteilen befreit. Das native Öl und insbesondere die durch Umesterung entstandenen Pflanzenölmethylester (PME) sind in bestimmten Dieselmotoren und in Heiz- bzw. Blockheizkraftwerken als Treib- oder Brennstoffe nutzbar. PME bzw. RME (Rapsölfettsäuremethylester) sind in Deutschland auch unter dem Begriff „Biodiesel" bekannt und sollen bereits im Jahre 2020 10 % des Endenergieverbrauches im Verkehrssektor ausmachen. Das bei der Umesterung anfallende Glycerin ist ein wertvoller Grundstoff für die Pharma- und Kosmetikindustrie sowie für die Lack- und Farbenherstellung. Die Press- und Extraktionsrückstände sind begehrte eiweißreiche Futtermittel, können aber auch als Festbrennstoffe genutzt werden.

Bei der **bio-chemischen Veredlung** wandeln Mikroorganismen die Biomasse in Sekundärenergieträger bzw. in Nutzenergie um. Es wird zwischen anaeroben (Reaktionen unter Luftabschluss) und aeroben (Reaktionen mit Luftzutritt) Verfahren unterschieden. Im Verlauf der anaeroben biologischen Gärprozesse werden als Energieträger hauptsächlich Biogas und Bioethanol gewonnen. Die beteiligten Mikroorganismen nutzen die Energiedifferenz zwischen den Ausgangssubstraten und Endprodukten für ihre Lebenstätigkeit; darüber hinaus wird sie als Wärme freigesetzt.

Der **anaerobe Abbau** organischer Substanzen zur **Biogaserzeugung** ist ein komplexer Vorgang, an dem unterschiedliche Mikrobenstämme für verschiedene Prozessschritte verantwortlich sind (s. Kap. 5.3.2). In einem mehrstufigen Prozess werden Kohlenhydrate sowie Eiweiß- und Fettstoffe zu einem Mischgas umgewandelt, das sich zu etwa zwei Drittel aus Methan und größeren Mengen an Kohlendioxid sowie kleineren Mengen an Schwefelwasserstoff und Ammoniak zusammensetzt. Der gesamte Entstehungsprozess von Biogas kann in vier Stufen unterteilt werden. In jedem Abschnitt sind andere bakterielle Enzyme für die jeweiligen Umwandlungsschritte verantwortlich. In der ersten Stufe erfolgt die Aufspaltung der Makromoleküle, in der zweiten die Vergärung der Spaltprodukte, in der dritten die Bildung von methanogenen Substraten und in der vierten die Biogasbildung selbst. Die Gasausbeute wird durch die Auswahl der Substratmischung und ganz entscheidend durch die Prozessbedingungen beeinflusst. Für jedwede Nutzung muss Biogas von Schwefelwasserstoff, Ammoniak und von Feuchtigkeit befreit werden. Das entstandene Gas wird in Blockheizkraftwerken (BHKW) meist mit Zündstrahl- oder Gas-Otto-Motoren verbrannt und zur Bereitstellung thermischer (Wärme) und mechanischer Energie (Strom) genutzt. Nach Abtrennung des Kohlendioxids wird sogar Erdgasqualität erreicht und Biogas ins Erdgasnetz eingespeist. Die frei werdende Wärme wird als Prozess- oder Heizungswärme weitergegeben. Der Gärrückstand ist ein wertvoller Pflanzendünger und wird meist innerbetrieblich auf die landwirtschaftliche Nutzfläche zurückgeführt.

Ethanol wird aus zucker-, stärke- und cellulosehaltiger Biomasse auf dem Weg der alkoholischen Gärung mittels Hefen gewonnen (s. Kap. 5.2.1). In den USA und der Mehrzahl der europäischen Länder wird Bioethanol hauptsächlich aus Mais, in Brasilien aus Zuckerrohr hergestellt. In Deutschland wird dafür besonders das Erntegut von Weizen, Mais, Gerste und Triticale (s. Kap. 4.1) sowie der Wurzel- und Knollenfrüchte (s. Kap. 4.3) herangezogen. Die Getreidearten und Kartoffel sind Stärketräger, die Zuckerrübe liefert Zucker in Form von Saccharose, einem Disaccharid. Im Herstellungsprozess werden dem Stärke-Polysaccharid aus Getreide und Kartoffel zur Umwandlung in vergärbare Zucker Enzyme zugegeben, während Zuckersirup aus Zuckerrüben mit dem darin enthaltenen Disaccharid direkt vergoren wird.

Hefen wandeln Kohlenhydrate in Alkohol und CO_2 um. Das entstehende alkoholhaltige Gemisch wird als Maische bezeichnet. Durch Destillation wird Alkohol von den übrigen Bestandteilen der Maische abgetrennt und in der anschließenden Rektifikation dieser Alkohol noch einmal gereinigt. Im Zuge der Trocknung des Alkohols (Absolutierung) wird ihm das Wasser weitgehend entzogen. Im Ergebnis liegt hochreines Bioethanol mit 99,7 Vol.-% vor. Ethanol wird als Treibstoff in Ottomotoren (Benzinersatz) und als Brennstoff in Verbrennungsanlagen zur End- bzw. Nutzenergiebereitstellung herangezogen. Die Restbestandteile, die so genannte Schlempe, werden eingedickt und als Dünger, in Biogasanlagen oder als Futtermittel verwendet.

Zusätzlich wird aus Bioethanol Ethyl-Tertiär-Butyl-Ether (ETBE) gewonnen, der durch säurekatalytische Umsetzung von Ethanol mit Isobuten fossilen Ursprungs hergestellt wird. ETBE ist wie Methyl-Tertiär-Butyl-Ether zur Verbesserung der Klopffestigkeit der Motoren dem Ottokraftstoff beigemischt. Dies ist gängige Praxis und die entsprechenden Anteile werden der Beimischung angerechnet.

Bei den **aeroben Verfahren** wird Biomasse unter Wärmefreisetzung bakteriell oxidiert (Kompostierung, Verrottung). Beim Umwandlungsprozess treten Temperaturen von bis zu 90 °C auf. Die freigesetzte thermische Energie wird mit Hilfe von Wärmeüberträgern als Niedertemperaturwärme verfügbar gemacht.

5.1 Festbrennstoffe

Der wichtigste biogene Energieträger bei den Festbrennstoffen ist Holz und stammt überwiegend aus der Forstwirtschaft.

Holzartige Biomasse eignet sich aufgrund ihrer Zusammensetzung besser für thermische Prozesse als halmgutartige Biomasse

Waldholz zur Energiegewinnung (Brenn- oder Waldrestholz) steht als der nicht stofflich genutzte Anteil des jährlichen Baumzuwachses zur Verfügung. Daneben fällt Holz auch als Gebrauchtholz/Altholz und Industrierestholz an oder stammt aus Landschaftspflegegut und Landwirtschaft (Agrarholz aus Kurzumtriebsplantagen).

Festbrennstoffe als Haupternteprodukte landwirtschaftlicher Kulturen werden sowohl durch annuelle als auch perennierende Energiepflanzen bereitgestellt. Hierzu zählen Energiegräser, Getreideganzpflanzen (spielen in der Praxis nur eine untergeordnete Rolle) und schnell wachsende Baumarten.

Festbrennstoffe aus Nebenprodukten, Rückständen und Abfällen stehen als holzartige (z. B. Waldrestholz, Schwachholz, Altholz, Industrieholz, Landschaftspflegeholz) oder halmgutartige Biomasse (z. B. Stroh, Landschaftspflegematerial) zur Verfügung.

5.1.1 Qualität der Festbrennstoffe

Zur Vereinheitlichung der Brennstoffqualitäten wird eine europäische Normung der biogenen Brennstoffe angestrebt. Ab Mai 2005 gibt es die Europäische (Vor)Norm für feste Biobrennstoffe (CEN/TS 14961). Technische Spezifikationen für Holzhackschnitzel (Probenahme, Wassergehalt etc.) sind in Bearbeitung bzw. abgeschlossen. Dafür gilt die Europäische Norm EN 14961, die Klassen und Kennwerte für Wasser- und Aschegehalt sowie Korngrößenverteilung, Schüttraumdichte, Elementgehalt und Heiz- bzw. Brennwert festlegt. Allerdings wird in Deutschland in der Praxis oft noch auf die österreichische Norm (ÖNORM M 7133) zurückgegriffen. Holzpellets sind nach DIN EN 14961 genormt.

Die wichtigsten Qualitätsansprüche an den Holzbrennstoff ergeben sich aus dem Wassergehalt, der Größe und Form, der Dichte, dem Aschegehalt und dem Anteil an Fremdstoffen

Der **Wassergehalt** ist der Anteil des im Holz enthaltenen Wassers, angegeben in Prozent der Masse des wasserhaltigen Materials. Er darf nicht mit der Holzfeuchte verwechselt werden, die den Anteil des im Holz enthaltenen Wassers bezogen auf die wasserfreie reine Holzmasse angibt. International hat sich bei der energetischen Biomassenutzung der Wassergehalt als Bezugsgröße durchgesetzt.

Der Wassergehalt und der Heizwert stehen in negativer linearer Beziehung zueinander. Beispielsweise hat erntefrisches Nadelholz mit 55 % Wassergehalt einen Heizwert von ca. 7,2 MJ kg^{-1} und lufttrockenes Nadelholz mit 20 % Wassergehalt einen doppelt so hohen Wert von etwa 14,4 MJ kg^{-1}.

Der Wassergehalt des Brennstoffes beeinflusst das Abbrandverhalten, die (adiabate) Feuerraumtemperatur und die spezifische Rauchgasmenge je Leistungseinheit als wichtige Bestimmungsgründe für die Mindestverweildauer des Brennstoffs, die Brennraumgeometrie und die Temperaturbegrenzung in Bezug auf die Ascheschmelze.

Die Begriffe **Heiz- und Brennwert** sind durch die DIN 5499 vom Januar 1972 definiert. Dabei handelt es sich um die freiwerdende Reaktionsenthalpie bei vollständiger und vollkommener Verbrennung eines Brennstoffes unter der Voraussetzung, dass die Temperaturen des Brennstoffes und seiner Verbrennungsprodukte 25 °C betragen, die Verbrennungsprodukte des Kohlenstoffs und Schwefels als Kohlen- bzw. Schwefeldioxid vorliegen und eine Oxidation des Stickstoffs nicht stattgefunden hat.

In Abhängigkeit von der Holzart und der Jahreszeit sowie der Lagerart und -dauer können der Wassergehalt und damit auch der **Heizwert** in weiten Grenzen schwanken.

Der Heizwert ist definiert als die nutzbare Wärmemenge, die bei einer vollständigen Verbrennung frei wird, wenn das mitgeführte bzw. gebildete Wasser verdampft und mit den Verbrennungsgasen entweicht.

Liegt das Wasser vor und nach der Verbrennung (aus Produktfeuchteresten und oxidierten Wasserstoffatomen) in flüssiger (kondensierter) Form vor, so ergeben die aus der Verbrennung entstehende Wärmemenge plus die aus der Kondensation frei werdende Wärme zusammen den **Brennwert**.

Zur Berechnung des Heizwertes wird deshalb die Verdampfungsenthalpie des Wassers vom Brennwert abgezogen, so dass der Heizwert von Festbrennstoffen regelmäßig ca. 10 % unter ihrem Brennwert liegt.

Die Lignocellulose-haltigen Brennstoffe liegen in unterschiedlicher **Größe und Verteilung** vor. Gefordert wird ein homogener Brennstoff, der sich im Verfahren der meist vollautomatischen Brennstoffförderung und Feuerraumbeschickung bei geringem Verschleiß gut regeln und dosieren lässt. Weil die verbrennungsrelevanten Kenngrößen sehr stark zwischen staubförmigen (Holzstaub), pelletartigen (Stroh- oder Holzpellets), stückigen (Scheitholz, Hackschnitzel) und ballenartigen (Strohballen) Brennstoffen variieren, müssen die Formen und Größen des Energieträgers an die Verbrennungsanlagen angepasst und *vice versa*. Je nach der Form der Aufbereitung des Brenngutes sind schließlich unterschiedliche Vorrichtungen für Produktion, Transport, Lagerung und die energetische Konversion notwendig.

Bei der Dichte biogener Festbrennstoffe lassen sich **Roh- und Lagerdichte** unterscheiden. Die **Rohdichte** kennzeichnet die eigentliche Materialdichte, die den Unterschied des volumenbezogenen Heizwertes einzelner Holzarten ausmacht. Sie hat Einfluss auf feuerungstechnische Eigenschaften wie spezifische Wärmeleitfähigkeit oder Entgasungsrate, die Eignung für die pneumatische Förderung und Beschickung sowie auf die Lagerdichte. Die Rohdichte kann nur bei Presslingen in bestimmten Normmaßen technologisch vorgegeben werden. Aufgrund der einheitlichen Größenverteilung und Dichte gewinnen sie für den vollautomatischen Heizbetrieb immer größere Bedeutung. Presslinge mit einer hohen Rohdichte haben stets auch eine hohe Härte.

Die **Lagerdichte** (Schütt- und Stapeldichte) bestimmt das Lager- und Transportvolumen der Brennstoffe. Sie ist definiert als der Quotient aus der Masse des in einen Behälter gefüllten Brennstoffs (z. B. Holzhackschnitzel) und dem Behältervolumen. Hohlräume zwischen den Brennstoffteilchen sind also wie bei der Stapeldichte in dem Wert mit enthalten.

Aschestoffe sind hinsichtlich der Zahl der Elemente vielseitiger zusammengesetzt als Nichtaschenstoffe. Im Gegensatz zu C, H und O werden sie während der Ertragsbildung der Pflanzen nicht aus der Luft, sondern aus dem Boden aufgenommen (Ausnahme = N_2 bei Luftstickstoffbindung der Leguminosen, siehe Kap. 4.4). Zusammen mit Stickstoff bilden sie die so genannte Mineralstofffraktion in der Pflanze. Durch Sekundärverunreinigungen, z. B. an Straßengrasschnitt oder Rinde, kann der Aschegehalt weiter ansteigen. Grundsätzlich sind die Aschegehalte in Holzbrennstoffen gering, in Halmgutbrennstoffen mit ihren hohen Anteilen an K_2O und P_2O_5 dagegen relativ hoch. Aschestoffe sind regelmäßig alkalisch, ergeben also in Wasser eine ätzende Lauge. Asche enthält hauptsächlich die Oxide von Kalium, Phosphor, Calcium, Magnesium, Natrium, Silizium und Spuren anderer Metalloxide.

Der **Aschegehalt** des Festbrennstoffs beeinflusst den Brennwert und seine Einsatzmöglichkeit in bestimmten Feuerungsanlagen aufgrund des spezifischen **Ascheschmelzverhaltens**. Bei der Verbrennung kann es in Abhängigkeit vom Temperaturniveau zu physikalischen Veränderungen kommen, die von einem Verkleben bis zum völligen Aufschmelzen der Aschepartikel (Schlackebildung) reichen. Derartige Prozesse führen zu Ablagerungen in der Konversionsanlage, die regelmäßig Störungen, Betriebsunterbrechungen, eine veränderte Verbrennungsluftzufuhr und eine Hochtemperaturkorrosion hervorrufen. Zusätzliche Einrichtungen wie wassergekühlte Rostsysteme oder Brennmulden, Bewegungselemente im Glutbett, Abgasrückführung, Aschebrecher, Brennstoffverwirbelung oder Brennstoffadditivierung beugen solchen Problemen vor.

Getreide- und Strohverbrennung resultiert oft in zu niedrig schmelzenden Aschen, wenn ungünstige Kalium-, Calcium- und Silikatgehalte vorliegen. Die Schlacke kann den Brennraum verkleben und die Brennluftzufuhr behindern. Niedrige Ascheerweichungs- und Ascheschmelztemperaturen können durch Zuschläge mit Kalk oder hochschmelzender Asche erhöht werden.

Besonders gefährlich sind hohe Chloridgehalte, die selbst Rauchrohrmaterialien aus V4a-Stahl binnen kürzester Zeit durch Punktkorrosion zerstören können.

Die typischen Formen des Holzes zur Energiebereitstellung sind Hackgut, Stückholz und Holzpresslinge.

Holzhackgut (Holzhackschnitzel) ist ein weit verbreiteter Brennstoff für Feuerungsanlagen. Es handelt sich dabei um maschinell zerkleinertes Holz in der Größe von 1 bis 100 mm und stammt aus Wald-, Industrierest-, Alt-, Landschaftspflege- und Kurzumtriebsholz. Als Maschinen für die Holzzerkleinerung kommen Hacker (Scheibenhacker, Trommelhacker, Schneckenhacker) und Schredder zum Einsatz.

Bei Wassergehalten zwischen 40 und 50 (bis 60) % sind Holzhackschnitzel erntefrisch, zwischen 35 und 40 % feucht, zwischen 30 und 35 % bedingt lagerbeständig und zwischen 20 und 30 % lagerbeständig.

Form und Größe des Holzhackgutes bestimmen die Transportmöglichkeiten und das Verhalten in der Konversionsanlage. Die vollautomatische Brennstoffförderung und Feuerraumbeschickung muss immer leicht regel- und dosierbar und möglichst störungsfrei sein. Gefordert ist dementsprechend ein möglichst homogener Brennstoff der die Form und Größe sowie den Übergrößenanteil bzw. den Fein- und Staubanteil innerhalb bestimmter Grenzen einhält. Tab. 5.2 enthält die entsprechenden Normgrößen für Holzhackgut.

Ein hoher Anteil an Übergrößen kann zur vermehrten Brückenbildung führen und damit die Lagerbewirtschaftung und die Brennstoffzuführung behindern. Feinhackgut der Normgrößen P16 und P45 ist vor allem für Kleinanlagen geeignet. Mittleres Hackgut, das dem in Sägewerken anfallenden Industriehackgut entspricht, wird hauptsächlich in größeren Anlagen eingesetzt. Grobhackgut mit einer Nennlänge von

Tab. 5.2 Größen des Holzhackgutes nach EN (Europäische Norm) 14961 (nach Massenanteilen gegliedert)

Norm	Hauptfraktion	Feinanteil	Grobanteil	Extremwerte
P	> 80 %	< 5 %	< 1 %	
P16	3,15...16 mm	< 1 mm	> 45 mm	< 85 mm
P45	3,15...45 mm	< 1 mm	> 63 mm	< 120 mm
P63	3,15...63 mm	< 1 mm	> 100 mm	< 350 mm
P100	3,15...100 mm	< 1 mm	> 200 mm	< 350 mm

unter 100 mm (P100) kommt in Großanlagen und bei Handbeschickung von Kesseln zum Einsatz.

Als Schüttdichte wird die Masse (in kg) von einem Schüttraummeter (srm) Hackgut bezeichnet (siehe Kap. 2.3. 3.) und gliedert sich nach der österreichischen Norm (ÖNORM) M 7133 in drei Stufen. Die geringe Schüttdichte (S 160) für Holzhackgut mit bis zu 160 kg m^{-3} gilt für Fichte, Tanne, Pappel und Weide, die mittlere (S 200) mit > 160 kg m^{-3} für Kiefer, Lärche, Birke und Erle und die hohe (S 250) mit > 200 kg m^{-3} für Buche, Eiche und Robinie.

Der Aschegehalt von Holzhackschnitzeln wird sehr stark durch den Rindenanteil beeinflusst. Davon besonders betroffen ist Material von Kurzumtriebsplantagen (s. Kap. 4.6.2) oder aus der Landschaftspflege. Bei der Verbrennung entstehen deshalb spezifische Anforderungen an die automatische Ascheaustragung, die Ausfertigung der Brennkammer zur Verhinderung von Verschlackung und Korrosion sowie die Vermeidung der Schadstoffemissionen (v. a. Feinstaub).

Stückholz ist das für die unmittelbare Verwendung zerkleinerte Brennholz. Es stammt in erster Linie aus dem Wald, kann aber auch über die holzbe- und verarbeitende Industrie oder als Alt- und Recyclingholz bezogen werden.

Waldholz wird unmittelbar vor dem Verkauf gesägt und/oder gespalten, um das Material an die jeweilige Feuerungsanlage anpassen zu können. Aufarbeiten, Verladen und Ausliefern können unmittelbar aufeinander folgen mit Brennstofflängen von 25, 33, 50 oder 100 cm. Üblich sind 33 cm Scheite, d. h zweimal geschnittenes Meterholz. Die Trocknung des Brenngutes erfolgt entweder im Wald oder in einem aufbereiteten Zustand beim Endverbraucher. Bei der Zwischenlagerung im Wald wird der lufttrockene Zustand von 12 bis 20 % Wassergehalt bei ein- bis zweijähriger Lagerdauer erreicht.

Stückholz aus Industrierestholz fällt beim Holzzuschnitt an und wird meist in Großbunden aus Schwarten (abfallende Rindenseiten beim Sägen von Rund- zu Kantholz) und Spreißel (abfallende rindenhaltige Schnittreste beim Besäumen von Brettern) geliefert. Der ofentaugliche Zuschnitt erfolgt beim Endverbraucher.

Stückholz aus Altholz wird von Altholzverwertern und Recyclingunternehmen angeboten. Es muss sich aufgrund potenzieller Umweltbelastungen bei der Verbrennung immer um unbelastetes Altholz handeln.

Holzpresslinge sind die aus mechanischer Verdichtung von Holz- oder Rindenteilen erzeugten Brennstoffe. Sie liegen als Pellets oder Briketts vor und werden in der Nähe der Sägeindustrie und bei Sekundärverarbeitern von Nutzholz hergestellt, die über größere Mengen bereits getrocknetem und fein zerkleinertem Holzmaterial verfügen. Holzpellets werden meist in vollautomatisch beschickten Verbrennunganlagen genutzt. Aus diesem Grund unterliegen sie einer spezifischen Normung (Tab. 5.3).

Die innere Bindung der Pellets erfolgt durch das Lignin bei hohem Druck während des Pelletiervorganges. Dabei werden Späne mit einem Wassergehalt von max. 15 % in einer Form gepresst und danach auf End-

Tab. 5.3 Qualitätsansprüche für Holzpellets (DIN EN 14961-1)

Größenklasse	Durchmesser	Länge
D06	6 mm ± 1,0 mm	3,15 mm bis 40 mm, 1 % bis zu 45 mm
D08	8 mm ± 1,0 mm	3,15 mm bis 40 mm
D10	10 mm ± 1,0 mm	3,15 mm bis 40 mm
D12	12 mm ± 1,0 mm	3,15 mm bis 50 mm
D25	25 mm ± 1,0 mm	10 mm bis 50 mm
Wassergehalts-klasse	**Wassergehalt**	
M10	max. 10 %	
M15	max. 15 %	

Der Heizwert Q (um 18 MJ kg^{-1}) und der Gehalt von Additiven sind verbindlich anzugeben. Die Schüttdichte muss mindestens 550 kg m^{-3} betragen.
Für den Aschegehalt, die mechanische Festigkeit, den Feingutanteil sowie für Stickstoff (N)-, Schwefel (S)- und Chlor (Cl)- Gehalte sind weitere Klassen festgelegt.

länge geschnitten. Der Energieaufwand für die Herstellung und Bereitstellung der Pellets ist mit < 3% des Energiegehaltes relativ gering. Holzbriketts sind zylinder- und quaderförmige Holzpresslinge von 4 bis 12 cm Durchmesser und bis zu 40 cm Länge. Verwendet werden sie hauptsächlich in Einzelofenheizungen sowie in Kamin- und Kachelöfen.

Halmgutbrennstoffe werden überwiegend im trockenen Zustand bereitgestellt. Feuchtgutketten sind die Ausnahme. Brennstoffe aus Halmgut liegen als Stückgut (v. a. Ballen) oder Schüttgut (Häckselgut) vor. Darüber hinaus können Ballen und Häckselgut zu einer Pelletieranlage transportiert und das Halmgut dort pelletiert oder zu groben Briketts verdichtet werden. Die Bergung des Halmgutes in der Landwirtschaft basiert auf den traditionellen Standardverfahren und der üblichen Maschinenausstattung (s. Kap. 3.2.1). Allerdings sind bei den unterschiedlichen Halmgutbrenn- und -rohstoffen auch einige Besonderheiten zu beachten. So sind beim Halmgut von *Miscanthus* höhere und ungleichmäßigere Wassergehalte und gröbere Halmstrukturen im Vergleich zu Stroh oder Heu der Getreidearten bzw. Gräser zu berücksichtigen. Bei der Getreideganzpflanzenernte sind die Ernteverluste regelmäßig höher als beim Mähdrusch oder bei der Bergung von Landschaftspflegeheu sind oftmals Erntezeitpunkte durch Naturschutzvorgaben einzuhalten, die nicht dem energetischen Nutzungszweck entsprechen.

Die für die Verbrennung schädlichen Aschegehalte sind im Erntegut der Getreide- und Gräserarten meist sehr hoch. Getreideganzpflanzen enthalten im Korn einen Aschegehalt von 1,2 bis 1,7 %, im Stroh von 3 bis 7,5 %, während die Aschegehalte von Futtergräsern zwischen 5 und 10 % liegen. Die vegetativen Pflanzenteile sind durchweg reich an Kalium (0,5 bis 3 %) und Chlor (0,2 bis 1 %). Der hohe Aschegehalt und der v. a. durch Kalium verursachte niedrige Ascheschmelzpunkt sind bei der Planung der Feuerungsanlage und der Verbrennungsführung zu berücksichtigen. Soll das Korngut der Getreidearten verbrannt werden, sind hier die oft hohen Stickstoffgehalte (1,0 bis 2,5 %) zu beachten, weil die organischen Stickstoffverbindungen bei Temperaturen über 1000 °C in Brennstoff-NO_x umgewandelt werden. Die daraus resultierenden hohen NO_x-Emissionen waren in der Vergangenheit der Grund dafür, dass Getreide nicht als Regelbrennstoff zugelassen war. Dies änderte sich erst mit der Ersten Verordnung zur Durchführung des BImSchG (s. Kap. 5).

Für die Strohverbrennung stehen in Deutschland etwa 30 % der jährlich aufgewachsenen Strohmenge zur Verfügung. Grundsätzlich muss dabei aber gelten, dass dem Kohlenstoffkreislauf nur so viel Stroh entzogen werden darf, wie die Humusbilanz im Landwirtschaftsbetrieb noch positiv bleibt. Folglich sind die Potenziale für Stroh zur energetischen Nutzung immer regional auf der Grundlage der Humusbilanz zu ermitteln.

In Tabelle 5.4 sind die wichtigsten Qualitätsmerkmale biogener Festbrennstoffe und ihre Auswirkungen zusammenfassend dargestellt.

Für die **Übernahme bzw. Abrechnung des Brennstoffs** gibt es verschiedene Varianten mit jeweils Vor- und Nachteilen.

Die Übernahme anhand des Volumens hat den Vorteil der einfachen, kostenneutralen Bestimmung. Darüber hinaus ist die Abrechnung von verschiedenen Teilmengen und Lieferanten problemlos möglich. Allerdings gibt es bei dieser Variante zahlreiche Konflikte wegen unterschiedlicher Lieferqualitäten und eine große Ungewissheit über den Energieinhalt, da meist in unterschiedlicher Schüttdichte, Holzdichte und Holzqualität geliefert wird. Schließlich fehlt der Anreiz zur Optimierung des Energieinhaltes der gelieferten Holzsortimente.

Die Übernahme nach Gewicht und Wassergehalt bietet die Unabhängigkeit von Holzart und Schüttdichte und eine höhere Genauigkeit hinsichtlich der Angabe des Energieinhaltes. Allerdings muss dabei mit einem hohen Zeit- und Kostenaufwand gerechnet werden, weil das Gewicht und der Wassergehalt gemessen und das Trockengewicht errechnet werden müssen.

Die Übernahme nach der erzeugten Wärmemenge (z. B. Wärmemengenzähler nach dem Heizkessel) ist eine kostengünstige Methode zur Erfassung der gelieferten Energiemenge und ist unabhängig von Holzart, Schüttdichte und Wassergehalt. Nachteilig ist die Abhängigkeit vom Jahresnutzungsgrad der Verbrennungsanlage, so dass eine Abschätzung des Jahresnutzungsgrades und eine differenzierte Abrechnung mit verschiedenen Lieferanten notwendig werden.

Tab. 5.4 Qualitätsmerkmale biogener Festbrennstoffe und ihre Auswirkungen (Hartmann et al. 2000)

Qualitätsmerkmal	Wichtigste Auswirkungen
Chemisch-stoffliche Merkmale	
Wassergehalt	Heizwert, Lagerfähigkeit, Verluste, Selbstentzündung
Heizwert	Brennstoffausnutzung, Anlagenauslegung
Elementgehalte	
Chlor (Cl)	HCl-, PCDD/F (Dioxine/Furane)- Bildung, Hochtemperaturkorrosion
Stickstoff (N)	NO_x-, HCN- und N_2O- Emissionen
Schwefel (S)	SO_x- Emissionen, Hochtemperaturkorrosion
Kalium (K)	Ascheerweichungsverhalten, Hochtemperaturkorrosion
Magnesium (Mg), Kalzium (Ca), Phosphor (P)	Ascheerweichungsverhalten, Ascheeinbindung von Schadstoffen, Ascheverwertung
Schwermetalle	Ascheverwertung, Schwermetallemission, z. T. katalytische Wirkung bei PCDD/F- Bildung
Aschegehalt	Partikelemission (Staub), Rückstandsbildung und -verwertung
Ascheerweichungspunkt	Anlagenbetriebssicherheit, Niveau des Schadstoffausstoßes
Pilzsporen	Gesundheitsrisiken
Physikalische Merkmale	
Lagerungsdichte	Transport- und Lageraufwendungen, Logistikplanung
Teilchendichte	Feuerungseigenschaften (spezifische Wärmeleitfähigkeit, Entgasungsrate)
Größenverteilung	Rieselfähigkeit, Brückenbildungsneigung, Trocknungseigenschaften, Staubbildung
Feinanteil	Lagerdichte, Lagerfähigkeit, Staubbildung
Abriebfestigkeit	Entmischung, Verluste

5.1.2 Energiebereitstellung durch Festbrennstoffe

Die **Energiebereitstellung durch Festbrennstoffe** erfolgt grundsätzlich über zwei mögliche Nutzungspfade, die direkte Verbrennung und die thermo-chemische Umwandlung zu Sekundärenergieträgern (siehe Kap. 5). Die Verbrennung ist das älteste und zugleich am weitesten entwickelte Verfahren zur thermischen Nutzung, das in den Feuerungsanlagen ggf. mit der Stromerzeugung gekoppelt ist. Die großtechnische Energiebereitstellung über thermo-chemische Verfahren befindet sich dagegen noch weitgehend auf der Stufe der Pilot- und Demonstrationsanlagen (s. Kap. 5.2.3).

Die direkte Verbrennung in Feuerungsanlegen hat für biogene Festbrennstoffe die größte Verbreitung unter den Prozessen und Verfahren der Energiewandlung. Sie ist ein komplexer und mehrstufiger Prozess, bei dem die im Brennstoff gebundene Energie direkt in thermische Energie umgewandelt wird.

Bei der direkten Verbrennung wird Biomasse (CxHyOz) in die Endprodukte Kohlendioxid und Wasser umgewandelt. Da bei den Oxidationsprozessen alle organischen Bestandteile vollständig abgebaut werden, handelt es sich um eine vollständige Verbrennung, bei der Verbrennungsluft im Überschuss zugeführt wird. Die **Luftüberschusszahl** λ beschreibt dabei den Grad des Luftüberschusses als Verhältnis zwischen der insgesamt zugeführten Luftmenge und der für die vollständige Oxidation stöchiometrisch minimal benötigte Luftmenge. Da für die direkte Verbrennung mehr Sauerstoff zur Verfügung steht als für die stöchiometrisch vollständige Oxidation aller organischen Stoffe notwendig wäre, gilt $\lambda \geq 1$ (O_2 mindestens im stöchiometrischen Verhältnis).

Wird Sauerstoff dem Verbrennungsprozess unterstöchiometrisch zugeführt, so handelt es sich um eine unvollständige Verbrennung mit teiloxidierten Produkten, wie sie bei der Vergasung angestrebt werden ($0 < \lambda < 1$; O_2-Mangel). Wird den teiloxidierten Rückständen (Brennstoffen) später der noch benötigte Sauerstoff zugeführt, so werden sie ebenfalls vollständig verbrannt.

Die pyrolytische Zersetzung läuft unter Zufuhr von Wärme unter Ausschluss von externem Sauerstoff ab ($\lambda = 0$; kein externer O_2 zugeführt).

Auch in den **einzelnen Teilschritten der direkten Verbrennung** finden sich diese Reaktionen wieder. So gliedert sich der Verbrennungsvorgang in die Phasen

- Aufheizen und Trocknung
- Pyrolytische Zersetzung/Vergasung
- Flüchtigenabbrand
- und Koks- bzw. Feststoffabbrand.

Abbildung 5.3 zeigt den schematischen Ablauf der Verbrennung.

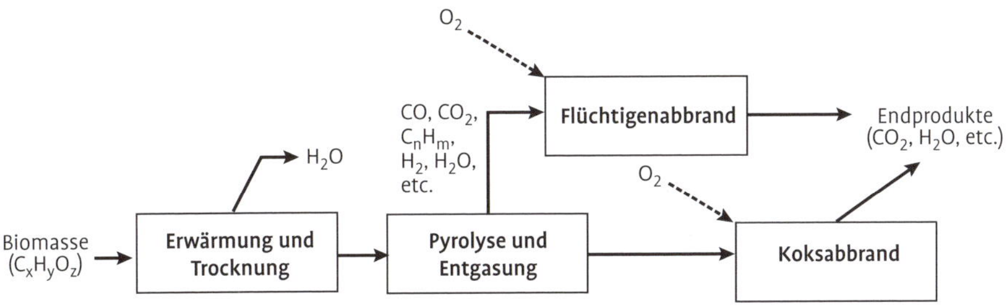

Abb. 5.3 Vereinfachtes Schema eines Verbrennungsvorganges (Barz 2001)

In Feuerungsanlagen erfolgt sowohl eine zeitliche als auch räumliche Überlappung der einzelnen Teilschritte.

Aufheizen und Trocknen sind wie die pyrolytische Zersetzung/Vergasung endotherme Prozesse. Dabei wird der Brennstoff auf Prozesstemperatur gebracht und Wasser abgeführt bis die Zersetzungstemperatur erreicht wird. Dabei besteht ein unmittelbarer Zusammenhang zwischen dem Heizwert und dem Wassergehalt.

Im Einzelnen werden die Initialprozesse der Verbrennung durch die Feuerraumtemperatur und die Strömungsverhältnisse (Energieübertragung auf die Brennstoffoberfläche) sowie die Partikelgröße/Stückigkeit und Struktur, den Wassergehalt und die Wärmeleitfähigkeit des Brennstoffs bestimmt. Die durch inhomogene Ausdehnung entstandenen Rissbildungen im Brennstoff führen zu einer Vergrößerung der Oberfläche und erleichtern den O_2-Zutritt. Die in dieser Phase benötigte thermische Energie wird dem exothermen Verbrennungsprozess entzogen. Das in dem Holz enthaltene Wasser erhöht dabei die erforderliche Energiemenge, wobei die Brennstofftemperatur die Verdampfungstemperatur des Wassers solange nicht überschreiten kann, bis das Wasser aus dem Brennstoff völlig verdampft ist. Durch die Verdampfungsenthalpie des Wassers von 2 258 kJ kg^{-1} bei 1 bar und 100 °C wird dem Reaktor eine signifikante Energiemenge entzogen und damit eine Reduzierung der Verbrennungstemperatur und in der Folge eine Verlangsamung des Brennstoffumsatzes evident. In dieser ersten Phase hat bereits eine geringfügige thermische Zersetzung stattgefunden.

Die **Prozesse der pyrolytischen Zersetzung und Vergasung** laufen ebenfalls endotherm ab, unterscheiden sich aber in der Sauerstoffverfügbarkeit. Pyrolyse erfolgt immer unter Sauerstoffabschluss, so dass sich die Produkte von denen aus der „Vergasung“ unterscheiden. Die Aufspaltung des Brennstoffs ist in erster Linie von den thermischen Bedingungen abhängig, die Anzahl der entstehenden Produkte dabei sehr groß. Die durch Pyrolyse gebildeten bzw. schon oxidierten Verbindungen werden durch Druck- und Konzentrationsgefälle in die umgebende Gasphase transportiert. Dabei handelt es sich v. a. um Kohlenmonoxid, Methan, Methanol, Wasserstoff, leicht entflammbares Öl und Teere. Am Ende dieser zweiten Phase liegen ca. 85 % der ursprünglichen Holztrockenmasse gasförmig vor. Kohlenstoff und Asche bilden den Rest. Die für Verbrennungsvorgänge notwendigen hohen Zersetzungsraten treten erst bei höheren Temperaturen ein. So liegt das Maximum der Vergasung für Holz bei ca. 250 °C und lässt sich schon der nachfolgenden dritten Phase zuordnen.

Für den **Flüchtigenabbrand** ist das Erreichen des „Flammpunktes" von ca. 225 °C notwendig, die Temperatur, bei der flüchtige Bestandteile entzündet werden und dann weiter brennen. Die oxidierbaren Gase reagieren hier exotherm mit Sauerstoff. Die thermische Energie steht u. a. für die parallel ablaufenden endothermen Prozesse zur Verfügung.

Im letzten Schritt der Verbrennung läuft der **Koks- bzw. Feststoffabbrand** ab. Die verbliebenen Reststoffe bestehen zu ca. 95 % aus Kohlenstoff und ca. 5 % aus Asche. Die konkreten Anteile hängen sehr stark davon ab, wie vollständig die Verbrennung ist. Mit höherem Verbrennungsgrad steigt auch der Ascheanteil an.

Von der Feststoffreaktion als einer heterogenen oxidativen Gas-Feststoff-Reaktion werden ca. 15 % der ursprünglichen Holztrockenmasse erfasst. Sie besteht aus den beiden Reaktionsschritten C mit CO_2 und CO mit O_2:

$$C + CO_2 + E(\text{nergie}) \rightarrow 2\,CO \text{ (Boudouard- Reaktion)} \tag{11}$$

$$2\,CO + O_2 \rightarrow 2\,CO_2 + E \text{ (in Gasgrenzschicht)} \tag{12}$$

Die Phasengrenzflächen entstehen aus der äußeren Oberfläche der Kokspartikel und deren weitaus größeren inneren Oberfläche (Poren, Risse).

Der Feststoffabbrand bestimmt die Geschwindigkeit des Gesamtprozesses der Verbrennung, weil dessen Dauer gegenüber den Vorgängen der Zersetzung ungleich größer ist.

Die Geschwindigkeit des Stoff- und Energieumsatzes bestimmt die Feuerungsleistung, die durch das Verhältnis aus Brennzeit und der Verweildauer der Reaktionspartner in der Flamme beschrieben wird. Ist die Brennzeit größer als die Verweildauer, so entstehen vermehrt unverbrannte Gase und Herdrückstände (Mischung aus gesinterten und pulverförmigen Aschen sowie Koksteilen). Ist dagegen die Brennzeit kleiner als die Verweildauer, so sinkt die spezielle Feuerungsleistung. Insbesondere nimmt der feuerungstechnische Wirkungsgrad ab mit zunehmendem Wassergehalt des Brennstoffes.

Bei der Biomasseverbrennung treten relativ hohe Anteile an flüchtigen Bestandteilen in Form von Gasen und Flugaschen auf. Das giftige und immer noch brennbare Kohlenmonoxid (CO) ist sehr stark von der Luftverhältniszahl λ und dem Wassergehalt des Brennstoffes abhängig. Die notwendige CO-Minimierung verlangt einen hohen Regelungsaufwand.

Das Aufkommen an Kohlenwasserstoffen (HC) ist sehr eng mit dem CO-Gehalt im Rauchgas korreliert. Polyaromatische Kohlenwasserstoffe (PAK) werden durch den Ligningehalt begünstigt und zusammen mit CO emittiert.

Dioxine und Furane, deren Bildungsoptimum bei > 300 °C liegt, sowie Chlor (Cl) und Schwermetalle kommen zu 80 bis 90 % partikelgebunden in der Flugasche vor. Die Emission von Schwermetallen in die Atmosphäre bzw. ihre Verteilung auf Herdrückstände, Flugaschen und Gase hängt im Wesentlichen von der Verbrennungsführung ab.

Das Hauptproblem bei der Biomasseverbrennung ist aber die Freisetzung von Stickoxiden (NOx). In Abhängigkeit von den Verbrennungsbedingungen sind dafür verschiedene Vorgänge verantwortlich. **Brennstoff-NO_x** (= NO + NO_2) entsteht im Verbrennungsprozess ab ca. 1000 °C aus dem organischen Stickstoffanteil der Biomasse. Die Reaktionsgeschwindigkeit nimmt bis ca. 1 800 °C mit steigender Temperatur zu. **Thermisches NO_x** entsteht oberhalb 1 200 °C aus molekularem und atomarem (Luft-) Stickstoff durch Umsetzung mit Sauerstoff. **Promptes NO_x** wird ab 1 300 °C aus der Reaktion von Stickstoffradikalen mit Sauerstoff gebildet, spielt mengenmäßig aber nur eine untergeordnete Rolle.

Der NO_x-Gehalt kann mit dem Lambda-Verhältnis (Gewichtsverhältnis aus Luft und Brennstoff) sowie mit der Verbrennungstemperatur reguliert werden.

Mit der **Feuerungstechnik** soll die chemische Energie des biogenen Brennstoffs effizient in thermische Energie überführt werden. Dabei wird die vollständige Oxidation aller brennbaren Bestandteile bei möglichst geringer Schadstoffemission angestrebt.

Die Systematik der Feuerungstechnik gliedert sich nach Art (holzartig, halmgutartig) und Form (Ballen, Hackholzschnitzel, Häckselgut, Pellets, Scheitholz) des Brennstoffes sowie nach der Art der Beschickung (handbeschickt, automatisch) und des Feuerungsprinzips (Schacht-, Unterschub-, Rost-, Einblase- oder Wirbelschichtfeuerung, Frontalabbrand) (Tab. 5.5)

Entsprechend der Feuerungsverfahren stehen im Wesentlichen fünf Bauarten von Feuerungsanlagen zur Verfügung:

- Bei der Schachtfeuerung wird der Brennraum absätzig befüllt. Die Feuerungsprinzipien sind Durchbrand, Unterbrand und seitlicher Abbrand.
- Bei der Unterschubfeuerung wird der Brennstoff (z. B. Holzhackschnitzel) mit einer Schnecke kontinuierlich zugeführt. Dabei wird zwischen Stoker-Feuerung (engl. to stoke; schüren) und Vorofenfeuerung (Generatorfeuerung) unterschieden. Bei der Stoker-Feuerung wird der Brennstoff von unten in die Feuermulde (Retorte) eingeschoben. Dort laufen alle vier Phasen der Verbrennung ab. Bei der Vorofenfeuerung finden die Prozesse bis zur Vergasung mehr oder weniger abgetrennt in einem kleinen Vorofen, die vollständige Verbrennung dann im Hauptbrennraum statt. Zwar müssen dabei Abstrahlungsverluste über den Vorofen in Kauf genommen werden, der Vorteil ist aber, dass der Brennstoff feuchter sein kann als bei der Stoker-Feuerung.
- Bei der Rostfeuerung werden die Brennstoffe über einen Rost transportiert und durchlaufen dabei alle Phasen der Verbrennung räumlich getrennt. Auch hier kann der Brennstoff feuchter sein; zusätzlich

Tab. 5.5 Systematik der Feuerungsanlagen und Prinzipien für Biomasse-Festbrennstoffe (Hartmann und Strehler 1995).

Beschickungsart	Brennstoffzufuhr	Brennstoffform	Feuerungsprinzip
Handbeschickte Anlagen (diskontinuierliche Wärmelieferung)	manuell	Scheitholz, Briketts	Durchbrand, oberer und unterer Abbrand Anlagen: Einzelöfen (z. B. Kaminöfen, Warmluftöfen), Zentralheizungen
Teilautomatisch beschickte Anlagen (kontinuierliche Wärmelieferung)	Schwerkraft	Hackschnitzel, (Scheitholz)	Unterbrandfeuerung (z. B. Anlagen mit vergrößertem Füllschacht, mechanisch oder manuell befüllt)
Automatisch beschickte Anlagen (kontinuierliche Wärmelieferung)	Schnecken	feine Hackschnitzel, Häckselgut, Pellets	Vorofenfeuerung, Unterschubfeuerung, Vorschub- oder Schrägrostfeuerung, Schneckenrostfeuerung, Wirbelschichtfeuerung
	(Trog-)Ketten	feine und grobe Hackschnitzel, Häckselgut, Pellets, Späne, Rinde	
	Schleuderrad	Hackschnitzel	Feuerung mit waagerechtem Rost
	pneumatisch	Sägemehl, Staub, Späne	Brenner (Einblasfeuerung)
	Förderbahn	Ballen	Zigarrenabbrandverfahren

bietet das Verfahren sehr gute Steuerungsmöglichkeiten, insbesondere in Großfeuerungen.

- Der Frontalabbrand (Großballen aus Halmgutbrennstoffen) wird auch Zigarrenfeuerung genannt, weil etwa ein Strohballen nur an der Front abbrennt und entsprechend der Abbrandgeschwindigkeit nachgeschoben wird.
- Bei der Einblasefeuerung wird gehäckseltes oder gemahlenes Brenngut in einem Trägerluftstrom in den Brennraum transportiert. Innerhalb von ein bis drei Sekunden wird der Brennstoff im Flug vollständig verbrannt. Der ideale O_2-Zutritt und die große Homogenität sprechen für dieses Verfahren. Ein modifiziertes Verfahren ist die Wirbelschichtfeuerung, bei der kleinstückiges Brenngut (z. B. Holzhackschnitzel, Stroh) mit Bettmaterial (Sand) durch einen scharfen Luftstrom in Schwebe gehalten wird und mit dem weiteren Abbrand allmählich nach oben steigt. Das aufgewirbelte Material besteht zu 95 bis 98 % aus Inertmaterial und nur zu 2 bis 5 % aus brennbarer Materie. Die Wirbelschichtfeuerung ist apparativ sehr aufwendig und ist wirtschaftlich nur in größeren Anlagen (> 10 MW) vertretbar.

Weil Halmgutbrennstoffe im Vergleich zu Holzbrennstoffen stets höhere Aschegehalte, ungünstigeres Ascheerweichungsverhalten und höhere Gehalte an Alkalien, Chlor und insbesondere Stickstoff aufweisen, müssen Asche- bzw. Schlackeabführung, Temperaturführung und Brennstoffvorbehandlung bei Halmgutfeuerungen besonders beachtet werden. Für die Strohfeuerung kommen beispielsweise nur der Frontalabbrand oder die Einblasefeuerung in Betracht.

5.2 Biotreibstoffe

Biotreibstoffe sind flüssige oder gasförmige Kraftstoffe aus Biomasse, die für die motorische Verbrennung eingesetzt werden. Sie sind unter den regenerativen Energien die einzige Alternative zu fossilen Kraftstoffen. Biokraftstoffe sind deshalb sehr begehrt, obwohl der Wirkungsgrad der energetischen Wandlung von Biomasse für diesen Zweck vergleichsweise gering ist.

Die biogenen Treibstoffe werden in die Kraftstoffe der ersten und zweiten Generation unterteilt

Die **erste Kraftstoffgeneration** ist am Markt bereits etabliert. Bioethanol und ETBE (Ethyl-tert-butylether) stammen aus pflanzlichen Stärketrägern wie Getreide und Körnermais (siehe Kap. 4.1) oder aus zuckerreichen Pflanzen wie Zuckerrübe (siehe Kap. 4.3.1) und Zuckerrohr. Pflanzenöl bzw. Fettsäuremethylester werden aus dem Erntegut von Ölfrüchten (siehe Kap. 4.2) gewonnen.

Da die Rohstoffpflanzen immer in Flächenkonkurrenz zur Nahrungserzeugung stehen, wird in letzter Zeit an der Marktreife der **Biokraftstoffe der zweiten Generation** gearbeitet. Sie werden mittels fortgeschrittener technischer Prozesse aus lignocellulosehaltiger Biomasse gewonnen. Diese steht zwar nicht im Wettbewerb mit der Lebensmittelherstellung, ist dafür aber eine begehrte Ressource für eine Reihe von Festbrennstoffen (siehe Kap. 5.1). Als Rohstoffquellen dienen hauptsächlich Holz, Stroh und Bioabfälle. Zu den Kraftstoffen der zweiten Generation gehören als aussichtsreichste Vertreter die BTL (Biomass-to-Liquid)-Kraftstoffe sowie Biomethan und Bioethanol aus Cellulose.

5.2.1 Bioethanol

Die biochemische Grundlage der Ethanolgewinnung ist die alkoholische Gärung, bei der Zucker in Ethanol und Kohlendioxid umgewandelt wird. Der fakultative Prozess läuft unter Beteiligung ethanolbildender Organismen wie Hefen, Pilzen und Bakterien ab, die den anaeroben Stoffwechselweg zur Energiegewinnung temporär nutzen, wenn kein Sauerstoff verfügbar ist. Selbst Zellen einiger höherer Pflanzen gehen unter anaeroben Bedingungen zur alkoholischen Gärung über.

Anhand der Summenformel für den Umwandlungsprozess lässt sich leicht erkennen, dass Glucose ($C_6H_{12}O_6$), 2 Adenosindiphosphat (ADP) und 2 Phosphat (P_i) zu 2 Ethanol (C_2H_5OH), 2 Kohlenstoffdioxid, 2 Adenosintriphosphat (ATP) und 2 Wasser reagieren:

$$C_6H_{12}O_6 + 2\,ADP + 2\,P_i \rightarrow 2\,C_2H_5OH + 2\,CO_2 + 2\,ATP + 2\,H_2O \quad (13)$$

Die Backhefe (*Saccharomyces cerevisiae*) nutzt als Ausgangssubstrate ausschließlich Mono- (Glucose, Fructose, Mannose) und Disaccharide (Saccharose, Maltose, Lactose).

Insbesondere Bakterien (z. B. *Zymomonas mobilis*) könnten eine Alternative zu Hefen sein. Sie haben eine höhere Wachstumsgeschwindigkeit, geringere Biomassebildung und auch eine höhere Ethanolausbeute und verfügen darüber hinaus über Amylasen und teilweise Cellulasen, so dass sie auch stärke- und cellulosehaltige Substrate vergären können. Weil aber Hefen vergleichsweise robust und leicht zu kultivieren sind, werden sie unter allen Mikroorganismen heute noch am häufigsten industriell genutzt.

Die der Summenformel zugrunde liegenden physiologischen Umsetzungsprozesse beginnen wie bei der Biologischen Oxidation (Dunkelatmung) mit dem Abbau der Glucose zu Pyruvat (Brenztraubensäure). Die Gesamtheit der einzelnen Schritte wird als Glycolyse bezeichnet (Abb. 5.4).

Der C6-Zucker Glucose wird zunächst unter Verbrauch von 2 ATP phosphoryliert und zerfällt dann unter Dehydrierung und ATP-Gewinn (2 ATP) in zwei C3-Körper. Bei der Dephosphorylierung des im Verlauf der Substrat-Ketten-Phosphorylierung gebildeten Phosphoenolpyruvates kommt es zur Bildung von weiteren 2 ATP. Hierbei handelt es sich um den einzigen Energieüberschuss im Verlauf der Gärung. Vom Verzweigungssubstrat Pyruvat sind es dann nur noch zwei Stoffwechselschritte zur Bildung von Ethanol. Zuerst wird CO_2 durch die Pyruvat-Decarboxylase, einem Multienzymkomplex, abgespalten und darauf das gebildete Acetaldehyd durch $NADH/H^+$ zu Ethanol reduziert.

Bei der ebenfalls anaeroben Milchsäuregärung dient $NADH/H^+$ zur Reduktion des Pyruvates. Milchsäure ist eine starke Säure, die bei der Silage(Gärfutter)bereitung entsteht (siehe Kap. 3.2.1).

Die großtechnische Ethanolherstellung erfolgt in Industrieanlagen. Für den Gewinnungsprozess sind dort mehrere Verfahrensschritte notwendig.

Am Anfang der industriellen Ethanolherstellung steht die Rohstoffreinigung, -aufbereitung und ggf. -hydrolyse, gefolgt von dem eigentlichen Gärprozess und der Ethanolabtrennung, -konzentration und -entwässerung sowie der Behandlung der Destillationsrückstände.

In Abb. 5.5 ist ein solcher industrieller Prozess zur Ethanolgewinnung aus Weizen und Zuckersirup in der Gesamtschau dargestellt.

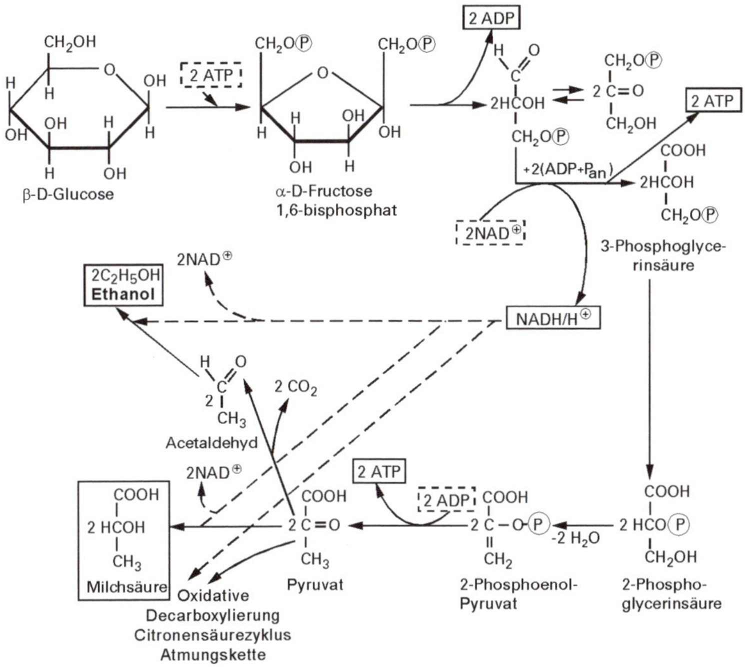

Abb. 5.4 Abbau von Glucose zu Pyruvat (Glycolyse) und anschließende Bildung von Ethanol bzw. Milchsäure (nach Schilling 2000, verändert).

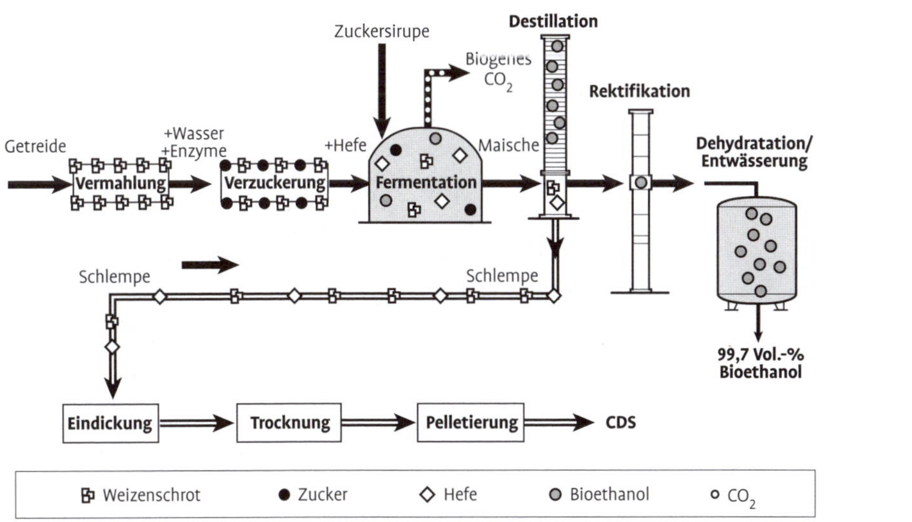

Abb. 5.5 Schema der Herstellung von Bioethanol und CDS (Condensed Distiller's Solubles) im großtechnischen Maßstab (CropEnergies AG).

Der Herstellungsprozess gliedert sich in sieben Teilschritte:

1. Der Weizen wird gereinigt und in einer Mühle vermahlen. Dabei werden die Schalen des Weizens abgetrennt und im Biomasse-Kraftwerk für die Erzeugung von Primärenergie genutzt.
2. Der nächste Verarbeitungsschritt trennt das Gluten (Klebereiweiß) vom Rest des Korns.
3. Durch Zugabe von Enzymen wird die im Weizen enthaltene Stärke in fermentierbare Kohlenhydrate umgewandelt, die zu Alkohol vergoren werden. In diesem Teilschritt werden dem Prozess Zuckersirupe zugeführt, die direkt fermentiert werden können.
4. Hefen wandeln im nächsten Schritt, der Fermentation, die Kohlenhydrate in Alkohol und Kohlendioxid um. Das entstehende alkoholhaltige Gemisch fällt als Maische an.
5. Die Destillation trennt den Alkohol von den übrigen Bestandteilen der Maische.
6. In der Rektifikation wird dieser Alkohol nun noch einmal gereinigt. Die Dehydratation, auch als Trocknung des Alkohols bezeichnet, entzieht ihm im Anschluss das Wasser weitgehend: Nun liegt ein hochreines Bioethanol mit 99,7 Vol.-% vor.
7. Die weiteren Bestandteile, die so genannte Schlempe, werden eingedickt und zu Condensed Distiller's Solubles (CDS) weiterverarbeitet. Dabei handelt es sich um ein wertvolles, proteinreiches Futtermittel.

Die **Qualitätsanforderungen** an den Rohstoff richten sich an äußere und innere Merkmale. Zu der äußeren Qualität der **Zuckerrübe** gehören Ausformung des Rübenkörpers, Besatz als Erd-, Stein- und Schmutzanteil, Beschädigungen, Kopf- und Unkrautanteile sowie Schosserbeimengungen. Nach den Neuregelungen des Abfallbeseitigungsgesetzes ist der Erdanhang besonders wichtig, weil er sich unmittelbar auf die Rentabilität des Fabrikationsprozesses auswirkt. Der Rübenkörper enthält ca. 75% Wasser und 25% Trockensubstanz. Die lösliche Trockensubstanz besteht aus 65 bis 85% Saccharose, dem Disaccharid aus Glucose und Fructose. Dieser Rohzuckeranteil gemessen in Grad Polarisation (°S) liegt zwischen 17 und 20% bezogen auf die Rübe.

Das Korngut von **Getreide** ist bei einer Lagerfeuchte von 14% über einen langen Zeitraum haltbar und verändert sich in den Verwertungseigenschaften nur unwesentlich. Auch die Rohstoffaufbereitung ist vergleichsweise unkompliziert. Das Getreidekorn wird über Trocken- oder Nassvermahlung mittels Hammermühlen zerkleinert und damit die Stärke für die Ethanolgewinnung besser aufschließbar. Die Trockenvermahlung zeigt regelmäßig die besseren Mahlergebnisse und bietet den Vorteil einer möglichen Zwischenlagerung des Schrotes. Der in Nassvermahlung erzeugte Maischebrei ist dagegen schon Bestandteil des Maischprozesses selbst und erlaubt einen hohen Materialdurchsatz.

Die Stärke der Getreidekörner muss vor der Fermentation durch hydrolytische Spaltung in niedermolekulare Zucker umgewandelt (verzuckert) werden. Dieser Voraufschluss erfolgt entweder chemisch-physikalisch oder enzymatisch.

Die **chemisch-physikalische Hydrolyse** der Stärke basiert auf der katalytischen Wirkung von Säuren (Protonenkatalyse), bei der das Polymer vollständig in D-Glucosemoleküle abgebaut wird. Der durch Protonen katalysierte Prozess verläuft bei Raumtemperatur sehr langsam. Aus diesem Grunde wird der Rohstoffaufschluss bei Temperaturen > 100 °C und unter Überdruck > 2 bar beschleunigt. Die säurehydrolytische Verzuckerung von Stärke hat den Vorteil einer raschen Hydrolyse. Nachteile beruhen auf der Bildung von Reversionsprodukten, Farbstoffen, Asche und Polymeren.

Im industriellen Maßstab wird deshalb der **enzymkatalysierte drucklose Stärkeaufschluss** bevorzugt, der in einer sehr spezifischen Reaktion mit hoher Ausbeute, energetischer Optimierung und höherem Reinheitsgrad abläuft.

Mit der Umstellung von der Säure- auf die Enzymhydrolyse gelang es in den Glucose produzierenden Fabriken, die Dampfkosten um 30 %, den Ascheanteil um 50 % und die Nebenprodukte um 90 % zu reduzieren.

Bei der Enzymhydrolyse wird der Stärkebrei in Anwesenheit von hitzebeständiger bakterieller Endo-α-Amylase erhitzt, so dass die Stärke in Lösung gehen kann. Zur Freisetzung von vergärbarem Zucker werden im technischen Maßstab verschiedene Enzyme genutzt. Die α-Amylase hydrolisiert die α-1,4-glycosidische Bindungen des Stärkemoleküls. Diese Reaktion ist fortlaufend. Über die Bildung von Maltodextrinen und weitere Hydrolyse mittels Amyloglucosidase (α-1,4-Glucan-Glucohydrolase) entstehen gärungsfähige Zucker. Außerdem werden Enzyme eingesetzt, die die α-1,6-Bindungen an den Verzweigungsstellen von Stärke und Dextrinen angreifen. Weil die enzymkatalytische Reaktion mit der nativen Stärke sehr langsam abläuft, wird eine 30 bis 40 %ige Trockensubstanzsuspension gelatiniert und verflüssigt, um die Stärke für den enzymatischen Abbau zugänglicher zu machen.

In der Fermentation wird das eingemaischte Material zu Alkohol vergoren. Dabei verlaufen das absatzweise Batch-Verfahren, das semi-kontinuierlichen Fed-Batch-Verfahren sowie der Kaskaden- und der kontinuierliche Verfahrensablauf unterschiedlich

Die für die Fermentation benötigten Hefen werden in den Ethanolanlagen selbst hergestellt, indem Hefemaische aus der Fermentation abgetrennt wird. Die erstmalige Fermentation wird mit Trocken-Reinzuchthefen gestartet.

Kontinuierliche Verfahren benötigen einen vergleichsweise hohen anlagentechnischen Aufwand, sind daher nur in Großanlagen sinnvoll und haben insgesamt eine höhere volumenbezogene Produktivität als die Batch-Fermentation.

Zwischen den Verfahren gibt es auch deutliche Unterschiede in der Kulturführung. Im Batch-Verfahren kann die Wachstumsgeschwindigkeit der Kultur grundsätzlich nicht beeinflusst werden. Folglich gelingt es nur in kontinuierlicher (chemostatischer) oder Fed-Batch-Kultur, bestimmte Prozessbedingungen (z. B. Substratkonzentration, Wachstumsgeschwindigkeit) über längere Zeiträume aufrecht zu erhalten.

Im **Batch-Verfahren** wird der Gäransatz mit Maische und Hefe unter Belüftung in einem Gärbehälter hergestellt. Zunächst vermehrt sich die Hefe soweit, wie sie zum Abschluss der Gärung notwendig ist. Danach wird Maische in mehreren Schritten hinzugeführt, bis der Behälter gefüllt ist. Jetzt beginnt bereits der Gärvorgang. Im gefüllten Gärbottich wird der Zucker anaerob zu Ethanol umgewandelt. Die Temperaturführung muss so gewählt werden, dass 24 Stunden nach Beginn der Fermentation 34 °C erreicht werden, eine Temperatur, die durch Kühleinrichtung im weiteren Verlauf zu halten ist. Unter diesen Bedingungen sind Gärzeiten von nur 30 Stunden möglich.

Die Gärung muss analytisch begleitet werden. Erfasst werden täglich der Extraktgehalt (kennzeichnet die Menge an vergorener Glucose), der pH-Wert, die Temperatur und das mikrobielle Spektrum. Ein Infektionsrisiko entsteht durch die Vermehrung von „wilder Hefe“ und anderer Pilze (z. B. Schimmelpilze) aber auch von Bakterien mit der Folge, dass die unerwünschten Mikroorganismen Zucker verbrauchen und damit die Ethanolausbeute verringern. Der Gärprozess ist abgeschlossen, wenn der Zucker verbraucht oder die angestrebte Alkoholkonzentration erreicht ist.

Der Vorteil des Batch-Verfahrens ist die robuste Gärführung, bei der die einmal gewonnene ethanolhaltige Maische kurzfristig aus dem Prozess durch Destillation herausgenommen und damit ein Infektionsrisiko vermieden werden kann.

Eine Weiterentwicklung des Batch-Verfahrens ist die **Fed-Batch-Fermentation**. Sie ist eine semi-kontinuierliche Kulturführung, bei der ein periodischer Abzug des verwerteten Substrates und ein Ersatz durch äquivalente Mengen frischen Substrates stattfinden. Während des mikrobiellen Umsatzes werden ein oder mehrere Nährbodenbestandteile zugeführt, das Produkt aber erst bei Abbruch der Fermentation abgezogen. Durch die Änderung der Nährboden-Konzentrationen soll die Produktivität in Richtung der gewünschten Metabolite beeinflusst werden.

Das **Kaskadenverfahren** verläuft kontinuierlich mit mehreren hintereinander geschalteten Fermentern, in die die Maische durch ein Gefälle einläuft. Der aeroben Hefevermehrung dient der erste Fermenter. Im zweiten erfolgt der Süssmaischezulauf und in den zwei oder drei folgenden Fermentern die anaerobe Umwandlung zu Ethanol. Bei klaren Substraten wird im letzten Fermenter die Hefe abgetrennt und dem Prozess erneut zugeführt.

Das Kaskadenverfahren ist weniger arbeitsintensiv bei einfacher apparativer Ausstattung verbunden mit hoher Ethanolausbeute und hohen Ethanolgehalten.

Bei dem **kontinuierlichen Gärverfahren** läuft der gesamte Prozess in einem Fermenter ab. Hier wird gleichzeitig zuckerhaltiges Substrat zugegeben, Hefe gezüchtet, Ethanol erzeugt und vergorene Maische abgezogen. Die Vorteile dieses Verfahrens liegen in der kompakten Bauweise der Anlage, einem hohen Automatisierungsgrad und einer besseren Energieeffizienz. Kritisch muss die Infektionsgefahr gesehen werden. Aus diesem Grund sind die zugeführten Substrate immer zu sterilisieren und die rückgeführten Hefezellen frei von Feststoffen zu halten.

Die fermentierte Maische enthält Ethanol, welches separiert, gereinigt und konzentriert werden muss. Dies geschieht nacheinander durch **Destillation und Rektifikation**.

Das Zweistoffgemisch wird in übereinander stehenden Kochböden von Destillationskolonnen (Abtriebskolonnen) getrennt. Die Maische wird im oberen Teil der Kolonne eingefüllt, von Boden zu Boden geleitet und am Grund der Kolonne aufgekocht. Das Ethanol-Wasserdampf-Gemisch wird dabei von der Lösung getrennt und steigt von Boden zu Boden auf, bis es am Kopf der Kolonne entweicht. Zurück bleibt die vom Ethanol befreite Maische, die Schlempe.

In Abhängigkeit vom Ausgangssubstrat kann die Schlempe in unterschiedlichen Anteilen in den Fermentationsprozess zurückgeführt werden. Bei Weizen-, Mais- und Rübendicksaftschlempe beträgt dieser Anteil bis zu 50 %.

Der bei Destillation entweichende Kopfstrom wird in der Rektifikationskolonne aufkonzentriert und gereinigt. Ein Teil des Destillats wird dabei kondensiert und als Rücklauf am Kopf der Kolonne eingespeist. Der entstehende Flüssigkeitsstrom wird dem aufsteigenden Dampfstrom entgegengeführt. Durch die Variation unterschiedlicher Druck- und Temperaturverhältnisse wird das Rücklaufverhältnis so eingestellt, dass zusammen mit den eingebauten Trennstufen die Reinheit des gewonnenen Destillats gesteuert werden kann. Unter Normaldruck lässt sich das destillative Ethanol nur bis zum **azeotropen Punkt** (nicht durch Destillation zu trennen) entwässern, der bei einer Zusammensetzung von 96,47 Vol. % Ethanol und 3,53 Vol. % Wasser liegt.

Da Ethanol als Beimischung zum Ottokraftstoff absolut wasserfrei sein muss, schließt sich die **Entwässerung** (Dehydratation) des Ethanols, auch Absolutierung genannt, an.

Dies geschieht entweder durch die Schleppmitteldestillation, das Membran- oder das Molekularsiebverfahren (Adsorptionsverfahren). In großtechnischen Anlagen wird dem Gemisch das Wasser meist durch die Adsorption mit Molekularsieben entzogen. Am Ende des Ethanolgewinnungsprozesses liegt der Alkohol mit hohem Reinheitsgrad in einer Konzentration von 99,7 % vor.

Die nach der Destillation anfallende **Schlempe** ist ein wertvolles Futtermittel oder gut geeignetes Substrat in Biogasanlagen. Durch Ein-

$$C_6H_{12}O_6 = 2\ C_2H_5OH + 2\ CO_2$$
$$(180) \quad (92) \quad (88)$$

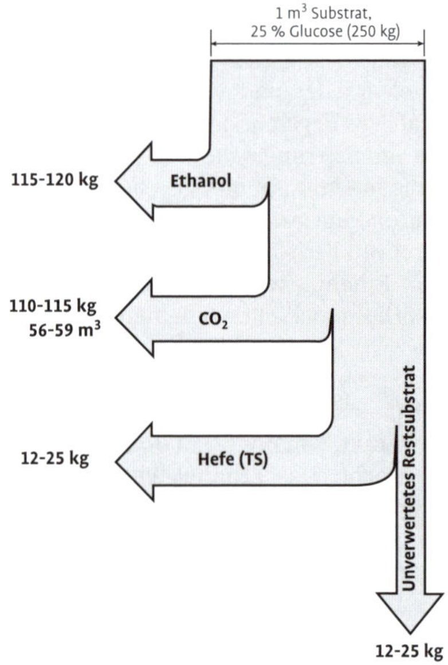

Abb. 5.6 Massenbilanz der alkoholischen Gärung.

dampfung und gegebenenfalls durch Trocknung wird das Material aufkonzentriert.

In Abb. 5.6 ist eine einfache Massenbilanz der alkoholischen Gärung nochmals zusammenfassend dargestellt.

Im Gegensatz zu Biodiesel kann Bioethanol **Ottokraftstoffe**, also Benzin und Superkraftstoffe, ersetzen.

Um Ethanol als **Reinkraftstoff** nutzen zu können, wird dazu eine eigens dafür entwickelte Motorentechnik benötigt. Dieser Weg wird z. B. in Brasilien für die Verwendung von Ethanol aus Zuckerrohr beschritten. Die hohen Investitionskosten für eine solche Kraftstoff-Produktlinie sprechen aber in den USA und Europa dagegen.

Da Bioethanol ohne Weiteres dem konventionellen Ottokraftstoff zugemischt und so nahezu problemlos in den üblichen Ottomotoren eingesetzt werden kann, wird sich die Entwicklung von Reinethanolmotoren auf dem Automobilmarkt zukünftig nicht durchsetzen.

Die **Beimengung von Ethanol zu Ottokraftstoff** ist heute deshalb ein etabliertes Verfahren. Mit der Beimischung von Ethanol verändern sich allerdings einige Kraftstoffkenndaten. Dazu gehören die Phasenstabilität im Kraftstoffgemisch, die Materialverträglichkeit gegenüber Korrosion, die Klopffestigkeit (Ethanol und dessen Derivate verbessern die Klopffestigkeit) und das Betriebsverhalten. Diese Veränderungen sind weitgehend bekannt. Einer potenziellen Schädigung wird durch spezielle Maßnahmen entgegengewirkt.

In der EU werden als Mischkraftstoffe E5, mit 3 % Methanol- und 5 % Ethanolzusatz, und E10, ein Kraftstoff mit einem Ethanolgehalt zwischen 5 und 10 %, an den Tankstellen angeboten. Lediglich die Verwendung von E 10 in Altfahrzeugen ist teilweise beschränkt. Ansonsten gibt es keine Vorbehalte, auch nicht seitens des Verbandes der Automobilindustrie.

5.2.2 Pflanzenölkraftstoff und Biodiesel

Pflanzenöle eigenen sich als Motorenkraftstoffe sowohl in nativer (naturbelassener) als auch modifizierter Form (Biodiesel).

Natives Pflanzenöl wird als Kraftstoff in angepassten Dieselmotoren (Vor-, Wirbel-, Elsbett- Motor usw.) eingesetzt, für deren störungsfreien Betrieb die Kraftstoffnorm DIN V 51605 einzuhalten ist.

Im anderen Fall wird durch Umesterung eines Tri-Fettsäure-Esters (Triglycerin) in drei niedrig-molekulare Fettsäure-Methyl-Ester (+ Glycerin als Nebenprodukt) ein Kraftstoff mit dieselkraftstoffähnlichen Eigenschaften gewonnen, der als Biodiesel bekannt geworden ist.

Beimischungstauglicher Biodiesel unterliegt Qualitätsanforderungen, deren Mindeststandards in der DIN EN 14214 festgelegt sind.

In Deutschland ist die Beimischung von 5 % Biodiesel (B 5) zu fossilem Kraftstoff gesetzlich gefordert. Derart geringe Anteile können in herkömmlichen Motoren problemlos eingesetzt werden. Für den reinen Biodieselbetrieb (B100) bzw. höhere Beimischungen muss der Motor jedoch

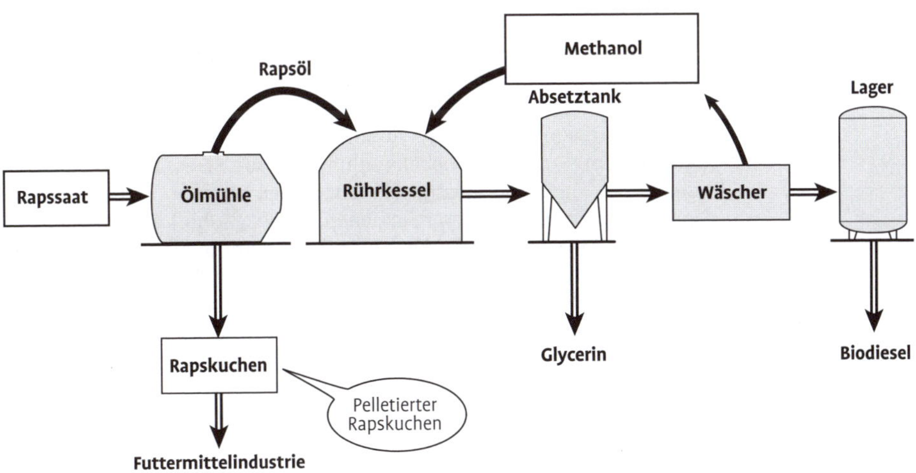

Abb. 5.7 Herstellung von Biodiesel (AEE 2013a)

biodieselfest sein und die entsprechende technische Freigabe des Herstellers vorliegen. Dabei spielen Unbeständigkeiten von Dichtungen, Schläuchen und Lackierungen, aber auch Schmierölverdünnungen, eine entscheidende Rolle. Wird die Freigabe nicht erteilt, so erlöschen die Garantieansprüche des Käufers. Sollen Vergütungen oder Steuerentlastungen in Anspruch genommen werden, ohne die sich diese Kraftstoffproduktion kaum lohnt, so müssen für Biodiesel die Vorgaben der Nachhaltigkeitsverordnung, Biokraft-NachVO (siehe Kap. 5), eingehalten werden. Biodiesel wäre dann verordnungskonform im Sinne der deutschen Nachhaltigkeitsverordnung.

Die Verfahrenstechnik der **Ölgewinnung** hängt von den Verarbeitungskapazitäten einer Ölmühle ab. Extraktionsbetriebe als zentrale Anlagen verfügen über Verarbeitungskapazitäten von 300 000 bis 1 Mio t Ölsaaten pro Jahr, während in dezentralen Kleinanlagen zwischen 100 t bis 150 000 t pro Jahr verarbeitet werden.

Die Ölextraktion lohnt nur in **industriell arbeitenden Extraktionsbetrieben**, in denen auch eine Raffination und das Toasten der Futtermittel stattfinden. In solchen Anlagen wird das Pflanzenöl zur energetischen Nutzung, für Nahrungszwecke und für die Oleochemie mit der gleichen Verarbeitungstechnik gewonnen (Abb. 5.8).

Am Anfang steht die mechanisch-physikalische Aufbereitung.

Nach einem Vorreinigungsschritt wird das Erntegut zerkleinert, um den Zellverband des Speichergewebes und die den Embryo und das Nährgewebe umschließende Samenschale aufzubrechen und damit den Ölaustritt zu erleichtern. Die Vorzerkleinerung erfolgt mittels Riffelwalzen, die Feinzerkleinerung mittels Glattwalzen.

Die Separation des Pflanzenöls wird entweder durch ausschließliche Pressung, alleinige Extraktion oder durch die Kombination beider Verfahren (Pressung/Extraktion) vollzogen. Welches Verfahren eingesetzt wird, hängt vom Ölgehalt des Erntegutes ab. So werden Sojabohnen mit ihrem geringen Ölgehalt nur flockiert und extrahiert, während Rapssamen in den großen Ölmühlen regelmäßig mit dem Kombinationsverfahren verarbeitet werden. Die Ölausbeute liegt dann bei > 98 %.

Der Pressung geht eine Konditionierung des Pressgutes mittels Anfeuchtung und Wärmebehandlung voraus. Das Pflanzenöl geht dadurch in einen dünnflüssigen Zustand über. Die so vorbehandelte Saat gelangt in Schneckenpressen, in denen Pressöl (Rohöl) und Presskuchen anfallen. Das trübe Öl mit den Restteilchen wird in Filteranlagen gereinigt und schließlich einem Trocknungsgang unterzogen.

Der Presskuchen wird mit einem Kuchenbrecher und Riffelwalzwerk weiter zerkleinert und so für die **chemisch-thermische Extraktion** in einem Extrakteur vorbereitet. Als Extraktionsmittel dient n-Hexan, welches in dem Prozessablauf in einem geschlossenen Kreislauf verbleibt. Bei dem nachfolgenden Extraktionsschritt entstehen zwei Fraktionen, das stark mit Öl angereicherte Hexan (= Miscella mit 20–30 % Ölgehalt und 70–80 % Lösemittel) sowie das mit Hexan getränkte, weitgehend ölfreie Extraktionsschrot (mit 25–35 % Lösemittel). Aus der Miscella wird das Lösemittel über Mehrfachverdampfer zurück gewonnen und

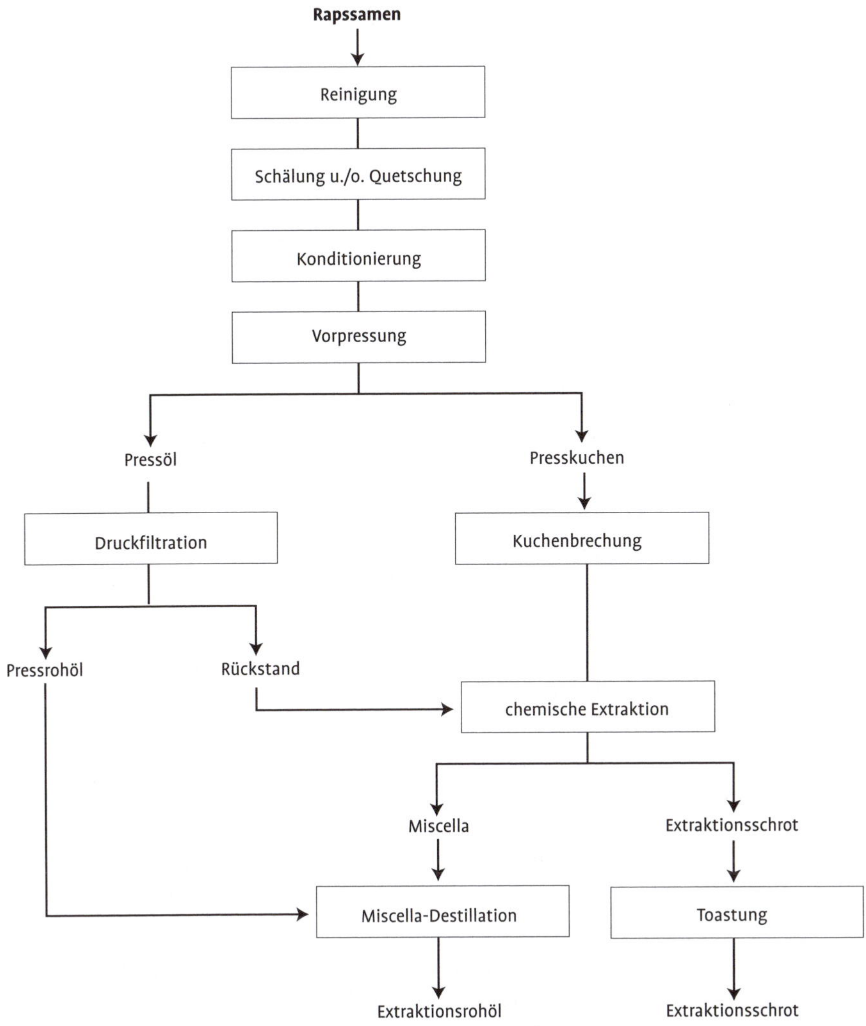

Abb. 5.8 Rapsölgewinnung in zentralen Ölmühlen (Rathke 2006).

gelangt unmittelbar in den Extraktionsmittelkreislauf, während das Extraktionsschrot im Toaster (Desolventizer, Toaster, Trockner, Kühler) vom Hexan mittels Wasserdampf befreit und anschließend getrocknet und gekühlt wird.

Öl, Extraktionsrückstand und Lösemittel liegen danach in Reinform vor.

Nach der Zusammenführung von gereinigtem Pressrohöl und dem extrahierten Öl beginnt die weitere Aufbereitung.

Die eiweißreichen Press- und Extraktionsrückstände sind ein wertvolles Tierfutter und eignen sich auch als organische Düngemittel. Darüber hinaus ist eine energetische Nutzung in Feuerungsanlagen möglich. Je kg Trockenmasse liegt der Heizwert zwischen 18,5 und 22 MJ. Der hohe Stickstoffgehalt und der für Rapsprodukte typisch hohe Schwefelgehalt, aber auch der hohe Aschegehalt und die Aschezusammensetzung, stellen jedoch hohe Anforderungen an die Prozessführung der Verbrennung (vergl. Kap. 5.1.2).

In **dezentralen Kleinanlagen** wird Pflanzenöl in einem einstufigen Verfahren gewonnen. Hierbei findet weder eine Konditionierung der Ölsaat noch eine chemische Extraktion statt. Die Verarbeitung beschränkt sich im Wesentlichen auf den Pressvorgang, so dass die Ölausbeute mit 75 bis 88 % relativ gering ist. Kleintechnische Ölmühlen beziehen ihre Ölsaaten aus dem regionalen Umfeld und beliefern den regionalen Markt mit Öl und Presskuchen. In landwirtschaftlichen Großbetrieben sind sie in den Betriebsablauf eingegliedert.

In den dezentralen Anlagen findet eine sehr schonende Ölsaatenverarbeitung in Form der Kaltpressung statt ohne nachfolgende Raffination des Öles. Sie haben einen vergleichsweise einfachen technischen Zuschnitt und bestehen aus Lagersilo, Förderschnecke und Zwischenlager, gegebenenfalls Saatvorwärmung, Schneckenpresse, Truböltank, Hauptreinigung (z. B. Sedimentationsanlage, Filter) sowie Sicherheitsfilter und Feinfilter. Das Öl wird im Reinöltank, der Pressrückstand im Kuchenlager gesammelt.

Das Ölprodukt ist in diesem Zustand von Fremdstoffen (Saatteilchen und Schmutzpartikeln) befreit, nicht aber vollständig von Phosphatiden und Schleimstoffen, weshalb natives Öl regelmäßig oxidationsanfälliger ist als raffiniertes.

Naturbelassenes Pflanzenöl wird in eigens dafür umgerüsteten Motoren hauptsächlich in der Land- und Forstwirtschaft eingesetzt. Die entsprechenden Umrüstsätze sind im Handel erhältlich. In diesen Einsatzbereichen handelt es sich immer um Motoren mit großvolumigem Brennraum. Insbesondere in Vor- und Wirbelkammermotoren lassen sie eine starke Verwirbelung des Luft/Kraftstoff-Gemisches sowie eine lange Verweilzeit des Kraftstoffes in der Brennkammer zu. Die Kraftstoffqualität orientiert sich an der Einhaltung der Kraftstoffnorm DIN 51605.

Darüber hinaus wird das Pflanzenöl auch für die Strom- und Wärmeerzeugung in Blockheizkraftwerken (BHKW) mit einem hohen Gesamtwirkungsgrad von über 80 % genutzt. Der durchschnittliche Heizwert von Rapsöl liegt bei 37,2 MJ kg^{-1}.

Das in zentralen Extraktionsanlagen in dem zweistufigen Prozess (Pressung/Extraktion) gewonnene Öl ist zunächst weder direkt motorentauglich noch für die Umesterung zu Pflanzenölmethylester (PME) geeignet. Zu diesem Zeitpunkt enthält das Öl eine Reihe von Begleitstoffen, die entweder dessen Haltbarkeit oder die Weiterverarbeitung erschweren (Tab. 5.6).

Dazu gehören freie (unveresterte) Fettsäuren (FFA), hydrophobe Farbstoffe, Aldehyde, Ketone, Phospho- und Glycolipide, PSM-Rückstände, freie Zucker, Metallionen, Wachse, Saatreste, Schmutzpartikel sowie Schwermetalle. Da in den großen Ölmühlen bei der Verfahrens-

Tab. 5.6 Begleitstoffe im Pflanzenrohöl und ihre wertmindernden Wirkungen (Cmolik und Pokorny 2000)

Substanzklasse	Typische Begleitstoffe	Wertminderung
Oxidationsprodukte	Volatile Aldehyde, Ketone, Kohlenwasserstoffe	Fremdaroma
Freie Fettsäuren	Gesättigte und ungesättigte Fettsäuren	Erhöhte Oxidationsneigung
Phospholipide, Galactolipide		Erhöhte Oxidationsneigung
Pigmente	Chlorophylle, Carotinoide	Verschlechterung sensorischer Eigenschaften
Metallsalze	Eisen- und Kupferverbindungen	Erhöhte Oxidationsneigung

technik nicht zwischen der Produktion von Speiseöl- und Biokraftstoff unterschieden wird, orientieren sich Reinigungs- und Aufbereitungsschritte der Raffination immer am hohen Standard der Speiseölqualität. Nicht jeder Raffinationsschritt wäre auch für die Herstellung von Pflanzenölkraftstoff notwendig.

Die **Vollraffination** von z. B. Rapsöl gliedert sich in Vorreinigung (Entschleimung), Entsäuerung (Neutralisation), Entfärbung (Bleichung) und Dämpfung (Desodorierung). Dabei handelt es sich um chemische Verfahrensschritte, in denen die störenden Substanzen, welche mit ihren prooxidativen Eigenschaften die Haltbarkeit des Öles herabsetzen, weitgehend eliminiert werden.

Mit der **Entschleimung** werden die polaren Lipide (Phospo- und Galaktolipide), freie Zucker, Metallionen und weitere kolloidale Partikel entfernt. Zu den Entschleimungsverfahren gehören die Wasserentschleimung, die Säureentschleimung und die enzymatische Entschleimung. Die Wasserentschleimung eignet sich zur Abtrennung der hydratisierbaren Phospholipide, Galactolipide und freien Zucker, die durch Wasserzusatz und nach Quellung lipophob werden und sich mit anderen sedimentierbaren Bestandteilen im Phosphatidschlamm sammeln, der durch Zentrifugation vom Öl abgetrennt wird. Bei der Säureentschleimung mit Phosphor- oder Zitronensäure werden Magnesium- und Calciumkomplexe angegriffen und damit ein Teil der Phospholipide hydratisierbar gemacht. Durch Zugabe von Natronlauge werden die neutralisierten Phospholipide in agglomerierende Natriumsalze überführt, die sich durch Zentrifugation leicht abtrennen lassen. Schließlich können Phospholipide enzymatisch partiell abgebaut werden und die entstehenden hydratisierbaren oder lipophoben Verbindungen abzentrifugiert werden.

Die **Entsäuerung** zielt im Wesentlichen auf die Entfernung von freien Fettsäuren ab. Dazu wird dem Ölstrom kontinuierlich eine schwach alkalische Lauge (z. B. 14 bis 20 %-ige Natronlauge) zugesetzt und die entstehende Seife (Soapstock) abzentrifugiert. Mit der Entsäurerung ist meist noch eine Nachentschleimung (Zugabe von Phosphor- und Zitronensäure vor Zusatz der Natronlauge) der noch im Öl befindlichen nichthydratisierbaren Phospholipide verbunden. Der Soapstock hat einen TS-Gehalt von 25 bis 35 %, enthält Phosphatide, Seife und Restgehalte an Pflanzenöl und eignet sich für die Verwendung in Biogasanlagen. Aus dem Soapstock können aber auch die Schleimstoffe separiert und zur Lecithingewinnung verwendet werden.

Mit der anschließenden **Entfärbung** (Bleichung) werden hauptsächlich die Farbstoffe, aber auch noch Reste an Schleimstoffen, Seifen und unerwünschte Oxidationsprodukte aus dem Öl entfernt. Gebleicht wird hauptsächlich mit Adsorptionsmitteln wie Bleicherde oder Aktivkohle. In dem kontinuierlichen Verfahren der adsorptiven Bleichung wird das Öl im Vakuum auf 105 °C für die Dauer von 20 Min. erwärmt und dann das Bleichmittel hinzu gegeben, welches die unerwünschten Begleitstoffe adsorbiert. Pro t Öl werden 2 bis 10 kg Bleicherde benötigt. Zur Abtrennung der Bleicherde werden Plattenfilter verwendet.

In der abschließenden **Dämpfung** (Desodorierung), dem letzten Reinigungsschritt, werden dem entsäuerten und gebleichten Öl störende Geruchs- und Geschmacksstoffe entzogen. Die Desodorierung erfolgt mittels Wasserdampf als Schleppmittel unter Vakuum (2 bis 4 mbar).

Aufgrund der hohen Umweltauflagen für die chemische Raffination gewinnen in letzter Zeit **physikalisch-thermische Verfahren** an Bedeutung. Die Abtrennung der FFA erfolgt hierbei nicht mehr durch chemische Neutralisation, sondern durch Destillation, so dass die beiden destillativen Verfahrensschritte, Entsäuerung und Dämpfung, miteinander gekoppelt werden können. Weil Phospholipide dabei nur sehr schwer abtrennbar sind, muss auf eine vorangehende vollständige Entschleimung in allen drei Verfahrensstufen geachtet werden. Auch schließt sich der Entschleimung die Bleichung unmittelbar an, so dass auch diese beiden Verfahrensschritte miteinander kombiniert werden können.

Die physikalische Raffination hat insgesamt einen geringeren Bedarf an Prozesschemikalien, vermindertes Abwasservolumen und geringere Raffinationsverluste als die chemischen Verfahren.

Sowohl nach der chemischen als auch der physikalischen Raffination liegt ein vollraffiniertes Pflanzenöl vor.

Während der **Lagerung** kann es zu Umsetzungsprozessen durch Fettspaltung, Polymerisierung und Autoxidation kommen. Diese Prozesse sind von den Lagerungsbedingungen, insbesondere der Lagertemperatur und dem Sauerstoffgehalt, abhängig. Moderne Lagertanks sind deshalb mit Kühlschlangen ausgerüstet. Um die Oxidationsstabilität des Öles zu gewährleisten, gehen zentrale Ölmühlen auch dazu über, das Lagersystem mit Stickstoff zu inertisieren. Dabei wird der Hohlraum über dem Tankinhalt mit reinem Stickstoff (N_2) gefüllt, so dass dem Sauerstoff der Zutritt zu dem Produkt verwehrt bleibt. Bei jeder Entnahme

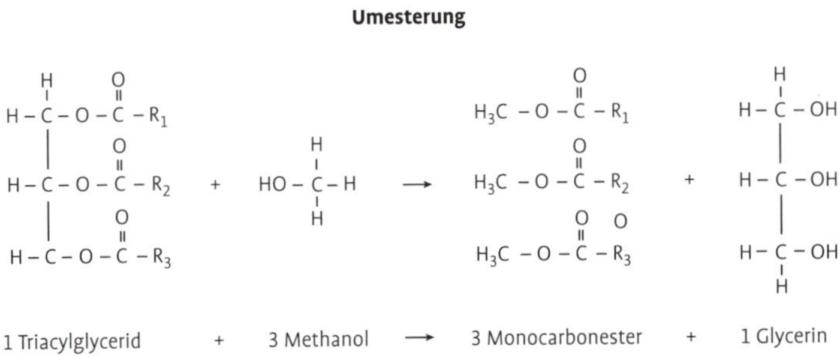

Massenbilanz

100 kg Pflanzenöl	+	10, 9 kg Methanol	→	100, 3 kg PME	+	10, 6 kg Glycerin

Abb. 5.9 Umesterung von Pflanzenöl zu Pflanzenöl-Fettsäuremethylester (PME) und ihre Massenbilanz.

bzw. Zugabe, aber auch bei temperaturbedingten Druckschwankungen, werden Gasmenge und Druck im Tank durch die Nachführung von N_2 präzise angepasst. Die Spannbreite reicht von sehr hohen Volumina mit Entladekapazitäten von 250 bis 300 $m^3\ h^{-1}$ pro Tank bis zu kleinsten tolerablen Druckdifferenzen zwischen 1 und 2 mbar. Um das Einströmen von Luft zu vermeiden, ist außerdem ein Überdruck von etwa 15 mbar notwendig.

Die Nutzung des Öls als Kraftstoff in direkt einspritzende Dieselmotoren setzt die Weiterverarbeitung des Pflanzenöls voraus, weil seine physikalischen Eigenschaften von denen des Dieselkraftstoffes abweichen. Dazu zählen in erster Linie die Dichte und die Viskosität. Starke Abweichungen bei der Zündwilligkeit, dem Flammpunkt und der Filtrierbarkeit sind weitere Eigenschaften, die den Einsatz des Pflanzenöls in herkömmlichen Dieselmotoren unmöglich machen. Folglich muss das Pflanzenöl an die Werte des Dieselkraftstoffes angepasst werden

Da die ungünstigen Eigenschaften des Pflanzenöls zum Einsatz in Motoren durch dessen große Molmasse bedingt sind, muss es chemisch gespalten werden. Das am meisten verbreitete Verfahren ist die chemische Umesterung des Pflanzenöls zu Pflanzenöl-Methylester (PME) (Abb. 5.9).

Die Umesterungsprodukte werden international als Fatty Acid Methyl Ester (FAME) bezeichnet, weil die Rohstoffbasis für eine Umesterung über die Pflanzenöle hinausgeht und z. B. auch tierische Fette in den großtechnischen Prozess einbezieht.

Ester sind immer die Produkte der Reaktion eines Alkohols mit einer Säure. Die pflanzlichen Reservelipide sind durchweg Triglyceridester, die sich aus 1,2,3-Propantriol (dreiwertiger Alkohol „Glycerin“) und drei Fettsäuren zusammensetzen (siehe Kap. 3.1).

Im Zuge der Umesterung werden dem Öl ein einwertiger Alkohol, meist Methanol, und ein Katalysator zugegeben. Die Wahl des Katalysators hängt von dem Anteil freier Fettsäuren im Öl ab. Da regelmäßig niedrige Gehalte an freien Fettsäuren vorliegen, werden meist basische Katalysatoren wie Kalium- und Natriumhydroxid sowie Kalium- und Natriummethylat verwendet, die nach Beendigung der Reaktion mit Phosphorsäure oder Zitronensäure neutralisiert werden.

Bei der Umesterung wird das dreiwertige Glycerin durch drei einwertige Alkohole aus der Esterbindung verdrängt. Da die Esterbindung als Bindungsform erhalten bleibt, spricht man von einer Umesterung. Es entstehen dabei der Pflanzenöl-Methylester als Hauptprodukt und Glycerin als Nebenprodukt.

In der großtechnischen Prozessführung muss darauf geachtet werden, dass bei der Gleichgewichtsreaktion Methanol im Überschuss gegeben wird und die verschiedenen Komponenten für ein optimales Phasenverhalten gut vermischt werden.

Die Ausbeute des raffinierten Öls an Methylester liegt bei 98 %.

Nach der Umesterung werden der Biodiesel und das Glycerin weiter aufbereitet.

Biodiesel wird gewaschen, um unerwünschte Seifen zu entfernen, und bis auf einen minimalen Restgehalt an Wasser und Methanol getrocknet.

Die Glycerinphasen aus Raffination und Umesterung werden mit Schwefelsäure vermischt, um die entstandenen Kaliumseifen in Wasser, freie Fettsäuren und Kaliumsulfat zu spalten und das Glycerin in einer Phasentrennung zu gewinnen. Glycerin ist ein wertvolles Nebenprodukt, welches u. a. bei Lebensmitteln, Kosmetikartikeln und Tabakprodukten als Feuchterhaltmittel und in der technischen Verwertung als Frostschutz, Schmierstoff oder Weichmacher dient. Zur Produktion von Pharmaglycerin bedarf es noch weiterer Aufreinigungsschritte.

Zusammenfassend sind in Abb. 5.10 Stoffströme, Energieverbrauch und CO_2-Emissionen bei der Produktion von Biodiesel dargestellt.

Gegenüber Dieselkraftstoff kann für Pflanzenöl-Methylester (PME), auf den Heizwert bezogen, ein gleich hoher Kraftstoffverbrauch angegeben werden. Aufgrund der niedrigeren Dichte von PME im Vergleich zu Dieselkraftstoff ist der volumetrische Verbrauch an PME aber regelmäßig höher.

Biodiesel wird über öffentliche Tankstellen, den Kraftstoffgroßhandel oder ab Werk vertrieben. Betreiber größerer Fahrzeugflotten mit LKW oder Bussen nutzen größere Mengen an Biodiesel als Reinkraftstoff.

Um die gesetzlich festgelegten Grenzwerte für Luftschadstoffe bei Neufahrzeugen einhalten zu können, gibt es heute Sensoren und elektronische Managementeinheiten, die die verschiedenen Kraftstoffe oder Mischungen zunächst erfassen und dann das Kraftstoffmischungsverhältnis für eine optimale Verbrennung einstellen. Damit ist es möglich, den Motor ohne mechanische Veränderungen an den jeweiligen Kraftstoff anzupassen und den Motorbetrieb in Bezug auf Leistung, Verbrauch und Abgasnorm zu optimieren.

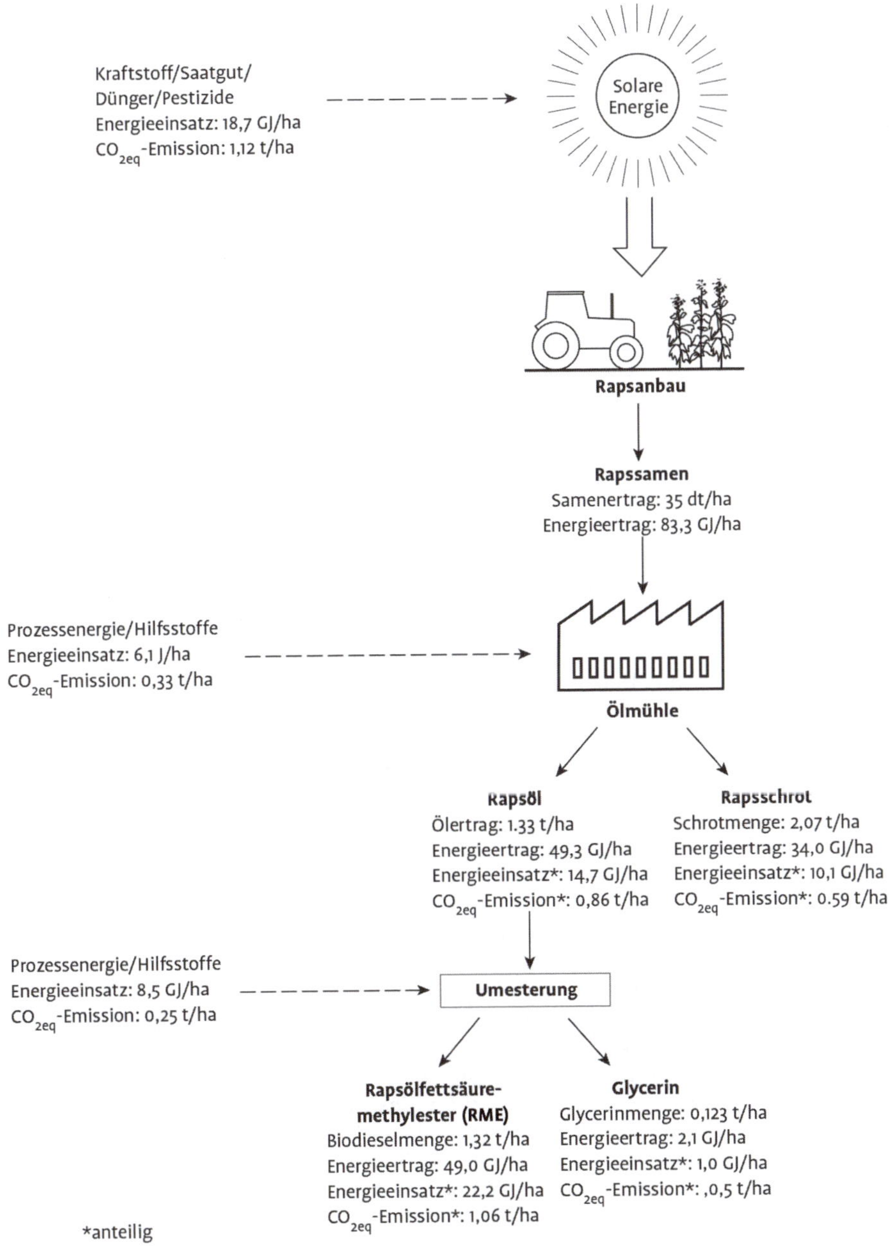

Abb. 5.10 Stoffströme, Energieverbrauch und CO_2-Emissionen bei der Biodieselherstellung (Scharmer 2001 aus Rathke 2006).

5.2.3 Biokraftstoffe der zweiten Generation

Die Rohstoffbasis für die biogenen Treibstoffe ist generell sehr gering. Die Kraftstoffe der ersten Generation wie Pflanzenöl, Biodiesel und Bioethanol lassen sich nur aus öl-, zucker- und stärkereichen Kulturpflanzen gewinnen, deren energetische Nutzung zudem noch in Konkurrenz zur Nahrungsmittelerzeugung steht. Aus diesem Grund könnten die Flüssigkraftstoffe der zweiten Generation zukünftig an Bedeutung gewinnen. Sie werden aus verschiedenen Nicht-Nahrungsrohstoffen aus Ganzpflanzen gewonnen, so dass das Produktionspotenzial zur Herstellung von Biokraftstoffen deutlich erweitert wird. Darüber hinaus können selbst Grünabfälle und biogene Reststoffe genutzt werden.

Die meisten Verfahren und Produkte stehen heute aber immer noch an der Schwelle der Markteinführung, die von der technischen Optimierung der Verfahren, den ökonomischen Rahmenbedingungen und letztlich von der Rohstoffverfügbarkeit abhängig ist. Schließlich ist gegeneinander abzuwägen, ob die hohe Energiedichte des Flüssigkraftstoffes die geringere Energieausbeute gegenüber der Verbrennung der Festbrennstoffe (siehe Kap. 5.1) rechtfertigt.

Zu den wichtigsten Kraftstoffen der zweiten Generation gehören Biomethan sowie Bioethanol und BTL (Biomass to Liquid) aus Lignocellulose

Biomethan ist das auf Erdgasqualität aufgereinigte Biogas und wird entweder in das Erdgasnetz eingespeist und/oder an Biogastankstellen als Treibstoff für auf Erdgasbetrieb umgerüstete Fahrzeuge angeboten. Die Rohstoffbasis ist dafür sehr breit und identisch mit der Substratpalette für die Biogaserzeugung (siehe Kap. 5.3).

Für die **Bioethanol- und BTL-Herstellung** wird auf lignocellulosehaltige Rohstoffe wie Holz und Stroh zurückgegriffen.

Abb. 5.11 gibt einen Überblick über Rohstoffe, Verfahren und Produkte für die Produktion der Biokraftstoffe der zweiten Generation.

Die **Ethanolgewinnung** aus lignocellulosehaltigen Rohstoffen erfordert die Aufspaltung von Cellulose und Hemicellulose zu vergärbarem C_6-Zucker (Verzuckerung von Lignocellulose). Dazu sind eine Vorbehandlung des Rohstoffes sowie der nachfolgende Säure- und/oder enzymatische Aufschluss der Celluloseketten notwendig.

Mit der Vorbehandlung wird der komplexe Verbund aus Cellulose, Hemicellulose und Lignin mechanisch, chemisch, thermisch und/oder mikrobiologisch voraufgeschlossen. Verschiedene Verfahren sind dazu anwendbar wie mechanische Zerkleinerung, „Dampf Explosion", Säurevorbehandlung, Einsatz organischer Lösungsmittel, Alkalivorbehandlung, Behandlung mit Wasserstoffperoxid (H_2O_2), Hydrothermolyse, Bestrahlung sowie mikrobiologische Vorbehandlung. Ziel ist in jedem Fall, die kristalline Struktur der Lignocellulose zu zerstören und deren Polymerisierungsgrad herabzusetzen.

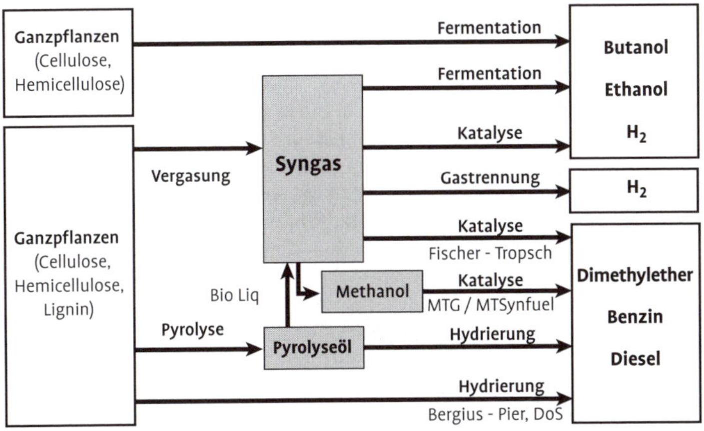

Abb. 5.11 Biokraftstoffe der zweiten Generation: Rohstoffe, Verfahren und Produkte (Vorlop et al. 2007).

Wegen der sehr festen Bindung der D-Glucose in und zwischen den Celluloseketten lässt sich die Glucose für die Alkoholproduktion nur unter hohem technischen Aufwand hydrolytisch gewinnen. Die **Hydrolyse** kann entweder im **Säureaufschluss** erfolgen (s. Kap. 7.1.1) oder enzymatisch katalysiert werden. Der Aufschluss mit konzentrierter oder verdünnter Säure ist in der holzverarbeitenden Industrie ein seit langem bekanntes Verfahren. Die Behandlung mit konzentrierter Säure bei Umgebungstemperatur und/oder mit verdünnter Säure bei etwa 200 °C führt zur Hydrolyse der Cellulose. Der Vorteil des Verfahrens liegt in dem geringen Zeitaufwand.

Mit dem Säureaufschluss werden die Makromoleküle allerdings sehr unspezifisch hydrolisiert, so dass außer Glucose eine Reihe unerwünschter Nebenprodukte anfallen, welche die spätere Ethanolfermentation (siehe Kap. 5.2.1) behindern können. Kritische Abschnitte in dem Aufschlussprozess sind die Abtrennung der Zucker und die Säurerückgewinnung. Die Zuckerausbeute des Verfahrens ist gegenüber dem enzymatischen Aufschluss relativ gering und kann mit 50 bis 60 % angegeben werden. Darüber hinaus zwingen die hohe Korrosivität der Säure zu hohen Investitionskosten im Anlagenbau und der Gesamtprozess zu einer kostenintensiven Abwasserbehandlung.

Aus diesen Gründen konzentriert sich heute das Forschungsinteresse auf den **enzymatischen Hydrolyseaufschluss**. Endoglucanasen spalten dabei die Verbindungen innerhalb der Celluloseketten, während Exoglucanasen an den nicht-reduzierenden Enden der Cellulose wasserlösliche Cellobiosemoleküle abtrennen. Die Cellobiosemoleküle und andere kurze Oligosaccharide werden dann von β-Glucosidase zu Glucose gespalten. Der Nachteil dieses Aufschlusses liegt in der Hemmung der Exoglucanasen und der β-Glucosidase durch ihre Reaktionsprodukte. Die Abschwächung dieser Hemmkinetik ist eine wichtige Herausforderung bei der Optimierung der Prozessführung. Ein weiterer Nachteil der enzymatischen Hydrolyse liegt in den sehr hohen Kosten für die beteiligten Enzyme.

Der nach Vorbehandlung des lignocellulosehaltigen Rohstoffes und nach hydrolytischer Spaltung der Cellulose gewonnene C_6-Zucker kann nachfolgend entsprechend den unter Kap. 5.2.1 beschriebenen Verfahrensschritten zu Bioethanol umgewandelt werden.

Neben der alkoholischen Gärung ist die **Aceton/Butanol-Gärung** ein weiterer wichtiger industriell genutzter biotechnologischer Prozess. Im Zuge der anaeroben Vergärung bilden Clostridien (*Clostridium* spp.) Butanol und Aceton als Hauptgärungsprodukte und in geringeren Mengen Acetat, Butyrat, Ethanol, CO_2 und Wasserstoff. Als Substrate können auch hier lignocellulosehaltige Rohstoffe und beliebige Reststoffe eingesetzt werden. Butanol wird als Treibstoffzusatz verwendet. Gegenüber Ethanol hat es einen höheren Brennwert, einen niedrigeren Dampfdruck und eine geringere Mischbarkeit mit Wasser und dadurch insbesondere in der Beimischung zu Diesel hervorragende Eigenschaften. In den letzten Jahren wurde die destillative Aufarbeitung durch neuere Verfahren wie Strippen mit Stickstoff oder Extraktion in Verbindung mit selektiven Membranen ergänzt bzw. ersetzt. Die Toxizität der Gärungsprodukte auf die Mikroorganismen beschränkt die Einsatzmöglichkeiten dieser Art der Fermentation.

Bei der anaeroben Fermentation heterogener Substrate fällt regelmäßig **Wasserstoff** als Nebenprodukt an. Der theoretisch maximale Ertrag liegt bei 4 mol H_2 pro mol Glucose. Phototrophe Bakterien oder Algen steigern die Ausbeute unter Lichteinwirkung sogar auf 8 mol H_2 pro mol Glucose. Wasserstoff ist ein Energieträger mit hoher Energiedichte und sauberer Verbrennung zu Wasser. Noch vielseitiger ist das Nutzungspotenzial zur Strom- und Wärmeerzeugung. Die geringe Wirtschaftlichkeit der Produktion sowie die unsichere Transport- und Speichersituation sind zurzeit die begrenzenden Faktoren des Wasserstoffmarktes.

Die **BTL-Technologie**, mit der auch auf lignocellulosehaltige Biomasse zurückgegriffen wird, befindet sich ebenfalls im Versuchs- und Pilotmaßstab, wenngleich die grundlegenden Prozesse seit längerer Zeit aus der Kohlevergasung bekannt sind. Ziel ist die Herstellung eines synthetischen Biokraftstoffes in den Prozessstufen

- Biomassevorbereitung,
- Thermo-chemische Vergasung,
- Gasreinigung und -konditionierung,
- Kraftstoffsynthese und
- Produktaufbereitung.

Dazu sind Großanlagen notwendig, in denen mit hohen Drücken und Temperaturen gearbeitet werden kann.

Am Anfang der Prozesskette steht die **Biomassevorbereitung** mit Aufarbeitung, Lagerung und Trocknung.

Für die Vergasung muss zunächst die notwendige Stückigkeit hergestellt werden und danach die Lagerung entweder im Freien oder mit Überdachung sichergestellt sein (siehe Kap. 5.1.1).

Mit der **Trocknung** soll der Energiegehalt des Brennstoffes vor dem Vergasungsprozess erhöht und der Wassergehalt in der Biomasse und damit auch im gewonnenen Rohgas gesenkt werden. Dieser Prozess verläuft endotherm, also unter Energiezufuhr. Bei der direkten Trocknung wird die Trocknungswärme direkt im Trommel- oder Drehrohrtrockner erzeugt und das Brenngas direkt zur Trocknung der Biomasse genutzt. Bei der indirekten Trocknung wird Wärme außerhalb des Trocknerraumes generiert.

Die **Vergasung s**elbst läuft in den Schritten Trocknung, Pyrolyse, Reduktion und Oxidation ab (s. Kap. 5). Dabei kann das Vergasungsprodukt in unterschiedlichen Reaktortypen wie Festbett-, Wirbelschicht- oder Flugstromreaktoren erzeugt werden.

Während der Trocknung wird das in der porösen Struktur des Brennstoffes freie und in der organischen Masse gebundene Restwasser bei Temperaturen bis zu ca. 200 °C ohne Verlust an organischer Substanz verdampft.

Die pyrolytische Spaltung der organischen Verbindungen findet im Temperaturbereich zwischen 200 und 500 °C unter Sauerstoffabschluss statt, so dass die Verbrennung des Vergasungsproduktes unterbleibt. Unter den reduzierenden Bedingungen bilden sich die heizwertreichen Gase CO, H_2 und CH_4 durch homogene Gasphasenreaktionen oder heterogene Reaktionen mit Pyrolysekoks. Die Gleichgewichte dieser Reaktionen sind temperaturabhängig. Im hohen Temperaturbereich bis ca. 1000 °C bilden sich vornehmlich CO und H_2 bei relativ geringem CH_4-Anteil. Die anfallenden Teerprodukte zersetzen sich ab 1000 °C.

Die während der pyrolytischen Zersetzung und des Reduktionsvorganges gebildeten gasförmigen, flüssigen und festen Komponenten werden nachfolgend unter Zufuhr von Sauerstoff aufoxidiert. Nach vollständiger Oxidation findet sich in der festen Phase nur noch der inerte Ascheanteil der Biomasse. Die übrigen Bestandteile verlassen den Reaktionsraum in ihrer höchsten Oxidationsstufe.

Die Produktgaszusammensetzung wird sowohl von dem verwendeten Vergasungsmittel als auch dem Reaktortyp bestimmt.

Die Vergasung mit Luft führt durch deren hohen Anteil an molekularem Stickstoff (N_2) regelmäßig zu einer Verdünnung der Vergasungsprodukte CO und H_2. Aus diesem Grund werden Sauerstoff (Luft/O_2 80%) oder Wasserdampf als Vergasungsmedien favorisiert, um den Heizwert der Vergasungsprodukte zu steigern.

In der Prozesstechnik stehen im Wesentlichen drei **Reaktortypen** zu Verfügung:

- Festbettreaktor
- Wirbelschichtreaktor und
- Flugstromreaktor.

In einem **Festbettreaktor** (Gleichstromvergasungsreaktor) strömt das Vergasungsmittel entlang der unterschiedlichen Temperaturzonen (200 –400 °C Trocknungszone; 600 °C Pyrolysezone; 950 °C Reduktionszone; 1 300 °C Oxidationszone) von oben durch die feste Brennstoffschüttung bis schließlich das Produktgas den Reaktorraum verlässt. Die hohe Raum-Zeitausbeute und der problemlose Produktaustrag sprechen für dieses Verfahren. Nachteile sind die teilweise inhomogene Durchströmung und das Verschließen von Hohlräumen durch den Brennstoff.

Der stationäre oder zirkulierende **Wirbelschichtreaktor** wird mit dem Brennstoff zusammen mit einem Inertmaterial (z. B. Sand) beschickt. Die Schüttung wird durch eine aufwärtsgerichtete Strömung im gesamten Reaktorraum vermischt und verteilt. Das Inertmaterial mit seiner hohen Wärmekapazität sorgt für ein gleichmäßiges und relativ niedriges Temperaturniveau von etwa 800 bis 950 °C. Die einzelnen Teilschritte der Biomassevergasung laufen parallel im gesamten Reaktor ab. Durch die intensive Wärmeübertragung von dem Inertmaterial auf die Biomasseteilchen beträgt die Aufenthaltsszeit des Brennstoffs lediglich wenige Sekunden bis Minuten, so dass ein hoher Stoffumsatz in solchen Anlagen möglich ist.

Für die Vergasung in einem **Flugstromreaktor** muss der Brennstoff fein vermahlen und zusammen mit dem Vergasungsmittel im Gleichstrom durch den Reaktorraum geblasen werden. Holz und Stroh mit ihren stabilen Cellulosefasern erfordern einen hohen Mahlaufwand. Sie müssen staubfein zerkleinert werden, damit sie sich während der kurzen Verweilzeit von wenigen Sekunden vollständig umsetzen können. Das bei Temperaturen zwischen 1 200 und 2 000 °C entstehende Brenngas ist teer- und methanarm.

An die Synthesegase für die chemischen Synthesen werden hohe Reinheitsanforderungen gestellt. Deshalb muss gerade bei der Biomassevergasung großer Wert auf die **Gasreinigung** gelegt werden. Es wird zwischen der Kalt- und Heißgasreinigung unterschieden. Ziel ist es, Störstoffe wie CO_2, Partikel, Teer, Na und K, Stickstoff- (NH_3, HCN) und Schwefelverbindungen (H_2S) sowie Halogene abzutrennen.

Am Ende der BTL-Technologie stehen die Umwandlung des Synthesegases zu flüssigen Kohlenwasserstoffen und die Produktaufbereitung.

Für die **Fischer-Tropsch (FT)-Synthese** oder die **Methanolsynthese** ist ein H_2/CO-Molverhälnis von 2 : 1 erforderlich, welches aus den Anteilen von Brennstoff und Vergasungsmittel sowie den Vergasungsbedingungen (Druck, Temperatur) resultiert.

Wird Luft als Vergasungsmittel für Biomasse eingesetzt, so sinkt das Molverhältnis auf < 1. Deshalb ist eine **Gaskonditionierung** notwendig, bei der der H_2-Gehalt durch den Einsatz von Wasserdampf als Vergasungsmittel erhöht und/oder eine katalytische CO-Konvertierung mit Wasserdampf zu H_2 und CO_2 ermöglicht wird. CO_2 muss danach aus dem Gas als Störstoff entfernt werden.

Nach der Gaskonditionierung kann das Synthesegas in einem **Syntheseverfahren** zu flüssigen Kohlenwasserstoffen umgewandelt werden. Das bekannteste Verfahren aus dem Jahr 1925 ist nach seinen Entwicklern Franz Fischer und Hans Tropsch als „Fischer-Tropsch (FT)-Synthese“ bekannt geworden. Die Grundreaktionen der Synthese werden durch folgende stark exotherme Gleichungen beschrieben:

$$nCO + (2n + 1)H_2 \rightarrow C_nH_{2n+2} + nH_2O \quad \text{Alkane} \tag{14}$$
$$(\text{Enthalpieänderung } \Delta H_{(250\,°C)} = -158 \text{ kJ mol}^{-1})$$

$$nCO + (2n)H_2 \rightarrow C_nH_{2n} + nH_2O \quad \text{Alkene (Olefine)} \tag{15}$$

und laufen bei Temperaturen zwischen 200 und 250 °C sowie bei Drücken von 25 bis 60 bar ab.

Bei der Umsetzungsreaktion von Synthesegas zu flüssigen Kohlenwasserstoffen werden CO und H_2 an der Oberfläche eines Katalysators adsorbiert und bilden Methylenmonomere und Alkylgruppen als Kettenstarter einer Polymerisation. Die Katalysatoren für die Hydrierungsreaktion gehören hauptsächlich zu den Übergangsmetallen der Gruppe VIII des Periodensystems (Cobalt, Eisen, Nickel, Ruthenium).

Die Ketten verlängern sich durch Addition der Monomere an gebundene Alkylverbindungen. Durch Addition einer Methylgruppe oder Wasserstoff bzw. durch Wasserstoffabspaltung erfolgt schließlich der Kettenabbruch unter Entstehung von Alkanen bzw. Alkenen (Olefinen).

In einem anderen Verfahren wird aus dem Synthesegas der Alkohol Methanol erzeugt mit folgender Hauptreaktion:

$$CO + 2H_2 \leftrightarrow CH_3OH \; (\Delta H_{(250\,°C)} = -91 \text{ kJ mol}^{-1}). \tag{16}$$

Im Fischer-Tropsch-Verfahren finden in einer letzten **Produktaufbereitungsstufe** die Trennung bzw. – zur Erhöhung der Ausbeute – die teilweise Umwandlung der Syntheseprodukte statt. Die Produkte der Synthese werden in ihre Flüssig- und Gasphasen getrennt. Die flüssigen FT-Produkte werden mittels Destillation in Rohbenzin (C_4 bis C_9), Diesel (C_{10} bis C_{19}) und Wachse (C_{20+}) fraktioniert.

Zu den Umwandlungsschritten gehört die Konversion des Methanols in die Kraftstoffe Diesel und Benzin.

Die synthetischen Kraftstoffe sind besonders für eine neue Generation von Hochleistungsmotoren vorgesehen.

Zukünftig wird es darauf ankommen, die energetische Effizienz und die ökonomische Bilanz solcher Verfahren weiter zu verbessern. So basiert der **Shell Middle Distillate Process (SMDS)** auf einer verbesserten Fischer-Tropsch-Synthese und einem speziellen Hydro-Konversionsprozess. Das Verfahren konvertiert Erdgas in verschiedene Destillaterzeugnisse, wie Dieselkraftstoff, Kerosin oder Naphta und ist somit ein GTL- (Gas-to-Liquid) Prozess.

5.3 Biogas

Mit Inkrafttreten des Erneuerbare-Energien-Gesetzes (EEG) ist die Anzahl der Biogasanlagen in Deutschland sprunghaft angestiegen (siehe Kap. 5). Waren im Jahre 2002 erst 1 608 Anlagen in Betrieb, so lieferten im Jahre 2012 bereits über 7 500 Anlagen eine elektrische Gesamtleistung von etwa 3 200 MW. Damit erreicht Biogas einen Anteil von 50,2 % an der Stromerzeugung aus Biomasse. Anfangs lag die durchschnittliche Anlagenleistung noch unter 100 KW, während sie mittlerweile auf 500

KW angestiegen ist. Neuerdings sind Anlagen mit Leistungen im Bereich von 3 bis 4 MW in der Planung bzw. im Bau. Betreiber von Biogasanlagen sind Kommunen, Energieversorgungsunternehmen, private Investoren und Landwirtschaftsbetriebe.

In der Landwirtschaft ist der gesetzlich privilegierte Absatz von Strom und Wärme zu einem eigenständigen Wirtschaftszweig geworden. Anders als bei der Erzeugung von Biodiesel, BTL und Ethanol agiert sie bei der Produktion von Biogas nicht ausschließlich als Rohstofflieferant, sondern behält die gesamte Wertschöpfungskette in eigener Hand

Biogasanlagen sind überwiegend dezentral installiert. Dadurch werden einerseits lange Transporte vermieden, andererseits kann die Nutzung des erzeugten Gases auch überregional erfolgen durch die Einspeisung in das Erdgasnetz.

Gewerbliche und kommunale Bioabfälle werden oft in den dafür geplanten Bioabfall-Vergärungsanlagen verwertet. Dort kommen z. B. Biertreber, Fruchttrester, Gemüseabfälle, Fettabscheiderrückstände u. v. a. m., aus dem kommunalen Bereich hauptsächlich Bioabfall und Grünschnitt zum Einsatz. Bei Verwendung von Rohstoffen aus der Lebensmittelindustrie ist besonders zu beachten, dass eine Belastung landwirtschaftlicher Nutzflächen mit Schwermetallen und anderen Schadstoffen durch das Ausbringen der Biogasgülle vermieden werden muss.

Das die Biogaserzeugung **flankierende EEG** ist insgesamt flexibel angelegt und erlaubt, auf Fehlentwicklungen bzw. sich ändernde Marktverhältnisse zu reagieren (siehe Kap. 5). Eine EEG-Novelle nimmt mindestens ein Jahr in Anspruch.

Hinsichtlich der in Biogasanlagen eingesetzten **Substrate** besteht heute eine sehr große Vielfalt. Anfangs war es üblich, nur Gülle und beigemischten Stallmist zuzüglich organischer Abfallstoffe aus der Lebensmittel- und Agrarindustrie für die Fermentation zu nutzen. Von Vorteil ist dabei immer, dass Wirtschaftsdünger (z. B. Gülle), auch wenn sie nur wenig zur Gasproduktion beitragen, eine stabile Prozessführung gewährleisten, weil sie die anaerobe Biozönose mit essentiellen Nährstoffen versorgen und mit ihrer hohen Pufferkapazität den pH-Wert im Gärungsprozess stabilisieren.

Nach der 1. Novelle des EEG im Jahre 2004 hat bei der Substratwahl ein völliger Wandel stattgefunden. Seit dieser Zeit sind landwirtschaftliche Biogasanlagen häufig mit betriebseigenen Rohstoffen ausgelastet. Ein erheblicher Anteil der Biogasbetriebe kauft darüber hinaus noch Substrate zu.

In der Regel werden nicht-lignifizierte Energiepflanzen zusammen mit Wirtschaftsdüngern im Zuge einer Kofermentation miteinander vergoren. 15 bis 20 % der landwirtschaftlichen Biogasanlagen sind heute sogar mit güllefreier Monofermentation mit ausschließlich pflanzlichen Rohstoffen in Betrieb. In diesem Fall werden in einer Anlage zwei bis drei verschiedene Energiepflanzen mit einem Energiemaisanteil von nicht mehr als 60 % (Maisdeckel) eingesetzt.

5.3.1 Arbeitsweise landwirtschaftlicher Biogasanlagen

Die meisten landwirtschaftlichen Biogasanlagen funktionieren im Durchfluss-Speicher-Verfahren. Dabei wird ein Fermenter in konstanten Intervallen und Dosierungen mit neuem Gärsubstrat beschickt. In gleichem Maße kontinuierlich wird das vergorene und entgaste Substrat als Gärrückstand gespeichert. Der Gärprozess wird nicht durch einen Substratwechsel unterbrochen und erhält die Bakterienkulturen immer wieder aus dem ausgefaulten Gärsubstrat. Im Ergebnis ist der Biogasreaktor ständig gefüllt und leistet eine kontinuierliche Gasproduktion.

Die Beschickung einer Biogasanlage bestimmt die Verfügbarkeit von frischem Substrat für die abbauenden Bakterien und damit auch die Biogasfreisetzung. Die Beschickungsverfahren können diskontinuierlich oder kontinuierlich sein

Im **Batchverfahren** verläuft die Beschickung des Biogasfermenters diskontinuierlich. Die entsprechenden Anlagen haben ihre Bedeutung in der Trockenfermentation, welche in der Landwirtschaft selten zum Einsatz kommt. Der Gärraum wird zu einem gegebenen Zeitpunkt befüllt und luftdicht verschlossen. Dann setzt die Biogasbildung langsam ein, erreicht ein Maximum und fällt danach wieder ab. Am Ende der Verweilzeit wird der Fermenter geleert und erneut mit Substrat vermischt mit Gärrest als Impfmaterial gefüllt. Nachteil des Verfahrens ist die diskontinuierliche Gasproduktion bei extrem schwankender Gasqualität.

Die kontinuierlich arbeitenden **Durchflussanlagen** haben sich in der Praxis weitgehend durchgesetzt. Solche Anlagen werden mehrmals am Tag in kleineren Chargen aus einem Vorratsbehälter bzw. einer Vorgrube mit frischem Substrat beschickt. In gleichem Umfang wird vergorenes Substrat in das Endlager gepumpt. Der Gärraum ist also immer gefüllt und braucht nur bei Reparaturarbeiten entleert zu werden. Mit diesem Verfahren sind eine gleichmäßige Gasproduktion und eine optimale Gärraumauslastung gewährleistet.

Abbildung 5.12 zeigt das Funktionsschema einer landwirtschaftlichen Biogasanlage zur Verwertung flüssiger und fester Substrate im kontinuierlichen Betrieb.

Die wichtigsten Komponenten einer landwirtschaftlichen Biogasanlage sind die Vorgrube, die Eintragsvorrichtung für feste Substrate, ein oder mehrere Fermenter, der Gas-Folienspeicher, das Gärrückstandslager und das Blockheizkraftwerk (BHKW).

In der **Vorgrube** wird die Rohgülle aus der Tierhaltung gesammelt.

Die **Eintragsvorrichtung** nimmt die Kofermente (Maissilage, Getreideschrot, etc.) zusammen mit der Gülle auf. Von dort wird das Substratgemisch in den Fermenter eingespült. Anstelle eines Einspülschachtes werden oft auch Anmaischbehälter installiert, in denen das Kosubstrat direkt mit der Rohgülle und ausgefaultem Gärsubstrat vermischt und anschließend zur Vergärung in den Fermenter gepumpt wird.

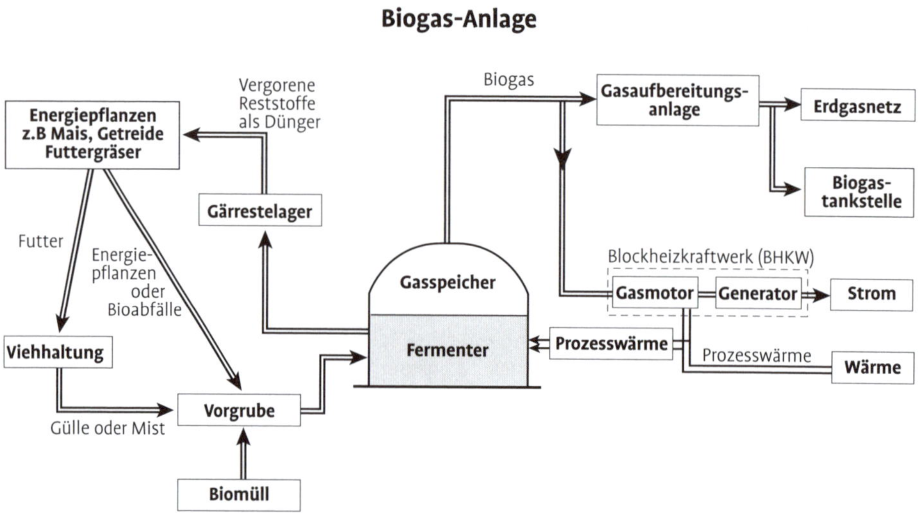

Abb. 5.12 Funktionsschema einer landwirtschaftlichen Biogasanlage (AEE 2013b).

Der **Gärraum (Fermenter)** muss gas- und wasserdicht sowie lichtundurchlässig sein, damit ein ungestörter Gärverlauf gewährleistet ist. Eine Heizungsanlage bringt das Gärsubstrat auf die notwendige Prozesstemperatur von 30 bis 42 °C (mesophiler Bereich) oder auf 50 bis 57 °C (thermophiler Bereich) (s. Kap. 5.3.2). Ein Rührwerk sorgt für die Verhinderung von Schwimmschichten, die den Gasaustritt erschweren, und für die Durchmischung bzw. Homogenisierung des Gärsubtrates. So soll der Kontakt von Bakterien und Substrat gefördert werden. Andererseits muss eine zu intensive Rührtätigkeit vermieden werden, weil die Essigsäure- und die Methan-bildenden Arachaeen (früher: Archaebakterien) in einer engen Lebensgemeinschaft zu einander stehen, die durch zu starkes Rühren beeinträchtigt werden könnte. Vorzugsweise sollten deshalb nur langsam rotierende Rührwerke zum Einsatz kommen, um die Scherkräfte gering zu halten. Es hat sich bewährt, das Gärsubstrat in kurzen Intervallen mit einer definierten Zeitspanne zu durchmischen.

Befindet sich in der Anlage nur ein Fermenter, so spricht man von einem einstufigen Verfahren. Zur Steigerung der Biogasausbeute wird oft noch ein zweiter Fermenter (Nachgärer) nachgeschaltet.

Bei zwei- oder mehrstufigen Verfahren wird eine räumliche Trennung der einzelnen Prozessphasen der Biogasbildung angestrebt. So laufen im zweistufigen Verfahren Hydrolyse und Versäuerungsphase in einem externen Reaktor getrennt ab. Hauptsächlich aus Kostengründen hat sich diese Variante aber nicht durchgesetzt.

Im Normalfall arbeiten die Anlagen im Durchfluss-Speicher-Betrieb. Hier ist der im Durchflussverfahren als Endlager fungierende Behälter wie ein Fermenter luftdicht verschlossen und mit einem Gasspeicher ausgerüstet. Die im Lagerbehälter befindliche Biogasgülle kann hier noch weiter ausgären, so dass das Biogaspotenzial der Einsatzstoffe weitestgehend genutzt werden kann.

Im **Gasspeicher** wird das Biogas aufgefangen, gespeichert und für die weitere Verwendung aufbereitet.

Danach wird es entweder über ein **Blockheizkraftwerk** zur Strom- und Wärmeproduktion genutzt oder nach einer weiteren Aufarbeitungsstufe in das öffentliche Erdgasnetz eingespeist.

Die entgaste Biogasgülle wird in den **Gärrückstandbehälter** eingelagert und von dort als wertvoller organischer Dünger auf Acker- und Grünlandflächen ausgebracht.

5.3.2 Die Entstehung von Biogas

Das Biogas als Gemisch aus den Hauptkomponenten Methan und Kohlendioxid wird durch Mikroorganismen in einer anaeroben Stoffwechselkette gebildet. Der Prozess der Biogasbildung wird von unterschiedlichen Stämmen von Bakterien und Archaeen geleistet und kann in vier Phasen eingeteilt werden:

1. **Hydrolyse**
2. **Versäuerung**
3. **Essigsäurebildung**
4. **Methanbildung**

Im ersten Schritt, der **Hydrolyse**, werden die Makromoleküle der organischen Substanzen wie Kohlenhydrate, Fette und Eiweiße in niedermolekulare Verbindungen gespalten. Die von den aeroben Bakterien gebildeten Enzyme sind u. a. Amylasen, Cellulasen, Lipasen und Proteasen und wandeln die Polymere in ihre Monomere um, d. h. in Einfachzucker, Alkansäuren, Glycerin und Aminosäuren. Der Vorgang wird durch den pH-Wert (4,5 bis 6) und die Verweildauer des Substrates beeinflusst.

In der **Versäuerungsphase (Acidogenese)** werden säurebildende Bakterien wirksam, die die Stoffwechselprodukte der Hydrolyse für ihren eigenen Zellstoffwechsel nutzen. Diese fakultativ anaeroben Bakterien bilden daraus bei einem pH-Wert von 6 bis 7,5 und Temperaturen zwischen 30 und 32 °C niedere (flüchtige) Fettsäuren (Carbonsäuren = Ameisen-, (iso-) Butter- und Propionsäure; Hydroxycarbonsäure = Milchsäure), niedermolekulare Alkohole wie Ethanol und als Gase Kohlendioxid, Wasserstoff, Schwefelwasserstoff und Ammoniak. Der pH-Wert sinkt in der Versäuerungsphase. Unter ungünstigen Bedingungen werden weitere flüchtige Fettsäuren wie (iso-) Valerian-, Capron- und Oenanthsäure gebildet, die als Indikatoren für eine zunehmende Prozesshemmung durch Versäuerung gelten.

In diesem Abschnitt verbrauchen die Bakterien den Restsauerstoff und schaffen so die für die methanbildenden Mikroben notwendigen anaeroben Bedingungen.

In der Phase der **Essigsäurebildung (Acetogenese)** werden die organischen Säuren als Reaktionsprodukte der Acidogenese in Essigsäure, Kohlendioxid und Wasserstoff umgewandelt. Diese drei Komponenten sind als methanogene Substrate die Ausgangsprodukte für die Methanbildung. Die essigsäurebildenden Bakterien der Acetogenese werden durch einen hohen Wasserstoffpartialdruck in ihrem Stoffwechsel behindert und können im Extremfall durch ihr eigenes Stoffwechselprodukt (den Wasserstoff im Substrat) abgetötet werden. Dies wird dadurch verhindert, dass die wasserstoffabhängigen methanogenen Archaeen dem System laufend Wasserstoff entziehen und in Methan umsetzen und damit günstige Lebensbedingungen für die acetogenen Bakterien schaffen. Auf diese Weise stellt sich ein symbiotisches Verhältnis zwischen acetogenen und methanogenen Mikroorganismen ein.

Die letzte Abbaustufe ist die **Methanbildung (Methanogenese)** selbst, die auf zwei unterschiedlichen Wegen stattfinden kann. Bei der acetotrophen Methanbildung wird Essigsäure in Methan und Kohlendioxid nach der Summenformel

$$CH_3\,COOH \rightarrow CH_4 + CO_2 \qquad (17)$$

umgesetzt.

Bei der hydrogenotrophen Methanbildung entsteht Methan aus Wasserstoff und Kohlendioxid nach der Summenformel

$$CO_2 + 4H_2 \rightarrow CH_4 + 2H_2O. \qquad (18)$$

Im Fermenter laufen beide Reaktionen gleichzeitig ab. Bei sehr geringer Raumbelastung und niedriger Essigsäurekonzentration entstehen etwa 70 % des Biogases durch die acetotrophen und 30 % durch die hydrogenotrophen Prozesse. Die Methan-Archaeen sind streng anaerob und beanspruchen einen pH-Wert um 7.

In den meisten landwirtschaftlichen Biogasanlagen laufen die Phasen des Abbauprozesses ohne zeitliche und räumliche Trennung im selben Behälter ab. Man spricht dann von einem einstufig-einphasigen Verfahren. Auch zweiphasig-zweistufige Verfahren sind möglich, wobei Hydrolyse und Versäuerung in einem separaten Behälter stattfinden. Insbesondere bei schnell abbauenden Substraten kommt es zu einer raschen Versäuerung und damit einer Beeinträchtigung der nachfolgenden Umsetzungen durch die fermentativen Bakterien. So kann es vorteilhaft sein, dem Fermenter die Abbauprodukte dosiert zuzuführen und damit die spezifischen Anforderungen der Bakterien an optimale Lebensbedingungen (insbesondere pH-Wert) zu erfüllen. Allerdings haben sich zweiphasig-zweistufige Verfahren aus Kostengründen kaum durchgesetzt.

Acetogenese und Methanogenese müssen auf jeden Fall zusammen ablaufen, weil acetogene und methanogene Mikroben im Zuge der Stoffumwandlung symbiotisch miteinander interagieren.

In einer einstufig-einphasigen Biogasanlage laufen alle vier Prozessphasen zwar parallel, aber meist nicht in gleicher Geschwindigkeit ab. Die Geschwindigkeit der Vergärungsprozesse wird in erster Linie durch die Hydrolyse bestimmt. Nicht selten ist aber auch die syntrope Methanogenese geschwindigkeitslimitierend. Sind die Substrate reich an Cellulose und Hemicellulose, so sind sie durch die Bakterien nur langsam zu hydrolysieren. Bei hohen Anteilen an zucker- und stärkehaltigen Substraten wird die Phase der Hydrolyse dagegen rasch durchlaufen und die Methanbildung ist dann entscheidend für die Geschwindigkeit des Gärverlaufes. Diese Zusammenhänge sind bereits bei der Auswahl der Substrate zu beachten.

Wichtig ist letztendlich die Prozessstabilität insgesamt, die eine gleichmäßige Gasproduktion und -zusammensetzung bei kontinuierlicher Leistungsabgabe garantieren muss.

Leistungsparameter

Zu den wichtigsten Leistungsparametern einer Biogasanlage gehört die Biogasausbeute y als eine substratspezifische Größe. Sie ist das Maß für die Menge an gebildetem Biogas pro kg zugeführter organischer Trockensubstanz (oTS). Im Betrieb des Biogasfermenters steht y unmittelbar in Beziehung zu der Raumbelastung des Reaktors (Abb. 5.13).

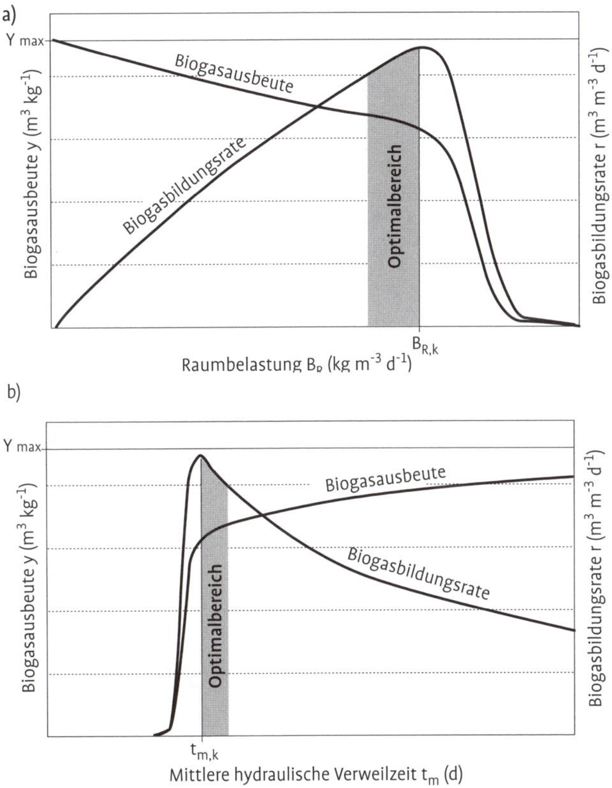

Abb. 5.13 Beziehung zwischen Biogasausbeute und Biogasbildungsrate in Abhängigkeit von Raumbelastung (a) bzw. mittlerer hydraulischer Verweilzeit (b) in Biogasanlagen (Linke et al. 2011).

B_R Raumbelastung (kg oTS m^{-3} Reaktorvolumen d^{-1})
$B_{R,k}$ kritische Raumbelastung (kg oTS m^{-3} Reaktorvolumen d^{-1})
y B_R-abhängige Biogasausbeute (m^3 Biogas kg^{-1} oTS)
y_{max} maximal mögliche Biogasausbeute (m^3 Biogas kg^{-1} oTS)
r Biogasbildungsrate (m^3 Biogas m^{-3} Reaktorvolumen d^{-1})
t_m mittlere hydraulische Verweilzeit (d)
$t_{m,k}$ kritische mittlere hydraulische Verweilzeit (d)

Grundsätzlich gilt, dass eine steigende Belastung des Fermenters eine geringere Biogasausbeute nach sich zieht. Mit der kritischen Raumbelastung ($B_{R,k}$) setzen schließlich die Übersäuerung und damit die Überlastung des Reaktors ein und die Biogasausbeute fällt steil ab.

Die Biogasbildungsrate r als Produkt aus BR und y nimmt in der Anfangsphase mit steigender Raumbelastung zunächst stetig zu. Mit Erreichen der kritischen Raumbelastung ($B_{R,k}$) tritt das System in die Überlastungsphase ein bei gleichzeitiger Abnahme der Biogasausbeute. Die optimale Raumbelastung lässt sich dem Bereich eben unterhalb der $B_{R,k}$ zuordnen, in welchem die Biogasbildungsrate r ihrem Maximum zustrebt und die Biogasausbeute y noch günstige Werte erreicht.

Die Biogasbildungsrate r und die Biogasausbeute y steigen mit zunehmender mittlerer hydraulischer Verweilzeit t_m zunächst sprunghaft an. Das Maximum von r wird bei der kritischen mittleren hydraulischen Verweilzeit $t_{m,k}$ erreicht und sollte solange überschritten werden, wie die Biogasausbeute y noch leicht ansteigt und die Biogasbildungsrate erst langsam abfällt. Die Lage und quantitative Ausgestaltung der Optima wird durch zahlreiche biochemische, chemische und physikalische Einflussfaktoren bestimmt.

In der Praxis wird für das Erreichen der optimalen Biogasausbeute eine **Raumbelastung** (bezogen auf den gesamten Gärraum) von 3,0 bis 4,0 kg oTS $(m^3 * d)^{-1}$ bei gemeinsamer Vergärung von Energiepflanzen und Gülle und von 2,0 bis 3,0 kg oTS $(m^3 * d)^{-1}$ bei reiner Energiepflanzenvergärung empfohlen.

Prozessstörungen

Grundsätzlich treten bei der Biogasbildung **Prozessstörungen** auf, wenn die an der mehrstufigen anaeroben Umsetzung beteiligten Bakterien keine optimalen Lebensbedingungen vorfinden. Als Störfaktoren können gelten:

- Substrateigenschaften
- Luft- und Lichtzutritt
- Temperaturbedingungen
- Intrinsischer pH-Wert
- Nährstoffversorgung
- Hemmstoffkonzentration

Den wichtigsten Prozessindikatoren lassen sich dabei optimale und kritische bis toxische Wertebereiche zuordnen (Tab. 5.7). Die Daten weisen durchweg hohe Spannbreiten auf. Dies ist ein Zeichen für die hohe Anpassungsfähigkeit der Bakterienkulturen an ihre Lebensumwelt. Bei ausreichender Zeit gewöhnen sie sich selbst an ungünstige Bedingungen, so dass die Tabellenwerte immer nur eine grobe Orientierung erlauben.

Tab. 5.7 Optimale und kritische/toxische Wertebereiche wichtiger Fermentationsparameter (Kaiser et al. 2007, Linke et al. 2011, Schattauer et al. 2011, Eder 2012, Effenberger et al. 2012)

Parameter/Milieufaktoren	Einheit	Optimal	Kritisch/ Toxisch
pH-Wert	ohne	7,5 – 8,1	< 7,1; > 8,1
Trockensubstanz (TS)	%	3 - 9	< 3; > 12
Organische Trockensubstanz (oTS)	%	2,4 – 5,5	< 2,4; > 6,5
NH_4^+/NH_3	$g\ l^{-1}$	< 3	> 3
NH_3	$mg\ l^{-1}$	< 200–400	> (250) 500 – 800
H_2S	$mg\ l^{-1}$		> 100
Essigsäure	$mg\ l^{-1}$	0–1 000	> 3 000
Propionsäure	$mg\ l^{-1}$	0–250	> 1 000
(iso-)Buttersäure	$mg\ l^{-1}$	0–50	> 300
(iso-)Valeriansäure	$mg\ l^{-1}$	0–50	> 150
Flüchtige organische Säuren (FOS) gesamt	$mg\ l^{-1}$	0–1 500	> 4 500
FOS/TAC* * organisch gebundener Kohlenstoff	ohne	0,3–0,4	> 0,8
Elemente		**Mindestanforderungen**	
Natrium	ppm	45–200	
Kalium	ppm	75–250	
Magnesium	ppm	10–40	
Schwefel	ppm	50–100	
Eisen	ppm	10–200	
Nickel	ppm	0,5–30	
Kobalt	ppm	0,5–20	
Molybdän, Wolfram, Selen	ppm	0,1– 0,35	
Zink	ppm	0–3	

Tab. 5.7 Optimale und kritische/toxische Wertebereiche wichtiger Fermentationsparameter (Kaiser et al. 2007, Linke et al. 2011, Schattauer et al. 2011, Eder 2012, Effenberger et al. 2012) (Fortsetzung)

Parameter/Milieufaktoren	Einheit	Optimal	Kritisch/ Toxisch
Nährstoffverhältnis (Gesamtprozess)			
C : N : P : S	ohne	450 : 15 : 5 : 1	
C : N	ohne	20 bis 30 : 1	

Durch die wiederholte Bestimmung von Indikatorwerten in regelmäßigen Abständen kann eine Destabilisierung des Gärprozesses durch äußere Einflüsse oder Änderungen im Betriebsablauf rechtzeitig erkannt und gegebenenfalls korrigiert werden. In erster Linie muss dabei auf die Hemmung der Bakterientätigkeit durch Übersäuerung, Ammoniak und Schwefel geachtet werden

Bei der anaeroben Vergärung wird grundsätzlich zwischen **flüssigen Substraten** (TM-Gehalt < 6 %), **Schlämmen** (TM-Gehalt zwischen 6 und 15 %) und **festen Substraten** (TM-Gehalt > 15 %) unterschieden.

Der Vergärungsprozess im Fermenter läuft entweder als Nassvergärung mit pumpfähigen Substraten oder als Trockenvergärung mit stapelbaren Subtraten (Batch-Verfahren) wie Silagen oder Stallmist ab.

Das **fermentierbare Substrat** muss in jedem Fall über ausreichend Feuchtigkeit verfügen, weil Methanbakterien, anders als aerobe Bakterien, Hefen oder Pilze, sich nur im feuchten Milieu entwickeln und vermehren können. Folglich ist z. B. das Eingangsmaterial für die „Trockenvergärung" durch Berieselung oder Vermischung auf mindestens 50 % Wassergehalt anzufeuchten.

Um in einem Fermenter die Abbaubarkeit bzw. die Durchmischbarkeit und damit das Energiepotenzial der zugeführten Trockenmasse zu erfassen, werden der **chemische Sauerstoffbedarf** (CSB in g kg^{-1}), der **Trockensubstanzgehalt** (TS in %) und der **organische Trockensubstanzgehalt** (oTS in %) bestimmt. Alle drei Parameter werden insbesondere auch in Gärtests vor und nach der Gärung zur Beurteilung verschiedener Substrate herangezogen.

Der CSB gibt an, wie viel Sauerstoff zur Oxidation sämtlicher oxidierbarer Komponenten verbraucht wird. Mit dem Wert lässt sich der Abbaugrad der Trockenmasse im Fermenter abschätzen. Sehr hohe CSB-Werte weisen auf einen geringen Abbau der Trockenmasse oder auf einen hohen Lignocelluloseanteil im Fermenter hin.

Der TS-Gehalt charakterisiert die Durchmischbarkeit des Substrates und damit den Input an Rührenergie sowie die Homogenität des Fermentationsverlaufes.

Die Bestimmung der oTM erlaubt den Rückschluss auf den Stand des bereits abgebauten organischen Substratanteils und korreliert mit dem CBS. Hoch belastete Anlagen haben regelmäßig hohe CSB- und oTS-Werte.

Sauerstoff und Licht hemmen die Lebensprozesse der anaeroben Bakterien.

Der zu Beginn des Vergärungsprozesses im Substrat vorhandene **Sauerstoff** wird in den beiden ersten Phasen durch fakultativ aerobe Bakterien verbraucht. Aus diesem Grund sind geringe Sauerstoffmengen zu diesem Zeitpunkt zunächst noch unschädlich.

Von entscheidender Bedeutung ist das Redoxpotenzial. Für anaerobe Bakterien muss es mit −0,1 V immer sehr niedrig sein. Im Gärraum liegen die Werte aber oftmals deutlich darüber. So hat Sauerstoff ein Redoxpotenzial von +1,78 V und stört anaerobe Bakterien erheblich. Um niedrige Potenziale einzustellen, sollten dem Prozess also möglichst wenig Oxidationsmittel wie Sauerstoff, Sulfate, Nitrate oder Nitrite zugeführt werden und genügend reduzierende Stoffe mit niedrigem Redoxpotenzial vorhanden sein.

Lichteinfall ist für die Bakterien zwar nicht toxisch, hemmt aber deren Tätigkeit, so dass die Vergärung in der Praxis immer unter Lichtabschluss erfolgt.

Der Gärungsverlauf ist sehr stark abhängig von der **Prozesstemperatur**. Grundsätzlich beschleunigen sich die Abbauzeiten im Fermenter mit zunehmender Temperatur und die Gasproduktion steigt an. Die dabei wirksamen anaeroben Bakterienstämme lassen sich nach ihren Temperaturansprüchen in

- psychrophile (< 25 °C)
- mesophile (35 bis 43 °C)
- und thermophile (> 45 °C)

Vertreter unterteilen.

In Biogasanlagen werden hauptsächlich mesophile und thermophile Bakterienstämme eingesetzt. Gegen die psychrophile Betriebsweise sprechen die langen Verweilzeiten der Substrate und die vergleichsweise geringe Gasproduktivität.

Für die Wahl eines der beiden höheren Temperaturbereiche ist der Wassergehalt des eingesetzten Substrates entscheidend. Da wasserreiche und kühle Substrate (z. B. Gülle) einen hohen Energiebedarf bis zum Erreichen der Prozesstemperatur haben, ist hier die mesophile Gärtemperatur vorteilhaft.

Für feste Substrate aus Energiepflanzen mit geringerem Wassergehalt eignet sich hingegen der **thermophile Abbau**, weil die optimalen Prozesstemperaturen leichter erreicht, Krankheitserreger und Unkrautsamen durch die hohen Temperaturen wirkungsvoll unterdrückt und keine kritischen Ammoniakkonzentrationen im Fermenter (Ausnahme: grasartige Biomasse) erwartet werden. Der thermophile Prozess kann auch für verdünnte Substrate mit hoher Eigenwärme (z. B. Abwasser der Papierindustrie) interessant sein.

Mit der mesophilen und thermophilen Prozessführung sind Vor- und Nachteile verbunden, die im Kontext der Auswahl der Substrate gegeneinander abzuwägen sind.

Unter thermophilen Bedingungen sollte die Temperaturabweichung vom Mittelwert nicht mehr als 1 °C betragen, weil die Spanne der Temperaturoptima der beteiligten Mikroorganismen mit höheren Temperaturen immer enger wird. Folglich sind bei thermophilem Betrieb die Ansprüche an die Betriebs- und Prozesssteuerung relativ hoch. So kann z. B. schon die Zufuhr von schlecht verdichtetem und damit sauerstoffreichem Material, das Einbringen von größeren Mengen kalten Materials und/oder der temporäre Ausfall des Rühwerkes (v. a. im Winter) leicht eine Temperaturabweichung von 1 °C bewirken und damit den Gärprozess empfindlich stören.

Die thermophile Variante begünstigt insgesamt schnellere Wachstumsraten der Mikroorganismen, kürzere Verweilzeit der Substrate, die Abtötung von pathogenen Keimen und Unkrautsamen, die Reduktion des Schlammvolumens und einen schnelleren Übergang zu anaeroben Verhältnissen.

Im **mesophilen Betrieb** werden tägliche Temperaturschwankungen von 2 bis 4 °C um den Mittelwert von den Bakterienkulturen toleriert. Die mesophile Vergärung bietet als weitere Vorteile einen geringeren Wasserdampf- und CO_2-Gehalt im Gas, einen geringeren Heizwärmebedarf, eine größere Vielfalt der beteiligten Organismen und damit eine höhere Stabilität der Abbauprozesse und schließlich die Möglichkeit der Nutzung von Niedertemperaturabwärme zur Prozessheizung.

Insgesamt ist in der Praxis aber die Tendenz zu höheren Fermentertemperaturen zu beobachten, weil die Professionalität im Anlagenbau und der Prozessregulierung ständig steigt und die dafür notwendigen Arbeitskapazitäten im Sinne eines eigenständigen Betriebszweiges in Landwirtschaftsbetrieben vorgehalten werden.

Die anaerobe Biozönose benötigt zur Aufrechterhaltung der Umsetzungsprozesse neben der Einhaltung des Temperaturniveaus in der Anlage einen optimalen **pH-Wert**. Im einstufigen Verfahren stellt sich der für die Methanogenen optimale pH-Wert in einem Bereich von 6,8 bis 7,5 durch Selbstregulation der Stoffwechseltätigkeit der unterschiedlichen Bakterienkulturen ein.

Obwohl die hydrolisierenden und säurebildenden Bakterien ihr Aktivitätsoptimum im leicht sauren Milieu haben, wird der pH-Wert durch die Wirkung vor allem der Puffersysteme Kohlensäure/Hydrogencarbonat und Ammonium/Ammoniak in den neutralen Bereich angehoben:

$$H_2CO_3 + H_2O \leftrightarrow HCO_3^- + H_3O^+ \quad (19)$$

$$HCO_3^- + H_2O \leftrightarrow H_3O^+ + CO_3^{2-} \quad (20)$$

$$NH_3 + H_2O \leftrightarrow NH_4^+ + OH^- \quad (21)$$

Der pH-Wert wird über die Art und die zugeführte Menge der Substrate beeinflusst. In Gülle sind in der Regel ausreichend puffernde Substanzen enthalten. Kommt es aber zu einer schnellen und hoch dosierten Zufuhr von leicht hydrolysierbaren oder bereits hydrolysierten Substraten (z. B. Stärke, Zucker, Glycerin), so tritt ein rascher Anstieg der H^{+}-Ionenkonzentration und damit ein Abfall des pH-Wertes ein. Die Bildung von organischen Säuren wie Propion- und (iso-) Buttersäure hemmen die methanogenen Bakterien und es kommt im Extremfall zum Erliegen der Methanbildung. Es kann danach Wochen dauern bis sich der optimale Gleichgewichtszustand wieder eingestellt hat. Aus diesen Gründen ist es wichtig, schnell versauernde Substrate nur in geringen Dosen und langsam hinzuzugeben. Sobald eine Versauerung des Mediums etwa durch Anstieg der Propionsäure- und/oder (iso-) Buttersäurekonzentration (siehe Tab. 5.7) erkennbar wird, muss die Substratzufuhr unmittelbar gedrosselt oder eingestellt werden, damit die syntrophe methanbildende Biozönose den Säureüberschuss abbauen kann. Wenn Zugaben von Kalk oder anderen basisch wirkenden Stoffen keine Abhilfe mehr schaffen, muss der Fermenter gegebenenfalls entleert und neu beschickt werden.

Um Prozessstörungen rechtzeitig zu erkennen, ist die Erfassung verlässlicher Kontrollparameter in Bezug auf das Versäuerungsverhalten im Anlagenbetrieb sehr wichtig. **Flüchtige Organische Säuren (FOS)** sind Stoffwechselzwischenprodukte der Mikroorganismen. Dabei handelt es sich um Monocarbonsäuren mit 2 bis 7 Kohlenstoffatomen. Eine Konzentrationssteigerung weist immer auf ein Ungleichgewicht in der Abbaukette hin. Erhöhte Konzentrationen wirken toxisch auf die Bakterien und hemmen folglich den Gärprozess. Der nicht dissoziierte Anteil der FOS wirkt besonders toxisch.

Der Grad der Dissoziation hängt von der H-Ionenkonzentration im Medium ab. Wenn also bei fortschreitender Säureanreicherung die Pufferkapazität des Substrates überschritten wird, fällt der pH-Wert ab und die säurebedingte Hemmung des Gärprozesses nimmt zu.

Der sehr einfach zu bestimmende pH-Wert eignet sich allerdings nicht als Indikator für die Akkumulation der flüchtigen Fettsäuren, weil deren Anreicherung durch das im Medium enthaltene Carbonat zunächst abgepuffert wird. Aus diesem Grund hat sich in der Überwachungspraxis die Bestimmung organischer Säuren in Verbindung mit der Pufferkapazität bewährt, auch weil der Gesamt-Säuregehalt sich durch Titrieren relativ einfach bestimmen lässt.

Als Indikator der Prozessstabilität wird der sogenannte FOS/TAC-Wert berechnet als Quotient aus Flüchtigen Organischen Säuren (FOS) in mg l^{-1} (ausgedrückt als Essigsäureäquivalent) und Totalem Anorganischen Carbonat (TAC) in mg l^{-1} $CaCO_3$. Ein Verhältnis FOS/TAC von 0,3 bis 0,4 kennzeichnet eine gut ausgelastete Biogasanlage. Werte deutlich darüber weisen auf eine Überlastung, solche deutlich darunter auf ein weiteres Belastungspotenzial der Anlage hin. Ein FOS/TAC-Verhältnis > 0,8 zeigt Prozesshemmungen an. Es muss allerdings darauf verwiesen werden, dass Absolutwerte des FOS/TAC oft von eingeschränkter Aussagekraft sind, weil sie deutlich von der Bestimmungsmethode und dem

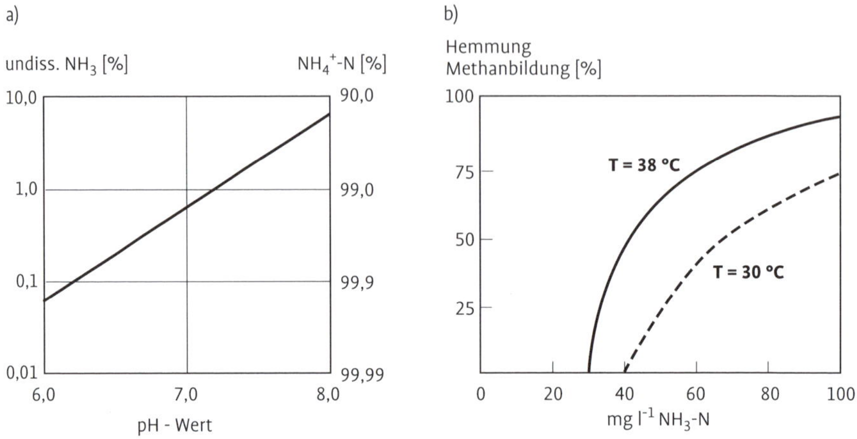

Abb. 5.14 Dissoziationsgleichgewicht zwischen NH_3 und NH_4^+ in Abhängigkeit vom pH-Wert (links) und temperaturabhängige Hemmung der Methanbildung durch NH_3 (rechts) (FNR 2006).

beteiligten Laborpersonal abhängen. Zielsichere Aussagen liefert hingegen die anlagenindividuelle Beobachtung des FOS/TAC-Trends.

Ammoniumstickstoff (NH_4^+-N)/Ammoniak (NH_3) aus dem Proteinabbau wirken mit höheren Konzentrationen im Gärmedium ebenfalls toxisch auf die Mikroorganismen. Obwohl die Wirkungen im Einzelnen noch nicht vollständig aufgeklärt sind, wird angenommen, dass die Hemmung insbesondere durch den undissoziierten Anteil, also durch Ammoniak, induziert wird. Ammonium und Ammoniak stehen in einem Konzentrationsgleichgewicht, das sich mit Zunahme der Temperatur und pH-Wert in Richtung des besonders toxischen NH_3 verlagert (Abb. 5.14).

Bei der Einstellung toxischer Verhältnisse ist also eine signifikante Korrelation mit der Temperatur und dem pH-Wert nachzuweisen. Weil sich mit steigender Temperatur das Dissoziationsgleichgewicht in Richtung Ammoniak verschiebt, sind hinsichtlich der Ammoniaktoxizität die thermophil arbeitenden Anlagen besonders anfällig. Steigt der pH-Wert an, führt die zunehmende OH^- - Ionenkonzentration ebenfalls zu einem Anstieg der Ammoniakkonzentration. Bei einer Gesamtkonzentration von über 3 000 mg l^{-1} (NH_3 und NH_4^+) beziehungsweise 500 mg l^{-1} NH_3 setzt bereits die Hemmung der gesamten Biogasbildung ein.

Zum Aufbau der Bakterienmasse werden **organische und mineralische Nährstoffe** in einem ausgewogenen Nährstoffverhältnis aus Kohlenstoff (C), Stickstoff (N), Phosphor (P) und Schwefel (S) sowie Vitamine und Spurenelemente benötigt. Eine erste Einschätzung der Eignung der Substratzusammensetzung lässt sich zunächst aus dem C : N – Verhältnis ableiten. Als Optimalwert für den Prozessablauf kann eine Relation von 20 bis 30 angegeben werden.

Ist der Wert höher, so können die Kohlenhydrate nicht vollständig abgebaut und das Methanbildungspotenzial nicht ausgeschöpft werden.

Bei einem engen C : N – Verhältnis befindet sich Stickstoff im Überschuss und es bildet sich Ammoniak, welches schon in geringen Konzentrationen auf die Bakterien schädigend wirkt.

Für eine ausreichende Nährstoffversorgung soll in den Substraten ein C : N : P : S – Verhältnis um 450 : 15 : 5 : 1 vorliegen. Die Gesamtnährstoffe werden regelmäßig durch die gängigen Substrate in ausreichender Menge zugeführt.

Schwermetalle (auch Halbmetalle wie Se) als Spurenelemente sind für das Wachstum und die Entwicklung der Bakterien notwendig. In höheren Konzentrationen können sie sich aber auch hemmend auf die Biogasbildung auswirken. Die Angabe von Grenzwerten ist sehr schwierig, weil die Mikroorganismen sehr anpassungsfähig gegenüber unterschiedlichen Versorgungssituationen sind.

Hemmstoffe schränken die bakteriellen Stoffwechselprozesse ein oder unterdrücken sie vollständig. Die Störsubstanzen werden entweder direkt mit dem Substrat in den Fermenter eingebracht oder als Zwischenprodukte im Gärungsverlauf gebildet.

Substrat gebundene Hemmstoffe sind Antibiotika, Chemotherapeutika, Desinfektionsmittel, Herbizidrückstände, Salze und Schwermetalle.

Neben der Versäuerung und der Ammoniakbildung hemmt bzw. schädigt auch Schwefelwasserstoff (H_2S) ab einer Konzentration in Lösung von etwa 50 mg l^{-1} und im Gas von etwa 20 000 ppm. Schwefelwasserstoff entsteht beim Abbau von schwefelhaltigen Substraten, insbesondere von Eiweiß.

Zur Aufrechterhaltung einer optimalen Biogaserzeugung werden **Hilfsmittel** zum Betrieb von Biogasanlagen angeboten. Hierzu zählen hydrolytische Enzyme, Ionenaustauscher sowie Spuren- und Makroelemente. Der Einsatz der Hilfsmittel soll einer hohen Raumbelastung, einer kürzere hydraulische Verweilzeit des Substrates im Fermenter dienen oder z. B. den Schwefelwasserstoffgehalt im Biogas senken.

Insbesondere beim mehrjährigen und unveränderten Subtrateinsatz aus Energiepflanzen und Gülle können sich Mangelerscheinungen einstellen oder Hemmstoffe akkumulieren.

Der Einsatz hydrolytischer Enzyme beabsichtigt den Hydrolyseprozess insbesondere bei lignocellulosehaltigen Substraten zu beschleunigen und damit die Verweilzeit zu verkürzen.

Durch Ionenaustauscher können toxische Komponenten im Gärsubstrat und im Biogas vermindert werden. Insbesondere sollen Ammonium und Ammoniak sowie Schwefelwasserstoff gebunden werden.

Spurenelemente wie Kobalt, Molybdän, Nickel oder Selen sind für die beteiligten Bakterien lebensnotwendig. Da sie in der Maisbiomasse, aber auch in Gülle und anderen Subtraten, nur in niedriger Konzentration vorliegen und es daher zu Mangelerscheinungen im Gärsubstrat kommen kann, gibt es Empfehlungen zur Ergänzung von Spurenelementen. Von den Makronährstoffen werden gelegentlich Eisensalze (Eisenchlorid oder Eisensulfat) zugesetzt, um den Nährstoffbedarf der Mikroorganismen zu decken und den Schwefelwasserstoffgehalt im Biogas zu senken.

Calciumverbindungen (Kalk) dienen der kurzfristigen Stabilisierung des pH-Wertes. Diese Maßnahme wird ergriffen, um die Faktoren für eine Übersäuerung zu identifizieren und entsprechende Maßnahmen einzuleiten.

5.3.3 Biogasausbeute

Die Abbaugeschwindigkeit und der erreichbare Abbaugrad hängen hauptsächlich von der Gärtemperatur, der Verweilzeit des Substrates im Fermenter und der Substratzusammensetzung ab.

Unter den Kofermenten ist Maissilage am weitesten verbreitet. Ihr Anteil ist mit der am 01.01.2012 in Kraft getretenen Novelle des EEG zuletzt auf 60 % begrenzt worden. Man ist daher zunehmend bemüht, den Energiepflanzenbau artenreicher zu gestalten.

Um den Maisanteil an den Biogassubstraten zurückzudrängen, verstärkt sich der Trend zum Einsatz von Reststoffen aus der Nahrungsmittelproduktion, von Gülle und Mist aus der Tierhaltung sowie von Lebensmittelabfällen und pflanzlichen Reststoffen

Mit anderen Substraten wie Roggen-Ganzpflanzensilage oder speziellen Grasgemischen stehen leistungsstarke Ergänzungspartner zur Verfügung. Eine weitere Alternative ist die pflanzenzüchterische Verbesserung der Konkurrenzfähigkeit des Leistungsträgers Mais, um ihn für diverse Partner für den Mischanbau auf dem Acker zugänglich zu machen. In letzter Zeit haben sich besonders Mais/Phaseolusbohnen-Gemenge als sehr aussichtsreich erwiesen (Pekrun und Schmidt 2011).

Gegen eine zu einseitige Maisnutzung in Biogasanlagen spricht auch, dass es zu schwerwiegenden Störungen im Gärverlauf kommen kann, weil die kohlenhydratreiche Maissilage die Bildung von Propion- und Buttersäure besonders begünstigt.

Kalkulation der Gasausbeute

Die Kalkulation der potenziellen Gasausbeute der unterschiedlichen Substrate ist sehr wichtig zur Beurteilung der

- Bedarfsprognose der Substratmengen für eine geplante oder bestehende Biogasanlage,
- Eignung von Energiepflanzen für die Biogaserzeugung,
- qualitätsabhängigen Preisbildung für Substrate bei Arbeitsteilung zwischen Produzent und Abnehmer.

Zur Kalkulation der Gasausbeute ist die alleinige Auswahl von Kulturarten und -sorten nach der Ertragsleistung an Biomasse gänzlich ungeeignet.

Der heute gängige Ansatz basiert auf der Tatsache, dass die für die Biogaserzeugung genutzten Pflanzen in den meisten Fällen aus der

Gruppe der Futterpflanzen kommen. Da die Biogasbildung stark dem Verdauungsprozess der Wiederkäuer ähnelt, können die umfangreichen Kenntnisse und Erfahrungen der Futtermittelkunde und Fütterung von Wiederkäuern auch für die Verwendung von Substraten im Biogassektor genutzt werden.

In Analogie zur Futterbewertung beschreibt die Substratbewertung das von der Effizienz des Gärprozesses unabhängige Gasbildungspotenzial.

Die **Substratbewertung** erfolgt methodisch entweder auf der Grundlage von Gärtests in kleinen Fermentern (Batchtest) oder von chemischen Laboruntersuchungen.

Der **Gärtest** ist zeitaufwendig, sehr teuer und mit Ungenauigkeiten behaftet. Die Methode bietet aber auch spezielle Vorteile. So lassen sich an Hand der Gassummenkurven das Abbauverhalten und mögliche Hemmungen der Mikroorganismen durch das Substrat prozessgenau beschreiben. Schließlich wird auch der Gärrückstand quantitativ und qualitativ beurteilt.

Die Erwartungswerte für die Gasbildung auf der Grundlage **chemischer Laboruntersuchungen** lassen sich aus der Untersuchung der Biomasse nach der WEENDER Futtermittelanalyse und der Verwendung von den Verdauungsquotienten aus den DLG-Futterwerttabellen für Wiederkäuer ableiten. Mit diesen Verdauungsquotienten werden die Gehalte an den einzelnen **verdaulichen** Nährstoffen (Kohlenhydrate, Protein, Fett) berechnet und diese schließlich mit Gasbildungswerten aus der Literatur multipliziert.

In dem einschlägigen Tabellenwerk sind die jeweiligen Gehalte an N-freien Extraktstoffen (NfE), Rohfaser (RF), Rohfett (RL), Rohprotein (RP) und Rohasche (RA) und deren Verdaulichkeit (VQ) zusammengefasst.

Im ersten Schritt wird zur Ermittlung der organischen Trockensubstanz (oTS) die Rohasche (RA) von der Trockensubstanz (TS) subtrahiert

- oTS (1000 − Rohasche)/10 [% TS] (22)

Darauf folgt die Berechnung der verdaulichen Anteile

- der Kohlenhydrate ((Rohfaser × VQ_{RF}) + (NfE × VQ_{NfE}))/1000 [kg kg^{-1} TS] (23)
- des Eiweißes (Rohprotein × VQ_{RP})/1000 [kg kg^{-1} TS] (24)
- und des Fettes (Rohfett × VQ_{RL})/1000 [kg kg^{-1} TS] (25)

Die Ergebnisse werden mit den Werten aus Tabelle 5.8 multipliziert, die die Gasausbeute und den Methananteil als spezifische Gasbildungsraten für Rohprotein, Kohlenhydraten und Rohfett enthält.

Daraus ergibt sich der Biogas- bzw. Methanertrag in Liter (l) pro Kilogramm organische Trockenmasse.

In Tabelle 5.9 sind die Eigenschaften der wichtigsten Substrate für die Biogasgewinnung zusammengefasst.

Tab. 5.8 Gasausbeute und Methananteil bei der Vergärung von Rohprotein, Kohlenhydraten und Rohfett (Baserga 1998)

Stoffgruppe	Biogasertrag ($l\ kg^{-1}$ TM)	Methangehalt (%)
Rohprotein	700	70
Kohlenhydrate	790	50
Rohfett	1 250	68

Die nach dieser Methode kalkulierten Gaserträge sind meist niedriger als die in Fermenterversuchen tatsächlich gemessenen Werte. Die Ursache für die Abweichung ergibt sich aus dem Unterschied zwischen der an Schafen gemessenen scheinbaren Verdaulichkeit und der tatsächlichen (wahren) biologischen Abbaubarkeit des Substrates.

Tab. 5.9 Eigenschaften von Substraten für die Biogaserzeugung (FNR 2006)

Substrat	TS	oTS	N	NH_4	P	Biogasertrag		CH_4-Gehalt
	(%)	(%TS)		(%TS)		($m^3\ t^{-1}$ FM)	($m^3\ t^{-1}$ oTS)	(Vol.-%)
Wirtschaftsdünger								
Rindergülle	8-11	75-82	2,6-6,7	1-4	0,5-3,3	20-30	200-500	60
Schweinegülle	ca. 7	75-86	6-18	3-17	2-10	20-35	300-700	60-70
Rindermist	ca. 25	68-76	1,1-3,4	0,22-2	1-1,5	40-50	210-300	60
Schweinemist	20-25	75-80	2,6-5,2	0,9-1,8	2,3-2,8	55-65	270-450	60
Hühnermist	ca. 32	63-80	5,4	0,39	n. a.	70-90	250-450	60
Nachwachsende Rohstoffe								
Maissilage	20-35	85-95	1,1-2	0,15-0,3	0,2-0,3	170-200	450-700	50-55
Roggen-GPS	30-35	92-98	4,0	057	0,71	170-220	550-680	ca. 55
Zuckerrübe	23	90-95	2,6	0,2	0,4	170-180	800-860	53-54
Masserübe	12	75-85	1,9	0,3-0,4	0,3	75-100	620-850	53-54
Gehaltsrübe	12	75-85	1,9	0,3-0,4	0,4	75-100	620-850	53-54
Rübenblatt	16	75-80	0,2-0,4	n. a.	0,7-0,9	ca. 70	550-600	54-55
Grassilage	25-50	70-95	3,5-6,9	6,9-19,8	0,4-0,8	170-200	550-620	54-55
Substrate der weiterverarbeitenden Agrarindustrie								
Biertreber	20-25	70-80	4-5	n. a.	1,5	105-130	580-750	59-60
Getreideschlempe	6-8	83-88	6-10		3,6-6	30-50	430-700	58-65

Tab. 5.9 Eigenschaften von Substraten für die Biogaserzeugung (FNR 2006) (Fortsetzung)

Substrat	TS	oTS	N	NH_4	P	Biogasertrag		CH_4-Gehalt
Kartoffelschlempe	6-7	85-95	5-13		0,9	36-42	400-700	58-65
Obstschlempe	2-3	ca. 95	n. a.		0,73	10-20	300-650	58-65
Pülpe (frisch)	ca. 13	ca. 90	0,5-1	0,04	0,1-0,2	80-90	650-750	52-65
Fruchtwasser	3,7	70-75	4-5	0,8-1	2,5-3	50-56	1500-2000	50-60
Prozesswasser	1,6	65-90	7-8	0,6-0,8	2-2,5	55-65	3000-4500	50-60
Pressschnitzel	22-26	ca. 95	n. a.		n. a.	60-75	250-350	70-75
Melasse	80-90	85-90	1,5		0,3	290-340	360-490	70-75
Apfeltrester	25-45	85-90	1,1		0,3	145-150	660-680	65-70
Obsttrester	25-45	90-95	1-1,2		0,5-0,6	250-280	590-660	65-70
Rebentrester	40-50	80-90	1,5-3		0,8-1,7	250-270	640-690	65-70
Organische Reststoffe aus Kommunen / Schlachtrückstände								
Biotonne	40-75	50-70	0,5-2,7	0,05-0,2	0,2-0,8	80-120	150-600	58-65
Speisereste und überlagerte Lebensmittel	9-37	80-98	0,6-5	0,01-1,1	0,3-1,5	50-480	200-500	45-61
Marktabfälle	5-20	80-90	3-5	n. a.	0,8	45-110	400-600	60-65
Fett aus Fettabscheidern	2-70	75-93	0,1-3,6	0,02-1,5	0,1-0,6	11-450	ca. 700	60-72
Mageninhalt (Schwein)	12-15	75-86	2,5-2,7	n. a.	1,05	20-60	250-450	60-70
Panseninhalt	11-19	80-90	1,3-2,2	0,4-0,7	1,1-1,6	20-60	200-400	58-62
Flotatschlamm	5-24	80-95	3,2-8,9	0,01-0,06	0,9-3	35-280	900-1200	60-72
Grün- und Rasenschnitt								
Grünschnitt	ca. 12	83-92	2-3		1,5-2	150-200	550-680	55-65

Tab. 5.10 Berechnung der potenziellen Gasausbeute aus dem Gehalt an fermentierbaren Nährstoffen (Weissbach 2011)

Substrat	Gehalt ($g\ kg^{-1}$ TS)		Biogas ($l\ kg^{-1}$)		Methan ($l\ g\ kg^{-1}$)	
	oTS	FoTS*	oTS	FoTS	oTS	FoTS
Konzentrate						
Maiskorn	980	950	756	780	402	415
Weizenkorn	981	933	749	788	399	419
Zuckerrüben	953	908	750	787	384	403
Ganzpflanzen						
Maisganzpflanzen, gut	950	763	638	794	335	417
Maisganzpflanzen, mäßig	950	744	622	794	327	418
Weizenganzpflanzen, gut	940	671	576	794	299	419
Weizenganzpflanzen, mäßig	923	632	543	793	288	421
Grünschnittpflanzen						
Grünroggen	894	766	670	782	364	424
Intensivgras	889	762	672	783	368	429
Luzerne	882	642	567	779	319	438
Extensivgras	913	507	437	787	240	432
Getreidestroh						
Gerstenstroh	941	530	448	796	231	409
Weizenstroh	922	493	425	795	220	412
Mittelwert	932	715	603	789	321	420
Standardabweichung	32	155	118	6	63	9
Variationskoeffizient (%)			20	1	20	2

* Fermentierbare organische Trockensubstanz

Aus diesem Grund wurde mit der **fermentierbaren organischen Trockensubstanz (FoTS)** ein neuer Parameter vorgeschlagen. Die FoTS ist die Differenz zwischen der organischen Trockensubstanz (oTS) und ihrem nicht nutzbaren Anteil, welcher mit der wahren unverdaulichen organischen Substanz identisch ist. Der nicht nutzbare Anteil der oTS lässt sich mittels einfacher Parameter der Futtermittelanalyse bestimmen.

Auf dieser Grundlage wurde von Weissbach (2011) untersucht, wie groß der Einfluss der biologischen Abbaubarkeit sowie der unterschiedlichen Nährstoffgehalte auf die potenzielle Gasausbeute ist.

Tabelle 5.10 enthält die Daten der Berechnung der potenziellen Biogasausbeute aus dem Gehalt an fermentierbaren Nährstoffen.

Es fällt auf, dass die berechneten Erwartungswerte für die potenzielle Biogasausbeute für alle untersuchten Substrate nahezu identisch sind, wenn man sie auf die FoTS bezieht. Dieser Effekt geht darauf zurück, dass der überwiegende Teil der fermentierbaren Stoffe der Gruppe der Kohlenhydrate zuzuordnen ist und die Unterschiede im Gehalt der anderen Nährstoffe nicht signifikant wirksam werden. Dies bedeutet auch, dass die Bestimmung der einzelnen Nährstofffraktionen nach der Weender Analyse nicht notwendig ist, um das Gasbildungspotenzial der pflanzlichen Biomasse abzuschätzen. So kann im Mittel mit 800 l Biogas bzw. 420 l Methan je kg FoTS gerechnet werden.

Durch dieses Verfahren vereinfacht sich die Laboruntersuchung erheblich und beschränkt sich auf die Ermittlung der oTS sowie des Substraktionsgliedes für die nicht fermentierbare organische Substanz, um schließlich die Werte der FoTS zu erhalten.

5.3.4 Aufbereitung und Verwendung von Biogas

Hauptkomponenten des im Fermenter erzeugten Rohbiogases sind Methan (50 – 75 Vol%) und Kohlendioxid (25 – 45 Vol%) (Tab. 5.11). Die große Schwankungsbreite der Werte ist auf die Zusammensetzung der Einsatzstoffe und den Betrieb des Fermenters, d. h. hauptsächlich auf Prozesstemperatur und Verweilzeit zurückzuführen. Die restlichen Bestandteile sind mengenmäßig unbedeutend, können aber als störende Bestandteile die Nutzungsmöglichkeiten des Gases und damit die Wirtschaftlichkeit der Biogasanlage entscheidend beeinflussen. Dabei handelt es ich um Wasserdampf, Schwefelwasserstoff, Ammoniak und Spurengase.

Aufbereitung von Biogas

Je nach Nutzungsziel muss das Biogas entsprechend aufbereitet werden (Abb. 5.15). Für die Verwertung im BHKW wird Rohbiogas getrocknet, filtriert und entschwefelt, für die Einspeisung des Gases in das Erdgasnetz wird es zusätzlich feinstgereinigt, von CO_2 befreit und zu Biomethan konditioniert und damit der Erdgasqualität angepasst.

Tab. 5.11 Durchschnittliche Zusammensetzung von Biogas (FNR 2012)

Bestandteil	Konzentration
Methan (CH_4)	50-75 Vol.-%
Kohlendioxid (CO_2)	25-45 Vol.-%
Wasserdampf (H_2O)	2-7 Vol.-%
Schwefelwasserstoff (H_2S)	20-20 000 ppm
Sauerstoff (O_2)	< 2 Vol.-%
Stickstoff (N_2)	< 2 Vol.-%
Ammoniak (NH_3)	< 1 Vol.-%
Wasserstoff (H_2)	< 1 Vol.-%
Spurengase	< 2 Vol.-%

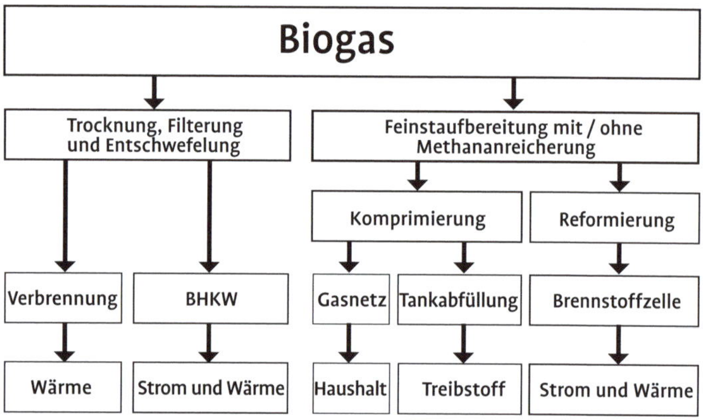

Abb. 5.15 Aufbereitung von Biogas für unterschiedliche Nutzungszwecke (Sierzputowski und Plöchl 2011).

Mit der Gastrocknung sollen die Gasverwertungsaggregate vor Verschleiß und Zerstörung geschützt werden.

Das Rohbiogas ist zunächst mit Wasserdampf gesättigt, so dass eine Trocknung notwendig wird. Dafür stehen gängige Methoden zur Verfügung.

Durch Kühlung des Gases in der Gasleitung setzt sich Wasserdampf als Kondensat ab, welches am tiefsten Punkt einer frostsicher und in ausreichender Länge verlegten Gasleitung in einem besonderen Abscheider gesammelt und entsorgt wird. Der Kühlungsprozess ist unterhalb 10 °C besonders effektiv. Allerdings darf die Temperatur nicht unter 0 °C absinken. Außer Wasser werden dem Biogas in diesem Schritt weitere Störstoffe entzogen, wie etwa wasserlösliche Gase und Aerosole.

Neben der Gastrocknung ist die **Entschwefelung** des Biogases die wichtigste Maßnahme zur Verhinderung von Korrosion an metallischen Bauteilen oder am Beton der Biogasanlagen, weil Schwefelwasserstoff (H_2S) und Wasser eine sehr korrosive saure Lösung bilden:

$$H_2S + H_2O \rightarrow H_3O^+ + HS^- \quad (26)$$

Das Entschwefelungsverfahren wird insbesondere bei Vergärung von Substraten aus Energiepflanzen mit S-haltigen Aminosäuren als Schwefelquelle notwendig. Es läuft entweder biologisch oder chemisch ab.

Die **biologische Entschwefelung** findet gewöhnlich direkt im Fermenter statt. Dazu werden geringe Mengen an atmosphärischer Luft mittels eines Kleinstkompressors eingeblasen, damit das ubiquitär vorkommende aerobe Bakterium *Sulfobacter oxydans* den Schwefelwasserstoff in elementaren Schwefel umwandeln kann:

$$2H_2S + O_2 \rightarrow 2H_2O + 2S \quad (27)$$

Der elementare Schwefel sammelt sich am Fermenterinnenraum und in der Biogasgülle. Durch den Sauerstoffeintrag können jedoch die Methanbildner gehemmt werden. Nachteilig ist auch, dass es weder eine Orientierung an der real freigesetzten H_2S-Menge, noch eine gezielt Optimierung des H_2S-Abbaus gibt. Schließlich besteht eine Korrosionsgefährdung an allen Bauteilen im Gasraum, weil der elementare Schwefel mit Wasser und Sauerstoff zu Schwefelsäure reagiert:

$$S + H_2O + 1{,}5O_2 \rightarrow H_2SO_4 \quad (28)$$

Aus diesen Gründen gibt es die Möglichkeit der biologischen Entschwefelung in externen Entschwefelungskolonnen.

Die **chemische** Entschwefelung im Fermenter wird oft eingesetzt, wenn die biologische Entschwefelung nicht ausreicht. Dabei wird dem Gärsubtrat zur Fällung von Eisenionen eine Chemikalie zugegeben. Als Verbindungen zur internen Schwefelabscheidung haben sich Eisensalze (Eisen-III-chlorid, Eisen-II-chlorid) bewährt:

$$H_2S + FeCl_2 \rightarrow FeS + 2HCl \quad (29)$$

Auch bei diesem Verfahren ist eine Dosierung auf den Schwefelgehalt der Eingangssubstrate schwierig. Außerdem entstehen laufende Kosten und die Aufwendungen für den kontinuierlichen Chemikalienverbrauch steigen an. Schließlich kann sich das zugeführte Eisen bei Ausbringung des Gärrückstandes auf die Eisenkonzentration in landwirtschaftlich genutzten Böden negativ auswirken. Als technische Lösung kann deshalb auf eine externe chemische Entschwefelung im Zuge einer Gaswäsche mit einer Lauge (meist Natriumhydroxid) zurückgegriffen werden.

Zur **Einspeisung des Biogases in das öffentliche Erdgasnetz** sind weitere Aufbereitungsschritte des Rohbiogases notwendig. Dabei sind die Standards der durch die Richtlinien G260/G685 des DVGW (Deutscher Verein des Gas- und Wasserfaches e. V., Arbeitsblätter) festgelegten Werte einzuhalten. Um die Kennzahlen zu erreichen, wird das getrocknete und entschwefelte Biogas auf Methangehalte von bis zu

98 % aufgereinigt unter Abtrennung des Großteils des CO_2. Von den entsprechenden Aufbereitungsmethoden haben die aus anderen Branchen bereits hoch entwickelten Verfahren der Druckwasserwäsche (Pressurized Water Scrubbing, PWS) und der Druckwechsel-Adsorption (Pressure Swing Adsorption, PSA) die größte Bedeutung erlangt. Weniger verbreitet sind das Kryoverfahren, die Membrantrennung und Waschverfahren mit chemischen Lösungsmitteln.

Die notwendigen Brennwertanpassungen des Gases beziehen sich auf das DVGW-Arbeitsblatt G486.

Zur Charakterisierung der Qualität des Brenngases wird der Wobbeindex herangezogen. Er ist ein korrigierter Brennwert und wird ermittelt aus dem Quotienten des Brennwertes und der Wurzel aus dem Dichteverhältnis von Brennstoff und Luft.

Um Leckagen an den Rohrleitungen bis zum Endverbraucher erkennen zu können, ist dem Gas ein Geruchsstoff beizumengen (Odorierung). Er muss die gleiche Zusammensetzung haben wie der Zusatzstoff im Gasnetz. Konkrete Informationen dazu finden sich im DVGW-Arbeitsblatt G280.

Neben der eigentlichen Gasaufbereitung muss der Gasdruck letztendlich auf den vorherrschenden Druck in der Erdgasleitung angehoben werden.

Die Regelungen zur Nutzung von aus dem Erdgasnetz entnommenen Biogas unter Inanspruchnahme der EEG-Vergütung sind in § 27c EEG 2012 ausgeführt (Grassmann und Jenner 2012). Anspruch auf die Vergütung hat nicht der Betreiber der gaserzeugenden Anlage, sondern der Betreiber derjenigen Anlage, die aus diesem Gas Strom erzeugt. Der Anschluss an das Erdgasnetz sowie die Vergütung des eingespeisten Gases wird im EEG nicht geregelt, sondern ist Sache des Anlagenbetreibers.

Verwendung von Biogas

Biogas wird vorwiegend zur **Strom- und Wärmebereitstellung** genutzt. Die Wärmenutzung wird über den so genannten KWK-Bonus gekoppelt an die Stromerzeugung vergütet. Zu welchen Konditionen die Wärme eventuell verkauft wird, ist Verhandlungssache zwischen Anlagenbetreiber und Abnehmern, wobei bei der Preisbildung gewisse Regeln einzuhalten sind.

Die gekoppelte Erzeugung von Strom und Wärme erfolgt hauptsächlich in Blockheizkraftwerken (BHKW), in denen ein Gasmotor einen Generator zur Stromerzeugung antreibt. Daneben wird die im BHKW erzeugte Wärmeenergie ebenfalls genutzt.

Durch die Kraft-Wärme-Kopplung in Blockheizkraftwerken können Biogasanlagen einen Wirkungsgrad von 80 bis 90 % erreichen, d. h. dass 80 bis 90 % der in Biomasse gebundenen Energie in Strom und Wärme umgesetzt werden. Der hohe Wirkungsgrad ist eine Voraussetzung für die Wirtschaftlichkeit der Anlagen.

Unter den Verbrennungsmotoren sind Gas-Otto-Motoren, die nur bei einer Methankonzentration > 45 % arbeiten, und Zündstrahlaggregate, die im Verbrennungsvorgang einen kleinen Anteil an Zündöl (Biodiesel, Pflanzenöl) benötigen, am weitesten verbreitet

In **Gas-Otto-Motoren** wird Biogas vor dem Zylinder leicht vorverdichtet und bei hohem Luftüberschuss mittels Zündkerzen gezündet. Bei Aggregaten mit einer installierten Leistung von über 100 kW werden meist Dieselmotorblöcke umgebaut und mit Zündkerzen ausgerüstet. Die Motoren benötigen also kein Zündöl, haben einen geringen Wartungsaufwand sowie einen hohen Gesamtwirkungsgrad durch die hohen thermischen Wirkungsgrade.

Zündstrahlmotoren arbeiten nach dem Dieselprinzip. Über Einspritzdüsen wird Biodiesel bzw. Pflanzenöl zugemischt, so dass das Biogas höher verdichtet und mit Luftüberschuss entzündet wird. Die Motoren funktionieren auch mit reinem Zündöl, sollte die Biogaszufuhr ausbleiben. Der elektrische Wirkungsgrad ist vor allem im unteren Leistungsbereich deutlich höher als bei Gas-Otto-Motoren.

Kaum verbreitet sind Stirlingmotoren und Mikrogasturbinen.

Der **Stirlingmotor** funktioniert nach dem Prinzip der Volumenveränderung eines eingeschlossenen Gases (Luft oder Helium). In diesem Fall dehnt sich das Gas unter der Wärmewirkung des Gasbrenners aus, strömt in den gekühlten Kompressionszylinder und treibt den Kolben an. Der elektrische Wirkungsgrad von etwa 25 % ist vergleichsweise gering.

Einen ähnlich geringen Wirkungsgrad (ca. 30 %) haben **Mikrogasturbinen**, in denen Außenluft erwärmt und komprimiert, dann in einer Brennkammer mit Biogas vermischt und das Gasgemisch gezündet wird. Die heißen Gase treiben eine Turbine an. Obwohl die Turbine einen geringeren elektrischen Wirkungsgrad als ein Gasmotor hat, kann sie unter Umständen dennoch wirtschaftlich betrieben werden. Sie ist luftgelagert und es sind keine Schmiermittel und keine Ausfallzeiten für einen Ölwechsel einzuplanen. Außerdem besteht gegenüber Schwefelwasserstoff im Betriebsgas eine höhere Toleranz. Damit liegen die Verfügbarkeit und die jährlichen Betriebsstunden auf einem vergleichsweise hohen Niveau.

Zukünftig könnten **Brennstoffzellen** eine Alternative zu den konventionellen Motoren sein. Das Funktionsprinzip beruht auf dem inversen Vorgang der Elektrolyse. Die Zelle besteht aus zwei gasführenden Leitern sowie der Anode und Kathode, die durch einen Elektrolyt voneinander getrennt sind. An der Anode wird Wasserstoff in ein Proton und ein Elektron gespalten. Das Proton wandert durch den Elektrolyten zur Kathode und verbindet sich mit Sauerstoff, welcher dabei der Kathode ein Elektron entzieht, zu Wasser. Das Elektron des Wasserstoffs gelangt durch einen elektrischen Leiter zur Kathode, leistet dadurch Arbeit und es fließt elektrischer Strom. Der Einsatz von Biogas in der Brennstoffzellentechnologie befindet sich noch im Pilotstadium. Schwierigkeiten für den praktischen Einsatz bereiten insbesondere Verunreinigungen im

Biogas, die mit den Elektroden reagieren und diese in kurzer Zeit deaktivieren.

In Tabelle 5.12 sind die Kenndaten für die praktische Verwendbarkeit der verschiedenen Aggregate zusammengefasst.

Bei der Kraft-Wärme-Kopplung dienen Plattenwärmeüberträger zur Auskopplung von Wärme aus dem Kühlwasserkreislauf. Außerdem wird die Wärme (bis zu 550 °C) des Abgases über Abgaswärmetauscher an Wärmemedien abgegeben. Die Wärme aus beiden Prozessen wird in die angeschlossenen Heizkreisläufe verteilt. 10 bis 25 % der Wärmemenge werden als Prozesswärme in den Fermenter zurückgeführt. Die verbleibende Wärme wird innerbetrieblich für die Heizung von Wohn- und Betriebsgebäuden sowie Stallbauten, für den externen Wärmeverbrauch z. B. in nahe liegenden Wohnhäusern, kommunalen Gebäuden, Gartenbaubetrieben, Aquakulturen oder Trocknungsanlagen genutzt.

5.3.5 Nutzung der Gärreste

Welche gesetzlichen Anforderungen bei der Verwendung eines Gärrestes zu erfüllen sind, hängt von der Herkunft des Substrates und von der eigen- bzw. fremdbetrieblichen Nutzung ab. So sind bereits bei der Antragstellung zur Errichtung einer Biogasanlage neben dem Flächen- und Lagerkapazitätsnachweis alle Ausgangsstoffe zur Herstellung von Gärresten zu benennen. Dabei ist es wichtig, dass nur Substrate verwendet werden dürfen, die nach der Düngemittelverordnung (DüMV), Bioabfallverordnung (BioAbfV) und EU Hygieneverordnung zur Herstellung eines Düngers gelistet sind.

Die bei der Biogaserzeugung entstehenden Gärreste können als Düngemittel auf landwirtschaftlichen Flächen ausgebracht werden, wenn die düngemittelrechtlichen Vorgaben eingehalten werden

Biogasgülle wird als Wirtschaftsdünger eingestuft. Der darin enthaltene Nährstoffgehalt hängt von dem Gehalt der ursprünglichen Gülle und des zugesetzten Kosubstrates sowie den jeweiligen Mengenanteilen im Substratmix ab.

Das Rohgülle-Koferment-Gemisch erfährt während der anaeroben Abbauprozesse signifikante Veränderungen, die die Eigenschaften der Biogasgülle entscheidend mitbestimmen. Deshalb sind im Vergleich zum Ausgangssubstrat (Rohgülle) Besonderheiten bei der Lagerung bzw. dem Düngemanagement zu beachten.

In Tabelle 5.13 sind die wichtigsten Eigenschaften der Biogasgülle im Vergleich zu Rohgülle aufgeführt.

Bei Biogasgülle entfällt die für Rohgülle charakteristische Geruchsbelästigung weitgehend, weil die flüchtigen organischen Substanzen durch die Methangärung abgebaut worden sind. Der Geruch von Biogasgülle kann als kompostähnlich bis erdig beschrieben werden.

Tab. 5.12 Kenndaten zur Nutzung von Biogas in BHKW unterschiedlicher Funktionsweise (nach Angaben von Wöllauer 2007)

Aggregat	Kenndaten	
Ottomotor	Sinnvoller Leistungsbereich Elektrischer Wirkungsgrad Energieträger Emissionen Einsatzgebiet Reifegrad	100 - 5 000 kW_{el} 36 – 41 % Biogas, Holzgas, Synthesegas CO_2, CO, eventuell SO_2, NO_x BHKW (wärmegeführt) eingeführtes Verfahren
Zündstrahlmotor (Dieselprinzip)	Sinnvoller Leistungsbereich Elektrischer Wirkungsgrad Arbeitstemperatur Temperatur der Abwärme Energieträger (2 – 10 % Zündöl als Pflanzenöl oder Biodiesel) Emissionen Einsatzgebiet Reifegrad	6 – 1 000 kW_{el} 33 – 34 % 300 °C 90 °C Biogas, Holzgas CO_2, NO_x, Feinstaub, CO, eventuell SO_2 BHKW (wärmegeführt) eingeführtes Verfahren
Mikrogasturbine	Sinnvoller Leistungsbereich Elektrischer Wirkungsgrad Arbeitstemperatur Temperatur der Abwärme Wartungsintervalle Energieträger Emissionen Einsatzgebiet Reifegrad	30 – 65 kW_{el} 29 % (± 2 %) 850 °C 309 °C bis 8 000 h Biogas, Erdgas CO_2, CO, NO_x, eventuell SO_2 BHKW (wärmegeführt) Pilotphase und Alltagstauglichkeit
Brennstoffzelle	Sinnvoller Leistungsbereich Wirkungsgrad Energieträger Emissionen Einsatzgebiet Reifegrad	bis 240 kW_{el} 40 – 60 % Biogas, Synthesegas CO_2 BHKW (wärmegeführt) Pilotphase bis Alltagstauglichkeit (je nach Verfahren)
Sirlingmotor	Sinnvoller Leistungsbereich Elektrischer Wirkungsgrad Arbeitstemperatur Wartungsintervalle Energieträger Emissionen Einsatzgebiet Reifegrad	0,5 – 100 kW_{el} 12 – 25 % 650 – 1 300 °C 5 000 – 10 000 h beliebig keine Mini-BHKW Pilotphase

Tab. 5.13 Biogasgülle im Vergleich zu Rohgülle

Eigenschaft	Wirkung
Geruch	Geringere Geruchsbelästigung aufgrund weniger flüchtiger Fettsäuren
pH-Wert	Wegen des höheren pH-Wertes größeres Risiko von N-Verlusten durch Ammoniak-Verflüchtigung
Fließfähigkeit, organische Substanz	Durch den Abbau der organischen Substanz im Fermenter hat vergorene Gülle einen geringeren Trockensubstanzgehalt und damit eine höhere Fließfähigkeit. Sie läuft schneller von den Pflanzen ab und dringt schneller in den Boden ein; deshalb geringere Futterverschmutzung und Ätzschäden
Verhältnis von Kohlenstoff (C) zu Stickstoff (N)	Das C : N-Verhältnis ist verengt, so dass je Düngergabe mehr Stickstoff ausgebracht wird
Gesamtstickstoff, Ammoniumstickstoff	Im Gärungsprozess bleibt der Gesamtstickstoffgehalt unverändert. Jedoch steigt der Anteil des Ammoniumstickstoffs in dem Maß, wie der organisch gebundene Stickstoff abnimmt.
Weitere Nährstoffe	Sind von dem Vergärungsprozess relativ wenig betroffen und bleiben weitgehend erhalten
Unkrautsamen	Unkrautsamen werden im Fermenter abgetötet

Durch die geringe Konzentration organischer Säuren nach der Vergärung dürfte Biogasgülle wesentlich geringere Ätzschäden an den Kulturpflanzen verursachen. Dazu tragen die veränderten Fließeigenschaften und die bessere Homogenität bei, die die Verweildauer des organischen Düngers auf der Blattoberfläche entscheidend verkürzen, sowie der deutlich gestiegene pH-Wert von 7,0 bis 8,0 gegenüber 6,5 bis 7,0 von Rohgülle.

Biogasgülle enthält kaum keimfähige Unkrautsamen, weil das Samenpotenzial durch den Vergärungsprozess inaktiviert wird.

Die wichtigsten Eigenschaften der Biogasgülle sind aber mit der Düngerwirkung und der Umweltverträglichkeit verbunden.

Durch den Abbau der organischen Kohlenstoffverbindungen zu Methan ist das C : N-Verhältnis in Biogasgülle sehr gering, der Wirtschaftsdünger dadurch schneller düngewirksam und bezogen auf die Düngergabe die ausgebrachte N-Menge vergleichsweise hoch. Während der Gärung im Fermenter steigt der NH_4^+-N-Anteil am Gesamt-N-Gehalt um etwa 25 % und der organisch gebundene Stickstoff nimmt entsprechend ab. Aus diesem Grund ist für Biogasgülle eine schnellere und besser kalkulierbare N-Düngewirkung nachzuweisen als bei organisch gebundenem Stickstoff der Rohgülle.

Der höhere pH-Wert der Biogasgülle birgt aber immer das Risiko höherer N-Verluste durch Ammoniakausgasung in sich. Biogasgülle muss deshalb immer mit emissionsarmer Applikationstechnik ausgebracht werden. Dafür stehen Schleppschlauch- und Gleitschuhverfahren auf Grünland und Güllegrubber sowie Scheibeninjektor auf Ackerland zur Verfügung.

Für die Ausbringung ist die Einhaltung der „Guten fachlichen Praxis" notwendig, die in der Düngeverordnung (DüV) definiert ist.

So ist

- vor dem Ausbringen der Düngebedarf des Kulturpflanzenbestandes zu bestimmen,
- der Ammonium-N-Anteil neben dem Gehalt an Gesamt-N und Phosphat zu erfassen,
- die mit den Gärresten ausgebrachten Nährstoffmengen an Stickstoff und Phosphat in die betriebliche Nährstoffbilanz einzubeziehen,
- unabhängig von der Kulturart eine Obergrenze von 170 kg N ha^{-1} einzuhalten,
- und das Ausbringeverbot in der Sperrfrist (01.11 bis 31.01. für Ackerland; 15.11. bis 31.01. für Grünland) und die Mengenreduzierung im Herbst (max. 40 kg Ammonium- bzw. 80 kg Gesamt-N ha^{-1}) einzuhalten.

Ökologische Bewertung

In Bezug auf die **ökologische Bewertung der Biogaserzeugung** stehen die potenziellen Auswirkungen auf die Gewässer sowie auf die Humusbilanz der Böden im Vordergrund.

Die **wasserwirtschaftlichen Risiken** werden in der Intensivierung der landwirtschaftlichen Flächennutzung gesehen (Fohrmann 2012).

Potenzielle Gefährdungen haben besondere Relevanz für die nachhaltige Sicherung der Trinkwasserressourcen sowie das Erreichen der Ziele der Wasserrahmenrichtlinie. In der Kritik stehen

- die Erhöhung der Nährstoffkonzentration durch Wirtschaftsdünger auf eine reduzierte Ausbringungsfläche,
- zunehmender Grünlandumbruch bei steigendem Anbau wasserwirtschaftlich kritischer Kulturen, insbesondere Mais,
- Gewässergefährdungen durch Gärrestausbringung,
- Schadstoffimporte in eine Region durch die Vergärung von Kofermenten industrieller und kommunaler Herkunft,
- hygienische und mikrobielle Gewässerbeeinträchtigungen.

Die hier aufgeführten Gefährdungspotenziale lassen sich durch Optimierungen der jeweiligen Anbau- und Nutzungsstrategien minimieren, sei es durch geeignete Verfahren der Lagerung, Ausbringung und Düngung von Gärresten, einem unter Gewässerschutzaspekten optimierten Maisanbau und/oder der Erweiterung von Fruchtfolgen durch Energiepflanzen, die einen gewässerschonenden Anbau erlauben. Ferner müssen die technischen Möglichkeiten zum umweltschonenden Betrieb von Biogasanlagen stärker beachtet werden.

Tab. 5.14 Wasserwirtschaftliche Kernforderungen an eine Gewässer schützende Biogaserzeugung (Fohrmann 2012)

Flächeneffekte
Umsetzung regionaler Kreisläufe bezüglich Beschaffung der Gärsubstrate und Verwertung der Gärreste Kein Umbruch von fakultativem Grünland Obligatorische Erstellung eines Qualifizierten Flächennachweises (QFN) im Genehmigungsverfahren Zertifizierung der gesamten Biogasproduktionskette
Bewirtschaftungseffekte
Erhalt und Erweiterung mehrgliedriger Fruchtfolgen beim Anbau von Energiepflanzen Sicherstellung ausreichender Lagerkapazitäten (9 Monate) beim Anbau von Energiepflanzen
Gärresteverwertung
Keine Ausbringung von Gärresten in der WSZ II von Wasserschutzgebieten Begrenzung der organischen Düngung auf max. 170 kg N ha^{-1} (netto) einschließlich der tierischen Anteile im Gärrest, in Wasserschutzgebieten auf max. 120 kg N ha^{-1} (netto) Güte- und Qualitätssicherung für Gärrückstände Keine Ausbringung von Gärresten aus Ko-Fermenten ohne chargenbezogenes Gütesiegel in Wasserschutzgebieten (z. B. RAL-Gütezeichen „f. d. Einsatz in WSZ III geeignet“

Durch die Fest-Flüssig-Trennung bei der Aufbereitung von Gärresten kann durch die Anreicherung von Nähr- und Schadstoffen in der Fest- oder Flüssigphase deren Verteilung gezielter gesteuert bzw. vermieden werden.

Ferner kann die technische und ökonomische Optimierung bei Aufbereitung, Einspeisung, Transport und Verkauf von Biogas weitere Wertschöpfungspotenziale generieren, die betriebswirtschaftliche Optionen für eine ressourcenschonende Produktion von Gärsubstraten und die Verwendung von Gärresten eröffnen.

In der Biogaspraxis zeigt sich, dass das von der Biogaserzeugung ausgehende Gewässergefährdungspotenzial im Wesentlichen mit der in einer Region vorhandenen Anlagendichte korreliert ist.

In Tabelle 5.14 sind die wasserwirtschaftlichen Kernforderungen an eine Gewässer schützende Biogaserzeugung zusammengefasst

Insgesamt gibt es einen Forderungskatalog, der sich auf Anpassungen im landwirtschaftlichen Fachrecht (z. B. zulässige N-Düngermengen, Nährstoffbilanzierungsverfahren und Bewirtschaftungsintensitäten), auf notwendige Systeme der Zertifizierung, Klassifizierung und Gütesicherung der Produktökobilanz „Biogas“ sowie konkrete Verfahrensvorgaben bei der pflanzenbaulichen Verwertung von Gärsubstraten und -resten bezieht.

Werden Getreidestroh zur energetischen Verwertung (Biokraftstoffe, thermische Nutzung, Großchemie) und Gärreste aus dem landwirtschaftlichen Stoffkreislauf herausgenommen, so ist langfristig mit einem Humusdefizit zu rechnen. Die Verarmung an organischer Substanz führt unweigerlich zu einem Verlust an Bodenfruchtbarkeit.

Humus ist ein bedeutender Speicher und Transformator von Nährstoffen, insbesondere von Stickstoff, Schwefel und Phosphor. So sind 95 bis 98 % des Gesamt-N-Gehaltes des Bodens im Humus gebunden. Er ist außerdem Filter und Puffer gegenüber toxischen Substanzen, eine Senke für atmosphärisches CO_2, fördert den mikrobiellen Umsatz mit phytosanitären Wirkungen und ist am Aufbau eines günstigen Bodengefüges unter Förderung der Aggregatstabilität beteiligt. Schließlich verbessert Humus die Bodendurchlüftung, Wasserspeicherung und Durchwurzelung und vermindert die Bodenerosion.

Aus diesen Gründen sind Humusbilanzen ein wesentliches Planungs- und Kontrollinstrument im Landwirtschaftsbetrieb. Die Humusreproduktion ist dabei von zentraler Bedeutung. Nur bei positiver Humusbilanz darf Biomasse aus dem Kohlenstoffkreislauf entnommen und einer energetischen Verwertung zugeführt werden. Grundlage der Humusbilanzierung ist die Saldierung des spezifischen Humushaushaltes angebauter Kulturarten und der Humuszufuhr durch organische Dünger.

Die Nutzung von Biomasse zur Energieerzeugung kann den Humusbilanzstatus der Böden verschlechtern. Dazu trägt der Humusbedarf durch Ausdehnung des Silomaisanbaus, das Humusdefizit durch industrielle Strohverwertung und eine Verminderung der Humuswirkung von Gärresten hoch-effizienter Biogasanlagen bei.

Die Aufrechterhaltung eines standortangepassten Humusgehaltes des Bodens muss dann durch regelmäßige organische Düngung, bedarfsgerechte mineralische Düngung, insbesondere auch mit Kalk, sachgemäße Bodenbearbeitung, aber hauptsächlich durch einen vielseitigen Anbau unterschiedlicher Kulturpflanzen erbracht werden (vergl. Kap. 3.2). Der höchstmögliche Humusgehalt wird durch Feldfutterpflanzen oder periodische Grasnutzung erzielt. So wird in Fruchtfolgen mit einem hohen Anteil mehrjähriger Futterpflanzen der Bedarf des Bodens an organischer Substanz oft schon durch die Ernte- und Wurzelrückstände (EWR) gedeckt. Neben den großen EWR-Mengen bestimmen auch deren Qualität und Verteilung bis weit in den Unterboden sowie eine ausgedehnte Bodenruhe die gewünschte Humusakkumulation.

Weiterführende Literatur

BUNDESMINISTERIUM FÜR UMWELT, NATURSCHUTZ UND REAKTORSICHERHEIT (BMU) (Hrsg.), 2013: Alle Gesetze und Verordnungen aus dem Geschäftsbereich des Bundesumweltministeriums. http://www.bmu.de/themen/strategien-bilanzen-gesetze/gesetze-verordnungen/alle-gesetze-und-verordnungen-aus-dem-bmu-geschaeftsbereich/#c8981; abgerufen am 13.09.2013.

DÖRING, ST., 2011: Pellets als Energieträger – Technologie und Anwendung. Springer-Verlag, Berlin und Heidelberg. ISBN 978-3-642-01623-3

EDER, B., 2012: Biogas-Praxis: Grundlagen, Planung, Anlagenbau, Beispiele, Wirtschaftlichkeit. 5. vollständig überarb. Auflage. ökobuch Verlag, Staufen bei Freiburg. 256 Seiten. ISBN 978-3-936-89660-2

HELM, M. und U. GÖRISCH, 2007: Biogasanlagen. 2., überarbeitete Auflage. Verlag E. Ulmer, Stuttgart. 164 Seiten. ISBN 978-3-800-15573-6

KALTSCHMITT, M., H. HARTMANN und H. HOFBAUER, 2009: Energie aus Biomasse – Grundlagen, Techniken und Verfahren. 2., neu bearbeitete und erweiterte Auflage. Springer-Verlag, Berlin und Heidelberg, 1030 Seiten. ISBN 978-3-540-85094-6

Krahl, J., G. Knothe and J. van Gerpen (Eds.), 2013: The Biodiesel Handbook. 2nd Edition. AOCS (The American Oil Chemists' Society) Press, Urbana, Illinois, USA. 516 Seiten.

Schmitz, N. (Hrsg.), 2003: Bioethanol in Deutschland. Schriftenreihe „Nachwachsende Rohstoffe", Band 21, Landwirtschaftsverlag GmbH, Münster. 355 Seiten. ISBN 3-7843-3217-X

Zah, R., C. Binder, St. Bringezu, J. Reinhard, A. Schmid and H. Schütz, 2010: Future Perspectives of 2nd Generation Biofuels. Vdf Hochschulverlag, ETH Zürich. ISBN 978-3-728-13334-2

Fragen zu Kap. 5

Wie hoch ist das Treibhausgasminderungspotenzial für Biokraftstoffe gegenüber dem fossilen Referenzkraftstoff angesetzt?

Wie unterscheiden sich Primär-, Sekundär-, End- und Nutzenergie?

Welche Pfade der Energiebereitstellung aus Biomasse gibt es?

Welches sind die wichtigsten Qualitätsansprüche an Holzbrennstoffe?

Wie unterscheiden sich Heiz- und Brennwert?

In welcher Form wird Holz zur Energiebereitstellung angeboten?

Wie ist die Luftüberschusszahl λ definiert?

In welchen Einzelschritten verläuft der Verbrennungsvorgang?

Wonach richtet sich die Feuerungstechnik?

Aus welcher Art von Biomasse werden die Biokraftstoffe der ersten und die der zweiten Generation gewonnen?

Was ist der azeotrope Punkt bei der Ethanol-Destillation?

In welchen Schritten verläuft die Ölgewinnung in zentralen Ölmühlen?

Wie läuft die Umesterung von Pflanzenöl zu Pflanzenöl-Fettsäuremethylester ab?

Welche Prozessstufen durchläuft die Herstellung von BTL-Kraftstoffen?

Wie ist das gängige Funktionsschema landwirtschaftlicher Biogasanlagen?

Welche Phasen durchläuft der Vergärungsprozess bei der Entstehung von Biogas?

Welche Prozessstörungen können dabei auftreten?

Welche Faktoren bestimmen den Gasertrag in einer Biogasanlage?

Mit welchen technischen Aggregaten wird Biogas energetisch genutzt?

Wodurch unterscheidet sich Biogasgülle von Rohgülle?

6 Die Öko- und Energiebilanz

Die Bereitstellung von Energie aus Biomasse wird heute nicht mehr nur aufgrund von Wirtschaftlichkeitsberechnungen, sondern auch mit Blick auf die langfristigen Umweltwirkungen bewertet. Mittels standardisierter Öko- und Energiebilanzen wird das Ziel verfolgt, die Nutzung von Biomasse gegenüber fossilen Energieträgern in Bezug auf den Energieeinsatz und die Stofffreisetzungen vergleichend zu bilanzieren. Im Ergebnis werden Aussagen über die ökologischen Entlastungswirkungen erneuerbarer Energien gegenüber fossilen Energieträgern erwartet.

Die **quantitativen** Ergebnisse verschiedener Produktökobilanzen weichen oft stark voneinander ab. Dies ist darauf zurückzuführen, dass jeder Produktökobilanz ihre spezifischen Basisdaten und methodische Festlegungen zugrunde liegen.

Die **qualitativen** Aussagen solcher Bilanzen stimmen hingegen weitgehend überein, weil der Quervergleich unterschiedlicher Energieträger und die dabei gefundenen Tendenzen von der Festlegung der Basisdaten weit weniger beeinflusst werden als die absoluten Werte der Bilanzen.

Die Ökobilanzierung stellt ein geeignetes Instrument dar, um die bei der Bereitstellung von Energie aus Biomasse auftretenden potenziellen Umweltwirkungen tendenziell abzubilden.

6.1 Die Ökobilanz

Für die Ökobilanz besteht eine international gültige Norm der Internationalen Normungsorganisation (ISO). Die DIN EN ISO 14044 vom 30. Juli 2006 stellt gemeinsam mit der neuen DIN EN ISO 14040 den Standard für eine ISO-konforme Ökobilanzierung dar.

Danach enthält eine Ökobilanz vier Teilschritte:

1. Zieldefinition und Rahmenfestlegung
2. Sachbilanz
3. Wirkungsabschätzung
4. Auswertung/Prüfung.

Die Analyse eines Ökosystems verlangt grundsätzlich eine ganzheitliche Betrachtung. Allerdings ist aus rationellen Gründen eine Beschränkung auf die für wesentlich erachteten Systemelemente bzw. -faktoren notwendig. Diese werden primär von dem Gegenstand und von der Zielsetzung der Ökobilanz bestimmt.

Zu **Beginn einer Bilanzierung** sind das **Untersuchungsziel** und der **Untersuchungsrahmen** festzulegen. Dabei ist eine Abstimmung hinsichtlich der beabsichtigten Verwendung bzw. der Zielgruppe zweckmäßig.

Das **Ziel der Ökobilanz** kann sowohl der Vergleich mehrerer Verfahren, Dienstleistungen oder Produkte, als auch die Optimierung der Umweltbelastung mittels einer Schwachstellenanalyse sein. Wird etwa die Bereitstellung von Energie aus Biomasse bilanziert, so müssen die Umweltwirkungen für die Erschließung nachwachsender und fossiler Energieträger einander gegenüber gestellt werden.

Der **Untersuchungsrahmen** schließt neben der Beschreibung des Produktionssystems auch dessen Funktionen ein. So ist die funktionale Einheit für die Bilanzierung nachwachsender Energieträger auf die Nutzung einer Anbaufläche bezogen, auf die die Input- und Outputdaten normiert werden (z. B. Energieaufwand in MJ ha^{-1} a^{-1}). Als Output-Größe für die Bilanzierung annueller Energiepflanzen wird der Hektarertrag pro Anbaujahr gewählt, während für die perennierenden Energiepflanzen der über den gesamten Anbauzeitraum gemittelte jährliche Flächenertrag berücksichtigt wird.

Mit der anschließenden **Sachbilanz** werden die Bilanzierungsparameter für die Stoff- und Energieumsätze entlang des gesamten Lebensweges des Energieträgers beschrieben und erfasst. Diese Daten bilden die Grundlage für die nachfolgende Wirkungsabschätzung und die Auswertung/Prüfung.

Als Bilanzierungsmethode wird die **Prozesskettenanalyse** angewendet. Sie ist ein mathematisches Verfahren, mit dem der Lebensweg eines Energieträgers in einzelne Prozesse zerlegt wird. Die Detaillierungstiefe ist beliebig.

Da der gesamte Lebensweg eines Bioenergieträgers meist eine große Vielfalt unterschiedlicher Prozesse umfasst, ergeben sich komplexe Prozessketten, die meist nicht mehr mit einem sinnvollen Aufwand zu bilanzieren sind. Deshalb ist die allgemeine Voraussetzung zur Erstellung von Bilanzen die Festlegung von Systemgrenzen, die einen sachlichen, geographischen und zeitlichen Bilanzraum beschreiben. Dabei sind die Kriterien der Festlegung nachvollziehbar zu begründen.

Der Vorteil der Prozesskettenanalyse ist die exakte Abbildung des Lebensweges, mit der neben den Energieflüssen auch die kumulierte Umweltinanspruchnahme genau erfasst werden kann. Nachteilig ist der zeit- und kostenintensive Bilanzierungsaufwand.

Um die sich vielfach verzweigenden Prozesse zu vereinfachen, ist es notwendig Abbruch- oder Abschneidekriterien zu festzulegen. Sie grenzen das betrachtete System gegen andere Syteme ab. Bei der Auswahl der Abschneidekriterien muss darauf geachtet werden, dass alle Prozessschritte erfasst werden, die einen wesentlichen Einfluss auf das Gesamtergebnis entsprechend der Zielsetzung erwarten lassen.

Mit Hilfe der **Input-Output-Analyse** besteht die Möglichkeit, innerhalb eines Untersuchungsrahmens mit aggregierten Daten zu arbeiten. Für diese Methode sprechen die Einfache Anwendbarkeit, die Nutzung aktualisierter und kostengünstiger Basisdaten und die Option einer gleichzeitig ökonomischen Betrachtung. Nachteilig sind der hohe Aggregationsgrad der Input-Output-Größen und die damit verbundene Abkopplung von den Prozessabläufen.

In der Bilanzierungspraxis werden beide Methoden oftmals miteinander verknüpft. Um für die entscheidenden Prozesse eine ausreichende Genauigkeit zu erreichen, wird regelmäßig auf die Prozesskettenanalyse zurückgegriffen, während die durch Abschneide-/Abbruchkriterien ausgeklammerten Prozesse mit der Input-Output-Analyse aggregiert erfasst werden.

Der **dritte Schritt der Ökobilanzierung** ist die **Wirkungsabschätzung**. Sie dient der Zusammenführung und Verdichtung der Informationen aus der Sachbilanz, welche den verschiedenen Wirkungskategorien zugeordnet werden. Dies sind z. B. der anthropogene Treibhauseffekt, der stratosphärische Ozonabbau, photochemische Oxidantienbildung, Eutrophierung, Versauerung von Ökosystemen, Ökotoxizität oder Humantoxizität.

In der **letzten Phase der Ökobilanz** werden die gewonnenen Ergebnisse zielorientiert in drei Stufen ausgewertet. Zunächst müssen die signifikanten Parameter auf der Grundlage der Sach- und Wirkungsabschätzung identifiziert werden. Darauf folgen die Beurteilung der Vollständigkeits-, Sensitivitäts- und Konsistenzprüfungen und schließlich die Schlussfolgerungen, Empfehlungen und der Bericht über die signifikanten Parameter.

Da die Abgrenzungen des zu bewertenden Bilanzbereiches von den anderen Bilanzbereichen von Anfang an die Bewertung beeinflussen, korrespondiert die Auswertung/Prüfung mit allen vorangegangenen Bilanzierungsschritten.

6.2 Beispiel „Treibhauseffekt und klimarelevante Gase“

Bei der vergleichenden Beurteilung potenzieller Umweltwirkungen ist der **Treibhauseffekt** eine der wichtigsten Wirkungskategorien. Die entsprechenden Wirkmechanismen sind sehr komplex. Kohlendioxid (CO_2), Lachgas (N_2O), Stickoxide (NO_x), Methan (CH_4) oder Ozon (O_3) kommen als **Spurengase** in der Atmosphäre vor.

Der Begriff *Treibhauseffekt* weist darauf hin, dass die Spurengase die Funktion des Glases eines sich erwärmenden Gewächshauses übernehmen.

Das wichtigste Treibhausgas ist der Wasserdampf (H_2O), welcher eine terrestrische Wärmeausstrahlung ins Weltall im Wellenlängenbereich von 3,5 – 5 µm und 7 – 20 µm zulässt („Wasserdampffenster“). Dies hatte bis in die vorindustrielle Zeit zu einer erdnahen globalen Gleichgewichtstemperatur von + 15 °C geführt.

Danach begann der anthropogene CO_2-Anstieg in der Atmosphäre, von ursprünglich ca. 300 ppm auf heute ca. 392 ppm, entsprechend einer durchschnittlichen jährlichen Steigerungsrate von 0,5 %. Der Erwärmungseffekt ergibt sich daraus, dass CO_2 sowohl bei 15 µm als auch bei 4,5 µm Wellenlänge ausgeprägte Absorptionsbanden hat und damit das „Wasserstofffenster" für die Wärmeabstrahlung in den Weltraum schließt. Die Folge ist eine ständig zunehmende Erwärmung der Erdatmosphäre. Dieses Erklärungsmuster gilt auch für andere Spurengase, allerdings mit unterschiedlichen Gewichtungen (Schönwiese und Diekmann 1991, Schönwiese 2008).

Für Bilanzierungszwecke werden die Wirkungen der einzelnen Treibhausgase über deren Treibhauspotenzial als aggregierte Größen erfasst (Tab. 6.1). In der Literatur werden diese als GPW (Global Warming Potential) -Werte bezeichnet.

Für die Bilanzierung nachwachsender Rohstoffe sind hauptsächlich die in Erdnähe gebildeten Kohlendioxid (CO_2), Methan (CH_4) und Lachgas (N_2O) von Bedeutung.

Der anthropogene Anstieg klimarelevanter Gase verursacht **Klimaänderungen**, die mit steigenden Jahresdurchschnittstemperaturen einhergehen. So wird in Mittel- und Nordeuropa mit längeren und wärmeren Vegetationszeiten gerechnet.

Schon geringe Klimaveränderungen können sich auf die pflanzliche Produktion und damit auf die Erzeugung von Biomasse auswirken.

Wenn auch der CO_2-Anstieg die Produktivität der Photosynthese im Sinne eines Düngeeffektes fördert, muss aber immer bedacht werden, dass ansteigende Temperaturen im Zusammenwirken mit Wassermangel die entscheidenden Faktoren des Klimawandels sein werden. Wasserlimitierte Bedingungen und extreme Witterungsereignisse werden die jährlichen Ertragsschwankungen der Nutzpflanzen verstärken und damit deren Ertragssicherheit vermindern.

Wird Biomasse energetisch genutzt, so bleibt der Kreislauf des Kohlenstoffs weitgehend geschlossen und die **Kohlendioxid- und Energiebilanz** ist im Vergleich zu fossilen Energieträgern deutlich positiv. Hierin wird ein wichtiger Beitrag der Verwendung nachwachsender Rohstoffe für den Klimaschutz gesehen.

Die Relation zwischen der Energieerzeugung und dem Energieaufwand im Pflanzenbau ist durch die Energiebindung mittels Photosynthese grundsätzlich positiv. Hinsichtlich der Energie- und Kohlendioxidbilanz muss allerdings bedacht werden, dass die Produktions- und Konversionsverfahren einen zusätzlichen Energiebedarf und CO_2-Ausstoß verursachen, sofern der Energieeinsatz nicht auch aus regenerativen Quellen stammt.

Moderne landwirtschaftliche Produktionstechniken machen einen erheblichen Einsatz an Energie notwendig durch die Verwendung von Maschinen und Geräten, sowie Treibstoff, Dünger, Pflanzenschutzmittel und vielfach auch weitere Maßnahmen wie Transport, Aufbereitung und Konversion. Beispielsweise kann im Ackerbaubetrieb für den Anbau von Körnerfruchtarten (Raps, Weizen, Gerste) eine Relation von 1 : 4 bis 5 zwischen dem Energieaufwand und dem Energieertrag nachgewiesen werden. Der Energieaufwand zur Gewinnung und Aufbereitung von

Tab. 6.1 Relative Treibhauspotenziale klimarelevanter Gase bezogen auf Masse und einen Zeitraum von 100 Jahren (Forster und Ramaswamy 2007)

Treibhausgas	Summenformel	Quelle	Global Warming Potential (GPW)	Verweildauer (Jahre)
Kohlenstoffdioxid	CO_2	Verbrennung fossiler Energieträger und von Biomasse; Zementproduktion, äußere Atmung	1	30 – 95
Methan	CH_4	Reisanbau, Viehhaltung, Kläranlagen, Mülldeponien, Grubengas, Erdgas- und Erdölproduktion, Zerfall von Methanhydrat-Vorkommen durch globale Erwärmung	25	12
Distickstoffoxid (Lachgas)	N_2O	Stickstoffdüngerin der Landwirtschaft, Verbrennung von Biomasse	298	114
Tetrafluorethan (R-134a, HFC-134a)	$C_2H_2F_4$	Kältemittel in Kühlanlagen	1 430	14
Fluorchlorkohlenwasserstoffe	z. B. $CClF_3$	Verschiedene Verbindungen; Treibgase in Sprühdosen, Kältemittel in Kühlanlagen, Narkosemittel, Füllgase in Schaumstoffen. In D seit 1995 verboten	14 000	640
Fluorkohlenwasserstoffe FKW/HFKW	z. B. CHF_3	Treibgase in Sprühdosen, Kältemittel in Kühlanlagen, Füllgase in Schaumstoffen	14 000	270
Stickstofftrifluorid	NF_3	Herstellung von Halbleitern, Solarzellen und Flüssigkristallbildschirmen	17 200	270
Schwefelhexafluorid	SF_6	Schutzgas bei der technischen Erzeugung von Magnesium, Isoliergas in Hochspannungsschaltanlagen	22 800	3 200

Holzbrennstoffen aus der Forstwirtschaft ist deutlich geringer und liegt sogar bei unter 5 % des Energiegehaltes der Brennstoffe.

Auch die CO_2-Emissionen werden durch die Nutzung biogener Energieträger im Vergleich zu fossilen Rohstoffen gemindert. Kohle, Erdöl und Erdgas sind in geologischer Vorzeit aus Abbauprodukten abgestorbener Pflanzen und Tieren in einem Jahrmillionen dauernden Prozess entstanden, so dass das bei der Verbrennung von fossilen Energieträgern freigesetzte CO_2 zwar ebenfalls aus der Atmosphäre stammt; der rezente schnelle Verbrauch der fossilen Energieträger innerhalb weniger Jahrhunderte trägt aber dazu bei, dass die CO_2-Bilanz nicht ausgeglichen sein kann, weil in dem kurzen Zeitraum kaum eine Neubildung fossiler Rohstoffe stattfindet.

6.3 Das Treibhausgasminderungspotenzial

In letzter Zeit haben Energie- und Ökobilanzen besondere Bedeutung für die Bereitstellung von Biokraftstoffen erlangt (vergl. Kap. 5). So fordert die Biokraftstoff-Nachhaltigkeitsverordnung (BioKraftNachVO), dass die Erzeugung von Biokraftstoffen im Vergleich zum fossilen Referenzkraftstoff ein Treibhausgas (THG)minderungspotenzial aufweisen muss.

Seit 2011 gelten gesonderte Zertifizierungssysteme für flüssige Bioenergieträger (Abb. 6.1).

Da Rapsöl in Deutschland die wichtigste Rohstoffquelle für Biokraftstoffe ist, wird in letzter Zeit besonders der Rapsanbau bilanziert (Sieling und Kage 2011). Es muss der Nachweis erbracht werden, dass das Erntegut der Ölfrucht aus einer nachhaltigen landwirtschaftlichen Bewirtschaftung stammt und mit der Bereitstellung des Kraftstoffes ein definiertes THG-Minderungspotenzial erreicht wird.

Methodisch wird dabei auf die Prozesskettenanalyse (s. Kap. 6.1) zurückgegriffen. Klimarelevante Gase wie CO_2 und N_2O werden entlang der Prozesskette erfasst und als CO_2-Äquivalent bezogen auf die Energiekonzentration (in g CO_2-Äq MJ^{-1}) normiert. Für die Herstellung von Biokraftstoffen aus Rapssaat werden die THG-Emissionen des Rapsanbaus, des Transports und der Weiterverarbeitung in Ansatz gebracht.

Da nicht alle einzelnen Abschnitte der Prozesskette mit konkreten Werten zu unterlegen sind, werden Standardwerte für den Anbau von Raps mit 29 g CO_2-Äq MJ^{-1} und die Verarbeitung des Rapses zu Biokraftstoff mit 22 g CO_2-Äq MJ^{-1} zugrunde gelegt. Die mit diesen Werten

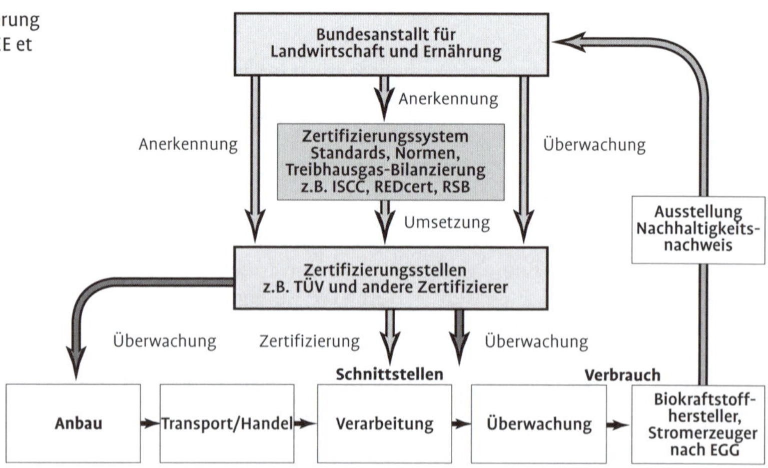

Abb. 6.1 Zertifizierung von Bioenergie (AEE et al. 2013).

berechnete Bilanz resultiert in den schlechtmöglichsten THG-Minderungswerten. Dennoch erreicht die Bereitstellung von Rapsbiodiesel gegenüber fossilem Diesel aus Erdöl (83,8 g CO_2-Äq MJ^{-1}) schon heute eine THG-Minderung von 38 % und liegt damit unter dem aktuell gültigen Grenzwert.

Sofern konkrete Werte für Teile der Prozesskette ermittelt werden, ersetzen sie die Standardwerte, so dass die THG-Minderungswerte im Zuge der Änderungen von Bewirtschaftungsmaßnahmen deutlich gesenkt werden können. Entsprechend den Vorgaben der BioKraft-NachVO müssen ab 2017 50 % und später sogar 60 % der Treibhausgase im Vergleich zu fossilen Kraftstoffen eingespart werden.

Innerhalb des Anbauverfahrens beeinflusst hauptsächlich die mineralische Stickstoffdüngung (vergl. Kap. 3.2.1) die Energie- und THG-Bilanz (Diepenbrock et al. 1995).

Allein die Herstellung der mineralischen N-Dünger in der Vorleistungsindustrie macht einen Anteil von etwa 50 % des Energieinputs des Rapsanbaus aus und erhöht die CO_2-Emissionen erheblich. Außerdem führt die N-Düngung im Anbauverfahren selbst zur Bildung von Lachgas (N_2O), welches ein gegenüber CO_2 ca. 300fach erhöhtes Potenzial zur Klimaerwärmung aufweist (vergl. Tab. 6.1).

Folglich kommt zukünftig insbesondere dem Stickstoffmanagement im Rapsanbau eine Schlüsselrolle zur Erreichung der geforderten Klimaschutzziele zu, damit Biodiesel gegenüber dem fossilen Referenzkraftstoff langfristig seinen Vorteil in der Treibhausgasbilanz beibehalten kann.

Da sich die N-Düngung entscheidend auf das Pflanzenwachstum und damit auf die Energiebindung durch Pflanzenbestände auswirkt, sind solche N-Düngungsregime zu identifizieren, die eine hohe Biomasseproduktion bei gleichzeitig hohem Nutzungsgrad des mineralischen N-Düngers und guter Verwertung des von der Pflanze aufgenommenen Stickstoffs ermöglichen (vergl. Kap. 3.2.1). Ziel muss es auch sein, Anbausysteme zu entwickeln, die einen möglichst geringen Stickstoffbilanzrest garantieren, weil der entsprechende Stickstoffsaldo noch deutlicher enger mit den N_2O-Emissionen zusammenhängt als der gesamte N-Aufwand.

Nach der Erneuerbare-Energien-Richtlinie der EU sollen ab 2020 10 % der für den Transport verwendeten Treibstoffe aus erneuerbaren Energiequellen stammen bei gleichzeitiger Einführung der Nachhaltigkeitskriterien hinsichtlich der Reduzierung der THG-Emissionen. Die letzten Vorschläge der EU-Kommission zur Novellierung der Richtlinie gehen noch darüber hinaus. Gefordert wird eine Bilanzierung der Auswirkungen einer „indirekten Landnutzungsänderung“ (indirect land use change – **iluc**).

Man geht in einem internationalen Kontext davon aus, dass ein Hektar Anbau von Energiepflanzen in der EU zu einem Hektar zusätzlicher Nahrungsmittelproduktion in Drittländern führt. Die entsprechenden Treibhausgasemissionen in Drittländern müssten dann der Produktion von erneuerbaren Energien in der EU angelastet werden. Man rechnet also dem heimischen Energiepflanzenbau negativ an, dass der Flächenverlust für die heimische Nahrungs- und Futtermittelerzeugung durch Umwandlung von zuvor ungenutzten Flächen in Ackerland (z. B. durch Abholzung von Regenwäldern) in anderen Ländern kompensiert wird.

Dieser Ansatz würde eine sehr große Herausforderung für die Prozesskettenanalyse sein und den Bilanzrahmen in Richtung einer Art „Globalen Bilanz“ führen.

6.4 Die Bilanzierung im Landwirtschaftsbetrieb

Die Methodik der vergleichenden Produktökobilanz (Life Cycle Assessment) stammt ursprünglich aus dem technischen Bereich der Verpackungsindustrie mit den entsprechenden Produkten und Prozessen.

Die **Umweltrelevanz landwirtschaftlicher Produktionsprozesse** verlangt darüber hinaus eigenständige Bilanzmethoden, die den Landwirtschaftsbetrieb einschließlich der Produktionsverfahren der Vorleistungsindustrie als Systemgrenze vorsieht. Innerhalb dieses Systems werden meist Anbausysteme und – intensitäten miteinander verglichen. Sehr weit entwickelt sind dabei Humus- und Stickstoffbilanzierungen, welche Aussagen über die Umsetzung organischer Substanz und die betrieblichen Stickstoffflüsse sowie die damit verbundenen Umweltwirkungen erlauben.

Auf internationaler Ebene werden seit Anfang der 1990er Jahre Rahmenkonzepte für die Entwicklung und Anwendung von Agrar-Umweltindikatoren erarbeitet. Größere Bedeutung erlangte das **Driving Force-State-Response-Modell** der OECD.

Im Bereich „Force“ stehen Produktions- und Konsumaktivitäten im Vordergrund. Sie können über die Nutzung natürlicher Ressourcen eine Belastung auf die Umwelt ausüben. Im Wirkungskreis „State“ wird der Zustand eben dieser natürlichen Ressourcen gemessen. Die zunächst naturwissenschaftlich begründeten Informationen, die in den Bereichen „Force“ und „State“ gewonnen werden, dienen politischen Entscheidungsträgern zur Vorbereitung einer „Response“. Damit ist eine politische Aktion gemeint, die entweder direkt den Umweltsektor betrifft oder aber die entsprechend darauf ausgerichteten ökonomischen Aktivitäten versucht zu beeinflussen. Abgestimmte Indikatoren-Kataloge erhalten eine zunehmende Verbindlichkeit in der Europäischen Union, so z. B. in der Düngeverordnung (DVO) oder der EU-Wasserrahmenrichtlinie.

Umweltwirkungen im Landwirtschaftsbetrieb hängen entscheidend von den praktizierten Anbauverfahren im Pflanzenbau sowie von den jeweiligen Standortbedingungen ab.

Rahmenkonzepte wie das der OECD müssen daher durch regionsbezogene Bewertungskriterien und Modelle untersetzt werden. Dies erklärt auch die Vielfalt der Modellansätze.

Einige Modelle bilden den Landwirtschaftsbetrieb „als Ganzes“ ab. Er ist mit seinen dynamischen Prozessen und den Vernetzungen der einzelnen Betriebszweige Teil eines Agrarökosystems.

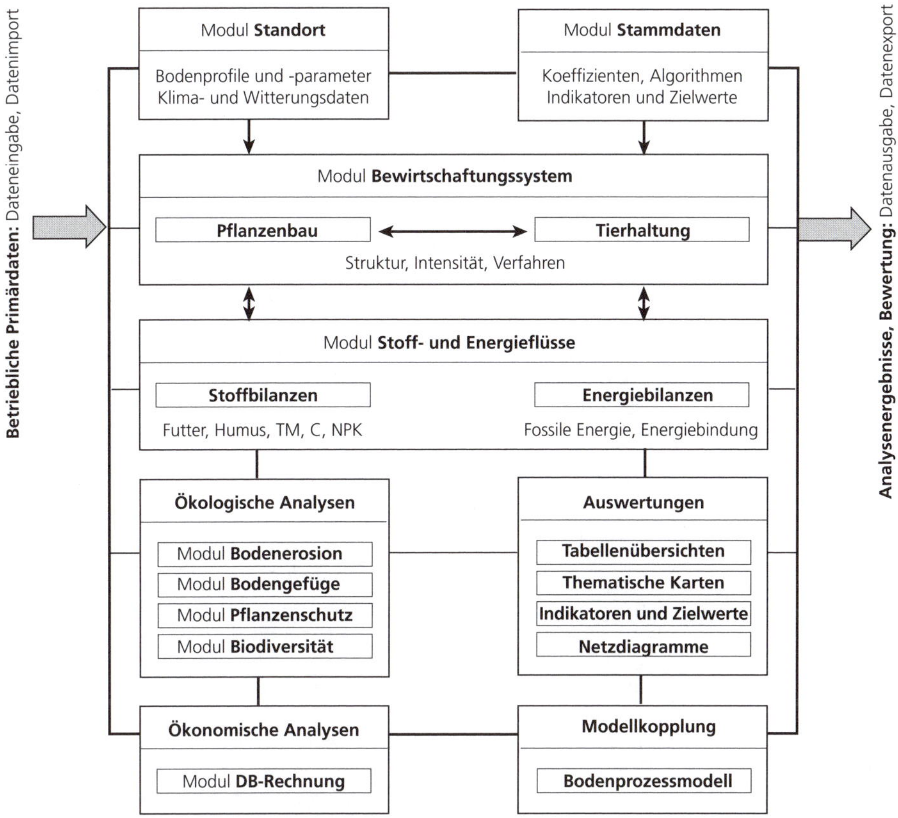

Abb. 6.2 Struktur des Betriebsbilanzierungsmodells REPRO (Hülsbergen 2003).

Solche Modelle erlauben nicht nur die Einschätzung der IST-Situation eines Betriebes, sondern auch die Berechnung von Planvarianten. Der Bearbeitungsaufwand kann durch einen modularen Aufbau den jeweiligen Anwendungszielen und der Datenlage angepasst und dadurch die Bewertung mit Indikatoren und Zielwerten regional differenziert werden.

Abbildung 6.2 zeigt den modularen Aufbau eines solchen Bilanzierungsmodells.

Im Modul **„Bewirtschaftungssystem“** erfolgt die Abbildung der Betriebsstruktur, der Bewirtschaftungsintensität und der Produktionsverfahren; es ist die zentrale Modellkomponente, auf die alle Auswertungsverfahren aufbauen. Dateneingaben beziehen sich auf den Teilschlag, die Fruchtart, das Produkt, den Arbeitsgang. Aussagen für Fruchtfolgen, das Acker- und Grünland oder den Gesamtbetrieb kommen durch die Aggregation von Daten zustande. Die betrieblichen Primärdaten werden grundsätzlich nur einmal erfasst und dann untereinander bzw. mit Modellparametern so verknüpft, dass schrittweise ein virtueller Betrieb entsteht.

Im Modul “**Stammdaten**” ist umfangreiches Expertenwissen in Form naturwissenschaftlicher Modellparameter, ökonomischer Koeffizienten und ausgewählter Gleichungssysteme gespeichert.

Beginnend mit dem Aufbau einer Betriebsvariante bis zur abschließenden Bewertung wird der Nutzer durch diesen Datenpool unterstützt. Um die Rechengänge nachvollziehbar zu halten, werden die Modellparameter in Tabellenübersichten dargestellt und die verwendeten Algorithmen in einem Formeleditor angezeigt. Die Stammdaten sind erweiterungsfähig und editierbar, so dass das Modell an Bewirtschaftungsvarianten angepasst werden kann. Datenspeicher mit Boden- und Witterungsdaten unterstützen die Programmnutzer bei der Standortkennzeichnung.

Das „**Standort-Modul**“ enthält eine Schlagverwaltung mit GPS/GIS-Kopplung.

Im Modul „**Stoff- und Energieflüsse**“ werden Nährstoff-, Humus-, Futter- und Energiebilanzen berechnet. Über die Stoff- und Energieflüsse sind alle Modellkomponenten miteinander verbunden; die komplexe Auswertung erfolgt mit der Programmfunktion „*Betrieblicher Stoffkreislauf*“.

Im Modul „*N-Umsatz*“ werden die potentielle Nitratkonzentration des Sickerwassers und gasförmige N-Emissionen berechnet.

Für die Bewertung des Energiepflanzenbaus ist in diesem Modul eine Energiebilanz enthalten. Sie berücksichtigt den Verbrauch an Energieträgern als Input (meist aus fossilen Quellen), innerbetriebliche Energieflüsse und die Energieabfuhr als Output.

Für die Anbauverfahren landwirtschaftlicher Kulturpflanzen sind verschiedene Energiekenngrößen definiert worden (Tab. 6.2).

Unter ökonomischen Vorgaben und bei limitierter Anbaufläche sind ein hoher Energieoutput bzw. Energiegewinn, für extensive Landnutzungssysteme niedrige Intensitätswerte sowie ein hohes Output/Input-Verhältnis indiziert.

Tab. 6.2 Energetische Kenngrößen im Pflanzenbau (nach Hülsbergen et al. 2001)

Kenngröße	Definition	Einheit
Direkter Energieinput (Ed)	Kraftstoffverbrauch[a]	GJ ha^{-1} a^{-1}
Indirekter Energieinput (Ei)	Saatgut, PSM, Dünger, Investitionsgüter	GJ ha^{-1} a^{-1}
Energieinput (E)	E = Ed + Ei	GJ ha^{-1} a^{-1}
Energieoutput (EO)	Energie im Erntegut[b]	GJ ha^{-1} a^{-1}
Energiegewinn (EG)	EG = EO − E	GJ ha^{-1} a^{-1}
Energieintensität (EI)	EI = E / GE[c]	MJ GE ha^{-1} a^{-1}
Output/Input-Verhältnis (OI)	OI = EO / E	

[a] abhängig von Standort, Produktionsmanagement und Ertrag;

[b] je nach Betrachtungsgrundlage nur Haupternteprodukt oder Haupt- und Nebenernteprodukt;

[c] Energieinput je Einheit Produkt, hier je Getreideeinheit (GE)

Im Modul **„Ökonomische Analysen“** erfolgt eine Deckungsbeitrags- und Vollkostenrechnung. Kostenrichtwerte werden nur bei Grobkalkulationen in Ansatz gebracht. Für Detailberechnungen werden die Betriebsmittelkosten vom erfassten Betriebsmitteleinsatz abgeleitet; die Maschinen- und Arbeitskosten werden auf der Grundlage der zu Produktionsverfahren zusammengestellten Arbeitsgänge unter Berücksichtigung definierter Randbedingungen (Arbeitsbreiten, Ausbringmengen, Transportentfernungen etc.) kalkuliert.

Indikatoren-Modelle erreichen zumeist ihre Aussagegrenze dadurch, dass sie nicht prozessorientiert sind oder nur ausgewählte Aspekte der Verfahrensgestaltung erfassen. Im einfachsten Fall, dem „Black-Box-Ansatz“, bleiben die innere Struktur des Betriebes und die Produktionsverfahren völlig verdeckt; es werden lediglich In- und Outputs bestimmt und Effizienzen berechnet.

In einem modernen Betriebsbilanzierungmodell besteht deshalb der Anspruch, Produktionsverfahren detailliert abzubilden. Werden nämlich Anbauverfahren modifiziert, so hat das Konsequenzen für praktisch alle ökologisch-ökonomischen Bewertungen (vergl. Kap. 3.2.1). Die Analyse konkreter Verfahren ist aber auch deshalb so wichtig, weil auf diesem Gebiet derzeit die größten Gestaltungsspielräume in den Unternehmen zur Verbesserung ihrer Umweltsituation und ein erhebliches Innovationspotential bestehen.

Eine Voraussetzung für die **praktische Anwendung solcher Modelle** ist, dass die Eingangsdaten in den Betrieben tatsächlich verfügbar sind. Der Datenerfassungsaufwand umfasst die Bereiche Pflanzenbau (Ackerschlagkartei), Nutztierhaltung und Lagerung.

Ein weiterer wichtiger Aspekt bei der Beurteilung von Umweltwirkungen ist die Wahl der problemadäquaten Betrachtungsebene. Im Pflanzenbau ist dies zumeist der Ackerschlag. Eine höhere Betrachtungsebene wird in den Betrieben nicht akzeptiert, da die Verfahrensgestaltung auf den konkreten Schlag sowie die jeweiligen Standortbedingungen ausgerichtet ist und überwiegend in Form von Ackerschlagkarteien dokumentiert wird. In der Praxis ist vielfach sogar der Trend zur teilflächenspezifischen Bewirtschaftung erkennbar.

In verschiedenen Umweltbereichen, speziell der **„Biodiversität“**, ist es schwierig, Bewertungen allein auf Modelldaten zu stützen. Einschätzungen zu wildlebenden Pflanzen- und Tieren erfordern in aller Regel aufwendige Freilanduntersuchungen.

Das Modellsystem ist offen und erweiterungsfähig und nicht alle Indikatorenmüssen selbst bestimmt werden. In die Bewertung können prinzipiell auch Ergebnisse aus Freilanduntersuchungen einfließen - wie Erhebungen zu Indikatorarten, zur Grünlandvegetation oder Segetalflora. Über Schnittstellen zu externen Modellen werden spezielle Indikatoren und Detailprobleme bearbeitet (z. B. Simulation der N_{min}-Dynamik, Verhalten von Pflanzenschutzmitteln (PSM) im Boden).

Im Ergebnis dient das Betriebsbilanzierungsmodell in erster Linie als Werkzeug für das Management in Landwirtschaftsbetrieben, daneben aber auch als Instrument für Nachweisverpflichtungen.

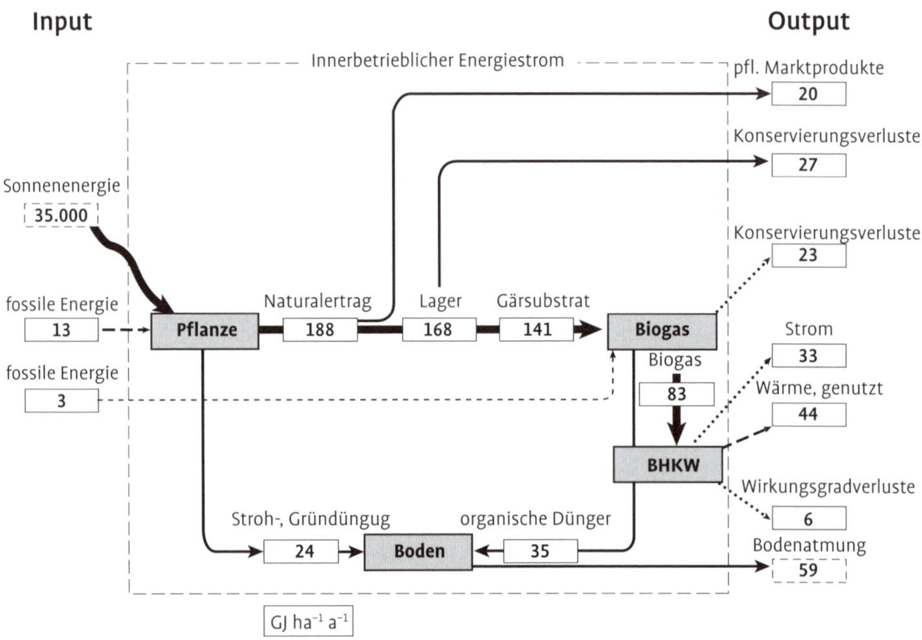

Abb. 6.3 Energiefluss in einem Landwirtschaftsbetrieb mit Biogaserzeugung (HÜLSBERGEN 2012).

> Im Landwirtschaftsbetrieb ist die Energiebilanz die quantitative Gegenüberstellung von Energieinput und –output von Prozessen bzw. des gesamten Systems

Abbildung 6.3 gibt ein Beispiel für die Energiebilanz der Biogaserzeugung in einem Landwirtschaftsbetrieb.

Das Beispiel zeigt, dass dem Input an fossiler Energie mit 16 GJ ha^{-1} a^{-1} ein nutzbarer Energieoutput von 97 GJ ha^{-1} a^{-1} (pflanzliche Marktprodukte, Strom, Wärme) gegenübersteht. Input zu Output stehen also in einem Verhältnis von ca. 1 : 6.

Weiterführende Literatur

CURRAN, M. A. (ED.), 2012: Life Cycle Assessment Handbook: A Guide for Environmentally Sustainable Products. John Wiley & Sons, New Jersey. 640 Seiten. ISBN 978-1-118-09972-8

HÜLSBERGEN, K.- J., 2003: Entwicklung und Anwendung eines Bilanzierungsmodells zur Bewertung der Nachhaltigkeit landwirtschaftlicher Systeme. Shaker Verlag, Aachen, 257 Seiten.

RICKERL, D. and CH. FRANCIS (EDS.), 2004: Agroecosystems Analysis. ASA, CSSA, SSSA Agronomy Monograph 43, 207 pages. ISBN 0-89118-153-9

Fragen zu Kap. 6

Welche Teilschritte enthält die Ökobilanz?

Was ist eine Prozesskettenanalyse?

Welche naturwissenschaftlichen bzw. gesellschaftlichen Größen bzw. Aktivitäten sind im "Driving Force – State – Response – Modell" der OECD berücksichtigt?

Wie erklärt sich der Treibhausgaseffekt?

Was ist das Treibhausgasminderungspotenzial?

7 Stoffliche Nutzung von Biomasse

Die stoffliche Nutzung von Biomasse dient zur Herstellung von Gütern sowie zur direkten Verarbeitung in Produkten. Dadurch grenzt sie sich von der energetischen Nutzung ab, bei der die biogenen Rohstoffe ausschließlich als Energieträger verwertet werden.

Obwohl die stoffliche Nutzung nachwachsender Rohstoffe eine sehr lange Geschichte hat, gibt es bisher nur wenige statistische Zusammenstellungen über Mengenpotenziale, Verarbeitung und Verbrauch mit den entsprechenden Basisdaten. Neuere Datensammlungen sind bei Peters et al. (2010) sowie Raschka und Carus (2012) zu finden.

In Deutschland werden jährlich etwa 89,3 Mio. t nachwachsende Rohstoffe verbraucht. Davon sind 46,8 Mio. t (52 %) der stofflichen Nutzung gewidmet. Der bei Weitem überwiegende Teil entfällt mit 43,2 Mio. t auf die Holzrohstoffe (Tab. 7.1).

Tab. 7.1 Gesamtaufkommen und stoffliche Nutzung von Biomasse in Deutschland, Referenzjahr 2008 (in Mio. t) (Raschka und Carus 2012)

Rohstoff	Gesamtaufkommen 2008	Stoffliche Nutzung 2008	Wichtigste Branchen	Hauptprodukte	Importquote (stoffl. Nutzung)[1]
Holz (incl. Restholz)	76,1	43,2	Säge-, Holzwerkstoff-, Papierindustrie	Holzprodukte Holzwerkstoffe, Papier	max. 10 %
Kork	0,045	0,045	Bauindustrie, Werkstoffe	Flaschenkork, Fußböden, Werkstoffe	100 %
Chemiezellstoff	0,3	0,3	Chemieindustrie, Textilindustrie	Chemiefasern, Quellstoffe, Additive, Kunststoff	100 %
Naturfasern	0,16	0,16	Textil-, Automobil-, Papier-, Dämmstoffindustrie	Textilien, Nonwovens, NFK, Spezialpapiere	> 99 %
Zucker (incl. Dicksaft und Melasse)	3,2[2]	0,136	Chemieindustrie incl. Fermentation, Pharmaindustrie	Basis- und Feinchemikalien, Biokunststoffe	ca. 10 %

Tab. 7.1 Gesamtaufkommen und stoffliche Nutzung von Biomasse in Deutschland, Referenzjahr 2008 (in Mio. t) (Raschka und Carus 2012) (Fortsetzung)

Rohstoff	Gesamtaufkommen 2008	Stoffliche Nutzung 2008	Wichtigste Branchen	Hauptprodukte	Importquote (stoffl. Nutzung)[1]
Stärke	1,5[3]	0,886	Chemieindustrie incl. Fermentation, Pharma- u. Papierindustrie	Basis- und Feinchemikalien, Biokunststoffe, Papierstärke	Mais 30 %, Weizen und Kartoffel 0 %[4]
Pflanzenöle	5,6	1,102	Chemieindustrie (Oleochemie)	Farben, Tenside, Schmierstoffe, Kunststoffe, Additive, Kosmetik	ca. 70 % (v. a. Palm-, Soja-, Kokosöl)
Tierische Fette	0,95	0,348	Chemieindustrie (Oleochemie)	Farben, Tenside, Schmierstoffe, Kunststoffe, Additive, Kosmetik	0 %
Glycerin (aus Biodieselproduktion)	0,108	0,108	Chemieindustrie	Additive, Basis- und Feinchemikalien	0 %
Tierische Proteine (Gelantine, Casein, Wolle, Pelze, Leder)	0,054	0,054	Chem.-techn. Industrie, Pharmaindustrie, Textil- und Bekleidungsindustrie etc.	Arzneimittelkapseln, Fotomaterial, Etikettenkleber, Blutersatz, Leder-, Pelz- und Wollprodukte	< 5 %
Naturkautschuk	0,239	0,239	Automobilindustrie, Kunststoffe/Elastomere	Autoreifen, techn. Gummiprodukte, Hygieneprodukte	100 %
Arzneipflanzen	0,025	0,025	Pharmaindustrie, Kosmetik	Arzneimittel, Kosmetik	90 %
Sonstige Inhaltsstoffe (Farbstoffe, Harze, Gerbstoffe)	0,151	0,151	Chem.-techn. Industrie, Pharmaindustrie, Bekleidungsindustrie	Naturfarben, Lacke, Linoleum, Lederverarbeitung	k. A.
Getreidestroh (ohne Mais)	> 35	bis zu 6 Mio.[5]	Landwirtschaft	Tiereinstreu, Baumaterial, Substrat für Pilzanbau, Streu im Obst- und Gemüsebau, Erosionsschutz	0 %

Tab. 7.1 Gesamtaufkommen und stoffliche Nutzung von Biomasse in Deutschland, Referenzjahr 2008 (in Mio. t) (Raschka und Carus 2012) (Fortsetzung)

Rohstoff	Gesamtaufkommen 2008	Stoffliche Nutzung 2008	Wichtigste Branchen	Hauptprodukte	Importquote (stoffl. Nutzung)[1]
Sonstige Erntereste und landwirtschaftliche Abfälle	> 25	Menge unbekannt[6]	Landwirtschaft, Landschaftsbau, Gartenbau	Düngemittel, Kompost, Mulch	0 %
Sonstige Reststoffe	> 15	Menge unbekannt[7]	Landwirtschaft, Landschaftsbau, Gartenbau	Düngemittel, Kompost, Mulch	0 %

[1] Netto-Importmenge
[2] Gesamtaufkommen Zuckerrüben ca. 23 Mio. t (März 2009). In der Tabelle ist der Verbrauch in Kristallzuckeräquivalenten angegeben
[3] Gesamtaufkommen stärkehaltige Pflanzen ca. 52 Mio. t. In der Tabelle ist nur der Verbrauch an Stärke angegeben
[4] Netto-Angabe: Eine Importquote von 0 % bedeutet, dass in der Summe kein Rohstoff importiert wird und in der Regel sogar exportiert wird
[5] Vor allem Weizenstroh (> 20 Mio. t) und Gerstenstroh (> 8 Mio. t)
[6] Das Aufkommen der Erntereste liegt bei deutlich mehr als 30 Mio. t pro Jahr, v. a. Zuckerrübenblatt (ca. 16 Mio. t), Rapsstroh (ca. 9 Mio. t) und Maisstroh (ca. 6.6 Mio t.). Hinzu kommen ca. 200 Mio. t Fest- und Flüssigmist pro Jahr
[7] Das Aufkommen liegt bei deutlich mehr als 15 Mio. t pro Jahr, v. a. biologisch abbaubare Garten- und Parkabfälle (ca. 4 Mio. t), Abfälle aus der Biotonne (ca. 4 Mio. t) und biogene Anteile im Restabfall (ca. 4 Mio. t)

Das Stammholzaufkommen aus der Sägeindustrie sowie die Sägenebenprodukte und das sonstige Industrierestholz dominieren das Kontingent der Holzrohstoffe.

Der jährliche Gesamtverbrauch an erneuerbaren Agrarrohstoffen (ohne Holz) zur stofflichen Verwertung beträgt etwa 3,6 Mio t (12 % der stofflich verwerteten Biomasse) mit nur leicht steigender Tendenz. 64 % davon werden insbesondere als Pflanzenöle (Palm-, Soja- und Kokosöl), Naturkautschuk, Naturfasern, Chemiezellstoff, Maisstärke, Kork und Arzneipflanzen importiert. Sie dienen als Ausgangssubstanzen für organische Chemikalien und deren Veredlung zu Folgeprodukten.

Der Verbrauch an nachwachsenden Rohstoffen (ohne Holz) verteilt sich auf die chemische Industrie (42 %), Oleochemie (32 %), Papier- und Zellstoffindustrie (18 %), Textilindustrie (4 %), Pharma- und Kosmetikindustrie (2 %) und Andere (1 %).

Die stoffliche Nutzung von Biomasse für die verarbeitende Industrie gliedert sich in zahlreiche Rohstoffe, Verfahren und Produkte (Abb. 7.1).

Bereits heute stehen (zumindest im Labormaßstab) für sechs der „Top-Ten-Sellers“ der chemischen Industrie biogene Produktalternativen

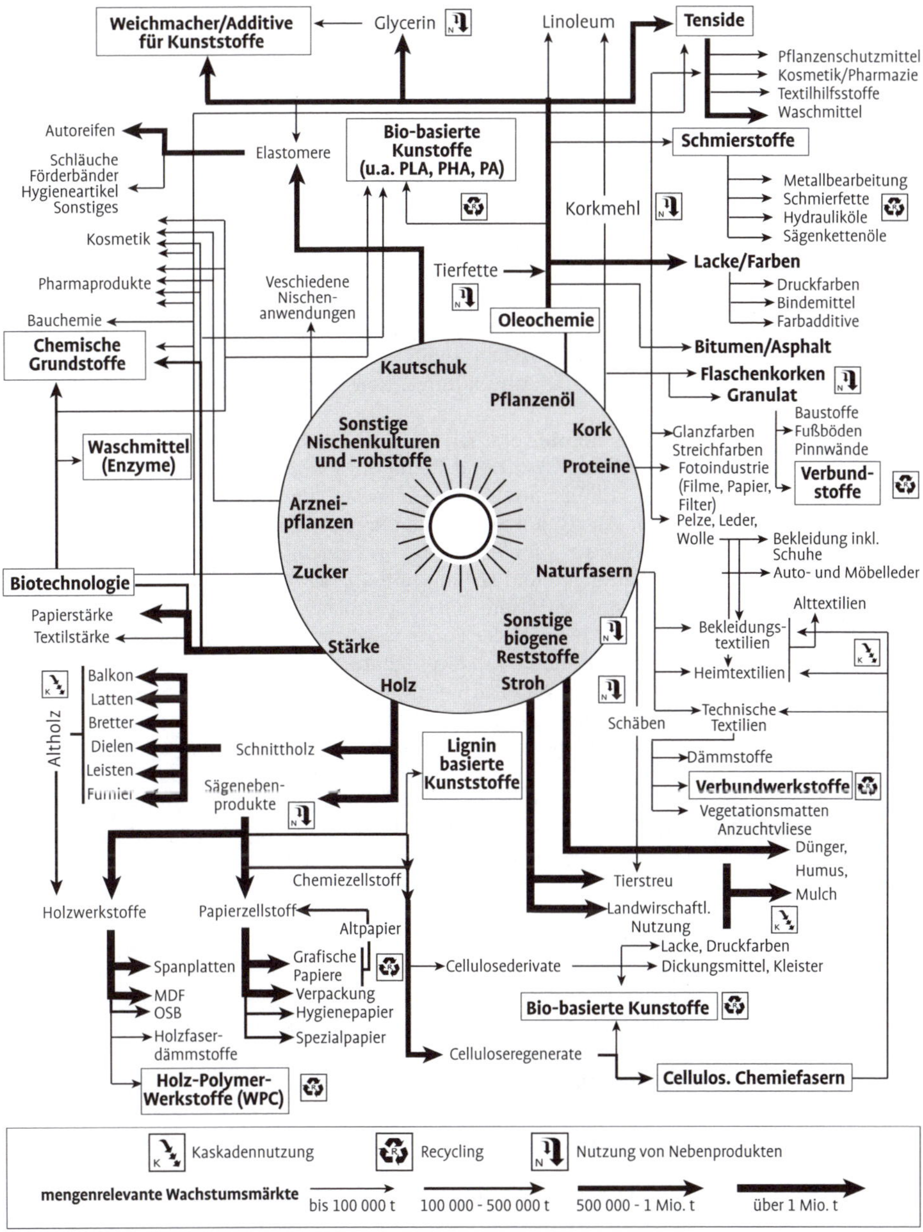

Einsatz nachwachsender Rohstoffe (ohne Holz):
42 % Chemische Industrie, 32 % Oleochemie, 18 % Papier- und Zellstoff, 4 % Textilindustrie, 2 % Pharma- und Kosmetikindustrie, 1 % Andere

Abb. 7.1 Stoffliche Nutzung nachwachsender Rohstoffe in der verarbeitenden Industrie Deutschlands im Jahre 2008 (Raschka und Carus 2012).

zur Verfügung. Dabei handelt es sich um Ethylen, Ethylenoxid, Dichlorethan, Propylen, Formaldehyd und Propylenoxid. Zurzeit stammen aber immer noch etwa Zweidrittel der Produkte der chemischen Industrie in Deutschland mengenmäßig aus den kohlenstoffhaltigen, fossilen Rohstoffen, insbesondere aus Erdöl und Erdgas.

Die Produktgruppen bzw. Anwendungsszenarien von **Basischemikalien** aus nachwachsenden Rohstoffen lassen sich nach dem mengenmäßigen Aufkommen auf vier Einsatzbereiche verteilen:

1. Produkte und Anwendungen der Oleochemie (Ölchemie auf Basis nachwachsender Rohstoffe)
2. Biowerkstoffe
3. Organische Grundchemikalien, Fein- und Spezialchemikalien sowie chemische Zwischenprodukte aus Kohlenhydraten
4. Produkte und Anwendungen sonstiger nachwachsender Rohstoffe

Die **Oleochemie** verarbeitet pflanzliche Öle hauptsächlich zu Tensiden, die heute in Wasch- und Reinigungsmitteln, Pharmaka, Kosmetikartikeln, Textilhilfsmitteln sowie in Lacken- und Farben verbreitet eingesetzt werden. An zweiter Stelle folgt die Herstellung von Polymeren und Polymeradditiven, Linoleum, Polyurethanen, Polyestern, Lacken/Farben, Beschichtungen und Lösungsmitteln. In vielen Fällen werden die biogenen Substanzen zusammen mit petrochemischen Erzeugnissen verarbeitet wie das Beispiel der Polymeradditive aus Pflanzenöl in Kunststoffen mit verbesserten Einsatzeigenschaften zeigt.

Zu den **Biowerkstoffen** zählen biobasierte Kunststoffe und naturfaserverstärkte Werkstoffe. Das wichtigste Ausgangsmaterial zur Produktion von Biokunststoffen ist die thermoplastische Stärke als natürliches Biopolymer. Durch Zusätze von Weichmachern, Plastifizierungsmitteln und wasserabweisenden biologisch abbaubaren Polymeren wird sie zu Stärkeblends verarbeitet. Der Anteil von Biokunststoffen erreicht zurzeit kaum einen Anteil von 1% an den werkstofflich verwendeten Kunststoffen.

Naturfaserverstärkte Kunststoffe (NFK) werden dagegen in signifikanten Mengen als thermo- und duroplastische Formpressteile im Automobilbau eingesetzt. Darüber hinaus werden Holz-Polymer-Werkstoffe in Außenbereichen wie Terrassenbelägen, Fensterrahmen und Zaunsystemen, aber auch im Automobilinnenbereich und in der Möbelindustrie erfolgreich verwendet.

Die **stoffliche Nutzung von Kohlenhydraten** basiert auf deren chemischen und fermentativen Konversion zu organischen Basischemikalien, chemischen Zwischenprodukten, Feinchemikalien, Spezialchemikalien und Pharmaprodukten.

Bei den Massenprodukten dominiert die Papierstärke, die in Leim, Papier und Wellpappe verwendet wird. Aus Kohlenhydraten gewonnenes Bioethanol wird, außer zur energetischen Nutzung (s. Kap. 5.2.1), auch in Lösungsmitteln, pharmazeutischen Präparaten und zur Synthese von Ethen eingesetzt.

Von den Produkten aus **sonstigen nachwachsen Rohstoffen** sind die vielfältig einsetzbaren Holz- und Cellulosedämmstoffe, die Phytopharmaka aus Arzneipflanzen oder die Papierveredlungsprodukte und Etikettierklebstoffe aus Pflanzenproteinen von Bedeutung.

7.1 Lignocellulose und Pflanzenfasern

Lignocellulose als Verbund aus Lignin und Cellulose bildet die Zellwand verholzter Pflanzen. Lignin ist dabei die amorphe Matrix und umhüllt die Cellulose. Die stoffliche Verwertung hat eine lange Tradition. Moderne Aufschluss- und Verarbeitungstechnologien für Holz und Fasern schaffen heute ein breites Verarbeitungsspektrum in der industriellen Stoffproduktion mit großem Innovationspotenzial.

Lignocellulose (lat. Lignum = Holz, Baum) variiert in seinen physikalischen und chemisch-technologischen Eigenschaften in Abhängigkeit von Alter und Holzart in weiten Grenzen. Durchschnittliches Nadelholz setzt sich zu 45 bis 50 % aus Cellulose (meist 500 – 5000 aneinander gereihte Glucosemoleküle), zu 25 bis 30 % aus Lignin und zu 15 bis 20 % aus Hemicellulosen (Pentosen und Hexosen) zusammen. Weitere Inhaltsstoffe sind Harze, Wachse, Terpene, Phenole und Gerbstoffe, die je nach Holzart und Wuchsort spezifisch gebildet und gespeichert werden.

Neben den Baumarten des Forstes und den Umtriebsplantagen in der Landwirtschaft gibt es landwirtschaftlich produzierte Lignocellulosepflanzen wie *Miscanthus* und weitere Gräserarten sowie Getreideganzpflanzen, deren Mengenpotenzial aber keinesfalls an das von Waldholz heranreicht.

Die in den Stängeln der heimischen Faserpflanzen gebildeten Bastfasern sind chemisch aus Cellulose (65 %), Hemicellulosen (16 %), Lignin (2 bis 3 %), Pektin (3 %), Protein (3 %), Fetten und Wachsen (1 bis 2 %) und Mineralstoffen (1 %) aufgebaut. Die chemische Zusammensetzung und molekulare Anordnung der Inhaltsstoffe bestimmen die Qualitätseigenschaften der Fasern in Hinblick auf Länge, Feinheit, Glanz, Farbe, Zugfestigkeit, Dehnung und Elastizität sowie Biegefestigkeit und Geschmeidigkeit. Als Festigungsgewebe sorgen Bastfasern mit diesen Eigenschaften für ein Maß an Stabilität, dass von keiner architektonischen Konstruktion erreicht werden kann. Das Verhältnis von Durchmesser zur Höhe des Stängels beträgt beim heimischen Lein etwa 1 : 400. Der Berliner Fernsehturm hätte dazu im Vergleich bei einem Sockeldurchmesser von 32 m über 12 km hoch gebaut werden können, wenn Stahlbetonkonstruktionen auch nur annähernd so stabil wären wie der fasergestützte Leinstängel. Diese Eigenschaften der Naturfasern machen sie über die textile Verarbeitung hinaus auch interessant als Armierungselemente in modernen Kunststoffen.

7.1.1 Lignocellulose

Die Holzversorgung von Industrie und Handwerk für stoffliche Nutzungen liegt in erster Linie bei der Forstwirtschaft. Die landwirtschaftlich produzierten Lignocellulosepflanzen spielen in diesem Sektor nur eine untergeordnete Rolle.

Der Verbrauch an Holzrohstoffen für eine stoffliche Verwendung hat sich in den letzten 25 Jahren nahezu verdoppelt. Die größten Zuwächse sind dabei in der Sägeindustrie, der Holzwerkstoffindustrie und der Papier- und Zellstoffindustrie zu verzeichnen. Etwa 50 % des Holzverbrauches fallen heute auf den Bausektor, gefolgt von der Möbelfertigung (ca. 30 %) und den übrigen Verwertungsrichtungen (z. B. Papier-, Druck- und Verpackungsindustrie) mit etwa 20 %.

Einen besonderen Aufschwung hat die Holzverarbeitung im Bauwesen, d. h. bei Neubauten und Modernisierung/Sanierung von Altbauten erfahren. Holz als Baustoff zeichnet sich im Vergleich zu Stahl und Stahlbeton durch einen erheblich geringeren Energie-Input, das geringere Gewicht, die guten Isoliereigenschaften und die dezentrale Versorgungssituation aus. Dennoch liegt die Holzbauquote in Deutschland mit 17 % deutlich unter den Werten für USA (90 %), Schweden (50 %) oder Österreich (33 %).

In letzter Zeit gibt es Bestrebungen, auch *Miscanthus* (s. Kap. 4.1.6) als landwirtschaftlich produzierte Lignocellulosepflanze als Baumaterial zu nutzen. Erste Versuche, Häckselgut von *Miscanthus* unter Zement zu rühren, waren in der Entwicklungsphase zunächst gescheitert, weil das so entstandene Produkt keine ausreichende Stabilität zeigte. Erst die Beimischung eines Mineralisators sorgte für den Zusammenhalt von Häckselgut und Zement, weil der Zement sich im Zuge der Mineralisation jetzt intensiver mit dem pflanzlichen Silizium verband. Bedingt durch die zunehmende Verkieselung und Versteinerung der Rohstoffe war es möglich, mit geschosshohen Wandelementen in statisch tragenden Fachwerkrahmen komplette Rohbauten herzustellen. Tabelle 7.2 zeigt verschiedene Produkte für den Haus- und Gartenbau aus Verbundmaterial mit *Miscanthus*-Häckselgut.

Ein erstes *Miscanthus*-Haus mit guten Dämmeigenschaften und ausgezeichneter Schallisolierung wurde 2006 in der Schweiz gefertigt.

In der **Sägeindustrie** besteht die größte Nachfrage für Waldholz, um Bauschnittholz, Schnittholz für Verpackungszwecke (z. B.

Tab. 7.2 **Produkte für den Haus- und Gartenbau aus Verbundmaterial mit *Miscanthus*-Häckselgut (Pude 2002)**

Niedrigenergie-Hausbausystem
Massive Außenwände, tragende und nichttragende Innenwände im Verbundsystem
Geschossdecken und Dachdämmung
Außen- und Innenputz
Estrich und Schüttisolierung als Trittschall- und Wärmedämmung
Extruder-Erzeugnisse
Mauersteine im Hochloch-System
Hohlkörperdecken und Profilwände
Profile - Hohlprofile - Rohre
Sonstige Anwendungsmöglichkeiten
Lamellen-Schallschutzwände an Wohngebieten zur Lärmminderung
Elementsteine zur Hang- und Böschungssicherung
Pflanzsteine und Pflanzmulden für den Garten

Paletten- und Kistenholz) sowie sonstige Schnittware (z. B. Möbel) zu produzieren. Die Sägeindustrie liefert darüber hinaus mit den Sägenebenprodukten Rohstoffe für die Holzwerkstoffindustrie, die Papier- und Zellstoffindustrie und die Holzpelletindustrie. Verarbeitet werden hauptsächlich Nadelhölzer. Laubholz hat in diesem Segment nur einen Anteil von etwa 5%.

Die **Holzwerkstoffindustrie** ist der zweitwichtigste Abnehmer für Holzrohstoffe. Dabei handelt es sich meist um schwaches Waldholz (Industrieholz), Sägenebenprodukte, Industrierestholz und Gebrauchtholz. Je nach Art des Holzwerkstoffes werden sie in unterschiedlichen Anteilen eingesetzt. So werden z. B. OSB (oriented structural board) – Platten ausschließlich aus Waldholz hergestellt, während Spanplatten hauptsächlich aus Gebrauchtholz bestehen.

Holzwerkstoffe werden durch Verpressen der unterschiedlich geformten Holzteile mit Klebstoffen und Bindemitteln hergestellt. Dabei handelt es sich um Spanplatten, Holzfasern, OSB- und Massivholzplatten sowie Furnier- und Sperrholz. Die Vorteile der Holzwerkstoffe ergeben sich aus dem definierten Herstellungsverfahren, das die Homogenität des Materials und dessen Stabilität garantiert. Durch das Verpressen der verschiedenen Komponenten lassen sich platten- und stabförmige Elemente herstellen, deren Abmessungen mit Vollholz unerreichbar sind.

Holzrohstoffe werden auch in der **Holzstoff-, Zellstoff- und Papierindustrie** in signifikanter Größenordnung verarbeitet. Das Holz wird dabei aufgeschlossen und in seine Fasern zerlegt. Im mechanischen Aufschluss entsteht Holzstoff, im chemischen Aufschluss (Papier-)Zellstoff.

Für die Produktion von Papierzellstoff, der zu 90% aus Cellulose besteht, werden das Sulfat- oder das Sulfitverfahren angewandt. Ziel ist es, das in der Biomasse enthaltene Lignin sowie die Hemicellulosen abzutrennen und den verbleibenden Zellstoff zu gewinnen.

Das weltweit gebräuchlichste Verfahren ist das **Sulfatverfahren** (oder auch Kraft-Aufschluss, so genannt nach der Festigkeit des hergestellten Papiers).

Das Sulfatverfahren bietet einige Vorteile gegenüber dem alternativen Sulfitverfahren (Tab. 7.3). So gibt es in erster Linie

- keine Beschränkungen in der Holzart,
- hohe Festigkeiten des Zellstoffs,
- geringe Extraktionsanteile im Zellstoff,
- und sehr kurze Aufschlusszeiten.

Dem eigentlichen Aufschlussprozess wird eine **Hydrolyse** als Angriff auf die Hemicellulosen vorgeschaltet, wenn sehr reine Zellstoffe erzeugt werden sollen, die für eine nachfolgende Cellulose-

Tab. 7.3 Besonderheiten des Sulfatverfahrens

- Gleichzeitige Wirkung von NaOH und Na_2S
- Bessere Delignifizierung als mit NaOH allein
- Kurze Aufschlusszeiten
- Gewinnung von festen Zellstoffen („Kraft"-Zellstoff)
- Keine Beschränkung auf bestimmte Holzarten; auch Aufschluss von minderwertigen, harzhaltigen Hölzern (z. B. Kiefer)
- Effiziente Chemikalienrückgewinnung
- Geringe Extraktstoffanteile im Zellstoff
- Gewinnung zahlreicher Chemikalien und Nebenprodukte
- Intensiver Geruch durch Thiole (Mercaptane) und H_2S beim Kochen und Eindampfen der Schwarzlauge

derivatisierung geeignet sind. Im Hydrolysat sind wertvolle Chemikalien wie Zucker, Furfurol, Hydroxymethylfurfurol, Lävulinsäure, Essigsäure, Ameisensäure und Methanol enthalten.

Zum Aufschluss im Sulfatverfahren werden Hackschnitzel bzw. zerkleinerte Pflanzenteile mit Natronlauge (NaOH), Natriumsulfid (Na_2S) und Natriumsulfat (Na_2SO_4) versetzt und für drei bis sechs Stunden bei erhöhtem Druck (7 bis 10 bar) in Druckkesseln erhitzt. Die wirksame Reaktion ist die nukleophile Spaltung des Lignins mit Hilfe des Sulfid-Anions. Aus diesem Grund scheint die Bezeichnung „Sulfataufschluss" irreführend zu sein. Dennoch erhielt das Verfahren seinen gebräuchlichen Namen, weil bei der Chemikalien-Rückgewinnung Natriumsulfat zugesetzt wird.

Nach dem Aufschluss wird das lösliche Alkali-Lignin (Schwarzlauge) abfiltriert und so von dem zurückbleibenden Zellstoff abgetrennt.

Aus den Ablaugen lässt sich im Sulfatverfahren ein größeres Spektrum an Chemikalien und Nebenprodukten gewinnen, als aus denen des konkurrierenden Sulfitverfahrens. Dazu gehören etwa bei der Verarbeitung harzreicher Hölzer Tallöl (schwed. Tall = Kiefer), Sulfat-Terpentinöl und verschiedene Holzzucker. Daneben können aus den Harzen Papierleimungsmittel, Phenolharze und Dispersionsmittel, aus den Fettsäuren Alkydharze, Tenside oder Weichmacher gewonnen werden.

Entscheidend für die Wirtschaftlichkeit des chemischen Aufschlussverfahrens ist die Wiedergewinnbarkeit der Aufschlusschemikalien aus den Ablaugen, die im Sulfatverfahren sehr effektiv gelingt.

Mit dem Sulfatverfahren kann selbst aus minderwertigen, harzreichen Hölzern oder lignocellulosereichen einjährigen Pflanzen ein Zellstoff generiert werden, der sehr gute papiertechnische Eigenschaften besitzt. So ist die Papierfestigkeit höher im Vergleich zur Verwendung von Recyclingfasern oder Holzfasern aus dem Sulfidverfahren. Aus diesem Grund wird zur Herstellung von Papiersäcken, Pappen, technischen Papieren etc. immer auf Sulfat-Zellstoff zurückgegriffen.

Das **Sulfitverfahren** eignet sich besonders für harz- und kieselsäurearme Hölzer. Je nach verwendetem Kation wird das Holz im sauren oder neutralen Milieu aufgeschlossen. Unter Molekülverkleinerung wird das Lignin sulfonisiert und dabei in wasserlösliches Ligninsulfonat überführt, welches kommerziell verwertet oder verbrannt wird. Hemicellulasen werden entweder in Zucker umgewandelt oder bleiben mit der Cellulose in der Faser. Der so gewonnene Zellstoff ist hell gefärbt und wird als Chemiecellulose oder zur Papierherstellung genutzt. Das Sulfitverfahren zeichnet sich durch sehr große Prozessflexibilität, hohe Ausbeute bei Nadelhölzern, nur schwache Geruchsbelästigung und gut bleichbare Zellstoffe aus.

Die Gewinnung von Papierzellstoff erfolgt in Deutschland in erster Linie mit dem sauren Sulfitverfahren. Der Zellstoffverbrauch stützt sich allerdings zu 85 % auf Produkte aus dem Sulfatverfahren. Die Differenz zwischen Erzeugung und Verbrauch ergibt sich aus den strengeren Auflagen in Deutschland für die Herstellung des Sulfatzellstoffs (u. a. Geruchsbelästigung durch Thiole (Mercaptane) und H_2S bei der Aufbe-

Tab. 7.4 Nebenprodukte der Zellstofferzeugung (nach Busch et al. 2006)

Produkt	Quelle	Verfahren
Ethanol	Nadelholz	Ca-Bisulfitverfahren
Lignosulfonat	Nadelholz	Ca-Bisulfitverfahren
Single Cell Protein	Pentosen der Sulfitablaugen; Laub- und Nadelholz	Ca-Bisulfitverfahren
Vanillin	Ligninanteil der Sulfitablaugen; Nadelholz	Ca-Bisulfitverfahren
Furfural	Saurer Sulfitaufschluss; Buche	Mg-Bisulfitverfahren
Essigsäure	Buche	Mg-Bisulfitverfahren
Xylose/Xylitol	Buche	Mg-Bisulfitverfahren
Dimethylsulfoxid (DMSO)	Sulfatablaugen	
Terpentin und Tallöl	Harzreiche Hölzer (z. B. Kiefer)	Sulfatkochung

reitung von Schwarzlauge) und damit aus dem höheren Importaufkommen.

Die **Nutzung der Nebenprodukte** aus der Zellstofferzeugung bezieht sich derzeit auf nur wenige Anwendungsfelder, weil Lignocellulose heute immer noch unter sehr drastischen Bedingungen aufgeschlossen wird, um sie in ihre monomeren Bestandteile zu zerlegen (Tab. 7.4).

Dabei gehen viele Koppelprodukte verloren, die für die Ernährung oder die pharmazeutische und kosmetische Anwendung sehr interessant sein könnten.

Eine besonders hohe Wertschöpfung wäre zukünftig mit pharmazeutisch wirksamen und gesundheitsfördernden Inhaltsstoffen, wie Phytohormonen, Polyphenolen oder Triterpenen, zu erzielen. Allerdings ist die Reindarstellung dieser Wirkstoffe aus pflanzlichen Rohstoffen sehr kostenaufwändig. Da sich in einem pflanzlichen Primärextrakt die wertgebenden Substanzen immer gemischt oder mit anderen ähnlich zusammengesetzten Substanzen befinden, sind Hochleistungstrennmethoden zur Produktaufarbeitung bzw. Reindarstellung gefordert.

Wenn auch über 90 % des Zellstoffs in der Papierindustrie verarbeitet wird, gibt es dennoch viele weitere Einsatzgebiete. So produziert die chemische Industrie aus Zellstoff **Celluloseester, Celluloseether und Regeneratfasern**.

Celluloseester sind in Zigarettenfiltern, Textilien, Explosivstoffen und Lacken enthalten, Celluloseether in Klebstoffen, Bauwerkstoffen, Waschmitteln sowie in Kosmetikartikeln und Textilien. Mit Regeneraten aus

Zellstoff werden technische und textile Folien und Filme erzeugt. Wenn Cellulose durch chemische Veränderung in eine lösliche Form überführt wird, kann daraus in einem Spinnverfahren eine endlose Faser erzeugt werden, die in Futter- oder Oberstoffen in der Damen- und Herrenbekleidung Verwendung findet.

Traditionell erfolgt die Derivatisierung der Cellulose mittels Eisessig bzw. Essigsäureanhydrit zu einem Triacetat, bei dem alle drei OH-Gruppen jedes Glucosemoleküls verestert sind (Primäracetat). Zur Herstellung von Celluloseacetat (CA) wird durch partielle Hydrolyse ein Teil der Veresterung rückgängig gemacht, so dass durchschnittlich 2 bis 2,5 Hydroxygruppen verestert bleiben (Sekundäracetat). Celluloseacetet ist einer der ältesten thermoplastischen Biokunststoffe, der in seiner Faserform ursprünglich als *halbsynthetische Faser* bekannt geworden ist.

In Faserform wird Celluloseacetat zu Geweben verarbeitet, die pflegeleicht, wasserabweisend und knitterarm sind. Der größte Anwendungsbereich für die Faser ist aber die Verarbeitung in Zigarettenfiltern. In Form von Folien kommt CA in optischen Schichten von Computerflachbildschirmen oder Displays vor.

CA ist in vielen Gebrauchgegenständen enthalten, so in Kunststoffbrillengestellen, in der Ummantelung von Schnürsenkelenden, in Kosmetikstiften, im Gehäuse von Kugelschreibern, in transparenten Würfeln u.v.a. m. Die Witterungsbeständigkeit von CA ist hoch dank der Lichtbeständigkeit und der Unempfindlichkeit gegenüber Mikroorganismen.

7.1.2 Pflanzenfasern

In Deutschland werden rund 160 000 t Naturfasern verarbeitet. Der überwiegende Teil entfällt auf Baumwolle, die eine einzellige, samenbürtige Faser liefert, und exotische Naturfasern aus Jute, Abaca, Kenaf, Ramie, Kokos oder Sisal.

Nur 3 000 t Naturfasern stammen aus heimischer Produktion. Dies ist u. a. auf die im Vergleich zu Baumwolle komplizierte und aufwendige Gewinnung der Bastfasern aus dem Stängelgewebe der heimischen Faserpflanzen, v. a. Lein und Hanf (s. Kap. 4.2.3 und 4.2.4), zurückzuführen, obwohl deren Fasern auch vielseitig verwendbar sind.

Langfasern werden traditionell in Textilien verarbeitet, deren Absatz aber immer begrenzt ist. Stärker gefragt sind Kurzfasern, die in cottonisierter Form für Feintextilien aber besonders auch für technische Zwecke (Geotextilien, Planen, Netze, Säcke, Bindfäden und Seile, Baumaterialien wie Dämmvliese und Faserzement, Formpressteile in der Autoindustrie) einsetzbar sind

In Deutschland werden Naturfasern zu 40 % in naturfaserverstärkten Werkstoffen verarbeitet, die vorwiegend in der Automobilindustrie eingesetzt werden. Dabei verdrängen sie insbesondere die Glas- oder Kohlenstofffaser wegen ihrer leichteren Rezyklierbarkeit und – bei ähnlichen technischen Eigenschaften – ihres geringeren spezifischen Gewichtes. Textilien (24 %) und Spezialpapiere (22 %) haben gegenüber den Werkstoffen eine wesentlich geringere Bedeutung.

Die technologische Linie zur Verarbeitung von Bastfasern beginnt mit der Ernte der angebauten Kulturpflanze.

Um bei **Lein** (Flachs) (*Linum usitatissimum* L.) eine vollständige Faserausbeute zu erreichen, werden die Pflanzen zur Ernte in kleinen Bündeln mit einer Raufmaschine gerauft, d. h. mit dem Wurzelansatz aus dem Boden gezogen. Nach dem Raufen werden die Pflanzen in Parallellage auf dem Boden abgelegt. Bei der dann einsetzenden Tauröste quillt das Stängelgewebe durch Wasseraufnahme, gefolgt von einer biologischen Zersetzungsphase durch am Stängel anhaftende Mikroorganismen. Bakterien und Pilzen lösen unter feuchten Bedingungen die Pektine und Hemicellulosen der Mittellamellen der Zellen enzymatisch auf. Das Auflösen dieser Kittsubstanzen erlaubt nachfolgend die leichte mechanische Abtrennung der Bastfaserbündel. Die Cellulose der Faserbündel wird von den Röstorganismen nicht angegriffen, wenn der Röstprozess rechtzeitig abgebrochen wird.

Zur Langfasergewinnung wird eine vollständig automatisierte Schwinge benötigt, bestehend aus Abrolltisch für die Strohballen, Riffelmaschine (Entkapselung), Knickmaschine (Brechen) und Schwingturbine. Am Ende des Schwingprozesses erhält man den Schwungflachs (ca. 15 % des Röststrohs als Langfaser), der zuvor von Schäben (Holzteile des Stängels) und kurzem Fasermaterial (Schwungwerg; 10 % des Röststrohs) befreit wurde. Die grob aufgearbeiteten Langfasern werden durch Hecheln weiter verfeinert. Der Hechelflachs kann schließlich in der Langfaserspinnerei zum fertigen Garn verarbeitet, die Kurzfaser in der Textilindustrie und zur Herstellung von Isolier- und Dämmmaterial sowie Formteilen genutzt werden.

Auch für **Hanf** (*Cannabis sativa* L.) gibt es etablierte Ernteverfahren, die sich nach dem Nutzungsziel richten. Hanf für die Langfasergewinnung wird mit Mähbalken oder Doppelmähbalken gemäht, parallel auf den Boden abgelegt, einer zweiwöchigen Tauröste mit ein- bis zweimaligem Wenden überlassen und anschließend verpresst. Langfasern gehen in die textile Nutzung. Für die aussichtsreichere technische Verwertung bzw. textile Kurzfasernutzung kann auch Grünhanf (ohne Röste) verwendet werden. Das Mähgut wird auf dem Feld getrocknet, gegebenenfalls gewendet und dann gepresst. Zur Gewinnung von Pulpe (Faserbrei) für die Papierindustrie und zur Herstellung von Dämmmaterial und Formteilen werden die Hanfstängel in 50 cm lange Stücke gehäckselt, einer kurzen Feldröste unterzogen und dann zu Großballen gepresst. Als Alternative zur Trocknung kann das Pflanzenmaterial mit Silierzusätzen einsiliert werden. Im Fall einer Feldentholzung wird angeröstetes Hanfstroh mit einem Feld-Hanf-Brecher zu etwa 50 % entholzt, d. h. die Hälfte der holzigen Schäben verbleibt auf dem Feld. Die Erstverarbeitung von Hanf zur Fasergewinnung kann durch trockene mechanische Aufbereitung oder durch mechanisch-chemischen Nassaufschluss (Dampfdruckaufschlussverfahren, Ultraschallaufschluss) erfolgen.

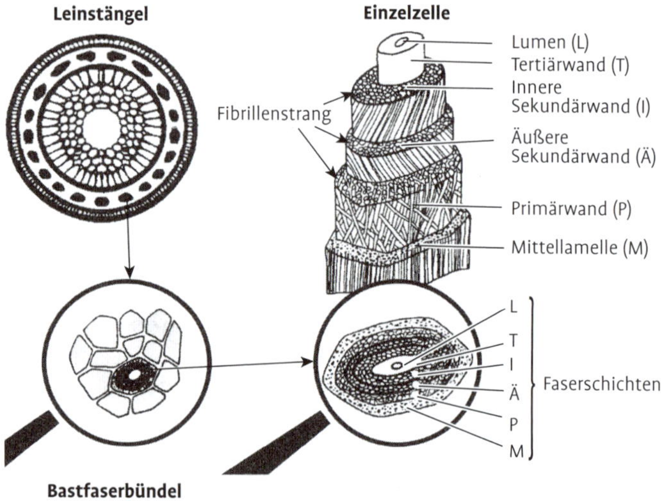

Abb. 7.2 Schema zum histologischen Aufbau der Leinfaser (Diepenbrock et al. 1999).

Für die Weiterverarbeitung bzw. Veredlung der Bastfasern sind deren **zelluläre und subzelluläre Strukturen** entscheidend.

Bei Lein sind 20 bis 50 Bastfaserbündel als Festigungselemente des Stängels angelegt, die als technische Fasern bezeichnet werden, weil die Bündel und nicht die Einzelfasern industriell verwendet werden (Abb. 7.2).

Dies trifft in ähnlicher Weise auch für andere Bastfaserpflanzen zu wie Hanf, Jute und Kenaf zu.

Die Bastfaserbündel sind aus Sklerenchymzellen, den so genannten Elementarzellen, zusammengesetzt. Diese haben einen polygonalen bis sechseckigen Querschnitt, sind durchschnittlich 2,5 bis 6 cm lang und erreichen im oberen Stängelteil bis zu 8 bis 10 cm Länge. Die Einzelfaser ist im Querschnitt aus mehreren Schichten zusammengesetzt, die von außen nach innen als Primär-, äußere und innere Sekundär- sowie Tertiärwand nachweisbar sind. Der Fasergehalt im Stängel liegt bei 19 bis 25 (bis 30) %.

Zur Vorbereitung auf eine textile oder technische Verwendung kann die Faser weiter veredelt werden. Ein seit langem bekanntes Verfahren ist die **Mercerisierung**, die eine deutliche Eigenschaftsveränderung der Naturfaser bewirkt. Hierbei wird die Faser einer Natronlauge (NaOH)-Konzentration von 12 bis 16% ausgesetzt. Dabei quillt sie auf und ihre Länge verringert sich beträchtlich. Die Faseroberfläche wird gereinigt, indem sich Pektine und Hemicellulosen herauslösen. Gleichzeitig kommt es zu einer polymorphen Umwandlung in den kristallinen Bereichen der Cellulosestruktur. Es wandelt sich die Gitterstruktur der Cellulose von ihrer Form „Cellulose I“ in die Form „Cellulose II“ um. Cellulose II unterscheidet sich von der nativen Cellulose I in der Ausrichtung der Molekülketten sowie im Wasserstoffbrückenbindungssystem. Der Erfolg hängt

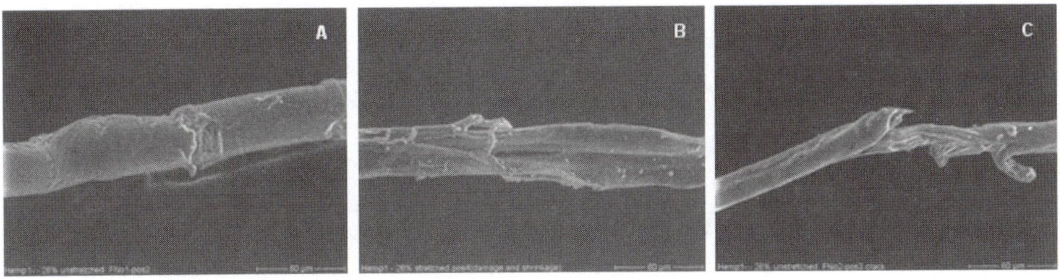

Abb. 7.3 Elektronenmikroskopische Darstellungen einzelner alkalisch (C_{NaOH} = 26 %) behandelter Hanffasern mit und ohne Faserfixierung (Schenzel et al. 2007)
(A) Einzelne Faserzelle mit leichter Störstelle;
(B) zwei Faserzellen mit stärkerer Zerstörung und geringerem Faserschrumpf nach Alkalibehandlung mit Faserfixierung;
(C) einzelne Faserzelle mit deutlicher Störstelle, Verdrillung und Faserschrumpf nach Alkalibehandlung ohne Faserfixierung.

von dem angewendeten Mercerisierungsverfahren, der Zugspannung bei der Faserfixierung, der Verweilzeit und der NaOH-Konzentration ab. Die Strukturveränderungen bewirken ein höheres Wasseraufnahmevermögen, waschbeständigen Glanz, bessere Färbbarkeit, eine signifikant höhere Festigkeit und bessere Dimensionsstabilität der Fasern.

Mit den modernen Methoden der Elektronenmikroskopie lassen sich die entsprechenden Veränderungen bis auf die Substrukturen der Einzelzelle verfolgen (Abb. 7.3).

Derartige Methoden werden zukünftig die Qualitätskontrolle während der Faserverarbeitung, insbesondere in Faserverbundwerkstoffen, im industriellen Maßstab bestimmen.

Bevor Pflanzenfasern für die Verarbeitung in Verbundwerkstoffen weitergegeben werden, sollten sie einer physikalischen Prüfung unterzogen werden, um die Eigenschaften der Endprodukte bis in die landwirtschaftliche Erzeugung hinein rückverfolgbar zu machen (Tab. 7.5).

Die Feinheit der Fasern spielt eine herausragende Rolle für sämtliche Eigenschaften der Formpressteile. Dies geht auf die mit der Verfeinerung der Fasern einhergehende Vergrößerung der spezifischen Kontaktfläche zurück. Mit ansteigender Feinheit, d. h. gröberen Fasern, verschlechtern sich daher die Werkstoffeigenschaften wie Zugfestigkeit, Zug-E-Modul, Biegefestigkeit, Biege-E-Modul und Schlagzähigkeit. Außerdem scheinen die Biegeeigenschaften und die Schlagzähigkeit des Werkstoffs von der Stabilität der cellulosischen Bestandteile der Faserzellwände und der Steifigkeit der Faserbündel abhängig zu sein. Zunehmende Schäbenanteile verschlechtern die Zug- und Biegebelastbarkeit des Werkstoffs, weil sie keine mechanischen Eigenschaften übertragen, wie sie für die Bastfasern charakteristisch sind.

Tab. 7.5 Prüfgrößen der physikalischen Fasertestung (DBU 2002)

Prüfgröße	Kurzbeschreibung	Formelzeichen	Maßeinheit
Höchstzugkraft	Maximale Kraft, die bis zum Bruch der Probe gemessen wird	F_{max}	N
Höchstzugkraft-Dehnung	Dehnung der Probe bei Anliegen der Höchstzugkraft	$\varepsilon_H = (l_H - l_0)\, l^{-1} \times 100$ l_0, Ausgangslänge der Faser l_H, Länge der Faser bei Anliegen der Höchstzugkraft	%
Dehnungsmodul	Widerstand der Probe gegen Längenänderung (= Anstieg der Spannungs-Dehnungs-Kurve zwischen 40 und 60 % der Zugfestigkeit)	$E_{40/60} = (\sigma_{60} - \sigma_{40})\,(\varepsilon_{60} - \varepsilon_{40})^{-1}$ $\sigma_{40/60}$, Spannung bei 40 bzw. 60 % der Höchstzugkraft $\varepsilon_{40/60}$, Dehnung bei 40 bzw. 60 % der Höchstzugkraft	GPa
Ausgangsquerschnittsfläche	Aus zweiachsiger Faserdickenmessung berechnete, äquivalente, mittlere Kreisfläche im Prüfbereich	$A_0 = \pi/4 \times d^2$ d, Faserdicke im Prüfbereich	mm^2
Zugfestigkeit	Höchstzugkraft bezogen auf die Ausgangsquerschnittsfläche	$\sigma_H = F_{max} \times A_0^{-1}$	$MPa = N \times mm^{-2}$
Feinheit	Längenbezogene Masse der Probe	$T_t = m \times l_0^{-1}$ m, Masse der Faser	$1\ tex = 1 g \times 1\,000\ m^{-1}$
Feinheitsbezogene Höchstzugkraft	Höchstzugkraft bezogen auf die Feinheit	$R_H = F_{max} \times T_t^{-1}$	$cN \times tex^{-1}$
Apparente Dichte	Quotient aus Feinheit und Ausgangsquerschnittsfläche	$\rho = T_t \times A_0^{-1}$	$mg \times mm^{-3}$
Dichtebezogene Höchstzugkraft	Höchstzugkraft bezogen auf die apparente Dichte	$F_\rho = F_{max} \times \rho^{-1}$	$N \times mm^3 \times mg^{-1}$
Einspannlänge	Freie Länge der eingespannten Probe zwischen den Klemmen	L_0	mm

Naturfasern haben als Verbundpartner in naturfaserverstärkten Kunststoffen (NFK) ein großes Potenzial, um die Kunststoffeigenschaften in verschiedenen Produkten noch zu erweitern und zu verbessern

Ein Faserverbundwerkstoff besteht aus einer polymeren Kunststoffmatrix (z. B. Epoxidharz, Polyamid, Polyesterharz) und der Naturfaser. Wichtig ist, dass die auf den Werkstoff treffenden Lasten gleichmäßig auf die Naturfaser als Verstärkungselement übertragen werden. Bedingt durch die starke Hydrophilität der Naturfaser sind die Haftung zwischen Polymer und Faser und damit die mechanischen Eigenschaften des Werkstoffs aber oft sehr schwach. Aus diesem Grund werden der Matrix Haftvermittler zugesetzt, die sehr enge chemische Bindungen mit dem Kunststoff und der Faser eingehen.

Produkte aus naturfaserverstärkten Kunststoffen (NFK) gliedern sich in drei Werkstofflinien

1. Thermo- und duroplastische Formpressteile.
2. Naturfaser-Polypropylen-Spritzgießteile.
3. Holz-Polymer-Werkstoffe (wood-plastic-composites – WPC).

Alle naturfaserverstärkten Kunststoffe (NFK) haben gemeinsame Eigenschaften, die sie für eine industrielle Weiterverarbeitung sehr interessant machen (Tab. 7.6).

NFK haben gegenüber unverstärkten Polymeren eine höhere Steifigkeit und Festigkeit, eine geringere Splitterneigung und eine erhöhte Einsatztemperatur bzw. Temperaturwechselbeständigkeit. Weitere Vorteile sind eine sehr geringe isotrope Schwindung (Volumenschwindung auf die drei Raumrichtungen als Maß für die Qualität der Formteile), Verschweißbarkeit von Polypropylen (PP)-NF-Bauteilen ohne zusätzlichen Klebstoff sowie gute akustische Eigenschaften.

Die **thermo- und duroplastischen Formpressteile** werden in deutschen Mittel- und Oberklasse-PKWs heute standardmäßig eingesetzt. In jedem PKW sind ca. 10 kg Naturfasern verarbeitet. In Form von Vlies/Filz plus Kunstoffmatrix sind sie in Tür-Innenverkleidungen, Hutablagen, Kofferraumauskleidungen, Armaturengehäuse und anderen Innenraumteilen verarbeitet. Jährlich umfasst der Naturfaserabsatz in thermo- und duroplastischen Formpressteilen im Automobilbau ein Gesamtvolumen von 19 000 t.

Naturfaserformpressteile bestehen aus einer Kunstoffmatrix, die duroplastisch oder thermoplastisch sein kann, und einem Filz aus Fasern. Die Bauteile nehmen im Fabrikationsprozess einfache 3D-Formen an mit zahlreichen Gestaltungsmöglichkeiten.

Die Faserkomponente der **duroplastischen Formpressteile** ist ein Nadelfilz als Mischung aus unterschiedlichen Naturfasern. Dieser wird mit einem duroplastischen Harzsystem getränkt und in Formpressen zum Bauteil verarbeitet. Die Kunststoffmatrix besteht aus Epoxidharz, Polyurethan und auch Acrylaten. Die duroplastische Matrix hat sehr gute mechanische und thermische Eigenschaften. In Duroplasten befin-

Tab. 7.6 Eigenschaften von naturfaserverstärkten Kunststoffen (nach Carus et al. 2008)

- Höhere Steifigkeit und Festigkeit als unverstärkte Polymere. Gute Festigkeiten ergeben sich vor allem für schlanke Naturfasern.
- Die NFK-Werkstoffe neigen zu einer geringeren Splitterneigung als andere verstärkte Kunststoffe. Dies ist im Automobilbau vor allem für bast- und blattfaserverstärkte Bauteile, die auch bei einem Unfall keine scharfen Kanten bilden, von Vorteil.
- NFK-Werkstoffe zeigen gegenüber unverstärkten Polymeren eine erhöhte Einsatztemperatur und eine gute Temperaturwechselbeständigkeit. Auch bei tiefen Temperaturen treten Vorteile auf, weil die Naturfasern auch bei Kälte nicht spröde werden.
- Insbesondere gegenüber glasfaserverstärkten Werkstoffen haben NFK eine niedrigere Dichte, nahezu keine Abrasion im Werkzeug und sie dürfen auch im Lebensmittelbereich eingesetzt werden.
- NFK-Bauteile weisen eine sehr geringe isotrope Schwindung bei niedrigem Preis auf. Dies ermöglicht es, teure Spezialkunststoffe wie PC/ABS (Polycarbonate/Acrylnitril, Butadien, Styrol) durch Polypropylen-Naturfaser (PP-NF) zu ersetzen. Im Gegensatz zu PC/ABS treten zudem unerwünschte Effekte, wie Störgeräusche (Kontaktquietschen), nicht auf.
- PP-NF-Bauteile können ohne zusätzlichen Klebstoff durch einfaches Heißkleben (Schweißen) mit anderen PP-basierten Bauteilen verbunden werden.
- NFK haben gute akustische Eigenschaften; sie verfügen über gute Dämpfungseigenschaften.

den sich die einzelnen Moleküle in einer starken irreversiblen Vernetzung. Deshalb lassen sie sich unter Temperatureinfluss nicht wieder erweichen und sind auch nicht recyclierbar.

Beim **thermoplastischen Formpressen** werden Natur- und Polymerfasern (Polypropylen (PP), Polyethylen u. a.) miteinander vermischt, verkrempelt (ineinander verdreht) und mechanisch verfestigt. Die Filze werden als Halbzeuge (vorgefertigte Rohmaterialformen) eingesetzt. Die Hybridfilze zeichnen sich durch eine äußerst homogene Vermischung von Polymer- und Verstärkungsfaser sowie einfache Handhabbarkeit aus. Die Halbzeuge werden außerhalb der Formwerkzeuge durch Erwärmung in einen verformbaren Zustand versetzt. Polypropylen als Matrixpolymer erfordert dafür Temperaturen zwischen 200 und 250 °C. Die so erwärmte Formmasse wird schließlich im Formwerkzeug zu einem Formpressteil verarbeitet. Da feine Naturfasern (z. B. Flachs, Kenaf) eine optimale Haftung zur Matrix gewährleisten und gröbere Fasern (z. B. Hanf) für eine gleichmäßige Durchdringung des erhitzten Polymers sorgen, haben sich in der Praxis Naturfasermischungen aus Flachs/Hanf oder Kenaf/Hanf bewährt. Thermoplaste sind preiswert herzustellen und durch ihre Umformbarkeit unter Temperatureinfluss relativ leicht recyclierbar.

Bei sehr großen Stückzahlen und präzisen bzw. komplexen Abmessungen werden Pflanzenfasern mit einem thermoplastischen Kunststoff im **Spritzgießverfahren** verarbeitet (Abb. 7.4).

Die Herstellung von Naturfaser-Polypropylen-Spritzgussteilen ist technisch zuverlässig gelöst. Eine Vielzahl von branchentypischen Produkten steht vor der Markteinführung.

Die technologische Linie umfasst die Teilschritte Rohstoffproduktion, Compoundieren (Granulatherstellung) und Spritzgießen. Die Formmasse liegt in diesem Fall als Granulat vor und ist rieselfähig. Bei der Compoundierung, d. h. der Herstellung eines Spritzgießgranulates, werden Naturfasern unter Zusatz von Additiven (u. a. Haftvermittler) meist in Polypropylen eingearbeitet. Die entscheidenden Bestimmungsgründe für die Wahl der Verarbeitungstechnologie sind die Wasserdampfabsorp-

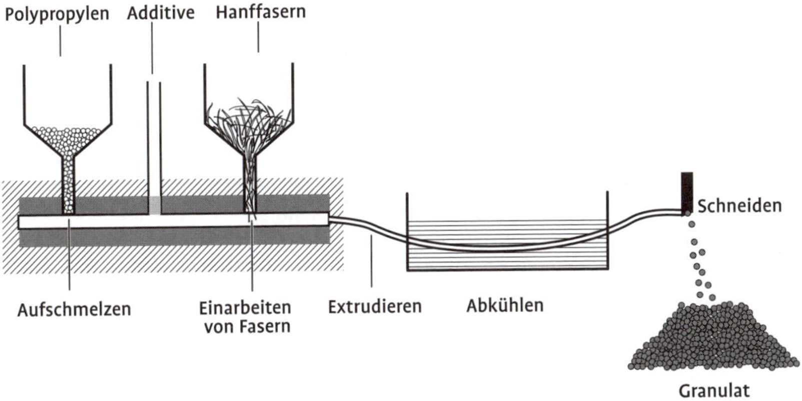

Abb. 7.4 Schema der Granulatherstellung.

tion, Temperaturempfindlichkeit, Dosierfähigkeit und Matrixhaftung der Naturfasern.

Im Verfahrensablauf wird das Granulat einer beheizten Extruderschnecke (Extrusion = kontinuierlicher Misch-, Knet- und Formgebungsprozess) zugeführt, darin aufgeschmolzen und die Schmelze in ein temperiertes Werkzeug gedrückt. Der Spritzling wird dann dem geöffneten Werkzeug entnommen bzw. automatisch ausgestoßen. Die so entstandenen Bauteile haben den Vorteil einer geringen Verzugsneigung und der guten Temperaturwechselbeständigkeit. Gegenüber glasfaserverstärktem Material ergeben sich darüber hinaus keine Probleme mit der Abrasion (Abrieb) oder der Anisotropie (richtungsabhängige Eigenschaften) der Bauteile.

Beim Spritzgießen und bei der Nutzung der Werkstoffe können flüchtige organische Verbindungen (volatile organic compounds, VOC) freigesetzt werden. Sie stammen aus dem Kunststoff, den Fasern und den Zusätzen der Compoundierung wie Haftvermittlern, Treibmitteln, Stabilisatoren (UV) und Farbpigmenten. Die Emissionen an VOCs während der Herstellung als auch im Endprodukt werden von zahlreichen Faktoren beeinflusst. Maßgebliche Parameter für die Emission sind die eingesetzten Rohstoffe (Faserstoffe, Kunststoffe, Additive), die Vorbehandlung der Naturfaser (z. B. Temperatur, Lagerung), die Polymersynthese (Synthese, Reinigung), der Formprozess des Compounds, mögliche Oberflächenbehandlungen und die Alterung der Composite bzw. der Zeitraum zwischen der Produktion und der Montage des Bauteils. Um gesundheitlich bedenkliche Innenraumbelastungen von Beginn an zu vermeiden, sollte das Emissionsverhalten (leichtflüchtige, flüchtige und schwerflüchtige organische Verbindungen) sowie das Geruchsverhalten im Produktionsprozess kontrolliert und gemindert werden. So können z. B. die Heizleistung am Extruder, die Vorschubgeschwindigkeit und die Kühlleistung am Werkzeug in Hinblick auf die Emissionen im Spritzgießverfahren variabel gestaltet werden.

7.2 Öle und Fette

In Deutschland werden etwa 5,6 Mio t pflanzliche Öle und Fette verarbeitet. Davon entfallen lediglich 1,1 Mio. t auf die stoffliche Nutzung in der chemischen Industrie (Oleochemie). 3,1 Mio. t gehen in die energetische Verwertung und 1,4 Mio. t in den Ernährungs- und Futtermittelsektor. Der Bedarf der Oleochemie orientiert sich im Wesentlichen an der Fettsäurezusammensetzung der Öle. Häufig sind es Öle mit kurzkettigen und/oder gesättigten Fettsäuren (Myristin-, Laurin-, Stearin-, Palmitinsäure), welche die heimischen Kulturarten nur in geringen Anteilen im Reserveöl liefern können. Aus diesem Grund sind die Importraten für Pflanzenöle mit 70% extrem hoch.

Insgesamt werden in der deutschen Oleochemie 53% Palm-, Kokos-, Soja- und Rizinusöl (nicht aus heimischer Produktion abzudecken), 24% tierische Fette und 23% Raps-, Rüb-, Lein- und Sonnenblumenöl verarbeitet.

Die Produktpalette der Oleochemie ist außerordentlich vielfältig. 30% der verarbeiteten Öle und Fette finden sich in Tensiden (hauptsächlich in Wasch- und Reinigungsmitteln, Kosmetika und Pharmaka sowie Textil- und Lederhilfsmitteln), 30% in Polymeren und Polymeradditiven und der Rest in sonstigen Anwendungen wie Lacke und Farben (12%) oder Bioschmierstoffen und -ölen.

7.2.1 Fettsäuren und Modifikationen

Die spezifischen Verwendungsmöglichkeiten für die technische und fettchemische Verarbeitung hängen im Wesentlichen von der Kettenlänge, dem Sättigungsgrad (Anzahl Doppelbindungen) und den funktionellen Gruppen der Fettsäuren ab, die das Startmaterial für zahlreiche Synthesen sind.

Die wichtigsten ungesättigten Fettstoffe als Basisprodukte der Oleochemie sind in Abbildung 7.5 zusammengefasst.

Die Basisprodukte der Oleochemie sind Fettsäuren (ca. 52%), ihre Methylester (ca. 11%), Fettalkohole (ca. 25%) und Fettamine (ca. 9%).

Die Produkte werden zahlreichen chemischen **Modifikationen** unterworfen, die an den Mehrfachbindungen der Alkylkette und/oder an der terminalen Carboxylgruppe ansetzen.

In der Oleochemie konzentriert man sich überwiegend auf die Carboxyfunktion der Fettsäuren. Etwa 90% der oleochemischen Reaktionen erfassen die Carboxygruppe, weniger als 10% die Umsetzungen an der Fettsäurekette.

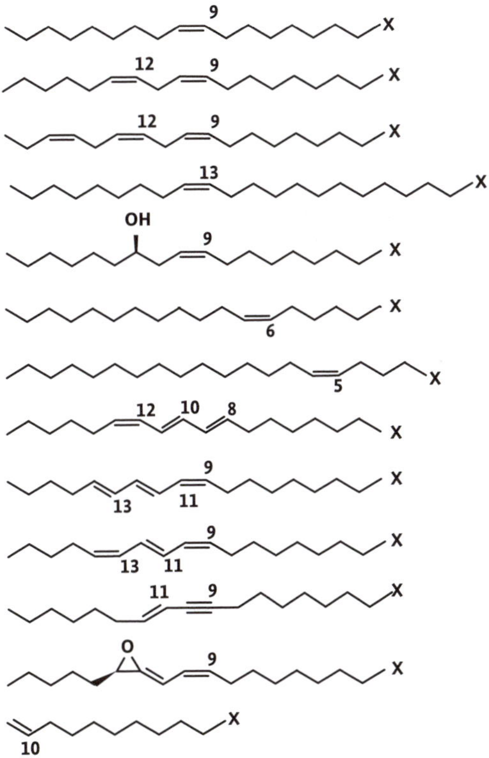

1
2
3
4
5
6
7
8
9
10
11
12
13

X	COOH	COOMe	CH_2OH
	a	b	c

Ölsäure **(1a)**, Linolsäure **(2a)**, Linolensäure **(3a)**, Erucasäure **(4a)**, Ricinolsäure **(5a)**, Petroselinsäure **(6a)**, 5- Eicosensäure **(7a)**, Calendulasäure **(8a)**, α-Elaeostearinsäure **(9a)**, Punicinsäure **(10a)**, Santalbinsäure **(11a)**, Vernolsäure **(12a)**, 10-Undecensäure **(13a)** sowie die entsprechenden Methylester **1b-13b** und Alkohole **1c-13c**.

Abb. 7.5 Fettstoffe als Startmaterial für die Synthese (BIERMANN et al. 2011).

Die in der Oleochemie gebräuchlichen Verfahren schaffen die Voraussetzungen für die nachfolgenden Synthesen und Produkte.

Mit der **Hydrierung** werden ungesättigte Fettsäuren in gesättigte umgewandelt.

Durch **Veresterung bzw. Umesterung** entsteht eine außerordentlich breite Produktpalette. So werden Methylester als Treibstoff genutzt, sind aber auch wichtige Zwischenstufen der Synthese von Fettalkoholen, Fettsäureethanolaminen oder vielfältigen Wachsen.

Die **Isomerisierung** verändert die Anordnung von Doppelbindungen und damit die Reaktivität des Produktes.

Durch **Ozonolyse** können längerkettige Fettsäuren gespalten werden, so z. B. Erucasäure in Brassylsäure (C13-Dicarbonsäure) und Perlagonsäure (C9-Monocarbonsäure). Brassylsäure ist ein wichtiger Baustein der aus Rapsöl gewonnenen Polyamide, während Perlagonsäure als Zwischenprodukt für die Herstellung von Flugzeugschmierstoffen, Duftstoffen und Flotationschemikalien genutzt wird.

Die **Reaktion von Fettsäuren mit Ammoniak** resultiert in Fettsäureamiden. Über Dehydrierung entstehen Fettsäurenitrile, welche durch Hydrierung in Fettamine umgewandelt werden. Amide haben ausgezeichnete Gleitmittel- und Polytureigenschaften.

Durch **Polymerisierung** von Fettsäureketten (Trocknen, Vulkanisieren) entstehen Polymere, durch **Sulfatisierung** von Monoglyceriden, Fettalkoholen und Fettalkoholethern anionische Tenside.

In letzter Zeit werden vermehrt Synthesemethoden zur **selektiven Funktionalisierung** in der Alkylkette entwickelt (Biermann et al. 2000). Neben der weit verbreiteten Addition an C-C-Doppelbindungen, sind auch Funktionalisierungen von C-H-Bindungen in der Alkylkette selektiv möglich. Die Übergangsmetall-katalysierte Metathese ungesättigter Fettsäureester führt zu einem breiten Spektrum vielfältig einsetzbarer Omega(ω)-Fettsäuren. Auch die Epoxidierung ungesättigter Fettsäuren wurde zuletzt wesentlich ausgebaut. Daneben erlauben enzymatische Reaktionen mit hoher Selektivität und Ausbeute die Synthese von Mono- bzw. Diglyceriden und von Kohlenhydratestern mit interessanten oberflächenaktiven Eigenschaften. Auch mikrobielle Hydratisierungen und Hydroxylierungen erweitern die Vielfalt selektiver Reaktionen.

In der Fettchemie nehmen die C18 – Fettsäuren, und hier insbesondere die **Ölsäure (C18 : 1)**, eine zentrale Stellung ein und stehen am Anfang eines umfangreichen Produktstammbaumes. Ölsäure wird aus verschiedenen Rohstoffquellen wie Raps- und Sonnenblumenöl (high-oleic-Sonnenblume, HO) oder auch Rindertalg gewonnen. Da Ölsäure im pflanzlichen Reserveöl immer im Gemisch mit anderen C18 – Fettsäuren vorkommt, ist die Pflanzenzüchtung bemüht, hoch-ölsäurereiche Sorten auf den Markt zu bringen, um die wertgebende Fettsäure in möglichst hoher Reinheit im Naturprodukt liefern zu können. Weltweit angebaute Ölsaaten haben durch Pflanzenzüchtung mittlerweile eine beachtliche Konzentration im Ölsäuregehalt erreicht (Tab. 7.7).

So wurden in den USA HO-Sojabohnen auf gentechnischem Wege erzeugt und kommerziell angebaut.

HO-Rapsformen mit mehr als 80% Ölsäuregehalt im Gesamtfettsäuremuster sind sowohl durch induzierte Mutagenese als auch gentechnisch mittels Hemmung der Δ12- bzw. Δ15-Desaturase erzeugt worden, jedoch noch nicht im Anbau etabliert.

Bei der Sonnenblume haben sich schon seit längerer Zeit mutagene HO-Sorten für die Oleochemie durchgesetzt und befinden sich im Kontraktanbau. Dabei muss ein Ölsäuregehalt von mind. 83% sichergestellt sein.

Tab. 7.7 Ausgewählte Fettsäure-Varianten bei wichtigen Ölsaaten (nach Biermann et al. 2000, ergänzt)

Pflanzenart	Variante	Herkunft	12:0	14:0	16:0	18:0	18:1	18:2	18:3	20:1	22:1	Rest
Raps	Eruca-Raps	herkömmlicher Raps	-	-	3	1	11	12	9	8	52	4
	0 bzw. 00 (Canola)	natürliche Mutation	-	-	4	2	60	21	10	1	1	1
	Niedrig-Linolen	Mutagenese	-	-	4	2	61	28	3	1	-	1
	Laurin-Raps	Gentechnik	37	4	3	1	33	12	7	-	-	3
	Hoch-Ölsäure (HO)	Mutagenese, Gentechnik	-	-	4	2	80	5	5	2	-	2
Sojabohne	konventioneller Typ		-	-	11	4	23	54	8	-	-	-
	Hoch-Ölsäure (HO)	Gentechnik	-	-	6	4	85	1	2	-	-	2
Sonnenblume	konventioneller Typ		-	-	7	5	19	68	-	-	-	1
	Hoch-Ölsäure	Mutagenese	-	-	3	4	83	10	-	-	-	-
Erdnuss	konventioneller Typ		-	-	12	4	47	31	-	-	-	6
	Hoch-Ölsäure (HO)	natürliche Mutation	-	-	6	2	81	3	-	-	-	8
Lein	konventioneller Typ		-	-	6	4	18	14	58	-	-	-
	Niedrig-Linolen (Linola)	Mutagenese	-	-	6	3	15	73	3	-	-	-
Kokos/ Palmkernöl	konventioneller Typ	tropische Öle	50	15	9	2	15	2	-	-	-	7

12:0 = Laurinsäure, 14:0 = Myristinsäure, 16:0 = Palmitinsäure, 18:0 = Stearinsäure, 18:1 = Ölsäure, 18:2 = Linolsäure, 18:3 = Linolensäure, 20:1 = Eicosensäure, 22:1 = Erucasäure

Insgesamt ist der Trend zu beobachten, dass Hoch-Ölsäure-Sorten verschiedener Ölpflanzenarten den Rindertalg als konkurrierende Rohstoffquelle für Ölsäure weiter zurückdrängen.

Linolsäure (C18 : 2) gehört zur Gruppe der ω-6-Fettsäuren, während **Linolensäure (C18 : 3)** als ω-3- oder als ω-6-Fettsäure vorkommt. Als mehrfach-ungesättigte Fettsäuren oxidieren sie sehr leicht und verfärben sich unter Luftzutritt gelb, was auf die Entstehung von Hydroperoxiden zurückzuführen ist. Unter fortschreitender Oxidation kommt es zur Verharzung unter Bildung von Firnis. Dieser Prozess wird auch als Trocknung bezeichnet.

Als Zusätze zu Firnis und anderen trocknenden Ölen in der Lack- und Farbenherstellung werden Acylglycerine der Linolensäure und der Linolsäure eingesetzt.

Leinöl ist besonders reich an Linolensäure mit hervorragenden polymerisierenden Eigenschaften. Das wohl bekannteste Produkt auf Leinölbasis ist das Linoleum, welches etwa 30% Leinöl, ca. 35–40% Kork- oder Holzmehl, ca. 7% Naturharze und ca. 25% anorganische Füll- und Farbstoffe enthält.

Von den **längerkettigen C22-Fettsäuren**, ihren Derivaten sowie von erucasäurereichen Ölen gehen zahlreiche Anwendungen aus. Erucasäure ist die typische Fettsäure der Kreuzblütler und stammt hauptsächlich aus Raps, aber auch aus Senfarten, Krambe oder Ölrauke. Mehr als 1000 Applikationen für Eruca- und Behensäure haben sich über längere Zeit in der Ölchemie entwickelt.

Die **laurischen Öle** aus Palmkern- und Kokos liefern kurz- und mittelkettige Fettsäuren wie Laurin (C12 : 0)- und Myristinsäure (C14 : 0). In geringeren Konzentrationen finden sich darin auch Caprin- (C10 : 0) und Caprylsäure (C8 : 0). Aus diesen Ölen tropischer Herkunft werden Tenside als bedeutendste Produktgruppe in der Oleochemie gewonnen. Rapsöl könnte bedeutende Marktanteile in diesem Produktsegment erlangen, wenn Sorten mit maßgeschneiderten kurzkettigen Fettsäuren (Laurin-Raps) für den landwirtschaftlichen Anbau und/oder die Rohstoffverwertung zugänglich gemacht werden. In den USA wird Laurin-Raps bereits kommerziell angebaut.

7.2.2 Verarbeitung und Produkte

Ausgangsmaterial für die **großtechnische Weiterverarbeitung** ist das raffinierte Pflanzenöl (s. Kap. 5.2.2).

Da Raps in Mitteleuropa die wichtigste Rohstoffquelle für Pflanzenöl ist, beziehen sich die nachfolgenden Ausführungen im Wesentlichen auf Rapsöl (Abb. 7.6).

Im einfachsten Fall wird das native Gemisch der Triglyceride als **Lampenöl** genutzt. Im Mittelalter war das aus Raps und Rübsen gewonnene „Rüböl" als Brennstoff in Öllampen im größten Teil Europas verbreitet. Mit dem Aufkommen an Mineralölen verlor Rapsöl jedoch als Leuchtmittel seine Bedeutung.

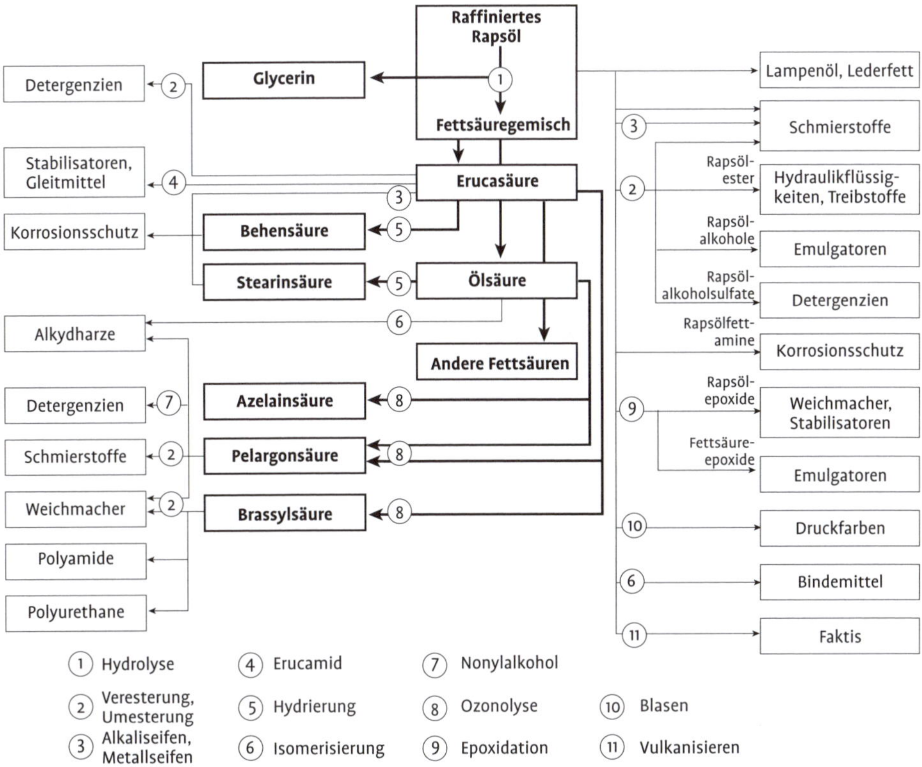

Abb. 7.6 Verarbeitungswege und Produktlinien für raffiniertes Rapsöl (Grimm 2006).

Die **industrielle Gewinnung von Fettsäuren bzw. Fettsäurefraktionen** erfolgt durch fraktionierte Destillation oder andere Trennmethoden, wie z. B. Kristallisation. Über einstufige Destillation werden gesättigte Fettsäuren mit 98% Reinheit, ungesättigte Fettsäuren mit 95% Reinheit abgetrennt. Nach zweistufiger Destillation liegen Eruca- und Behensäure mit 98% Reinheit vor. Um störende Nebenreaktionen zu vermeiden, muss für die Weiterverarbeitung eine Mindestanreicherung von 95% erreicht werden.

Im Regelfall werden sowohl Acyllipide als auch Fettsäuren zahlreichen Modifikationen unterzogen. Am weitesten verbreitet ist die hydrolytische Spaltung von Triglyceriden in freie Fettsäuren und Glycerin und die Umesterung zu Fettsäuremethylestern, die als Treibstoff genutzt werden (vergl. Kap. 5.2.2, „**Biodiesel**").

Hinsichtlich der stofflichen Nutzung von Fettstoffen bilden **Tenside** die bedeutendste Produktgruppe in der Oleochemie und werden in erster Linie in Wasch-, Pflege- und Reinigungsmitteln, aber auch in Kosmetika und Pharmaka sowie in Textil- und Lederhilfsmitteln eingesetzt. Ihre Wirkung entfalten sie aufgrund des amphiphilen Charakters von Fettsäuren und ihren Derivaten (Alkohole, Alkoholsulfate oder Glucosylverbindungen), die in demselben Molekül sowohl hydrophile (Carboxylgruppe) als auch hydophobe (Alkylkette) Eigenschaften besitzen. Dadurch sind sie in der Lage, sich an Phasengrenzen auszurichten und die an den Grenzflächen zweier Phasen wirkenden Kräfte (Grenzflächenspannungen) zu erniedrigen. Da mit zunehmendem Anteil langkettiger und höher desaturierter Verbindungen die Oberflächenspannung zu- und die Löslichkeit abnimmt, werden die kurzkettigen und saturierten laurischen Fettsäuren aus Palmkern und Kokos als Edukte für Tenside bevorzugt.

Tenside werden in anionische, kationische, nichtionische und amphotere (zwitterionische) Tenside unterteilt. Die mengenmäßig wichtigsten Tensidklassen sind die anionischen und nichtionischen Tenside mit zusammen mehr als 90%. Biogene Tenside haben gegenüber den synthetisch-petrochemischen Tensiden den Vorteil, dass sie in Abwässern biologisch rasch abbaubar und sehr gut hautverträglich sind.

Rapsöl ist ein verbreiteter nachwachsender Rohstoff zur Herstellung von **Detergenzien** in Waschmitteln, Netzmitteln und Emulgatoren.

So entstehen nach Sulfatisierung von Fettalkoholen schaumbildende Detergenzien in Waschmitteln sowie Hilfsstoffe im Bergbau und in der Leder- und Textilindustrie. Gemische aus C18/C22-Alkoholsulfaten werden in Emulgatoren, Schaumbildnern und Netzmittel verwendet, nachdem sie vorher durch Hydrierung und Ethoxylierung (Anlagerung von Ethylenoxid) auf spezifische Eigenschaften eingestellt wurden.

Ferner dienen nichtionische Tenside aus Fettalkoholen als Flotationsmittel zur Trennung von Mineralien. Stearin- und Behenylalkohol kommen als Ausgangsstoffe für ionische und nichtionische Detergenzien in Frage. Epoxide der Rapsfettsäuren finden spezielle Verwendung als Netzmittel und Emulgatoren. Ester der Erucasäure, die in vielen oberflächenaktiven Substanzen (z. B. Imprägniermitteln) eingesetzt werden, sind besonders gut nutzbar als Emulgatoren für Wasser-Öl-Systeme. Tenside werden neuerdings auch auf der Grundlage mikrobieller Synthese von Glycolipiden entwickelt.

Unter dem Einfluss von Sauerstoff geht Pflanzenöl mit ungesättigten Fettsäuren, konjugierten Doppelbindungen und trans-Isomeren einen **Trocknungsprozess** ein mit anschließender Filmbildung mittels Quervernetzung durch Ether- und Peroxidbrücken. In einem großtechnischen Verfahren kann Luft bei Temperaturen um 120 °C in das Öl eingeblasen werden, welches sich dann über Autoxidation verdickt. Die Behandlungsdauer von mehreren Stunden ist entscheidend für die Viskosität des Produktes, welches z. B. als Zusatz für **Druckfarben** und **Lacke** Verwendung findet. Dort emulgiert es metallische Pigmente.

Bei der Lackherstellung werden Fettstoffe (Öle bzw. Fettsäuren) als Monomere in Polymeren wie **Alkydharzen und Polyurethanen** verarbeitet.

In Alkydharzen bilden Polyole (mehrwertige Alkohole) und Polycarbonsäure (mehrwertige Carbonsäuren) durch Polykondensation ein lineares Grundgerüst, an das sich ungesättigte Fettstoffe als Seitenbausteine mittels Verknüpfung der Doppelbindungen mit der Polyolkomponente anlagern. Das Trocknungsverhalten eines solchen Polymers hängt von dem Desaturierungsgrad der eingebauten Fettsäuren ab. Besonders reaktiv ist die Linolensäure. Alkydharze werden nach dem Anteil des Öles bzw. der Fettsäuren in kurzölig (< 40%), mittelölig (40 bis 60%) und langölig (> 60%) unterschieden.

Zu einer partiellen Hydrolyse des Rapsöles kommt es bei Temperaturen zwischen 160 und 210 °C unter leicht alkalischen Bedingungen. Die daraus resultierenden Spaltprodukte sind Di- und Monoglyceride, die hervorragende **oberflächenaktive Eigenschaften** besitzen. In Oberflächenbeschichtungen kommen auch Vinylether von Ölalkohol bzw. Erucylalkohol in Frage, die zusammen mit Sikkativen (Katalysatoren; meist Metallseifen von Cobalt oder Mangan) wasser- und lösungsmittelbeständige Beschichtungen auf Glas, Aluminium oder Stahl ausbilden.

Obwohl pflanzenbasierte **Schmierstoffe** durch ihre Bioabbaubarkeit durchaus ökologische Vorteile gegenüber Produkten aus Mineralölen aufweisen können, stammen in Deutschland mit etwa 35 000 t nur 3% aller eingesetzten Schmierstoffe aus nachwachsenden Rohstoffen. Die Verwendungspalette reicht von Hydraulik-, Motoren-, Getriebe- oder Sägekettenölen, über Schmierfette in Agrar- und Forstwirtschaft, Schalungsöle auf dem Bau, Kühlschmierstoffe in der Metallverarbeitung sowie Hydrauliköle bis zu Schmiermitteln im Schienenverkehr. Vorbehalte gegen den Einsatz von pflanzlichen Schmierstoffen liegen in Defiziten des Alterungsverhaltens, der Hydrolysebeständigkeit und dem Temperaturverhalten der biogenen Produkte.

Seit langem ist bekannt, dass Rapsöl sich bestens zur Fettung von Metalloberflächen eignet. Die langkettigen und höher ungesättigten Alkylketten ergeben einen beständigen Schmierölfilm, der selbst in Situationen mit hoher Kraftübertragung seine Funktion erfüllt.

Soll ein besonders stabiler Schmierstoff erzeugt werden, so kann das Rapsöl mit einer Elektrobehandlung (4 300 bis 4 600 V, 500 Hz) abgewandelt werden und erhält damit die geforderte konstante Viskosität in weiten Temperaturbereichen. Solches Rapsöl wird den Schmierstoffen für Dampfmaschinenzylinder, Kompressoren und Verbrennungsmaschinen mit hohen Betriebstemperaturen zugesetzt. Gegenüber Mineralöl hat Rapsöl bedeutende Vorteile. Dazu gehören der geringe Reibungskoeffizient, hoher Viskositätsindex und Flammpunkt, gute Gebrauchseigenschaften unter hohem Druck, hohe Schutzwirkung gegen Verschleiß und Korrosion und schließlich eine geringe Ökotoxizität und vollständige Bioabbaubarkeit. Die Verdickung des Öls bei niedrigen Temperaturen und die Oxidation ungesättigter Fettsäuren bei hohen Temperaturen sind dagegen als nachteilig zu bewerten. Auch können die bei Wasserzutritt hydrolytisch frei werdenden Fettsäuren Dichtungen, Schläuche, Metalloberflächen und Anstriche angreifen. Aus diesen Gründen werden Raps- und Mineralöle meist miteinander verschnitten.

Auch die **Hydraulikflüssigkeiten** haben unter den technischen Ölen einen relativ hohen Marktanteil. Sie müssen gute Schmiereigenschaften, hohe Alterungsbeständigkeit sowie ein gutes Benetzungs- und Haftvermögen aufweisen. Der Einsatz in hydraulischen Systemen verlangt die

Verträglichkeit mit Dichtungen und eine Harz- und Säurefreiheit. Durch unkontrolliertes Entweichen kann es während ihres Einsatzes in kritischen Umgebungen zu Umweltbelastungen kommen. Deshalb müssen Hydraulikflüssigkeiten unter solchen Bedingungen immer biologisch abbaubar sein. Durch chemische Modifikationen werden sowohl aus Mineralöl als auch aus Pflanzenöl synthetische Esteröle mit guter biologischer Abbaubarkeit erzeugt. In der Praxis gehören sie deshalb in die gemeinsame Gruppe von Hydraulikölen mit der Bezeichnung HEES (Hydraulic Oil Environmental Ester Synthetic). Oft werden Hydrauliköle aber allein aus pflanzlichen Ölen hergestellt.

Der Anteil an Biohydraulikölen konnte von 3% im Jahre 2000 auf jetzt 19% des Gesamtmarktes der Hydraulikflüssigkeiten gesteigert werden.

7.3 Kohlenhydrate

Die stoffliche Nutzung von Kohlenhydraten (ohne Cellulose) beschränkt sich hauptsächlich auf Stärke und Saccharose-Zucker. In Deutschland gehen jährlich ca. 1,022 Mio t Kohlenhydrate in die stoffliche Verwertung. Davon entfallen ca. 614 000 t auf Papier-/Wellpappestärke, ca. 272 000 t auf Chemiestärke und 136 000 t auf Chemiezucker. Stärke wird in nativer, modifizierter oder verzuckerter Form, Zucker in Form von kristalliner Saccharose und Dicksaft verarbeitet.

In Deutschland stehen zur Stärkegewinnung hauptsächlich Kartoffeln (ca. 2,6 Mio. t), Weizen (ca. 1,0 Mio. t) und Mais (ca. 0,7 Mio. t) als Rohstoffbasis zur Verfügung. Etwa 75% des Stärkeverbrauchs im Non-Food-Bereich ist dem Industriesektor *Papier-* und *Wellpappenherstellung* zuzuordnen, während der Sektor *Chemie/Fermentation* nur etwa 25% beansprucht.

Insgesamt werden 4,2 Mio. t Zucker und Melasse im Inland verbraucht. Die Hauptmenge im chemisch-technischen Bereich wird zu technischem Bioethanol und in der Fermentation umgesetzt.

7.3.1 Stärke

In den Reserveorganen der landwirtschaftlichen Kulturpflanzen verbinden sich die Stärkemoleküle zu größeren Einheiten, den Stärkekörnern. Während der Stärkeeinlagerung werden die Körner schichtweise aufgebaut, wobei wasserreiche und wasserarme Schichten miteinander abwechseln, was anhand der unterschiedlichen Lichtbrechung nachgewiesen werden kann. Die Struktur, Größe und äußere Gestalt der Stärkekörner ist arttypisch ausgeprägt, sodass die Herkunft von Stärke mikroskopisch leicht zu identifizieren ist. Getreidestärken sind konzentrisch geschichtet, während Kartoffelstärke meist exzentrisch um den Bildungspunkt gelagert ist. Der Durchmesser von Stärkekörner variiert zwischen 2 und 175 µm (Tegge 2004).

Native Stärke liegt in teilkristalliner Form vor und besteht aus den beiden Komponenten Amylose und Amylopektin

Kartoffelstärke ist überwiegend großkörnig, wobei die Korngrößenverteilung von 5 bis 100 µm in einer großen Spannbreite vorliegt. Trotz beachtlicher Sortenunterschiede ist es der Pflanzenzüchtung noch nicht gelungen, Varietäten mit einer gleichmäßigen Korngröße bereit zu stellen, weil in dem mit dem Leitgewebe der Knollen assoziierten kleinzelligen Speicherparenchym regelmäßig nur sehr kleine, im angrenzenden Gewebe dagegen zunehmend größere Stärkekörner ausgebildet werden. Auch die Form der Stärkekörner ist uneinheitlich und reicht von rund, muschel- oder eiförmig, drei- oder viereckig abgerundet bis hin zu kugelig oder ellipsenförmig. Hohe Stärkeerträge werden mit den spät reifenden Sorten erzielt, die große Knollen mit den erwünschten großen Stärkekörnern liefern. Lange und fehlerhafte Lagerung der Knollen beeinträchtigen die Stärkequalität. Der geringe Proteingehalt der Kartoffelknolle ist für die verschiedenen Anwendungsbereiche vorteilhaft. Nachteilig für die Stärkegewinnung ist neben der großen Schwankungsbreite der Stärkekorndurchmesser auch der geringe Stärkegehalt von nur 18%.

In der **Weizenkaryopse** sind alle Stärkekörner rund bis elliptisch. Im Wesentlichen können zwei Kornfraktionen mit Durchmessern von 2 bis 15 µm und 25 bis 50 µm unterschieden werden. Die größeren Körner nehmen meist linsenförmige Gestalt an und machen als sogenannte A-Stärke ca. 90% aus. Der Feinkornanteil (< 20 µm) ist in der Weizenstärke dagegen sehr gering und enthält als B-Stärke auch Pentosane und Hemicellulosen. Hartweizen besitzt ähnlich wie Hartmais im Endosperm (Mehlkörper) eine sehr kompakte Proteinmatrix, die für die Stärkegewinnung hinderlich ist. Aus diesem Grund wird in erster Linie Weichweizen für die Stärkeproduktion genutzt, weil sich in diesem Fall die Stärke von der stark quellenden Proteinfraktion relativ gut abtrennen lässt.

Maisstärkekörner haben einen Durchmesser von 3 bis 26 µm. Je nach Bildungsort sind sie verschieden geformt. Im Hornendosperm der Maiskaryopse entstehen scharfkantig-polyedrische oder rundlich-kantige Stärkekörner, die relativ klein und mit einer kompakten Proteinmatrix verbunden sind. Im Mehlendosperm finden sich hingegen unregelmäßig abgerundete oder kugelige Formen, die deutlich größer und in loser Packung angeordnet sind. Da zwischen Horn- und Mehlendosperm keine scharfen Abgrenzungen vorliegen, treten häufig Übergangsformen auf. Stärke im Mehlendosperm lässt sich im Vergleich zum Hornendosperm technisch gut ausbeuten. Aus diesem Grund fordert die Stärkeindustrie die Zahnmaiskomponente im Maissortiment zu stärken, weil beim Zahnmais der Anteil an hornigem Endosperm geringer und damit das Verhältnis der gewinnbaren zur vorhandenen Stärke größer ist.

In Hinblick auf die spätere technische Verwendung gibt es **Anforderungen an den biogenen Rohstoff** unabhängig von dessen Herkunft. Dazu gehören

- einheitliche Größenzusammensetzung der Stärkekörner,
- einheitliche Molekularstruktur (entweder Amylose oder Amylopektin),
- einheitliche Kettenlänge der Stärkemoleküle,
- hoher Polymerisationsgrad,
- konstante Viskoseeigenschaften (d. h. Zähflüssigkeit der Stärke),
- geringer Anteil unerwünschter Begleitstoffe (Fette, Eiweiße, Bitterstoffe, Alkaloide).

Diese Merkmale stehen in der pflanzenzüchterischen Bearbeitung, wobei in Bezug auf eine einheitliche Molekularstruktur in letzter Zeit große Fortschritte erreicht wurden.

Die beiden **Stärkefraktionen, Amylose und Amylopektin,** haben jeweils spezifische Eigenschaften, die allerdings erst nach einer energieaufwändigen Auftrennung voneinander zur Wirkung kommen.

Aus diesem Grund ist die **Pflanzenzüchtung** bemüht, Amylose- bzw. Amylopektinstärke in sehr hoher Reinheit bereitzustellen. In den herkömmlichen Stärkepflanzen ist das polymere Kohlenhydrat aus 20 bis 30% Amylose und aus 70 bis 80% Amylopektin zusammengesetzt. Bei mehreren Pflanzenarten wurden Mutanten mit einseitig hohen Gehalten an Amylose (high amylo) bzw. Amylopektin (waxy) gefunden. Die züchterische Bearbeitung von Mais und Kartoffel war hierbei besonders erfolgreich. So wurde Mais sowohl in Richtung hoher Amylopektin-Gehalte (waxy-Mutante) mit bis zu 100% Amylopektin als auch in Richtung hoher Amylosegehalte (amylose-extender-Mutante) mit über 90% Amylose verändert. Auf der Grundlage gentechnischer Veränderungen liegt in der Kartoffelsorte ‚Amflora' (BASF) reine Amylopektin-Stärke vor. Aufgrund gesetzlicher Nutzungsbeschränkungen ist in Europa der Anbau der transgenen Sorte aber nicht möglich. Der Feldanbau von Pflanzenmaterial mit reiner Amylose-Kartoffelstärke wurde im Versuchsmaßstab bereits erfolgreich erprobt.

Für die **technische Weiterverarbeitung** ist es wichtig, dass Amylopektin verdickend, Amylose gelierend wirkt. Reine Amylosestärke dient der Herstellung hochwertiger Verpackungsmaterialien, elastischer bzw. dehnbarer Kunststoffe sowie von Folien, Filmen und semipermeablen Membranen, während sich Amylopektinstärke besonders für die Farben-, Tapetenkleister- und Tierfuttererzeugung eignet. Darüber hinaus ist Amylopektinstärke für die Papier- und Textilindustrie besonders gut nutzbar, weil hier Klarheit und Stabilität der Stärkepaste im Produktionsprozess gefordert sind.

Die **Stärkegewinnung** richtet sich nach dem pflanzlichen Speicherorgan sowie den physikalischen Eigenschaften der Stärkekörner. Sie beruht ausschließlich auf mechanischen Verfahren, denen in der industriellen Stärkegewinnung verschiedene Technologien zugrunde liegen.

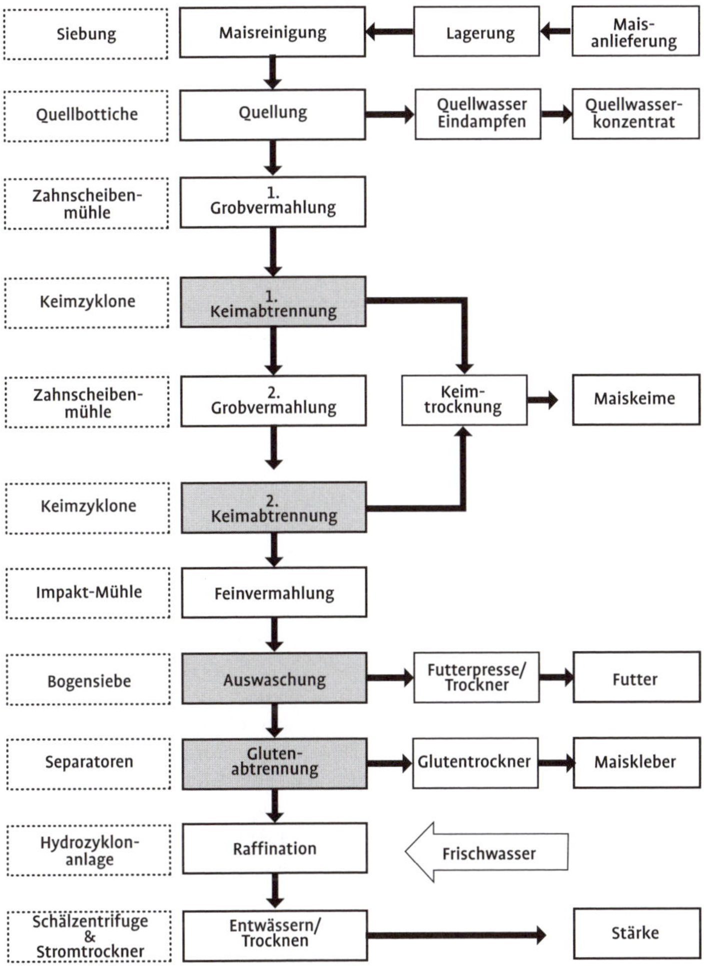

Abb. 7.7 Stärkegewinnung aus Mais (nach Grüll et al. 2006).

Grundsätzlich wird zwischen der Stärkegewinnung aus Getreidepflanzen und aus Wurzel- und Knollenfrüchten unterschieden. Der Rohstoff wird zunächst gereinigt, danach folgen Zerkleinerung und Auftrennung der Bestandteile sowie Reinigung, Entwässerung und Trocknung der Stärke. Die Wirtschaftlichkeit der Stärkegewinnung wird bestimmt durch die Technologie im Fabrikmaßstab, den Stärkegehalt des Rohstoffes, die Reinheit der Stärke, die anfallende Abwassermenge (insbesondere bei Kartoffel) und den Wert der Nebenprodukte (z. B. als Futtermittel).

Bei der **Stärkegewinnung aus Mais** wird das Erntegut zunächst von Steinen, Spindelteilen, Fremdbesatz, Bruchkorn und Staubpartikeln gereinigt (Abb. 7.7).

Für eine hohe Ausbeute der Stärke werden die Maiskörner in Quellbehälter gefördert und in Wasser für 40 bis 50 Stunden bei 50 °C aufgequollen. Die Zusätze von Schwefel- und Salzsäure zur Stabilisierung des pH-Wertes = 3,8 bis 4,5 sowie von Schwefeldioxid sorgen für optimale Quellungsbedingungen. Dabei erreichen die Maiskörner doppelte Größe und erhöhen ihren Wassergehalt von 14,5% auf etwa 45%. Die Wasseraufnahme in das Korn schafft ein Milieu, in dem nur thermophile Milchsäurebakterien wachsen können. Es findet eine kontrollierte milchsaure Fermentation statt, in deren Verlauf sich die Endospermstruktur weitgehend auflöst, die Proteinmatrix sich lockert und dispergiert und schließlich die gelösten Stoffe (niedermolekulare Kohlenhydrate, Proteine, Phytate, Mineralstoffe und Milchsäure) in das Quellwasser diffundieren.

Bei der anschließenden Grobvermahlung und Keimabtrennung ist darauf zu achten, dass der ölreiche Keimling unversehrt bleibt, weil das austretende Öl sich an die Stärke binden und deren Qualität herabsetzen würde. Die abgetrennten Keimlinge liefern ein wertvolles Nahrungsöl. Bereits nach diesem Aufbereitungsschritt ist der gewonnene Grieß in einigen Bereichen, z. B. als loose-fill-Material, einsatzfähig.

Alle weiteren Verarbeitungsprozesse sind sehr energieaufwändig.

Mit der Feinvermahlung werden die Stärkekörner vollständig aus dem Endospermgewebe befreit. Die Maissuspension mit der Proteinfraktion und dem Grobfaseranteil wird filtriert und die getrockneten Fasern als Viehfutter verwendet. Nach der Abtrennung der Faserbestandteile liegt die sogenannte *Mühlenstärke* vor. Die anschließende Auftrennung in die drei Phasen Stärke, Protein (Gluten) und Lösliches erfolgt unter Ausnutzung der unterschiedlichen spezifischen Gewichte. In modernen Fabrikanlagen erfolgt dies mittels Düsen-Separatoren und Multizyklonen. Das entwässerte Maisgluten hat einen Proteingehalt von > 67% und wird in Futtermischungen genutzt. Aus hochprozentigem Gluten werden Suppenwürzen und Glutaminsäure-Präparate hergestellt.

Nach der Primärseparation enthält die Stärkemilch immer noch 1 bis 2,5% Protein sowie Lösliches und einen geringen Anteil an Feinfasern. In der Stärkeraffination wird sie über eine mehrstufige Multizyklonanlage geführt und einem intensiven Waschprozess sowie einer Konzentrierung unterworfen. Durch Anlagenoptimierung wird der Restglutengehalt in der Stärke auf unter 0,4% in der Trockensubstanz reduziert.

Die raffinierte Stärkemilch ist bis auf 40–42% TS konzentriert. In dieser Form ist sie Rohstoff für zahlreiche Produkte, wie native und modifizierte Stärke, Stärkeverzuckerungsprodukte oder Fermentationsprodukte wie Alkohol, Zitronensäure u. a.

Die raffinierte Stärke muss zunächst mechanisch auf möglichst geringe Restfeuchten entwässert werden, um den Energieeinsatz bei der Stärketrocknung in ökonomisch vertretbaren Grenzen zu halten. Mittels Siphon-Schälzentrifugen kann ein Restwassergehalt von 32–34% erreicht werden. Die Lagerfähigkeit der Maisstärke ist aber erst mit max. 14% Wassergehalt erreicht. Deshalb erfolgt ein weiterer Trocknungsschritt mit pneumatischen Trocknern (Stromtrocknern), die die Stärke sekundenschnell auf die gewünschte Restfeuchte trocknen. Durch Trocknung mittels Agglomerationsverfahren wird staubfreie (compacted), durch besondere Zusätze frei fließende oder formbare Stärke erzeugt.

Im Gegensatz zur Ganzkornverarbeitung von Mais erfolgt die **Gewinnung von Weizenstärke** ausschließlich aus dem Mehl. Weizenmehl und Wasser bilden zusammen einen Teig, aus dem Stärke ausgewaschen wird. Die dann verbleibende Masse ist das viskoelastische Weizengluten (Klebereiweiß), dessen Menge und Eigenschaften die Grundlage der Backqualität des Weizens ausmachen und bei der Stärkegewinnung ein wertvolles Koppelprodukt ist.

Durch die ungünstige, bimodale Korngrößenverteilung kann die Trennung von Stärke und Kleber behindert sein, weil die unterschiedlichen Anteile der Kleinkornstärke mit ihrer spezifischen Oberfläche die Abtrennbarkeit des Klebers behindern kann. Aus diesem Grund müssen die Mehle der angebauten Weizensorten nach ihrer Eignung zur Stärkegewinnung gesondert beurteilt werden.

Technologisch werden Stärke und Gluten in Teigextraktoren unterschiedlicher Bauart voneinander getrennt. In der anschließenden Raffination wird die Stärkemilch von Fasern (Kleie) und restlichen Kleberteilchen befreit. Gleichzeitig erfolgt die Abtrennung von einer hochreinen Primär-Stärkefraktion und einer unreinen Sekundär-Stärkefraktion, in der sich kleine Körner, Pentosane, Hemicellulosen und Kleberreste sammeln.

Die Entwässerung und Trocknung der A-Stärke entspricht den Verfahren für Maisstärke. Weizenstärke ist allerdings wegen des Anteils an Feinkornstärke durchweg schwieriger zu entwässern. Im Fabrikbetrieb stehen für diesen Prozessschritt Schälzentrifugen, Filterpressautomaten, Vakuum-Drehfilter oder auch Dekanter zur Verfügung. Die anschließende Trocknung erfolgt wiederum in Stromtrocknern.

Die **Gewinnung von Kartoffelstärke** folgt einer speziellen Technologie, die sich in wesentlichen Abschnitten von der Stärkegewinnung aus Getreide unterscheidet (Abb. 7.8).

Die angelieferten Kartoffeln müssen zunächst grob gereinigt, um Erdanhang und Steine abzutrennen, und zwischengelagert werden. Die Hauptreinigung erfolgt in Trogwäschen. Hierbei werden der Erdanhang vollständig und die Schale teilweise entfernt. Die Zerkleinerung der gereinigten Kartoffeln erfolgt stets mit Sägeblattreiben, bis die Knollen zu einem feinen Brei, dem so genannten Reibsel, verarbeitet sind. In diesem Zustand sind das Reservegewebe und die Zellen soweit aufgeschlossen, dass die Stärkekörner herausgewaschen werden können. In modernen Kartoffelstärkefabriken werden bis zu 99% der Stärke aus dem Reibsel extrahiert.

Während der Extraktion und Fruchtwasserabtrennung werden zunächst die groben Schalenbestandteile als Pülpe mittels mehrerer hintereinander geschalteten Centrisieben abgetrennt. Die Siebe halten die Fasern zurück und die Pülpe wird entwässert, getrocknet und als Mischfutterkomponente gehandelt.

In einer Hydrozyklonanlage erfolgt die Trennung von Stärke und Fruchtwasser. Das Fruchtwasser ist reich an Proteinen, Aminosäuren

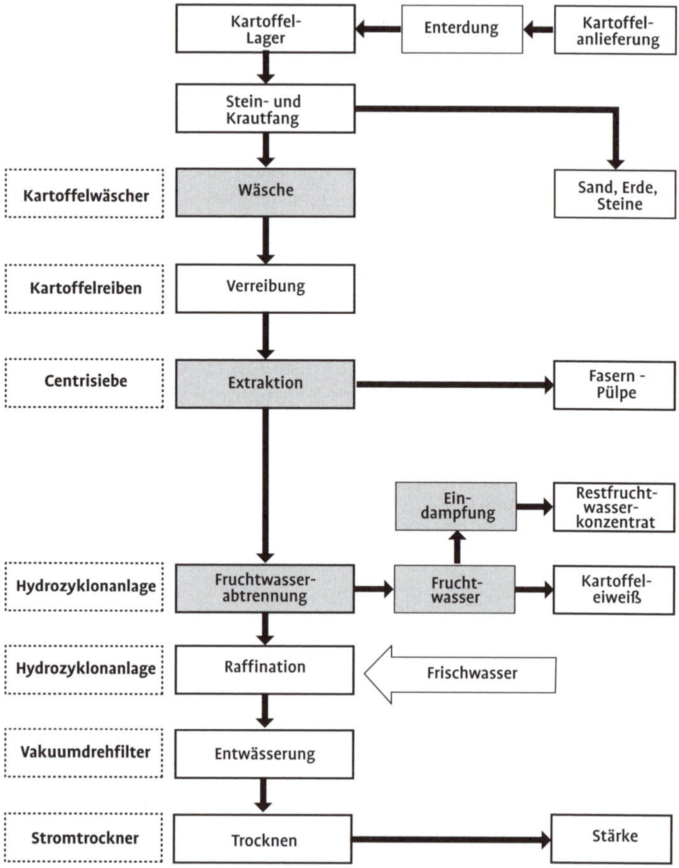

Abb. 7.8 Stärkegewinnung aus Kartoffel (nach GRÜLL et al. 2006).

und Mineralstoffen. Die Proteinfraktion wird daraus durch Hitzekoagulation abgetrennt, der Rest eingedampft und als Dünger ausgebracht. Die nun raffinierte Stärkemilch hat noch einen Wassergehalt von 60 bis 65%.

Aus dem Entwässerungsprozess mittels Vakuumdrehfiltern resultiert eine Restfeuchte unter 40%. Wie bei den Getreidestärken schließt sich die Stärketrocknung in Stromtrocknern an, bis die Lagerendfeuchte von max. 15% erreicht ist.

Die Stärkegewinnung ist mit einem hohen Verbrauch an Energie und Frischwasser verbunden. Insbesondere die Verarbeitung von Stärkekartoffeln verursacht ein hohes Belastungspotenzial des Abwassers (Tab. 7.8)

Die Prozessabwässer müssen umweltgerecht entsorgt werden. Die Stärkeindustrie ist deshalb unter großen Anstrengungen bemüht, einen geschlossenen Prozess ohne Abwasserbelastung zu etablieren. So wird

Tab. 7.8 Umweltrelevante Merkmale der Verarbeitung stärkehaltiger Rohstoffe (nach WINTZER 1993)

	Mais	Weizen	Kartoffel
Stärkegewinnung	ganzjährig	ganzjährig	Kampagnebetrieb
Rohstoffbedarf ($t\,t^{-1}$ Stärke)	1,5-1,65	2,2	5,5-6,0
Energiebedarf ($MJ\,t^{-1}$ Stärke)	3 500-4 400	3 000-3 500	3 300
Wasserverbrauch ($m^3\,t^{-1}$ Stärke	2,0-4,5	3-10	2-4 (je nach Verschmutzungsgrad)
Hilfsstoffe	SO_2/H_2O_2	SO_2/H_2O_2	SO_2/H_2O_2
Rest-/Abfallstoffe	-	-	Restfruchtwasser
Prozesswasservolumen ($m^3\,t^{-1}$ Stärke)	1,5	3,5-9 (je nach Verfahren	1,5-5,0 (je nach Verfahren
Abwassermenge ($m^3\,t^{-1}$ Stärke)	1,5	3,0	4,0-15,0 (mit Restfrucht- und Überschusswasser)

in modernen Anlagen das Wasser der Kartoffel schrittweise aufbereitet und als Frischwasser in die Stärkewaschung rückgeführt.

Die Eigenschaften der Stärke als natürliches Polymer machen sie in vielen Nichtnahrungs-Produkten unentbehrlich. Je nach Ursprung und Modifizierung sind dabei die wichtigsten Eigenschaften und Merkmale der Stärke spezifisch herausgebildet

Da die native Stärke eine körnige Struktur hat und wasserunlöslich ist, wird sie in dieser Form nur in wenigen Fällen direkt verwertet. Für die meisten Verwendungen ist sie mittels **Modifikationen** in eine andere, meist wasserlösliche Form überführt. Die Modifizierungsverfahren können nach physikalischen, chemischen und biochemischen (enzymatischen) Behandlungen unterschieden werden.

Auch die verschiedensten Kombinationen dieser Verfahren sind heute in der großtechnischen Umsetzung (Abb. 7.9).

So ändert sich die Zustandsform der Stärke durch hydrothermische Behandlung (physikalisches Verfahren) und führt zu Quellstärken.

Durch geringfügigen oxidativen, hydrolytischen oder biochemischen Stärkeabbau entstehen dünnkochende Stärken.

Abb. 7.9 Stärkemodifizierung im großtechnischen Maßstab (Grüll et al. 2006).

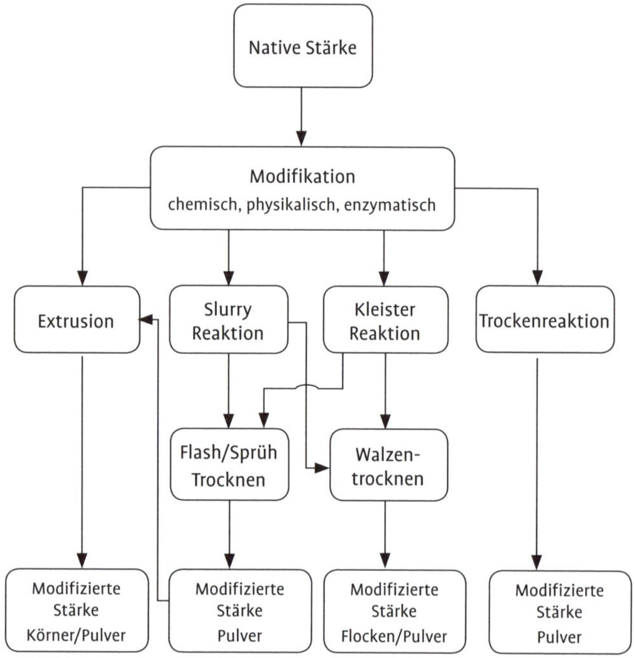

Die chemischen Modifikationen mittels Veresterung, Veretherung und Vernetzung der Stärkemoleküle dienen der Verbesserung zahlreicher, spezifischer Eigenschaften. Dabei werden Substitutions-, Vernetzungs- und Abbaureaktionen sowie Stärkefraktionierungen unterschieden. Je nach Modifizierungstechnologie erhält man entweder ein Pulver, ein Granulat oder ein Schuppenprodukt.

Mit der Stärkemodifikation werden verschiedene Eigenschaftsänderungen erreicht (Tab. 7.9).

Tab. 7.9 Änderungen der Stärkeeigenschaften nach Modifikation

- Veränderung der Gelatinisierung bzw. der Kocheigenschaften
- Verminderung der Retrogradation, der Gelierneigung und der Amylosekristallisation
- Verstärkung der hydrophilen Eigenschaften bzw. Einführung hydrophober Eigenschaften
- Einführung ionischer Substituenten
- Einstellung der Viskosität durch Veränderung des Molekulargewichtes
- Erhöhung der Scherstabilität
- Verbesserung der Filmbildung
- Verbesserung der Klebkraft

Heute sind über 600 **stärkehaltige Produkte** auf dem Markt (Tab. 7.10).

Modifizierte Stärke spielt eine bedeutende Rolle bei der Masse- und Oberflächenleimung und der Oberflächenveredlung von Papier sowie bei der Herstellung von Streichmassen für Papier- und Pappenerzeugnisse.

Grundsätzlich unterscheidet man bei der **Papierherstellung** zwischen der Masseleimung und der Oberflächenleimung. Bei der Masseleimung wird das Stärkepro-

Tab. 7.10 Verwendung von Stärke im Nichtnahrungsbereich (Menge-Hartmann 1997, Oertel 2007) (

Industriezweig	Produkte	Stärkegehalt (%)
Überwiegend klassische Einsatzbereiche		
Papier Herstellung	Packpapiere	3,0-5,0
	Zeitungspapiere	1,5-2,0
	graphische Papiere	1,5-2,5
Verarbeitung	Wellpappen	10-14 g m^2
	laminierte Papiere	12-25 g m^2
Textilbereich	Wäschesteife	20
Verschiedenes	Waschpulver	3,5-5,0
	Waschrohstoffe	30-45
	Zahnpasta	25
Neuere Anwendungen der chemisch-technischen Industrie		
Baustoffe, Bindemittel	Dämmstoffe	
	Gipskartonplatten	5-70
	Mineralfaserplatten	3-6
	flammfeste Stoffe	
	Glas-Mineralfasergewebe	
	Brikettierung/Granulierung	
	Kohlestaub	2-5
	Düngemittel, Herbizide	
Kunststoffe	Füllstoffe	5-20
	Gärtnereiartikel	
	treibstoffsparende Autoreifen	
	Komposite	30-70
	Gebrauchsartikel aus Biokunststoffen	
	Thermoplaste	> 90
	Verpackungen aus Biokunststoffen	
	geschäumte Produkte	> 90
	Becher, Flaschen	
	Elektronikgeräte	
	Stärkepfropfprodukte	20-70
	Folien	
	Monomerkomponenten	
	Sorbit	
	Hygieneartikel	
	neue Polymere	
	Agrarbereich	
	Autoindustrie	
	Medizinbedarf	
	chirurgisches Nahtmaterial	
	Implantate	

Tab. 7.10 Verwendung von Stärke im Nichtnahrungsbereich (Menge-Hartmann 1997, Oertel 2007) (Fortsetzung)

Industriezweig	Produkte	Stärkegehalt (%)
Wirkstoffe	Waschmittel/Reinigungskomponenten Tenside, Enthärter Aktivatoren, Stabilisatoren	
Fermentation	Organische Säuren Aminosäuren Enzyme	

dukt, das ein hohes Faserbindungsvermögen haben muss, dem Papierstoff vor der Blattschöpfung zugesetzt. Mit dem Leimen des Papiers wird das Eindringen von Flüssigkeiten kontrolliert verzögert. Im Ergebnis werden sowohl die Papierfestigkeit als auch dessen Retentionsvermögen für Pigmente und Füllstoffe signifikant verbessert und viele Anwendungen, beispielsweise Beschreiben, Bedrucken, Verkleben oder Streichen, überhaupt erst möglich. Durch Oberflächenleimung und -beschichtung erhält das Papier Eigenschaften wie Glätte, Bedruckbarkeit, Abriebfestigkeit, Tintenaufnahme und Nassfestigkeit. Bei der Oberflächenleimung werden die Stärkeprodukte auf das sich bildende Blatt aufgesprüht. Oberflächenbeschichtung und -veredlung erfolgen am fertigen Blatt.

Die wertgebenden Merkmale mehrlagiger Kartons wie Steifigkeit, Härte, Klang, Griff, Glätte und Spaltfestigkeit gehen ebenfalls auf die Behandlung mit modifizierter Stärke zurück.

Die Herstellung und Pflege von **Textilien** ist der wohl älteste Anwendungsbereich für den Einsatz von Stärke. In der Textilindustrie gibt es drei bedeutende Verarbeitungsstränge:

1. Stärke als Hilfsstoff (Schlichtemittel) zur Glättung und Verstärkung des Kettfadens zum Schutz gegen die beim Weben auftretenden Zug- und Abriebkräfte.
2. Stärke als Mittel zur Verbesserung des Warenbildes nach qualitätsmindernden Vorbehandlungen wie Bleichung, Färbung oder Bedruckung.
3. Stärke als Komponente von Textildruckpasten zur Verhinderung der Farbstoffdiffusion und von Glättungsmitteln für Nähgarne.

In der **Klebstoffindustrie** ist Stärke aufgrund ihrer Eigenschaften als Bindemittel seit jeher geschätzt. Allerdings wurde sie bei wachsender Konkurrenz mit synthetischen Klebstoffen auf vielen Anwendungsfeldern zurückgedrängt. Heute sind im Wesentlichen drei Einsatzgebiete möglich:

1. Stärke als Stärkeleim für die Verbindung von Papier und papierähnlichen Werkstoffen. Hierbei handelt es sich um Klebstoffe ohne wesentlichen Stärkeabbau. Solche sogenannten Pflanzenleime sind hochviskose, aber dennoch glatt fließende Klebeflüssigkeiten. In

diese Kategorie fallen Malerleime, Kleister und Klebstoffe auf Quellstärkebasis oder aus Gemischen von nativer und verkleisterter Stärke.

2. Zusatz von synthetischen Harzen und Polymerdispersionen zur Verbesserung der Klebeeigenschaften von Stärkeleimen.
3. Stärke als Streckungsmittel für synthetische Klebstoffe. Größere Bedeutung haben Gemische aus Stärkeprodukten und Dispersionen thermoplastischer Kunststoffe erlangt.

Mehr als 90% der stärkebasierten Klebstoffe werden verarbeitet zur Herstellung von Wellpappe, Papiersäcken, Beuteln und Tüten, Verbundmaterialien aus Pappe und Aluminium, Kartonagen, Wiederbefeuchtungsleimen (z. B. Briefumschläge, Briefmarken) und Etikettierleimen.

Neben den klassischen Einsatzfeldern von Stärkeprodukten entwickeln sich innovative Anwendungen außerordentlich dynamisch. Dies gilt besonders für die Produktgruppe der thermoplastischen **Biokunststoffe**, in denen Stärke als natürliches Biopolymer mit > 90% das Grundmaterial ausmachen kann.

Durch Zusätze von natürlichen Weichmachern und Plastifizierungsmitteln wie Sorbitol (Zuckeralkohol) und Glycerin kann Stärke thermoplastisch verarbeitbar gemacht werden.

Zusammen mit anderen Biopolymeren (z. B. Polyvinylester, Polyamidester, Polyester) werden sogenannte Stärkeblends hergestellt, die wasserfest sind und zu Folien, Taschen, Säcken, Spritzgießartikeln etc. weiterverarbeitet werden können.

Über den Weg der Fermentation von Stärke wird Milchsäure als Ausgangsmonomer gewonnen und mittels chemischer Verfahren zu Polymilchsäure (PLA) polymerisiert. Das Polylactid gehört zur Gruppe der synthetischen Biopolymere (siehe Abb. 7.10) mit thermoplastischen Eigenschaften. PLA und PLA-Blends finden sich u. a. in Verpackungsfolien, Joghurtbechern, Obstschalen etc. sowie in medizinisch-pharmazeutischen Produkten.

Ebenfalls aus Stärke können Polyhydroxyalkanoate (PHA) fermentativ erzeugt werden. Die Biopolymere sind thermoplastisch und wasserunlöslich und unterscheiden sich in ihrer Verarbeitbarkeit kaum von Kunstoffen aus der Petrochemie. Die Vielfalt der Ausgangsmonomere und die Kombination mit Zusatzstoffen begründen die außerordentliche Vielfalt der Produkte auf PHA-Basis. Diese werden eingesetzt zur Herstellung von Folien, Fasern, Beschichtungen, Klebstoffdispersionen, Lebensmittelverpackungen sowie als Additive für andere Kunststoffe.

Biopolymere werden je nach Rohstoffquelle in zwei Gruppen unterteilt, synthetische Biopolymere, die auf petrochemischer aber auch biologischer Basis hergestellt werden, und natürliche Biopolymere, die ausschließlich aus biogenen Rohstoffen bestehen

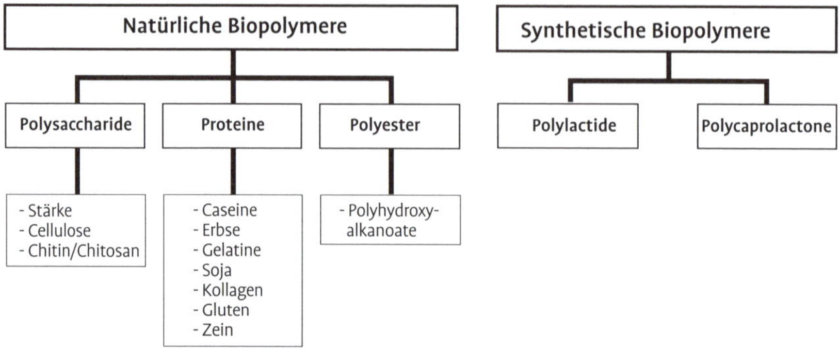

Abb. 7.10 Klassifizierung biologisch abbaubarer Biopolymere (Frohberg 2010).

Die natürlichen Biopolymere gliedern sich in Polysaccharide, Proteine und Polyester, während synthetische Biopolymere in Polylactide (chemisch aneinander gebundene Milchsäuremoleküle, z. B. aus Maisstärke) und Polycaprolactone (auf der Basis von Erdöl hergestellt) unterteilt werden können (Rudnik 2008).

Beiden gemeinsam ist die **biologische Abbaubarkeit**, die auf der Tätigkeit natürlich vorkommender Mikroorganismen beruht, in Fragmenten mit geringen Molekulargewichten resultiert und schließlich mit der Überführung zu Kohlenstoffdioxid oder Methan und Wasser endet. Biopolymere hinterlassen keine sichtbaren, wahrnehmbaren oder toxische Rückstände.

Die Fähigkeit moderner Biopolymere zu einer solchen metabolischen Desintegration bietet ökologische Vorteile gegenüber den so genannten Biopolymeren der ersten Generation. Diese bestehen aus einer Mischung konventioneller Polymere mit Stärke oder anderen organischen Substanzen. Hier führt der mikrobielle Stärkeabbau lediglich zu einem Zerfall der Produkte in kleine Fragmente an Polyolefinen.

Stärke wird im industriellen Maßstab auch verzuckert und ist daher eine bedeutende Rohstoffquelle für verschiedene Zuckerstoffe. Wurden früher starke Säuren zur **Stärkeverzuckerung** eingesetzt, nutzt man heute ausschließlich am Stärkemolekül spezifisch ansetzende Enzyme, welche die langkettigen und teilweise verzweigten Stärkemoleküle an definierten Stellen aufschließen können.

7.3.2 Zucker

Im Jahre 2008 standen insgesamt 4,2 Mio. t Zucker (Kristallzucker und Dicksaft) und Melasse (nicht kristallisierbarer Zuckersirup) für den Inlandsverbrauch zur Verfügung (Peters et al. 2010). Die Hauptmenge für die chemisch-technische Weiterverarbeitung ging in die Erzeugung von technischem Bioethanol und die Fermentation. Mit deutlichem Abstand wurde Zucker auch in der Bauchemie sowie der Pharma- und Kosmetikindustrie genutzt.

Die verschiedenen Einfach- und Vielfachzucker werden chemisch und biotechnologisch zu vielerlei Produkten umgesetzt. Die chemischen Reaktionen finden hauptsächlich als Aldolkondensation, Dehydratisierung, Hydrierung, Hydrolyse, Isomerierung oder Oxidation statt. Damit werden zwei Ziele verfolgt, die Reduktion der Funktionalität der Zucker (bessere Nutzung in industriellen Folgeanwendungen, z B. Polyole) und ein höherer Energiegehalt der Folgeprodukte durch einen geringeren Oxidationsgrad im Vergleich zum Zucker (z. B. Treibstoffe sowie Grund- und Zwischenprodukte der chemischen Industrie).

Unter den **Einfachzuckern** wird hauptsächlich Glucose genutzt, die in der Natur nur selten als Monomer vorkommt und daher meist aus Di- oder Polysacchariden (z. B. Saccharose, Stärke, Fructosane, Cellulose) gewonnen wird.

Aus Glucose kann mit bis zu 70%-iger Ausbeute 5-Hydroxymethylfurfural hergestellt werden, welches die Ausgangssubstanz für eine große Produktpalette darstellt. Dazu gehören Anti-Korrosionsmittel, Duft- und Geschmacksstoffe, Farben und Pigmente, Flüssigkristalle, oberflächenaktive Substanzen, pharmazeutische Produkte (UV-Schutz, Ionenträger, Antibiotika), Polymere (Fasern, Kunststoff, Harze), Wirksubstanzen im Pflanzenschutz und spezielle Lösungsmittel.

Durch Fermentation bzw. chemische Katalyse von Einfachzuckern entstehen Zuckersäuren, die ein gutes Synthesepotenzial besitzen. Der wichtigste Vertreter ist die aus Glucose hergestellte Gluconsäure, die in der Lebensmittelchemie u. a. als künstlicher Säureregulator und Stabilisator breite Verwendung findet. In der technischen Anwendung dient Gluconsäure als milde Säure in Metallbeizmitteln, in der Medizin in Form von Gluconat als Bestandteil von Medikamenten und insbesondere auch Salben.

Weitere aus Glucose stammende mikrobielle bzw. chemische Produkte sind Milchsäure, Citronensäure, Ethanol und Lävulinsäure als Zwischenchemikalien für den Aufbau von industriell wichtigen Produktstammbäumen. Dabei werden sowohl neue, möglichst biologisch abbaubare Produkte (z. B. Milchsäure-Folgeprodukte, Lävulinsäure-Folgeprodukte) als auch Zwischenchemikalien für konventionelle Produktlinien (z. B. Acrylsäure, 2,3-Pentadion) favorisiert.

Mit Zucker lässt sich auch eine Reihe von Feinchemikalien produzieren. Hierzu gehören Basisverbindungen für hochwirksame Antibiotika (z. B. Penicillinderivate, Tetracycline), B-Vitamine und Aminosäuren (Glutaminsäure, Lysin).

Noch im Entwicklungsstadium befindet sich das Verfahren zur enzymatischen Katalyse von 2-Hydroxyisobutyrat aus Zucker, welches als Vorstufe für Polymethylmethacrylat oder Acrylglas nutzbar ist.

Zwei- und Mehrfachzucker bilden die hydrophile Komponente in Alkylpolyglycosiden, die der Gruppe der nichtionischen Tensiden zuzurechnen sind. Diese sind ausschließlich auf Basis nachwachsender Rohstoffe hergestellt, weil auch das hydrophobe Fettsäuresegment biogenen Ursprungs ist (siehe Kap. 7.2). Solche Tenside zeichnen sich durch gute biologische Abbaubarkeit, Hautverträglichkeit und technische Eigenschaften aus. Als waschaktive Substanzen sind sie in Wasch- und Spülmitteln enthalten. In Kosmetika kommen ihnen die günstigen toxikologischen Eigenschaften zugute, weil sie nicht toxisch, nicht irritierend und nicht sensibilisierend sind.

Umweltentlastende Wirkungen werden auch von Inulinderivaten in Waschmitteln erwartet.

Mittels katalytischer Reaktionen werden die Oligosaccharide oder ihre Hydrierungsprodukte in Polyole umgesetzt, die zusammen mit Isocyanaten zu Polyurethanen für die Lack- und Farbenherstellung umgesetzt werden können.

7.4 Proteine

Proteine sind neben den Ölen und Kohlenhydraten die dritte Hauptgruppe pflanzlicher Reservestoffe, die als nachwachsende Rohstoffe zur Verfügung stehen. Weit bevor kostengünstigere petrochemische Massenprodukte auf den Markt kamen, wurde pflanzliches Eiweiß immer schon stofflich genutzt, z. B. als Wollersatz oder zur Erzeugung von formbaren Objekten, Dämmmaterialien, Polsterungen, Textilien oder Haftmitteln.

Im chemisch-technischen Sektor sind Proteine heute wieder in Klebstoffen, Kosmetikzusätzen oder Co-Bindern in Papierstreichfarben enthalten (Tab. 7.11). Die dafür benötigten proteinogenen Naturstoffe fallen mit hohem Mengenpotenzial als Koppelprodukte der Öl- und Stärkegewinnung sowie in proteinreichen Leguminosensamen an. Allerdings konkurriert deren stoffliche Verwertung sehr stark mit dem Futtermittel- und Ernährungssektor. Tierische Proteine stehen in Form von Kollagen, Gelantine, Casein, Glutin und Keratin (Wolle) zur Verfügung.

Nur für bestimmte Anwendungen der Speicherproteine sind die Eigenschaften einzelner Proteinfraktionen, z. B. Globuline, von Bedeutung. Die natürliche Variation der Proteinzusammensetzung der verschiedenen Pflanzenarten sowie die zielgerichtete Modifikation schaffen vielseitige Einsatzfelder

Die wichtigsten chemischen Modifikationen basieren auf pH-Veränderungen, Zugabe von Salzen, Temperaturveränderungen, Denaturierung, Peptidhydrolyse, Lösungsmittelauswahl, Zugabe von Fremdproteinen, Quervernetzungsreaktionen und Verwendung von Weichmachern. Physikalische Modifikationen erfolgen durch Fraktionierung (Ultrafiltration, Zentrifugation), mechanische Behandlung (Druck, Scherung) und Bestrahlung (UV, Mikrowellen, Ultraschall).

Größere Mengen an Sojaprotein gehen in die Papierindustrie als Veredlungsprodukt zur Verbesserung der Haftung von Druckfarben und sind Bestandteil von Klebstoffen z. B. für die Spanplattenherstellung.

Weitere Anwendungsfelder liegen auf den Gebieten der biologisch abbaubaren oberflächenaktiven Substanzen zur Dekontamination von Böden und Gewässern, der Hilfsstoffe zur Abwasserreinigung, wie z. B.

Tab. 7.11 Einsatzbereiche pflanzlicher Proteine (nach Rühl 1997, erweitert)

Protein	Enzyme	Antikörper
Dämmmaterial, Polsterungen, Textilien Klebstoff für Spanplatten Papierbeschichtungen Farbengrundlage Kunststoffe Wirkstoffträger neue polymere Materialien für: Landwirtschaft und Gartenbau - Mulch-, Ernteverfrühungs- und Gewächshausfolien, Pflanztöpfe, Saatbänder Lebensmittelindustrie – Verpackungs- und Trennfolien, Beschichtungen von Obst und Gemüse Medizin und Pharmazie – Verkapselungen, Wirkstoffdepots, resorbierbare Implantate Catering – Teller, Tassen, Besteck Hygieneartikel – Windeln, Ohrstäbchen	Waschmittel: Entfernung eiweißhaltiger Verschmutzungen Papierherstellung: Ligninabbau in Pulpe und Abwasser Textilien: Entschlichtung von Fasern Ledergerbung: Entfernung von Wolle, Haaren und Pigmenten Chemische Synthese: Herstellung chiraler Verbindungen Pharmazeutische Anwendungen Lebensmittel: Proteasen zum Zartmachen von Fleisch	Diagnostische und therapeutische Behandlung in Medizin und Umweltanalytik Prozesskontrolle und Katalyse im technischen Bereich

Ionenaustauscher, oder der Umhüllungen von Medikamenten, Düngern und Pestiziden zur kontrollierten Freigabe der aktiven Substanzen.

Ein besonders hohes Wertschöpfungspotenzial entsteht durch die Gewinnung von Enzymen, Impfstoffen und Antikörpern aus pflanzlichem Material. Allerdings sind diese Substanzen nur in begrenztem Umfang in Pflanzen zu produzieren. Transgene Pflanzen mit verändertem Stoffwechsel könnten neue Märkte erschließen. Ansonsten sind solche Produkte hauptsächlich mikrobiell oder aus tierischen Produkten zu erzeugen.

Die Stärken und exklusiven funktionalen Eigenschaften der Proteine lassen sich am besten in der Produktgruppe der **Folien/Filme und Beschichtungen** darstellen. Eine Folie ist ein dünnes, flächiges und freistehendes Material und zwischen 2 und 500 µm dick, während Beschichtungen auf der Oberfläche des zu schützenden bzw. zu beeinflussenden Objektes einen Film ausbilden und über den gesamten Lebenszyklus des Objektes dessen Bestandteil bleiben.

Proteinogene Folien oder Beschichtungen enthalten im Wesentlichen drei Komponenten:

- Proteine oder Proteinmischungen als Filmbildungsmaterial.
- Weichmacher und Verarbeitungshilfsstoffe als Additive
- Antioxidanzien, Antimikrobiotika, Farb- und Geruchsstoffe, Vitamine und Träger- und Freisetzungskomponenten als funktionale Zusätze.

Die spezifischen Eigenschaften des Proteinsystems selbst und gezielte physikalische, chemische und enzymatische Modifikationen verleihen den proteinogenen Produkten ein anwendungsbezogenes Eigenschaftsprofil.

Sowohl für Folien als auch für Beschichtungen sind drei wichtige Endprodukteigenschaften gefordert:

1. mechanische Eigenschaften wie Zugfestigkeit, Dehnung und Flexibilität
2. Barriereeigenschaften gegenüber Wasser, Gasen und Aromen
3. sensorische Eigenschaften wie Geruch, Geschmack, Aussehen und Farbgebung.

Bei der Herstellung proteinbasierter Materialien gibt es zwei Basisverfahren, das Lösungsmittelverfahren (auch „wet process") und das thermoplastische Verfahren (auch „dry process"). Die beiden Verfahren unterscheiden sich in der Prozessführung sowie der anlagen- und verfahrenstechnischen Auslegung.

Die aus dem **Lösungsmittelverfahren** hervorgegangenen Folien- oder Beschichtungsformationen resultieren aus Lösen und Dispergieren/Emulgieren von Proteinen in einem Lösungsmittel (Wasser, Ethanol oder organische Säuren) mit anschließender Trocknung. Das Verfahren bildet die Grundlage für Gießen, Sprühen und Beschichtung von proteinogenen Materialien. Die eigentliche Filmformation erfolgt durch das Entfernen des Lösungsmittels. Dabei bildet sich ein dreidimensionales Proteinnetzwerk, welches seine Eigenschaften durch stark ausgeprägte intermolekulare Wasserstoff- sowie elektrostatische und hydrophobe Bindungen erhält, die zu einem Anstieg der innerkettigen Kohäsion führen. Das Verfahren kann direkt zur Beschichtung von Oberflächen, z. B. für Lebensmittelbeschichtungen durch Sprühen oder Tauchen, angewandt werden. Weiterhin können Proteinfilme als Zwischenprodukte von der Oberfläche abgetrennt und beispielsweise für Verpackungen verwendet werden.

Die **thermoplastische Verarbeitung** von Proteinen ist ein sehr effizientes Herstellungsverfahren auf der Grundlage von Formpressungs- oder Extrusionsprozessen unter geringen Feuchtigkeitsbedingungen.

Im Vergleich zu thermoplastischen Stärkepolymeren (vergl. Kap. 7.3.1) zeigen Proteine ein deutlich unterschiedliches thermoplastisches Verhalten. Dies geht auf die Proteinspezifika wie Polydispersität, heterogene intermolekulare Interaktionen, Proteinkettenverflechtungen und die Ausbildung kovalenter Bindungen zurück.

Die Vorteile einer thermoplastischen Verarbeitung von Proteinen beruhen auf dem geringen Feuchtigkeitsniveau, hohen Temperaturen und Drücken sowie kurzen Verweilzeiten, deren Kombination die Transformation von Protein-Weichmacher-Mischungen in plastifizierte elastische Proteinmassen erlaubt. Folien und Filme als Endprodukte werden dann durch einen Kühlungs- und/oder Trocknungsschritt durch die Reformierung von Wasserstoffbrücken-, ionischen und kovalenten Bindungen sowie hydrophoben Interaktionen gewonnen.

Tab. 7.12 Verarbeitungsmöglichkeiten und filmbildende Eigenschaften von Proteinen (Frohberg 2010)

Protein	Herstellungsverfahren und Formgebung			
	Lösungsmittel		Thermoplastisch	
	Prozess	Filmbildung	Prozess	Filmbildung
Maiszein	+		+	
Weizengluten	+	+	+	+
Soja	+	+	+	+
Erbse	+	+		
Erdnuss	+	+		
Keratin	+			
Gelantine	+	+	+	+
Caseine	+	+		
Myofibrilläre Proteine	+		+	

+ = positives Ergebnis

Die Modifikationen der Proteinstruktur durch thermoplastische Verarbeitung treffen regelmäßig auch auf den thermoplastischen Extrusionsprozess zu.

Bis heute werden Proteinfilme und Beschichtungen in erster Linie im Lösungsmittelverfahren im kleinen Maßstab unter kontrollierten Laborbedingungen hergestellt. In den meisten Fällen wird für die Folienproduktion das Gießverfahren, für Beschichtungen das Tauch-, Dipp- oder Sprühverfahren eingesetzt.

An zahlreichen Proteinen wurden die Verfahren bereits erfolgreich erprobt (Tab. 7.12).

Die Produkte werden einer standardisierten Analytik unterzogen. Dazu gehört die Erfassung optischer (Glanz, Transparenz bzw. Farbgebung) und organoleptischer Eigenschaften (Geruch, Geschmack, Tastgefühl), mechanischer Produkteigenschaften (Zugfestigkeit, Bruchdehnung, Elastizitätsmodul) sowie biochemischer Indikatoren (enzymatische Aktivität, SDS-Polyacrylamid-Gelelektrophorese).

Tierische Proteine sind in Kollagen, Gelantine, Casein, Glutin und Keratin enthalten, die große Bedeutung im Non-Food-Bereich haben.

Gelantine besteht aus denaturiertem Kollagen (Gerüsteiweiß), dem im tierischen Körper am häufigsten vorkommenden Protein. Kollagen wird aus Knochen, Haut und Bindegewebe von Rindern, Schweinen, Fisch oder Geflügel gewonnen. Es ist reich an den Aminosäuren Glycin, Prolin und Hydroxiprolin, während die essenzielle Aminosäure Tryptophan darin fehlt. Das Ausgangsmaterial wird einer thermischen oder chemischen Hydrolyse ausgesetzt unter Aufspaltung der Peptidbindungen. Der Aufschluss erfolgt durch Behandlung mit Säuren oder Basen oder einfaches Kochen. Das dann wasserlösliche Kollagen lässt sich leicht extrahieren und beginnt zu gelieren. Die Gelantine wird schließlich auf einen Wassergehalt von 10–15% getrocknet und zu Partikeln definierter Größe vermahlen. Hauptverwendung findet Gelantine im

Nahrungsmittelsektor. Für pharmazeutische Zwecke dient sie zur Herstellung von Hart- und Weichkapseln oder auch als Verdickungsmittel zur Erhöhung der Viskosität flüssiger Arzneizubereitungen. Die Gelantinerezepturen erlauben schließlich eine technische Anwendung als Verpackungsmaterial in Form von Folien oder als Beschichtung von Fotopapieren.

Als Casein wird derjenige Proteinanteil der Milch bezeichnet, der nicht in die Molke gelangt und beispielsweise zu Käse verarbeitet wird. Es handelt sich um ein kompliziertes Gemisch aus zahlreichen Proteinen und Lipoproteinen. Natives Casein wird durch Mikrofiltration, denaturiertes bzw. modifiziertes Casein mittels Säurefällung mit anschließender Neutralisierung gewonnen bzw. hergestellt. Bereits in der Antike dienten Caseine als Anstrichmittel, Farben und Leime. Heute dient Casein in erster Linie als Bindemittel in Caseinfarben sowie Caseinleim (Etikettierleim) und marginal auch als Fotolack in der Ätztechnik oder in Form von Caseinhydrolysat als Bestandteil von Nährsubstraten zur Kultivierung von Mikroorganismen.

Die Eiweiße der Gelatine werden als Glutin bezeichnet, welche Hauptbestandteil der tierischen Leime sind. Glutin entsteht durch thermische Hydrolyse in Wasser und unter Druck aus tierischen Körperteilen wie Bindegewebe, Knochen und Knorpel. Die in der wässrigen Lösung enthaltenen Kollagene gehen durch Hydrolyse in Glutin über, welches bei Abkühlung zu einer gallertartigen Masse erstarrt. Haupteinsatzbereich ist die Klebstoffproduktion. Das Material wird durch Erhitzen formbar und erstarrt und bindet mit dem Auskühlen. Dieser Vorgang ist reversibel. Glutinleim wird in der Denkmalpflege als historisches Bindemittel in Glutinleimfarben und Temperafarben eingesetzt. Für Stuckgips eignet er sich als Verzögerungsmittel und als (historischer) Klebstoff für Holz, Pappe, Papier und Gewebe.

Weiterführende Literatur

Endres, H.-J. und A. Siebert-Raths, 2009: Technische Biopolymere. 629 Seiten. Hanser-Verlag, München. ISBN 978-3-44641-683-3

Franck, R. (Ed.), 2005: Bast and Other Plant Fibres (Woodhead Publishing Series in Textiles). CRC Press. 432 Seiten. ISBN 978-1-85573-684-9

Hamilton, R. J. (Ed.), 2013: Recent Advances in Chemistry and Technology of Fats and Oils. Springer. ISBN 978-9-40117-473-2

Kuhad, R. C. and A. Singh (Eds.), 2007: Lignocellulose Biotechnology – Future Prospects. I. K. International Publishing House Pvt. Ltd, New Delhi. ISBN 978-8-18823-758-6

Osborn, H., 2003: Carbohydrates. Academic Press. 460 Seiten. ISBN 978-0-12399-488-2

Tegge, G., 2004: Stärke und Stärkderivate. 3. Aufl.,. Behr's Verlag, Hamburg. 314 Seiten. ISBN 978-3-89947-075-8

Türk, O., 2014: Stoffliche Nutzung nachwachsender Rohstoffe. Grundlagen, Werkstoffe, Anwendungen. Springer Verlag, Wiesbaden. 544 Seiten. ISBN 978-3-83481-763-1

Fragen zu zu Kap. 7

Auf welche Anwendungsbereiche verteilen sich die Basischemikalien aus nachwachsenden Rohstoffen?

Welche Pflanzen liefern Lignocellulose als nachwachsenden Rohstoff?

Mit welchen Verfahren wird Papierzellstoff hergestellt?

Wie ist die Bastfaser des Leins aufgebaut?

Was bewirkt die Mercerisierung von Naturfasern?

In welche Werkstofflinien gliedern sich die naturfaserverstärkten Kunststoffe (NFK)?

An welchen Stellen setzen die chemischen Modifikationen der Fettsäuren an?

In welche Gruppen werden die Tenside unterteilt?

Welche Anforderungen werden an den biogenen Rohstoff „Stärke" gestellt?

Welche Eigenschaftsänderungen werden durch Stärkemodifikation erreicht?

Wie werden Proteine als nachwachsende Rohstoffe genutzt?

Welches sind die Basisverfahren zur Herstellung proteinbasierter Materialien?

8 Das Konzept der Bioraffinerie

Die Petrochemie folgt dem Prinzip, aus Erdöl einfach zu handhabende und definierte, chemisch reine Grundstoffe in Raffinerien zu erzeugen. Die jeweiligen Produktlinien sind in Form eines Stammbaumes zusammengefasst, dessen Verzweigungen Basischemikalien, Zwischenprodukte und Veredelungsprodukte anzeigen. Aus einfachen Grundstoffen wie Ethylen, Kohlenmonoxid oder Wasserstoff werden durch kontrollierte chemische Reaktionen komplexe Zwischenprodukte synthetisiert, die aufgrund der vielfältigen Kombinationsmöglichkeiten in eine unüberschaubare Anzahl von Folge- und Endprodukten umgesetzt werden.

Ziel des bioökonomischen Ansatzes einer Bioraffinerie ist die Übertragung der Effizienz und Logik der fossil-basierten Chemie und der stoffwandelnden Industrie auf die Konversionsverfahren der Biomasse-Industrie. In letzter Zeit sind in Deutschland einige Forschungs- und Pilotanlagen entstanden; eine großtechnische Umsetzung des Bioraffineriekonzeptes steht allerdings noch aus.

Die Biomasseverwertung in Raffinerien ist ein ganzheitliches Verfahren, welches sich in Analogie zur Erdölraffinerie entwickelt hat. Es handelt sich um einen integrativen und multifunktionellen Ansatz, bei dem auf die stoffliche bzw. energetische Verwertung essbarer Pflanzenteile verzichtet werden soll, um nicht in Konkurrenz zur Nahrungsmittelerzeugung treten zu müssen.

Nach dem *National Renewable Energy Laboratory* (NREL) der USA stellt die Bioraffinerie eine Einrichtung dar, in der die vielfältigen Umwandlungsprozesse der Biomasse und die Anlagentechnik multifunktionell integriert sind, um Kraftstoffe, Strom und Chemikalien bereitzustellen. Dementsprechend sind in einer Bioraffinerie die Anlagenkomponenten zu einer Verfahrenskette verbunden unter Einschluss einer Vorbehandlung und Aufbereitung, der nachfolgenden Auftrennung der Biomassekomponenten (Primärraffination) und der abschließenden Konversion und Veredlung (Sekundärraffination).

Die Primärraffination umfasst die Vorbehandlung, Konditionierung und Auftrennung der Biomasse zu Intermediaten wie z. B. Lignin, Cellulose, Stärke, Zucker, Pflanzenöl, Pflanzenfasern, Biogas oder Synthesegas.

In der Sekundärraffination entstehen nach einem ersten Konversionsschritt aus den Intermediaten ganz oder teilweise Vor- bzw. Zwischenprodukte, die anschließend zu Produkten mit höherer Wertschöpfung weiterverarbeitet werden können.

Im Gegensatz zur Erdölraffinerie nutzt die integrierte Bioraffinerie die spezifischen Eigenschaften aller Rohstoffbestandteile und Zwischenprodukte. So produziert sie zielgerichtet hochwertige Chemikalien in geringer Menge. Eine besonders große Wertschöpfung lässt sich dabei durch die Gewinnung von pharmazeutisch wirksamen oder gesundheitsfördernden Inhaltstoffen erzielen. Da diese Substanzen nur einen geringen Masseanteil ausmachen, verbleibt ein Rest an Biomasse für weitere stoffliche Verwertungen. Darüber hinaus fällt noch ein größeres Volumen an Biokraftstoffen bzw. synthetischen Kraftstoffen, Elektrizität und Prozesswärme nach entsprechender Konversion an. Die Produktvielfalt garantiert ein hohes Maß an Flexibilität gegenüber Marktschwankungen. So ist es durchaus möglich, dass aktuelle Nebenprodukte durch veränderte Nachfrage unerwartet als Schlüsselprodukte gehandelt werden können.

Die Forschungs- und Entwicklungsaktivitäten auf dem Gebiet der Bioraffinerie mit einer geschätzten Reichweite bis 2030 (Nationale Forschungsstrategie BioÖkonomie 2030) sind eingebettet in die Studie „Roadmap Bioraffinerie“, welche wiederum Teil der Aktionspläne „Nationaler Biomasseaktionsplan“ und „Aktionsplan der Bundesregierung zur stofflichen Nutzung nachwachsender Rohstoffe“ der deutschen Bundesregierung aus dem Jahre 2009 ist (Wagemann 2012).

Entsprechend der eingesetzten Biomasse kann zwischen vier Bioraffinerie-Systemen unterschieden werden:

1. Lignocellulose-Feedstock-Bioraffinerie (LCF)
2. Ganzpflanzen-Bioraffinerie
3. Grüne Bioraffinerie
4. Zwei-Plattform Konzept

Als Bioraffinerien werden nur solche Anlagen eingestuft, die sowohl eine Primär- als auch Sekundärraffination erlauben. Eine einzelne Fermentationsanlage, eine Papierfabrik ohne vorgeschaltetes Zellstoffwerk, eine Stärkefabrik ohne Veredlungsanlage oder eine Ölmühle ohne Sekundärraffination, können nicht als Bioraffinerie bezeichnet werden. Dies gilt ebenso für Anlagen ohne Komponententrennung (Biomasse unverändert verarbeitet) und solche, in denen nur ein einziges Hauptprodukt erzeugt wird (z. B. Biodiesel, Biogas). Die Algen-Bioraffinerie stellt eine Sonderform dar, weil die Biomassequelle unabhängig von einer terrestrischen Nutzung erschlossen wird.

Die Pflanzenöl-Bioraffinerie sowie die Stärke- und Zucker-Bioraffinerie stützen sich auf bereits bestehende Strukturen der Öl-, Stärke- und Zuckerindustrie (vergl. Kap. 7.2.2, 7.3.1, 7.3.2).

Die allgemeine Klassifizierung von Bioraffinerien basiert auf vier Strukturelementen:

1. Dem Rohstoff,
2. Der Plattform,
3. Den Produkten,
4. Den Prozessen.

Die zentrale Stellung nimmt die Bioraffinerie-Plattform ein, welche die Intermediate der Primärraffination aufnimmt, die nachfolgend in der Sekundärraffination weiter modifiziert und/oder konvertiert werden.

In vielen Fällen erfolgt als erster Schritt der Sekundärraffination die Konversion in ein oder mehrere Zwischenprodukte (z. B. Glucose, Fructose, Fettsäuren, Glycerin, Aminosäuren, Wasserstoff), welche die Vorprodukte für eine weitere Veredelung sind. Am Ende einer oder mehrerer Sekundärraffinationsschritte sind schließlich marktfähige Halb-, aber auch schon Fertigfabrikate entstanden.

Das US-Department of Energy hat 12 potenzielle biobasierte Plattformchemikalien aufgelistet (zit. in Kamm 2008). Es handelt sich um Moleküle mit mehreren funktionalen Gruppen, die innerhalb eines Stammbaumsystems in neue nützliche Moleküle transformierbar sind. Die zwölf zuckerbasierten Plattformchemikalien sind 1,4 Dicarbonsäure (z. B. Bernsteinsäure, Fumarsäure, Äpfelsäure), Furan-2,5-dicarbonsäure, 3-Hydroxypropionsäure, Asparaginsäure, Glutarsäure, Glutaminsäure, Ityconsäure, Lävulinsäure, 3-Hydroxybutyrolacton, Glycerin, Sorbitol und Xylitol/Arabinitol.

Der Plattform werden die Rohstoffe und Produkte zugeordnet, während die Prozesse immer die Verbindung zwischen den Elementen der Bioraffinerie darstellen. Rohstoffe, Produkte und Prozesse, die in den Kapiteln 4, 5 und 7 beschrieben sind, stellen dabei keine spezifischen Attribute der Bioraffinerie dar.

In Tabelle 8.1 ist die Klassifizierung von Bioraffinerien zusammengefasst.

Für die Umwandlung des Ausgangsmaterials und alle weiteren Prozesse spielt die Katalyse und hier sowohl die klassische chemische als auch zunehmend die Biokatalyse eine überragende Rolle. Die Weiße (industrielle) Biotechnologie wird in solchen Konzepten zukünftig einen immer breiteren Raum einnehmen. Fermentation und Einsatz von Enzymen haben das Potenzial, die thermischen Prozesse wie Vergasung, Hydrothermolyse und Pyrolyse langfristig teilweise oder ganz zu ersetzen.

Unter den großtechnisch ausgelegten Bioraffinerien hat die **Lignocellulose-Feedstock (LCF)-Bioraffinerie** das größte Umsetzungs- und Marktpotenzial. Die Rohstoffbasis setzt sich aus zahlreichen Quellen zusammen. Dazu gehören agrarische Reststoffe (z. B. Stroh), Energiepflanzen oder Holz und biogene Abfälle (z. B. Papierabfälle). In Deutschland stehen zurzeit hauptsächlich die agrarischen Rohstoffe und Holz zur Verfügung, die nicht in Konkurrenz zur Nahrungsmittelerzeugung stehen.

Der Rohstoff der LCF-Bioraffinerie ist generell die natur-trockene Biomasse, welche über die Komponententrennung der Primärraffination in Cellulose, Hemicellulosen und Lignin aufgeteilt wird.

Die Vorbehandlung der lignocellulosenreichen Biomasse besteht zunächst aus Zerkleinern oder Mahlen. Der Aufschluss erfolgt danach mittels Druck und Temperatur ohne oder mit chemischen Agenzien. Ein Aufschluss mit konzentrierter Säure ist ebenfalls möglich.

Tab. 8.1 Klassifizierung von Bioraffinerien (WAGEMANN 2012)

Rohstoffe	Plattform	Produkte	Prozesse
Anbaubiomasse ▪ Ölpflanzen ▪ Stärkepflanzen ▪ Zuckerpflanzen ▪ Gräser ▪ Holz ▪ Holzartige Biomasse **Aquatische Biomasse** ▪ Algen **Biogene Rest- und Abfallstoffe** ▪ Land- und forstwirtschaftliche Reststoffe (z. B. Stroh, Gülle, Waldrestholz, Fruchtschalen) ▪ Biogene Reststoffe aus der Verarbeitung (z. B. Molke, Schlempe, Trester, Treber) ▪ Biogene Abfallstoffe (z. B. Altspeisefett, Altholz)	1. Niedermolekulare Kohlenhydrate (z. B. Lactose, Saccharose) 2. Polymere Kohlenhydrate (z. B. Stärke, Inulin, Pektin) 3. Lignocellulose-Komponenten (Lignin, Hemicellulosen, Cellulose) 4. Proteine 5. Pflanzenfasern 6. Planzenöle, Lipide 7. Pyrolyseöl 8. Presssaft 9. Biogas 10. Syngas	**Materialien** 1. Chemikalien 2. Werkstoffe 3. Futtermittel (Koppelprodukt) 4. Nahrungsmittel (Koppelprodukt) **Bioenergie** 1. Feste, flüsssige, gasförmige Bioenergieträger 2. Elektrizität 3. Wärme	1. Physikalische einschl. mechanische Verfahren 2. Thermochemische Verfahren 3. Chemische Verfahren 4. Biotechnologische Verfahren

Die Konversion der Präkursoren in der Sekundärraffination erfolgt über chemische Reaktionen enzymatischer und/oder säurebasierter Hydrolyse (KAMM AND KAMM 2004):

$$\text{Lignocellulose} + H_2O \rightarrow \text{Lignin} + \text{Cellulose} + \text{Hemicellulose} \quad (30)$$

$$\text{Hemicellulose} + H_2O \rightarrow \text{Xylose } (C_5H_{10}O_5) \quad (31)$$

$$\text{Xylose} + \text{saurer Katalysator} \rightarrow \text{Furfural } (C_5H_4O_2) + 3H_2O \quad (32)$$

$$\text{Cellulose } (C_6H_{10}O_5) + H_2O \rightarrow \text{Glucose } (C_6H_{12}O_6) \quad (33)$$

Die Sekundärraffination kann entlang zweier unterschiedlicher Pfade gesteuert werden.

Zur direkten Umwandlung in fermentierbare Kohlenhydrate dienen die Cellulose- und Hemicellulosefraktionen als Ausgangssubstrate. Dabei resultiert die enzymatische Katalyse zu Monomeren in einem Stoffstrom von fermentierbaren Zuckern und einem Stoffstrom für Lignin. Die fermentierbaren Zucker gehen unmittelbar in die biotechnologische Umsetzung zu höherkettigen Alkoholen (z. B. Ethanol), Biopolymeren, organischen Säuren, Aminosäuren oder anderen biotechnologischen Produkten.

Alternativ erfolgt eine isolierte Verarbeitung aller drei Präkursoren. Die Cellulose wird dann entweder zu Papier- oder Chemiezellstoff verarbeitet oder nach enzymatischer Hydrolyse zu Glucose umgesetzt, die als Fermentations- oder Chemierohstoff dient. Die aus der Hemicellulose-Fraktion abgetrennten monomeren Kohlenhydrate (z. B. Xylose) werden nach Fermentation oder mittels chemischer Verfahren weiter veredelt. Daneben liefert diese Fraktion durch den Abbau der ursprünglichen Hemicellulosen andere wertgebende Inhaltsstoffe wie Essigsäure oder Furfural zur Weiterverarbeitung im chemisch-technischen Bereich.

Das Lignin beider Aufschlusspfade kann zurzeit mit nur geringer Wertschöpfung genutzt werden. Eine höhere Wertschöpfung wäre durch Veredelung in der Werkstofftechnologie oder durch den selektiven Abbau des Lignins zu monomeren und dimeren Aromaten wie Phenolen zu erzielen. Ferner eignet sich Lignin für die energetische Verwertung durch Verbrennung bzw. Vergasung.

Abbildung 8.1 gibt einen Überblick über die Produktvielfalt einer LCF-Bioraffinerie.

Analog zur LCF-Bioraffinerie werden in der **Ganzpflanzen-Bioraffinerie** die drei Präkursoren Cellulose, Hemicellulose und Lignin durch Getreide- oder Maisstroh bereitgestellt, nachdem zuvor das Korngut mechanisch von der Restpflanze abgetrennt wurde. Das Korn wird nach Vermahlung entweder unmittelbar als Kleb- oder Füllstoff bzw. Bindemittel verwendet oder dient der Stärkegewinnung bis hin zur Kunststoff- und Glucoseproduktion.

Die Rohstoffe für die **Grüne Bioraffinerie** sind grüne oder silierte Biomassen von ein- bzw. mehrjährigen Gräsern. In der Primärraffination ergeben sich durch die Komponententrennung Presssaft und cellulosische Fasern. Alle löslichen Bestandteile befinden sich nach der Erstaufbereitung im Presssaft. Für die Sekundärraffinerie stehen mehrere Optionen zur Verfügung.

Zweckmäßigerweise wird die Grüne Bioraffinerie mit einer Biogasanlage gekoppelt, weil immer ein Teil der einen oder beider Fraktionen als Kosubstrat für den Vergärungsprozess geeignet ist. Die Wasser- und Wärmeströme der Biomasseverarbeitung und der Biogasanlagen sind in diesem Fall miteinander verbunden. Geht der Presssaft nicht in die Biogasanlage, so werden seine wertgebenden Inhaltsstoffe wie Milchsäure, Essigsäure, Proteine und Aminosäuren abgetrennt. Die verbleibende Faserfraktion enthält ein Rohmaterial für faserbasierte Produkte wie z. B. Dämmstoffe, Cellulosefasern oder faserverstärkte Kunststoffe. Nach Aufschluss und hydrolytischer Verzuckerung ist sie auch als Rohstoff für die Fermentation interessant. Reststoffe aus der Faserverarbeitung gelangen wiederum als Kosubstrate in die Biogasanlage.

Das **Zwei-Plattform Konzept** verbindet die Herstellung und Weiterverarbeitung von Zucker mit der Synthesegas-Plattform. Als Rohstoffquellen dienen zahlreiche lignocellulosische Biomassen. In Abhängigkeit

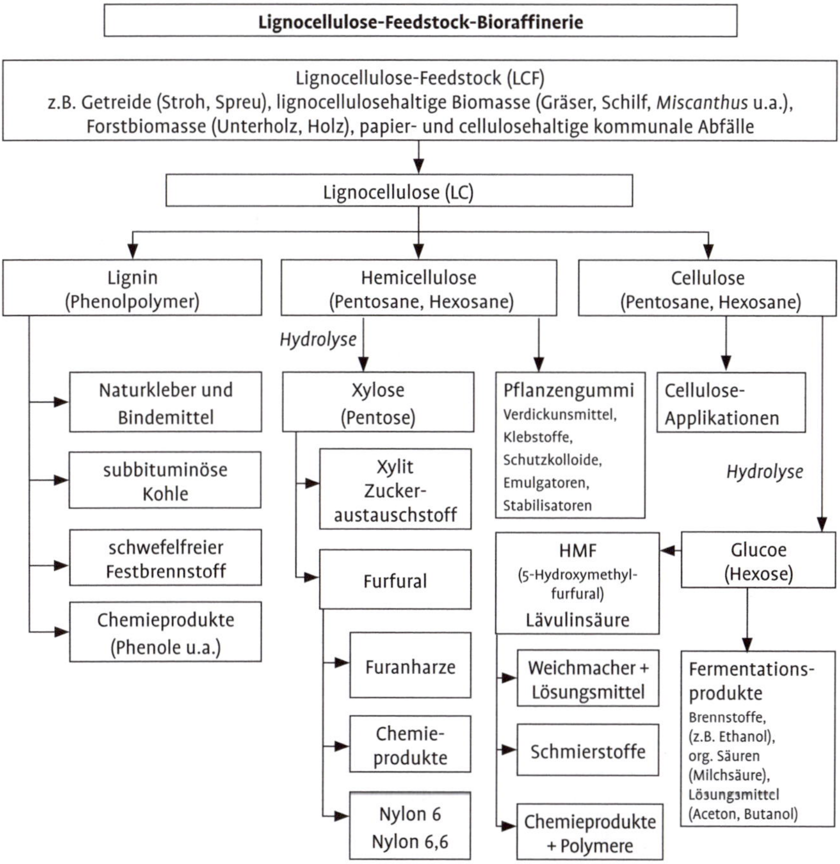

Abb. 8.1 Produkte der Lignocellulose-Feedstock-Bioraffinerie (nach KAMM AND KAMM 2004).

von deren Wassergehalt werden die Rohstoffe auf die beiden Plattformen aufgeteilt.

Die Zuckerplattform stützt sich auf biochemische Konversionen, wobei der Zucker durch Stofftrennung in Kombination mit hydrolytischen Verfahren gewonnen wird.

Die Synthesegas-Plattform basiert auf thermo-chemischer Konversion und konzentriert sich auf die Vergasung von Biomasse sowie die Nebenprodukte aus dem Konversionsprozess. Ein Vorteil dieses Konzeptes ist die Nutzung bereits erfolgreich etablierter Verfahren wie der Konversion von Zucker und der Vergasung von Biomasse (vergl. Kap. 5.2.1 und 5.2.3), die bisher unabhängig voneinander betrieben werden.

Auch **Mikroalgen** können als produktive und nachhaltige Rohstoffquelle in Bioraffineriekonzepte eingebunden werden. Mikroalgen haben den Vorteil, dass sie nicht mit den terrestrischen Pflanzen um die landwirtschaftliche Nutzfläche konkurrieren.

Wachstumssysteme der Mikroalgen wie Photobioreaktoren haben nur geringe ökologische Auswirkungen und können im Rahmen eines Bioraffineriekonzeptes in bestehende industrielle Produktionsketten integriert werden, in denen kohlenstoff- und nährstoffreiche Nebenprodukte anfallen. Die Vorteile der Mikroalgen gegenüber höheren Pflanzen liegen in der 5–10fach höheren Flächenproduktivität, der höheren Ölausbeute, der mehrfachen Ernten im Jahr sowie der schnellen Bereitstellung hochwertiger Produkte wie Farbstoffe, Carotinoide, Fettsäuren, Polysaccharide, Proteine und Antioxidantien (Tab. 8.2).

Allerdings wird heute noch die kommerzielle Nutzung von Mikroalgen durch hohe Produktionskosten bei geringer Biomasseproduktivität sowie geringer Konzentration hochwertiger Inhaltsstoffe eingeschränkt.

Im Rahmen der Primärraffination wird die Algenbiomasse konditioniert (z. B. Aufkonzentrierung und Zellaufschluss) und die wertgebenden Inhaltsstoffe extrahiert bzw. aufgetrennt (Abb. 8.2).

In der Sekundärraffination können die Produkte der Primärraffination weiter verarbeitet und zum Endprodukt veredelt werden. Die unterschiedlichen Konzepte basieren auf der Nutzung der verschiedenen Inhaltsstoffe (z. B. Lipide oder Polysaccharide) in den Algenzellen. Eine Möglichkeit ist die Nutzung des aus der Algenbiomasse gewonnenen

Tab. 8.2 Hochwertige Inhaltsstoffe aus Mikroalgen und deren Verwendung (Pulz and Gross 2004, erweitert)

Substanzklasse	Beispiele	Verwendung/Bedeutung
Fettsäuren	Mehrfach ungesättigte Fettsäuren (PUFA), z. B. ω-3-Fettsäuren	Nahrungsergänzungsmittel, Pharmazeutika, Kosmetika, Futtermittel
Carotinoide	Astaxanthin, Lutein, β-Carotin, Lycopin	Nahrungsergänzungsmittel, Lebensmittel (z. B. Margarine, Käse, Wurst), Pharmazeutika, Kosmetika, Futtermittel
Farbstoffe	Chlorophyll, Carotinoide	Lebensmittel (z. B. Färbung von Lachsfleisch), Pharmazeutika, Futtermittel
Polysaccharide	β-1,3-Glucan, Stärke	Lebensmittel, Pharmazeutika (z. B. Trägermaterial von Medikamenten), Kosmetika, Produkte aus Biokunststoff
Sonstige	Jod, Polyphenole, Aminosäuren, Proteine, Enzyme, Antioxidantien, Toxine, Vitamine (A, E, B1, B2, B6, B12, C, K)	Nahrungsergänzungsmittel, Lebensmittel, Pharmazeutika, Kosmetika (z. B. Hautstraffung), Futtermittel

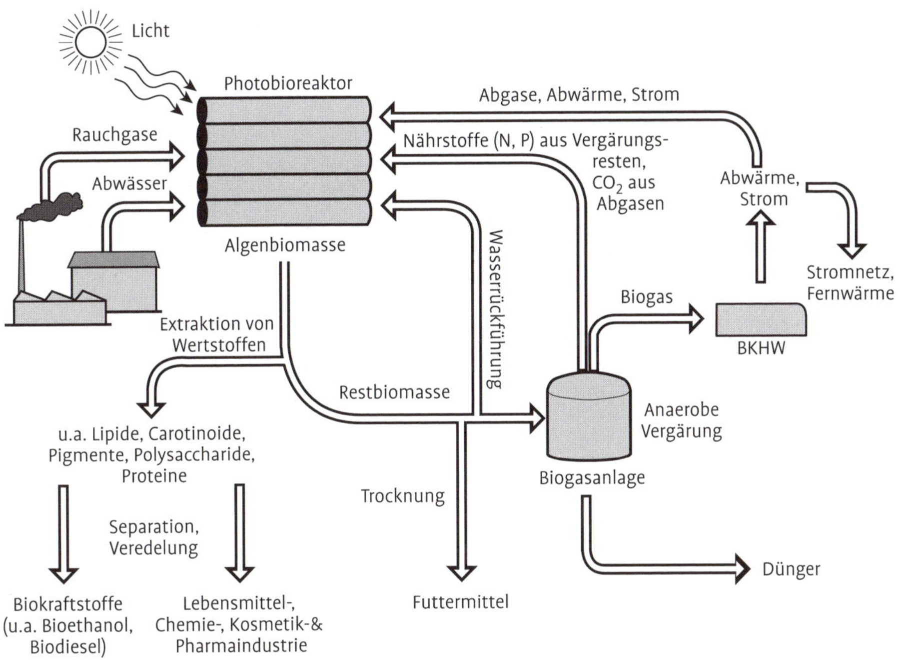

Abb. 8.2 Abläufe in der Mikroalgen-Bioraffinerie (Scharff, unveröffentlicht).

Algenrohöls und der Algenrestbiomasse. In der Sekundärraffination werden die im Rohöl enthaltenen Triglyceride, polaren Membranlipide und lipophilen Substanzen wie Carotinoide und Chlorophyll isoliert. Durch die anschließenden Prozessschritte (z. B. Hydrolyse) werden diese Produkte weiter aufbereitet und modifiziert (z. B. durch Umesterung). Die Triglyceride können auch direkt verwendet oder die daraus gewonnenen Fettsäuren als Ausgangsstoffe zur Produktion von Biodiesel oder Nahrungsergänzungsmitteln genutzt werden.

Die verbliebene Restalgenbiomasse eignet sich nach Trocknung als proteinreiches Futtermittel oder als Kosubstrat in Biogasanlagen. Eine weitere Nutzungsoption konzentriert sich auf die extrahierten Polysaccharide und deren anschließenden Umwandlung durch Fermentation zu Bioethanol. Die isolierten und aufgereinigten Proteine sind Grundstoffe für Pharmaprodukte.

Eine industrielle Umsetzung des Konzeptes der Algenbioraffinerie ist zurzeit noch nicht realisiert, weil die Kreislaufführung, die Prozesseffizienz und die hohen Produktionskosten dagegen stehen.

Weiterführende Literatur

DEMIRBAS, A., 2010: Biorefineries - For Biomass Upgrading Facilities. Springer-Verlag, London. ISBN 978-1-84882-720-2

Fragen zu Kap. 8

Welche Bioraffinerie-Systeme werden unterschieden?

Wie ist eine Bioraffinerie aufgebaut?

Welche Präkursoren fallen in der Lignocellulose-Feedstock-Bioraffinerie an?

Welche Vorteile bietet die Mikroalgen-Bioraffinerie?

9 Die Flächenkonkurrenz - oder dürfen wir nachwachsende Rohstoffe erzeugen, wenn Menschen hungern?

Die Erzeugung nachwachsender Rohstoffe ist in den letzten Jahren zu einer gesellschaftlichen Streitfrage geworden. Dabei konzentriert sich die Diskussion zumeist auf die energetische Nutzung von Biomasse.

Zunächst war die Sicht der Gesellschaft auf die Bereitstellung von Energie aus Biomasse positiv gestimmt. Begriffe wie Biodiesel, Bioethanol oder Biogas standen anfangs in einer hermeneutischen Reihe mit dem Leitbild einer Bio-Landwirtschaft. Viele Konflikte, die mit der Nutzung fossiler Energieträger verbunden waren, schienen plötzlich lösbar. Im Gegensatz zu fossilen Energieträgern wäre Biomasse nachwachsend, unbegrenzt verfügbar, CO_2-neutral und damit umwelt- und klimafreundlich. Der Einklang der Biomasseproduktion mit einer nachhaltigen Land- und Energienutzung wurde als wohltuend empfunden, schone sie doch die Ressourcen für nachfolgende Generationen. Insoweit entsprach dies der Zielsetzung einer gewerblich genutzten Biotechnologie, nämlich dem Pflanzenbau, der derzeit das einzige biotechnologische Produktionsverfahren ist, um die Sonnenenergie in einem offenen System gezielt in Biomasse als Energieträger umzuwandeln.

Auch aus ökonomischen Gründen gab es eine klare Befürwortung. Der heimischen Landwirtschaft würde eine neue, kaum versiegende Einkommensquelle erwachsen und selbst für die Länder der Dritten Welt würden Chancen für eine stabile wirtschaftliche Entwicklung auf dem Energiesektor gesehen.

Aus der politischen Perspektive war die Option der Bereitstellung von Energie aus Biomasse von Anfang an mit der gewünschten Diversifizierung der Energiequellen und damit einer größeren Unabhängigkeit von fossilen Energieträgern verbunden. Die Nutzung von Biomasse aus der Landwirtschaft schien dabei der Königsweg zu sein, war doch die Situation von Überproduktion und nach der Agrarreform im Jahre 1992 durch Flächenstilllegungen geprägt.

In jüngerer Zeit gab es durch die politisch und gesellschaftlich motivierte *Energiewende* einen starken Impuls, der mit einer breiten parlamentarischen Zustimmung infolge der Nuklearkatastrophe von Fukushima eingeleitet wurde, und der Nutzung der Energie aus Biomasse, neben anderen *Erneuerbaren Energien*, einen festen Platz einräumte.

Mit voranschreitender Nutzung der Biomasse sind aber gleichzeitig Zweifel an deren ökologischen, ökonomischen und gesellschaftlichen

Funktionen aufgekommen. Der verordnete Ausbau der Bioenergie in Europa wurde verantwortlich gemacht für die beschleunigte Abholzung des Regenwaldes zugunsten des Anbaus von einjährigen Energiepflanzen bzw. Energiepflanzenplantagen, um den europäischen Bedarf an biogenen Energieträgern abzudecken.

Der steigende Anbau von Zuckerrohr (für Ethanol), Sojabohnen (für Biodiesel), Mais (für Ethanol und Biogas) und Ölpalmenplantagen oder Raps (für Biodiesel) würde zu instabilen Agrarökosystemen führen, weil der Energiepflanzenbau mit einseitigen Monokulturen und dem Einsatz transgener Pflanzen verbunden sei. Auch wurde die positive ökologische Bilanz der Energiepflanzen in Frage gestellt, weil agrarische Produktion immer auch einen Energie-Input zur Folge habe und die Freisetzung klimarelevanter Gase begünstigen würde.

Schließlich wurden die steigende Lebensmittelpreise in den ärmsten Ländern der Welt auf die Ausdehnung des Energiepflanzenbaues in den entwickelten Ländern zurückgeführt. Der mediale Diskurs kulminierte in dem *Tank-Teller-Konflikt*, der die Konkurrenz zwischen der Nutzung von Ackerflächen für die Erzeugung nachwachsender Rohstoffe und für die Nahrungsmittelproduktion thematisiert.

Die Diskussion über Bioenergie erreichte schließlich eine ethische Ausweitung als es um die Frage ging, ob die thermische Verwertung von Getreideganzpflanzen überhaupt vertretbar ist, wenn der Menschheit damit gleichzeitig Nahrungsmittel vorenthalten werden. Damit war letztendlich der seit biblischen Zeiten manifestierte Symbolgehalt unserer Kulturpflanzen tangiert.

Auf der Metaebene ethischer Betrachtungen wurde auch darauf verwiesen, dass durch den mit der erhöhten Bevölkerungsdichte gestiegenen Bedarf an Nahrungsmitteln eine Situation entstehen kann, in der eine Bevölkerungsgruppe aufgrund ihrer strukturellen Dominanz hinsichtlich Partizipation bzw. Beteiligungsgerechtigkeit die Bedingungen der globalen Landnutzung diktieren kann. Entsprechend den eigenen Schwerpunktsetzungen dienen Preisinstrumente am Weltmarkt offenbar dazu, dass selbst Luxus-Bedürfnisse einer Gruppe gestillt werden, während gleichzeitig grundlegende Bedürfnisse einer anderen Gruppe nicht befriedigt werden. Es ist das Problem der ungleichen Güterverteilung auf der Erde, die zu extremen Unterschieden führen kann und manchen Menschen das Lebensrecht streitig macht. Diesen Mechanismus rufen jedoch nicht die nachwachsenden Rohstoffe hervor, sie machen lediglich bestehende Probleme sichtbar.

Das Ergebnis der mittlerweile eine Dekade andauernden Diskussion ist äußerst unübersichtlich. Weil sich die Argumentationslinien unterschiedlicher Skalenebenen (global, regional, betrieblich) überlagern, erwächst ein gegenseitiges Misstrauen der Akteure. Um einen gesellschaftlichen Konsens erreichen zu können, ist es daher notwendig, die Problematik der Erzeugung nachwachsender Rohstoffe in einen globalen, europäischen und betrieblichen Kontext zu stellen.

Die globale Dimension

Im **globalen Maßstab** kann die so genannte Tortilla-Krise im Jahre 2007 in Mexiko als markanter Beginn gesellschaftlicher Auseinandersetzungen über bezahlbare Grundnahrungsmittel verstanden werden. Im Jahr 2007 wurden in den USA 80 Mio. t Mais zu Bioethanol verarbeitet. Der Maispreis stieg dort in einem Jahr um 54,3% und verursachte schließlich auch drastische Preiserhöhungen bei Tortillas in Mexico, dem wichtigen Grundnahrungsmittel der armen Bevölkerungsschichten.

Weitere Beispiele sind die Verarbeitung von Zuckerrohr (Brasilien), Pflanzenöl (EU), Sojabohne (USA) und Weizen (EU) zu Biokraftstoffen und in der Folge gewalttätige Aufstände in über 30 Ländern wegen der damit korrespondierenden gestiegenen Lebensmittelpreise.

Im Ergebnis dieser Diskussion ist es zunächst völlig unstrittig, dass sichere, hochwertige und bezahlbare Nahrungsmittel das höchste Gut einer Güterabwägung in Bezug auf den ***Tank-Teller-Konflikt*** darstellen. Gleichwohl bleiben Zweifel an der hier beschriebenen Kausalkette in ihrer langfristigen Wirkung.

In den Jahren nach der Tortilla-Krise wurde nämlich deutlich, dass die Produktion von Bioenergie weit weniger Einfluss auf die Agrarpreise ausübt als allgemein angenommen.

Lediglich 8 % des Getreides und 10 % des Pflanzenöls werden heute energetisch verwertet. Dementsprechend veränderten sich die Maispreise in den USA nach der ersten Bioethanol-Welle kaum. In der EU sanken die Rapspreise sogar als der Biodieselverbrauch signifikant anstieg. Als in den USA der Bioethanolverbrauch bereits zurückging und sich in der EU der Biodieselkonsum stabilisierte, stiegen die Agrarpreise wieder an. Häufig waren dafür Ernteausfälle aufgrund von Witterungsextremen verantwortlich.

Folglich dürften sich im globalen Maßstab die langfristig hohe Volatilität der Lebensmittelpreise und auch die Versorgungssituation mit Lebensmitteln weitgehend unabhängig von dem derzeitigen Bedarf an Bioenergie entwickeln. Dafür spricht auch die langfristig gegenläufige Entwicklung sinkender Agrarpreise und steigender Weltbevölkerung.

Die Bedrohung der Nahrungsmittelsicherheit entsteht offenbar auch abseits von der Erzeugung nachwachsender Rohstoffe. Mitverantwortlich sind im globalen Maßstab

- die hohen Nachernte- und Lagerverluste sowie die Nahrungsmittelverschwendung
- und fehlende Flächennutzungsregularien.

> Die globale Nahrungssicherheit ist nicht nur von der in der Landwirtschaft erzeugten Produktionsmenge abhängig, sondern insbesondere auch von den Nachernteverlusten und der Nahrungsmittelverschwendung.

Jährlich gehen 1,3 Mrd. Tonnen an Lebensmitteln (entsprechend 30 % der weltweiten Erntemenge) durch **Verluste und Verschwendung** verloren (Ostermann und Schuler 2013). Lagerverluste und Verluste bei der Lebensmittelverarbeitung sind in erster Linie den Entwicklungs- und Schwellenländern zuzuordnen, während die Verschwendung von Nahrungsmitteln für die reichen Länder der Erde charakteristisch ist.

Hinsichtlich der **globalen Landnutzung** muss darauf verwiesen werden, dass etwa 75% der landwirtschaftlichen Fläche der Futtererzeugung gewidmet sind. Inwieweit es vor dem Hintergrund einer effizienter Flächennutzung vertretbar ist, die Futtererzeugung über den weltweiten Mais- und Sojaanbau mit der entsprechenden Beanspruchung der Ackerfläche immer weiter auszudehnen zulasten hungernder Bevölkerungsschichten, ist daher eine der entscheidenden Fragen der Zukunft.

Insgesamt wäre es wichtig, dass effektive, überprüfbare und durchsetzbare Flächennutzungsrichtlinien im globalen Maßstab verbindlich werden, mit denen soziale und ökologische Standards definiert und umgesetzt werden und mit denen den wiederkehrenden Versorgungskrisen flexibel zu begegnen ist. Dabei darf natürlich nicht unerwähnt bleiben, dass sich die Flächennutzung auch auf z. B. Verkehrs-, Siedlungs- und Industrieflächen erstreckt.

Ein erster Schritt sind – teils private – Initiativen wie der *Runde Tisch für nachhaltiges Palmöl* (Roundtable on Sustainable Palm Oil, RSPO). Mitglieder dieser Interessengemeinschaft sind Firmen und Institutionen der Wertschöpfungskette sowie Investoren und Banken. Ziel ist es, die nachhaltige Erzeugung von Palmöl zu fördern und Umweltschäden in der Prozesskette zu vermeiden.

Die europäische Agrarpolitik

In **Europa** war die landwirtschaftliche Erzeugung über viele Jahre durch Überproduktion an Nahrungsmitteln gekennzeichnet. In den frühen 1980er Jahren bildeten sich die sprichwörtlichen Milchseen und Butterberge. Landwirte lieferten in einen nicht vorhandenen Markt, weil die EU Garantiepreise zahlte.

Die Beschlüsse zur EU-Agrarreform von 1992 haben schließlich eine neue Marktpolitik ausgelöst. Die Folge waren flächenbezogene Ausgleichszahlungen für den Anbau von Körnerfruchten in Verbindung mit der Verordnung zur Stilllegung eines Teils der ausgleichsberechtigten Fläche. Diese Fläche konnte alternativ für die Erzeugung nachwachsender Rohstoffe genutzt werden.

Flankierend wurde in Deutschland 1993 die Fachagentur Nachwachsende Rohstoffe e. V. (FNR) mit Sitz in Gülzow (Mecklenburg-Vorpommern) auf Initiative der Bundesregierung mit der Maßgabe ins Leben gerufen, Forschungs-, Entwicklungs- und Demonstrationsprojekte im Bereich nachwachsender Rohstoffe zu koordinieren. In den folgenden Jahren entwickelte sich eine intensive Forschungs- und Umsetzungstätigkeit in der gesamten Erzeugungs- und Nutzungskette für nachwachsende Rohstoffe.

Das Deutsche Biomasseforschungszentrum wurde im Jahre 2008 mit Standort in Leipzig gegründet. An den Themen Bioenergiesysteme, biochemische Konversion, thermo-chemische Konversion und Bioraffinerien arbeiten heute mehr als 160 Wissenschaftler.

Seit der neuerlichen Agrarreform von 2003 unterscheiden sich die Rahmenbedingungen und Produktionstechniken für den Anbau von Energiepflanzen nicht mehr wesentlich von denen der Nahrungs- und Futterpflanzen. Der Pflanzenbau unterliegt seither dem allgemeinen Regelwerk der „guten fachlichen Praxis" und den Regularien des Cross-Compliance. Die Flächenkonkurrenz zur Nahrungsproduktion wird unter diesen Bedingungen von den spezifischen Opportunitätskosten bestimmt. In Abhängigkeit von der Preisbildung am Weltmarkt kann es dabei immer wieder zu Verschiebungen kommen. Entscheidend sind die Weltmarktpreise für Weizen und Mais. Hinzu kommt, dass sich die Preisstellung für die energetisch genutzte Biomasse am Markt für Energie und Kraftstoffe, d. h. am Ölpreis, orientiert. Eine einmal installierte Energieanlage läuft also leicht Gefahr, entsprechenden Fluktuationen ausgesetzt zu sein und gegebenenfalls unter die Rentabilitätsschwelle abzufallen, wenn nicht das Erneuerbare Energiengesetz (EEG) auf der Abnahmeseite eine Garantie geben würde.

Ein weites Geflecht an Gesetzen und Verordnungen stützt heute das gesamte Produktionssegment *Biomasse*. Damit ist sicherlich eine nachhaltige Einkommensgestaltung im ländlichen Raum sowie der vor- und nachgelagerten Ketten, aber auch eine Diversifizierung der Energiebereitstellung in der Zeit nach dem Ausstieg aus der Kernenergie beabsichtigt.

Rohstofferzeugung im Landwirtschaftsbetrieb

Auf der **Ebene des Landwirtschaftsbetriebes** ist die Erzeugung nachwachsender Rohstoffe im betrieblichen Stoffkreislauf uneingeschränkt zustimmungsfähig und selbstverständlich ethisch unbedenklich.

In der Jungsteinzeit sind die Menschen in ihrer Lebensform Ackerbauer geworden. Sie begannen im Rahmen der Landnutzung alles anzubauen, was sie brauchten. Bis zum Beginn des Industriezeitalters war der Landwirtschaftsbetrieb Selbstversorger für fast alle Rohstoffe. Nahrung, Bau- und Brennholz, Leder, Pflanzenfasern sowie Futter für die Zugtiere waren bis dahin die materielle Grundlage der bäuerlichen Landwirtschaft (Miedaner 2005). Die Betriebsfläche lieferte Baustoffe wie Holz, Kies, Sand, Lehm und Stroh, spendete Grund- und damit Trinkwasser, aber auch die Produkte der Wildtiere. Mit Beginn des industriellen Zeitalters wurden die nachwachsenden Rohstoffe sukzessive ersetzt durch Metall- und Plastikprodukte, Kunstfasern, Erdöl und Strom. Im Ergebnis blieben die betrieblichen und regionalen Stoffkreisläufe nicht mehr geschlossen und die Energieflüsse wandelten sich entscheidend.

Die wichtigsten Kenngrößen der Energiebilanz belegen die Veränderungen der energetischen Effizienz von der Urproduktion bis zur modernen Landwirtschaft. In der landwirtschaftlichen Urproduktion, die sich in einigen Regionen der Erde bis heute erhalten hat, stand der energetische Aufwand für die Handarbeit des Menschen zur Bodenbearbeitung, Bestellung, Saat, Pflege und Ernte der als Nahrung gewonnenen Energiemenge gegenüber. Die Relation der aufgewendeten Energie und der chemisch gebundenen Energie im Erntegut steht in diesen archaischen Systemen in einem Verhältnis von ca. 1 : 12. Mit der Intensivierung der Produktionstechnik und insbesondere mit zunehmendem Ersatz menschlicher Arbeitskraft, z. B. durch tierische Zugkraft, wird die Relation mit ca. 1 : 9 schon geringer.

Die modernen landwirtschaftlichen Produktionstechniken machen heute einen erheblichen Einsatz an Energie notwendig. Der Energie-Input richtet sich dabei auf die Verwendung von Maschinen, Geräten und Treibstoff, aber auch auf den Einsatz von mineralischen Düngern, Pflanzenschutzmitteln und Trocknungsanlagen. Hieraus resultiert eine relativ enge Relation zwischen Energieaufwand und dem Energieertrag von 1:5 bis 6. Dabei ist aber zu beachten, dass zwar die Relationen enger werden, die flächenbezogenen Energiemengen im Erntegut aber erheblich ansteigen.

Vergleicht man die über Handarbeit in der Biomasse chemisch gebundene Energie mit der in einem intensiven Pflanzenbau durch pflanzliche Erzeugnisse verfügbar werdende Energie, so sind diese Energiemengen um das 4- bis 6-fache höher als bei extensiver Landnutzung. Durch die höhere Flächenproduktivität haben die modernen Landnutzungssysteme deshalb einen geringeren Flächenbedarf zur Bereitstellung gleicher Energiemengen.

Nachwachsende Rohstoffe werden immer ein bedeutender Wirtschaftsfaktor bleiben, wenn deren Aufkommen mit der Nahrungs- und Futtermittelerzeugung in einem ausgewogenen Verhältnis steht. Die nachhaltige Nutzung nachwachsender Rohstoffe gelingt deshalb nur, wenn alle Beteiligten gleichen Grundsätzen und Regeln folgen. Dazu gehören vor allem eine verantwortungsvolle Güterverteilung auf der Erde, abgestimmte globale, regionale und betriebliche Flächennutzungsregularien sowie die Aufrechterhaltung weitgehend geschlossener Stoffkreisläufe auf allen Skalenebenen.

Weiterführende Literatur

Zichy, M., Chr. Dürnberger, B. Formowitz und A. Uhl, 2011: Energie aus Biomasse – ein ethisches Diskussionsmodell. Vieweg+Teubner Verlag – Springer Fachmedien Wiesbaden GmbH. 107 Seiten. ISBN 978-3-8348-1733-4

Literaturverzeichnis

AEE (Agentur für Erneuerbare Energien), 2013a: Wie wird Biodiesel hergestellt? In: http://www.unendlich-viel-energie.de/de/bioenergie/detailansicht/browse/1/article/103/wie-wird-biodiesel-hergestellt.html; abgerufen am 24.07.2013.

AEE (Agentur für Erneuerbare Energien), 2013b: Wie funktioniert eine Biogasanlage? In: http://www.unendlich-viel-energie.de/de/bioenergie/detailansicht/browse/1/article/103/wie-funktioniert-eine-biogasanlage.html, abgerufen am 24.07.2013.

AEE (Agentur für Erneuerbare Energien), Union zur Förderung von Oel- und Proteinpflanzen e.V. (UFOP) und Bundesanstalt für Landwirtschaft und Ernährung (BLE), 2013: Nachhaltige Bioenergie – Wie funktioniert die Zertifizierung? In: http://www.unendlich-viel-energie.de/de/bioenergie/detailansicht/browse/1/article/103/grafik-dossier-zertifizierung-von-bioenergie.html; abgerufen am 24.07.2013.

Barz, M., 2001: Zur thermischen Nutzung von Biomasse. Mensch & Buch Verlag, Berlin. 142 Seiten. ISBN 3898202178

Baserga, U., 1998: Landwirtschaftliche Co-Vergärungs-Biogasanlagen. Eidgenössische Forschungsanstalt für Agrarwirtschaft und Landtechnik (FAT), FAT-Bericht Nr. 512, Tänikon, Schweiz.

Biermann, U., U. Bornscheuer, M. A. R. Meier, J. O. Metzger und Hans J. Schäfer, 2011: Fette und Öle als nachwachsende Rohstoffe in der Chemie. Angew. Chem. 123, 3938-3956.

Biermann, U., W. Friedt, S. Lang, W. Lühs, G. Machmüller, J. O. Metzger, M. Rüsch gen. Klaas, H. J. Schäfer und M. P. Schneider, 2000: Neue Synthesen mit Ölen und Fetten als nachwachsende Rohstoffe für die chemische Industrie. Angew. Chem. 112, 2292-2310.

BMELV, 2011: Holzmarktbericht 2011. In: Bundesministerium für Ernährung, Landwirtschaft und Verbraucherschutz (Hrsg.), Abschlussbericht für die Forst- und Holzwirtschaft des Wirtschaftsjahres 2011.

Bundesregierung, 2011: Energiewende - die einzelnen Maßnahmen im Überblick, Mitt. der Bundesregierung; http://www.bundesregierung.de/Content/DE/Artikel/2011/06/2011-06-06-energiewende-kabinett-weitere-informationen.html; abgerufen am 20.05.2013.

Busch, R., Th. Hirth, A. Liese, St. Nordhoff, J. Puls, O. Pulz, D. Sell, Chr. Syldatk und R. Ulber, 2006: Nutzung nachwachsender Rohstoffe in der industriellen Stoffproduktion. Chemie Ingenieur Technik 78, 219-228.

BUTTMANN, M., 2011: Klimafreundliche Kohle durch Hydrothermale Karbonisierung von Biomasse. Chemie Ingenieur Technik 83, 1890-1896.

BWI2, 2013: http://www.bundeswaldinventur.de; abgerufen am 03.04.2013

CARUS, M., D. VOGT und T. BREUER, 2008: Studie zur Markt- und Konkurrenzsituation bei Naturfasern und Naturfaser-Werkstoffen (Deutschland und EU). In: FACHAGENTUR NACHWACHSENDE ROHSTOFFE E. V. (FNR) (Hrsg.), Gülzower Fachgespräche, Band 26, 391 Seiten.

CMOLIK, J. and J. POKORNY, 2000: Physical refining of edible oils. Eur. J. Lipid Sci. Technol. 102, 472-486.

DANNENBERG, M., A. DURACAK, M. HAFNER und ST. KITZING, 2012: Energien der Zukunft - Sonnenenergie, Windkraft, Wasserkraft, Biomasse, Geothermie. Wissenschaftliche Buchgesellschaft, Darmstadt, 184 Seiten. ISBN 978-3-534-24721-9

DBU, 2002: Abschlussbericht zum Forschungsvorhaben „Substitution von Glasfasern in Spritzgießteilen durch Pflanzenfasern – Aufbau einer technologischen Linie. Gefördert durch die Deutsche Bundesstiftung Umwelt (DBU). AZ 10611.

DIEPENBROCK, W., 1997: Ertragsphysiologische Grundlagen. In: W. ODENBACH (Ed.), Biologische Grundlagen der Pflanzenzüchtung, Parey Buchverlag Berlin, 47 72.

DIEPENBROCK, W., 2000: Yield analysis of winter oil-seed rape (*Brassica napus* L.): a review. Field Crops Res., 67, 35-49.

DIEPENBROCK, W., B. PELZER und J. RADTKE, 1995: Die Energiebilanz im Ackerbaubetrieb. KTBLArbeitspapier 211, 55 Seiten. ISBN 3784319025

DIEPENBROCK, W. , F. ELLMER und J. LÉON, 2012: Ackerbau, Pflanzenbau, Pflanzenzüchtung. Grundwissen Bachelor. 3., völlig neu bearbeitete und erweiterte Auflage. UTB Verlag E. Ulmer, Stuttgart. 364 Seiten. ISBN 3-8252-3843-8

DIEPENBROCK, W., G. FISCHBECK, K.-U. HEYLAND und N. KNAUER, 1999: Spezieller Pflanzenbau. Verlag E. Ulmer, Stuttgart, 523 Seiten. ISBN 3-8252-0111-2

EDER, B., 2012: Biogas-Praxis: Grundlagen, Planung, Anlagenbau, Beispiele, Wirtschaftlichkeit. 5. vollständig überarb. Auflage. ökobuch Verlag, Staufen bei Freiburg. 256 Seiten. ISBN 978-3-936-89660-2

EFFENBERGER, M., H. BACHMAIER, F. EBERTSEDER, R. KISSEL und M. LEBUHN, 2012: Fallstudien zur Effizienzsteigerung an Biogasanlagen. In: FACHVERBAND BIOGAS E. V. (Hrsg.), Tagungsband Biogas, 21. Jahrestagung und Fachmesse, Bremen 10.01. – 12.01.2012, S. 143–150.

ELLMER 2012a: Unkrautkontrolle. In: DIEPENBROCK, W. , F. ELLMER und J. LÉON, 2012: Ackerbau, Pflanzenbau, Pflanzenzüchtung. Grundwissen Bachelor. 3., völlig neu bearbeitete und erweiterte Auflage. UTB Verlag E. Ulmer, Stuttgart. S. 97-120. ISBN 3-8252-3843-8

Ellmer 2012b: Fruchtfolgen. In: In: Diepenbrock, W. , F. Ellmer und J. Léon, 2012: Ackerbau, Pflanzenbau, Pflanzenzüchtung. Grundwissen Bachelor. 3., völlig neu bearbeitete und erweiterte Auflage. UTB Verlag E. Ulmer, Stuttgart. S. 35-57. ISBN 3-8252-3843-8

Ellmer, F., W. Hübner und M. Baumecker, 2001: Pflug oder nicht Pflug? Neue Landwirtschaft 7, 32-34.

Energiestatistik „Primärenergieverbrauch nach Energieträgern" der Arbeitsgemeinschaft Energiebilanzen, veröffentlicht auf der Seite des BMWI, Stand Februar 2009.

FNR, Fachagentur Nachwachsende Rohstoffe e. V. (Hrsg.), 2006: Handreichung – Biogasgewinnung und – nutzung. 3. überarbeitete Auflage. Gülzow. ISBN 3-00-014333-5

FNR, Fachagentur Nachwachsende Rohstoffe e. V. (Hrsg.), 2012: Basisdaten Bioenergie Deutschland. Gülzow.

Fohrmann, R., 2012: Biogaserzeugung und Wasserwirtschaft. DVGW (Deutscher Verein des Gas- und Wasserfaches e. V.) Jahresrevue. Sonderausgabe für das deutsche Gas- und Wasserfach 2012/2013, 63. Jahrgang, 68-70. ISSN 1436-6134

Forster, P. and V. Ramaswamy, 2007: Changes in Atmospheric Constituents and in Radiative Forcing. In: Climate Change 2007: The Physical Science Basis. Contribution of Working Group I to the Fourth Assessment Report of the Intergovernmental Panel on Climate Change. Cambridge University Press, Cambridge und New York 2007, S. 212.

Frohberg, P., 2010: Untersuchungen zur Herstellung und Optimierung proteinogener Biowerkstoffe. Diss., Zentrum für Ingenieurwissenschaften, Martin-Luther-Universität Halle-Wittenberg. 162 Seiten.

Geisler, G., 1988: Pflanzenbau. En Lehrbuch – Biologische Grundlagen und Technik der Pflanzenproduktion. 2., neubearbeitete und erweiterte Auflage. Verlag Paul Parey, Berlin und Hamburg.

Glaser, B., L. Haumaier, G. Guggenberger and W. Zech, 2001: The ‚terra preta' phenomenon: A model for sustainable agriculture in the humid tropics. Naturwissenschaften 88, 37–41.

Grassmann, N. und K. Jenner, 2012: Biogaseinspeisung – Vorgaben und Gestaltungen nach EEG 2012 und KoV IV. In: Fachverband Biogas e. V. (Hrsg.), Tagungsband Biogas, 21. Jahrestagung und Fachmesse, Bremen 10.01. – 12.01.2012, S. 203-208.

Greef, J., F. Hansen, G. Pasda und W. Diepenbrock, 1993: Die Strahlungs-, Energie- und Kohlendioxidbindung landwirtschaftlicher Kulturpflanzen – Ergebnisse und Modellrechnungen. Berichte über Landwirtschaft 71, 554-566.

Grimm, E., 2006: Nachwachsende Rohstoffe aus Raps - Industrierohstoffe. In: Heyland, K.-U., H. Hanus und E. Keller (Hrsg.), 2006: Handbuch des Pflanzenbaus. **Bd. 4**, Ölfrüchte, Faserpflanzen, Arzneipflanzen und Sonderkulturen. Verlag E. Ulmer, Stuttgart, S. 141-148.

Grüll, D., F. Jetzinger, M. Kozich, M. Wastyn and R. Wittenberger, 2006: Industrial Starch Platform - Status Quo of Production, Modification and Application. In: Kamm, B., P. R. Gruber and M.

Kamm (eds.), 2006: Biorefineries - Industrial Processes and Products. Status Quo and Future Directions, Vol.2. Wiley-VCH Verlag, Weinheim, p. 61-96.

Handstanger, R., J. Schantl, R. Schwarz und M. Krondorfer, 2006: Zeitgemäße Waldwirtschaft, 6. Überarb. Aufl., Leopold Stocker Verlag, Graz-Stuttgart.

Hartmann, H. und A. Strehler, 1995: Die Stellung der Biomasse im Vergleich zu anderen erneuerbaren Energieträgern aus ökologischer, ökonomischer und technischer Sicht. Schriftenreihe „Nachwachsende Rohstoffe“. Landwirtschaftsverlag, Münster-Hiltrup, Band 3, 396 Seiten.

Hartmann, H., T. Böhm und L. Maier, 2000: Naturbelassene biogene Festbrennstoffe – Umweltrelevante Eigenschaften und Einflussmöglichkeiten. Bayerisches Staatsministerium für Landesentwicklung und Umweltfragen (Hrsg.), Reihe „Materialien“, Nr. 154, 142 Seiten.

Hülsbergen, K.-J., 2003: Entwicklung und Anwendung eines Bilanzierungsmodells zur Bewertung der Nachhaltigkeit landwirtschaftlicher Systeme. Ber. Agrarwissenschaft, Shaker Verlag, Aachen.

Hülsbergen, K.-J., 2012: Pflanzenbau für Biogas. Hohe Substraterträge, Nachhaltigkeit und gesellschaftliche Akzeptanz - ein lösbarer Konflikt? 2. Int. CLAAS Symposium Biogas, Technische Universität München (TUM), 16. - 17.01.2012.

Hülsbergen, K.-J., B. Feil, S. Biermann, G.-W. Rathke, W.-D. Kalk and W. Diepenbrock, 2001: A method of energy balancing in crop production and its application in a long-term fertilizer trial. Agriculture, Ecosystems & Environment 86, 303-321.

Kaiser, F., T. Metzner, M. Effenberger und A. Gronauer, 2007: Sicherung der Prozessstabilität in landwirtschaftlichen Biogasanlagen. In: Bayerische Landesanstalt für Landwirtschaft (Hrsg.), LfL-Information. Lerchl Druck, Freising.

kaltschmitt, M., H. hartmann und H. Hofbauer, 2009: Energie aus Biomasse – Grundlagen, Techniken und Verfahren. 2., neu bearbeitete und erweiterte Auflage. Springer-Verlag, Berlin und Heidelberg, 1030 Seiten. ISBN 978-3-540-85094-6

Kamm, B., 2008: Biomasse-Wirtschaft und Bioraffinerie-Systeme. LIFIS ONLINE. www.leibniz-institut.de; abgerufen 14.07.2013. ISSN 1864-6972.

Kamm, B. and M. Kamm, 2004: Biorefinery – Systems. Chemical Biochemical Engineering Quarterly 18, 1-6.

Key World Energy Statistics der internationalen Energieagentur, 2011. http://www.iea.org/publications/freepublications/publication/key_world_energy_stats.pdf; abgerufen am 24.06.2013.

Leopoldina, 2012: Bioenergie: Möglichkeiten und Grenzen. Empfehlungen der Nationalen Akademie der Wissenschaften Leopoldina, 26.07.2012.
http://www.leopoldina.org/uploads/tx_leopublication/201207_Empfehlungen_Bioenergie_02.pdf; abgerufen am 24.06.2013.

LINKE, B., J. MUMME, P. MÄHNERT, M. SCHÖNBERG und V. PLOGSTIES, 2011: Grundlagen und Verfahren der Biogasgewinnung. In: ENERGIETECHNOLOGIE INITIATIVE BRANDENBURG ETI (Hrsg.), 2011: Biogas in der Landwirtschaft. 4., überarbeitete und erweiterte Auflage, S. 12-28.

MATHEWS, J. A., 2008: Carbon-negative biofuels. Energy Policy 36, 940-945.

MENGE-HARTMANN, U., 1997: Stärke. In: E. KELLER, H. HANUS und K.-U.HEYLAND (Hrsg.), 1997: Handbuch des Pflanzenbaus. **Bd. 1**, Grundlagen der landwirtschaftlichen Pflanzenproduktion. Verlag E. Ulmer, Stuttgart, S. 520-526.

MIEDANER, Th., 2005: Von der Hacke bis zur Gen-Technik. Kulturgeschichte der Pflanzenproduktion in Mitteleuropa. DLG-Verlag, Frankfurt am Main. ISBN 3-7690-0645-3

OERTEL, D., 2007: Industrielle stoffliche Nutzung nachwachsender Rohstoffe - Sachstandsbericht zum Monitoring "Nachwachsende Rohstoffe". Berlin: Büro für Technikfolgen-Abschätzung beim Deutschen Bundestag (TAB) 2007 , TAB-Arbeitsbericht Nr. 114, 252 Seiten.

OSTERMANN, H. and B. SCHULER, 2013: Tackling food losses: New approaches needed. Rural21. The International Journal for Rural Development 47 (1), 6-9.

PEKRUN, C. und W. SCHMITT, 2011: Mais/Stangenbohnen-Gemenge – Biogassubstrat mit Zukunft? Mais 39, 30 – 32.

PETERS, D., N. HOLST, B. HERRMANN, S. LULIES und H. STOLTE, 2010: Nachwachsende Rohstoffe in der Industrie. FNR, Fachagentur Nachwachsende Rohstoffe (Hrsg.). 3. vollständig überarbeitete Auflage, Gülzow.

PUDE, R., 2002: Bauen mit Holz, Hanf und Co. In: Landwirtschaftskammer NRW (Hrsg.), NRW Hanftag 2002, Dokumentation der Fachtagung am 11.09.2002, Haus Düsse, S. 25–28.

PULZ, O. and W. GROSS, 2004: Valuable products from biotechnology of microalgae. Appl. Microbiol. Biotechnol. 65(6), 635-648.

QUASCHNING, V., 2011: Regenerative Energiesysteme. 7. akt. Aufl. Hanser Verlag, München. ISBN 978-3-446-42732-7

RASCHKA, A. und M. CARUS, 2012: Stoffliche Nutzung von Biomasse. Basisdaten für Deutschland, Europa und die Welt. Erster Teilbericht zum F + E-Projekt „Ökologische Innovationspolitik – mehr Ressourceneffizienz und Klimaschutz durch nachhaltige stoffliche Nutzung von Biomasse“. F + E-Projekt aus dem Umweltforschungsplan des Bundesministeriums für Umwelt, Naturschutz und Reaktorsicherheit, Förderkennzeichen 371093 109, im Auftrag des Bundesumweltamtes. nova-Institut GmbH, Hürth, 27 Seiten.

RATHKE, G.-W., 2006: Nachwachsende Rohstoffe aus Raps - Biogene Energieträger. In: HEYLAND, K.-U., H. HANUS und E. KELLER (Hrsg.), 2006: Handbuch des Pflanzenbaus. **Bd. 4**, Ölfrüchte, Faserpflanzen, Arzneipflanzen und Sonderkulturen. Verlag E. Ulmer, Stuttgart, 148-157.

Wagemann, K., 2012: "Roadmap Bioraffinerien" im Rahmen der Aktionspläne der Bundesregierung zur stofflichen und energetischen Nutzung nachwachsender Rohstoffe. Erstellt und erarbeitet vom Arbeitskreis „Roadmap Bioraffinerien" unter Vorsitz von Prof. Dr. K. Wagemann, DECHEMA e. V., Frankfurt/Main. Hrsg.: Bundesministerium für Ernährung, Landwirtschaft und Verbraucherschutz (BMELV), Bundesministerium für Bildung und Forschung (BMBF), Bundesministerium für Umwelt, Naturschutz und Reaktorsicherheit (BMU), Bundesministerium für Wirtschaft und Technologie (BMWi), 106 Seiten.

Rudnik, E., 2008: Compostable Polymer Materials. Elsevier Science & Technology, Oxford, UK.

Schattauer, A., E. Abdoun, P. Weiland, M. Plöchl and M. Heiermann, 2011: Abundance of trace elements in demonstration biogas plants. Biosystems Engineering 108, 57–65.

Schenzel, K., A. Jähn, Peetla, P., S. K. Kumar und H. Ding, 2007: NIR FT Raman Spectroscopy and Micro Spectroscopy – New methods for determining objective parameters of hemp and flax fibres. Pflanzenbauwissenschaften 11 (Sonderheft), 16-21.

Schmitz, N. (Hrsg.), 2003: Bioethanol in Deutschland. Schriftenreihe „Nachwachsende Rohstoffe", Band 21, Landwirtschaftsverlag GmbH, Münster. 355 Seiten. ISBN 3-7843-3217-X

Schönwiese, C.-D., 2008: Klimatologie. Verlag E. Ulmer, Stuttgart.

Schönwiese, C.-D. und B. Diekmann, 1991: Der Treibhauseffekt – Der Mensch ändert das Klima. Rowohlt Taschenbuch Verlag GmbH, Reinbek bei Hamburg.

Sieling, K. und H. Kage, 2011: BioKraftstoffNachhaltigkeitsVerordnung: Konsequenzen für den Winterrapsanbau. RAPS 29 (2), 63-65.

Sierzputowski, A. und M. Plöchl, 2011: Nutzung von Biogas. In: Energietechnologie Initiative Brandenburg ETI (Hrsg.), 2011: Biogas in der Landwirtschaft. 4., überarbeitete und erweiterte Auflage, S. 50–56.

Stock, H.-G. und W. Diepenbrock, 1999: Agronomische Artenpässe landwirtschaftlicher Nutzpflanzen. Bedeutung und Anbauverfahren wichtiger landwirtschaftlicher Fruchtarten in Kurzfassung. Shaker Verlag, Aachen. ISBN 3-8265-6834-6

Tegge, G., 2004: Stärke und Stärkederivate. 3. Auflage. BEHR'S Verlag, Hamburg. 314 Seiten. ISBN 3899470753

Tepper, H., 2005: Zur Vergasung von Rest- und Abfallholz in Wirbelschichtreaktoren für dezentrale Energieversorgungsanlagen. Diss., Fakultät für Verfahrens- und Systemtechnik, Otto-von-Guericke-Universität Magdeburg. 138 Seiten.

Vetter, A., 2006: Färberpflanzen. In: Heyland, K.-U., H. Hanus und E. Keller (Hrsg.), 2006: Handbuch des Pflanzenbaus. **Bd. 4**, Ölfrüchte, Faserpflanzen, Arzneipflanzen und Sonderkulturen. Verlag E. Ulmer, Stuttgart, S. 526-543.

Vorlop, K., U. Prüsse und Th. Willke, 2007: Biokraftstoffe – technologische Perspektiven. In: Vorstand des Dachverbandes Agrar-

FORSCHUNG E. V. (Hrsg.), Energie aus Biomasse – weltwirtschaftliche, ressourcenökonomische und produktionstechnische Perspektiven. Agrarspectrum Schriftenreihe 40, 175–187.

WEISSBACH, F., 2009: Wie viel Biogas liefern Nachwachsende Rohstoffe? Neue Landwirtschaft 11, 107-112.

WINTZER, D, B. FÜRNISS, S. KLEIN-VIELHAUER, L. LEIBLE, E. NIEKE, CH. RÖSCH und H. TANGEN, 1993: Technikfolgeabschätzung zum Thema Nachwachsende Rohstoffe. In: BUNDESMINISTERIUM FÜR ERNÄHRUNG, LANDWIRTSCHAFT UND FORSTEN (HRSG.): Reihe A, Angewandte Wissenschaft, Sonderheft, Landwirtschaftsverlag Münster-Hiltrup.

WÖLLAUER, P., 2007: Energie aus Biomasse. Books on Demand GmbH, Norderstedt. ISBN 9783833491078

Bildquellen

CropEnergies AG, Mannheim: Abb. 5.5
Agentur für Erneuerbare Energien e. V., Berlin: Abb. 5.7, 5.12, 6.1
nova-Institut GmbH, Hürth: Abb. 7.1
Alle anderen Abbildungen fertigte Artur Piestricow, Stuttgart, nach Vorlagen des Autors.

Sachregister